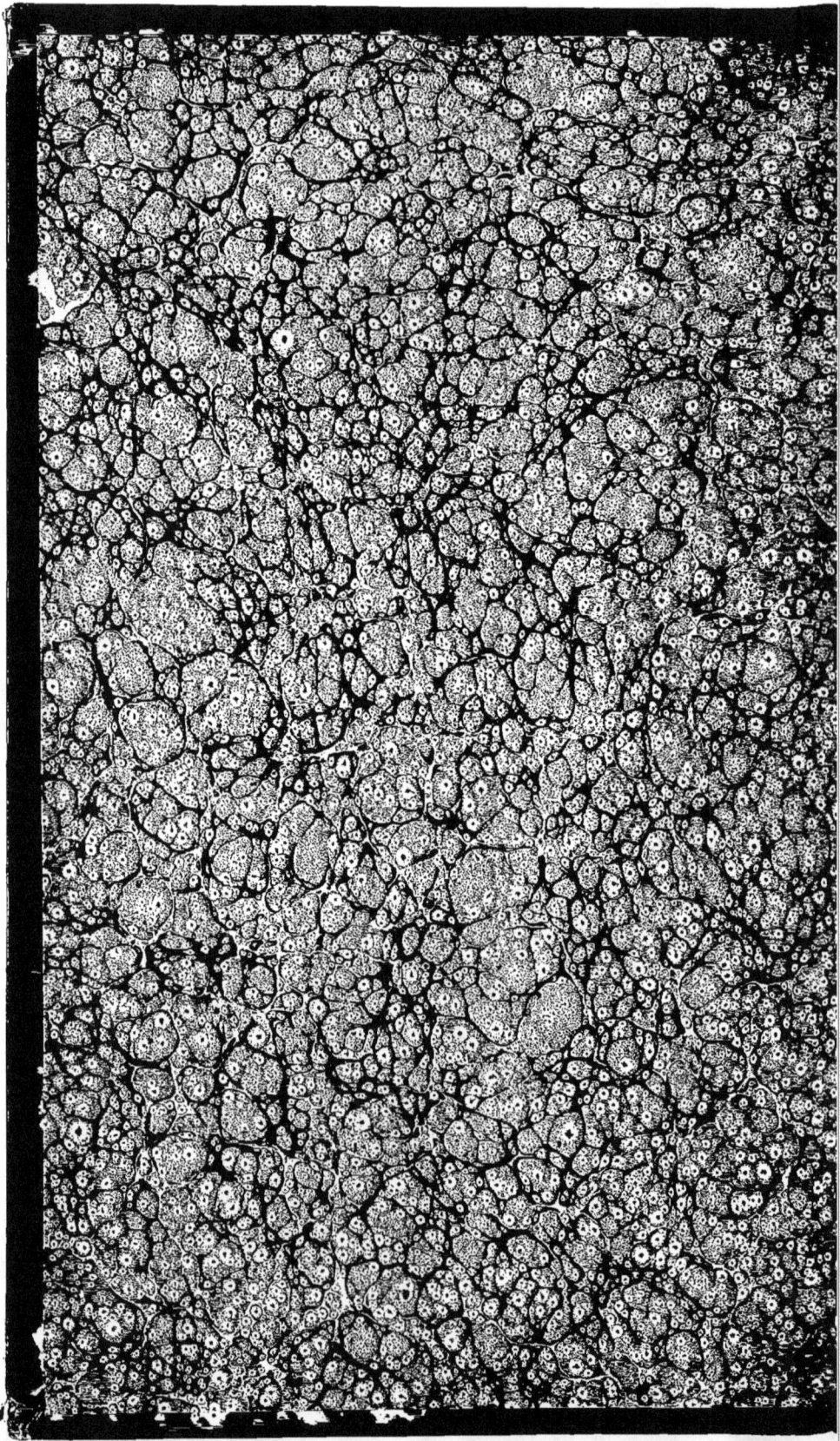

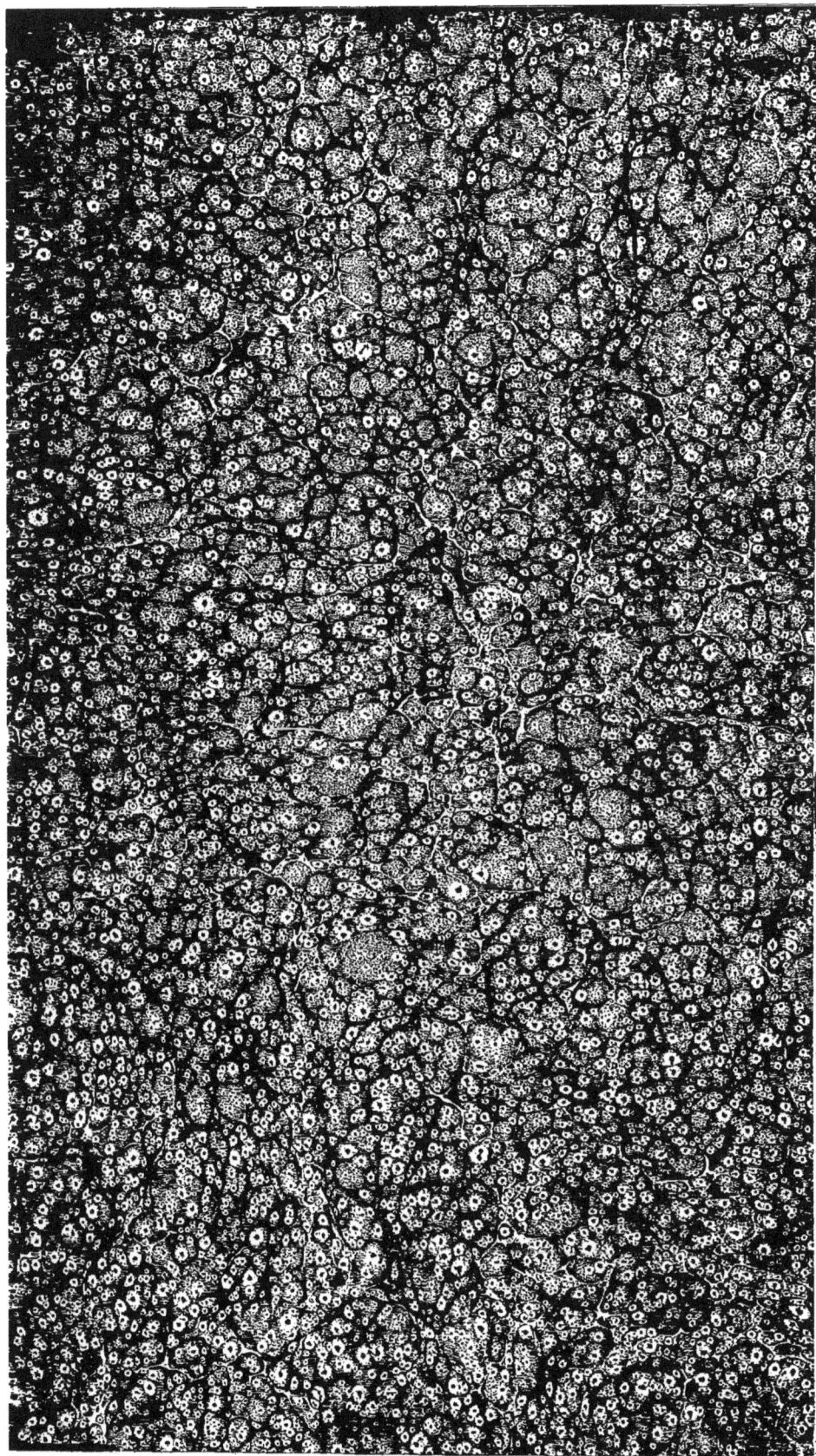

(C)

2546

LA FRANCE

CHEVALINE.

LA FRANCE
CHEVALINE

2ᵉ Partie. — Études hippologiques.

Par Eug. GAYOT,

CHEVALIER DE LA LÉGION D'HONNEUR, MEMBRE DE PLUSIEURS
SOCIÉTÉS SCIENTIFIQUES.

TOME PREMIER.

PARIS,

IMPRIMERIE ET LIBRAIRIE D'AGRICULTURE ET D'HORTICULTURE

DE Mᵐᵉ Vᵉ BOUCHARD-HUZARD,

RUE DE L'ÉPERON, 5,

et au bureau du Journal des haras,

PLACE DE LA MADELEINE, 8.
—
1850

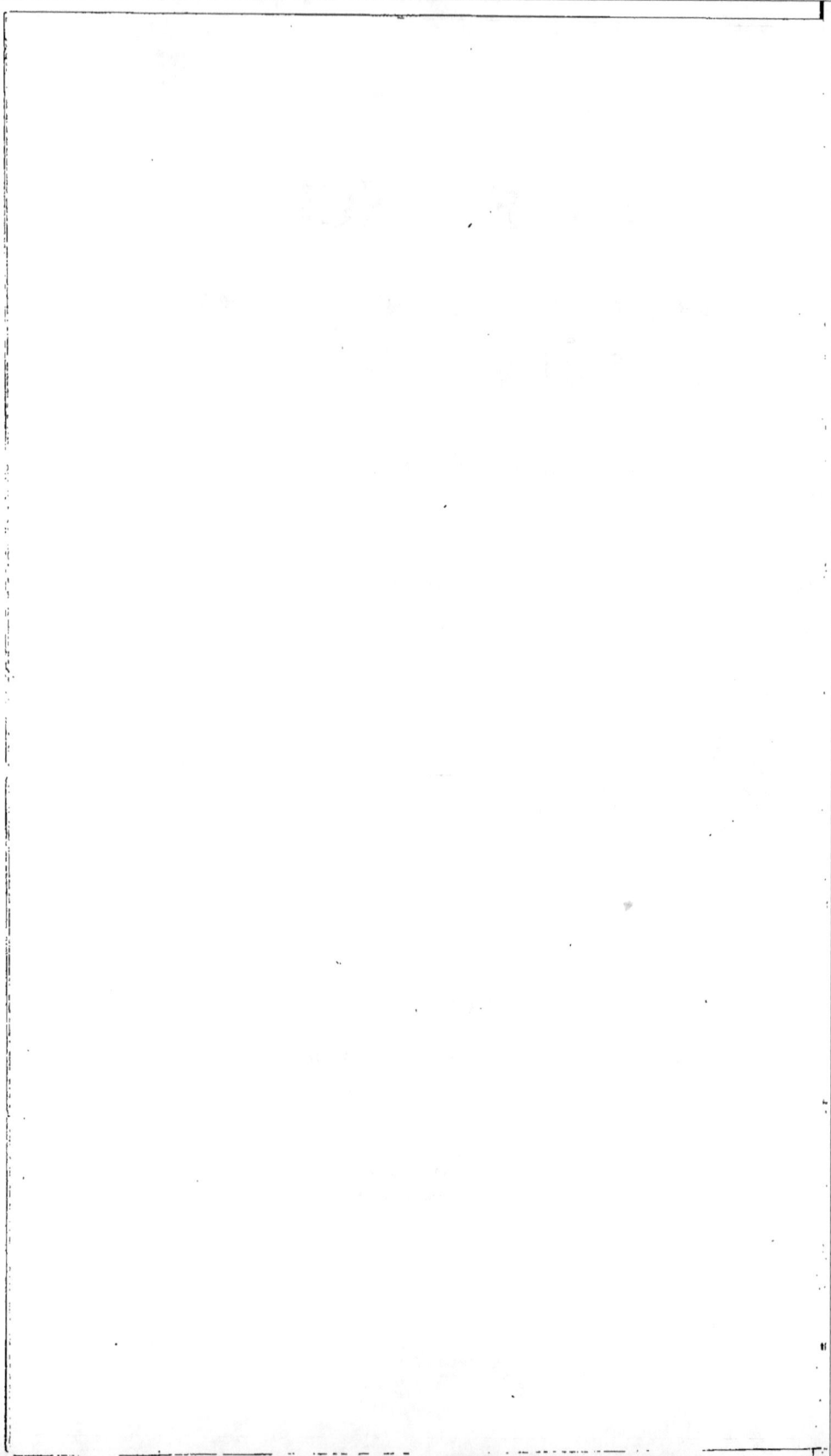

TABLE DES MATIERES.

—

QUELS CHEVAUX MÉRITENT LA QUALIFICATION DE PUR SANG?

LE STUD-BOOK.

LE PUR SANG ANGLAIS ET LE PUR SANG ARABE.

ENCORE LE PUR SANG.

ENCORE LE PUR SANG.

TRANSMISSION DU SANG PAR L'ACTE GÉNÉRATEUR.

DE LA DÉGÉNÉRATION.

ACCLIMATATION.

DES DIFFÉRENTS MODES DE REPRODUCTION.

AVERTISSEMENT.

—

Le plan de la FRANCE CHEVALINE comporte deux parties distinctes.

— La première, publiée sous ce titre, — INSTITUTIONS HIPPIQUES, est arrivée à son quatrième volume. Elle appartient au domaine de la critique. Elle se continuera dans les limites les plus étroites et dans les délais les moins éloignés.

— La seconde paraît avec cette enseigne, — ÉTUDES HIPPOLOGIQUES. Elle expose la situation, elle comprend l'examen des questions de science hippique dont elle formera les premiers éléments.

La plupart des chapitres que renferme ce volume sont déjà connus. Nous n'aurions pas songé à les réimprimer avant le complet achèvement de la première partie, si l'on ne nous y avait pas obligeamment convié. Ils sont un premier pas dans une vaste

arène ; mais ils peuvent servir un jour à mieux faire.
Nous le désirons ardemment.

Toutefois ils se produisent sans prétention aucune.
Si nous avions trouvé une appellation plus modeste,
nous l'aurions adoptée. Nul ne saurait encore avoir
l'ambition d'écrire un traité de SCIENCE HIPPIQUE.

On a pu mettre en question si, dans l'état actuel des connaissances hippologiques, il existait une science proprement dite qui méritât le nom de *science hippique;* on a pu se demander, il n'y a pas longtemps encore, si quelques travaux de détail, quelques matériaux épars, un petit nombre de faits mal étudiés avaient entre eux des rapports assez marqués pour être rattachés à une cause commune, réunis en faisceau, enchaînés par une théorie, et constituer une science à part; on a pu contester à ceux qui les premiers ont écrit cette dénomination nouvelle l'autorité de leurs principes et la valeur de ceux-ci; on a pu même laisser tomber de haut sur eux cette phrase : « Non, vous n'êtes point une science ! »

Depuis lors, les faits se sont multipliés, ils ont été mieux observés, mieux expliqués; les principes se sont éclairés, ils ont été mieux interprétés, plus distincts, plus compréhensibles, et la science nouvelle a pris rang parmi les autres branches des connaissances humaines. Elle a maintenant son siège d'enseignement, ses chaires, ses professeurs, ses disci-

— 4 —

ples, des tribunes qui exposent ses doctrines, qui formulent ses opinions; elle n'est plus une sorte de religion sans église où chacun peut sacrifier selon son caprice à son Dieu, à ses préjugés, à sa routine; elle a pris un corps, revêtu une forme : elle n'est plus une abstraction ni même une espérance; elle est une vérité, un fait.

Pour n'être pas ingrats, les hippologues modernes doivent reconnaître que leur science de prédilection doit beaucoup à toutes les autres; que chacune, sans rien perdre de sa force, lui a donné quelque chose. A ces emprunts divers se sont naturellement ajoutés des agrandissements successifs; ceux-ci ont donné lieu à une nouvelle existence; cette dernière, protégée, secourue, prend son essor et marche vers d'autres développements, libre, mais non indépendante, car chaque progrès doit multiplier encore les nombreux rapports qui l'unissent déjà à ses devancières. Elle n'en vivra pas moins de sa propre vie avec la prétention fondée de rendre quelque jour les bienfaits reçus et de réfléchir la lumière qu'elle aura absorbée.

Le mode d'accroissement de la science hippique n'est point une chose neuve, insolite, un fait exceptionnel dont il faille s'étonner. En le signalant, on répète, on explique le mode de génération, la naissance et le développement de toutes les sciences. En effet, toutes sont sorties du chaos. On les a vues poindre tour à tour à l'horizon comme un point obscur que la lumière n'a éclairé que par degrés, faiblement d'abord, plus vivement ensuite. Mais les progrès de chacune, cela se comprend bien, ont été d'autant plus marqués et plus rapides; les différents âges à parcourir avant d'atteindre à la plus large voie de perfectionnement ont été d'autant plus courts, que les aînées étaient elles-mêmes plus avancées vers la perfection. Aussi leur alliance est devenue tellement étroite, leurs diverses parties se sont si naturellement ajoutées, expliquées, complétées, qu'en regardant les choses d'un peu haut on aperçoit du premier coup d'œil la connexité qui les lie, et l'on est entraîné à ne pas séparer, dans les recherches et l'appréciation qu'on en fait, les détails, qui sont la clef de l'ensemble, et l'ensemble, qui est la dernière raison des détails.

La science hippique est encore partout à l'état d'embryon; elle n'est encore nulle part à l'état d'enchaînement des faits qui la constituent. Il serait difficile de la produire systématiquement aujourd'hui en un cadre homogène et complet; mais il est possible de tailler quelques pierres nécessaires à son édification, de poser même quelques-unes des assises sur lesquelles elle sera plus tard solidement élevée.

Ces études n'ont pas d'autre objet. Elles provoqueront l'examen et la controverse; il en restera toujours quelque chose d'utile. Le temps est venu où

l'on ne peut plus se borner à soulever isolément une
question sans la creuser et la résoudre ; on ne saurait demeurer toujours dans le cercle étroit des idées
reçues. Quelques individualités ont pu pousser l'art
aux dernières limites que la pratique puisse atteindre
sans que les masses profitent suffisamment de ses
avantages ; c'est à la théorie maintenant d'éclairer
l'avenir de son flambeau. D'autres rempliront plus
aisément cette tâche, qui est de beaucoup au-dessus
des forces d'un seul ; mais pourtant nous ferons en
sorte que chacun des chapitres de cet ouvrage ne soit
qu'un point de détail détaché d'un tout, d'un ensemble bien combiné, et que toutes ces molécules
éparses, procédant d'un seul et même principe,
puissent encore se réunir sous l'empire d'une seule
et même idée.

LA FRANCE CHEVALINE.

Deuxième Partie.

ÉTUDES HIPPOLOGIQUES.

DES ÉLÉMENTS DE LA VALEUR DU CHEVAL.

Sommaire.

I.

Avant tout, cherchons à définir le cheval et à le bien caractériser.

En l'état de domesticité, et quel qu'il soit; — comme race, comme aptitude, comme emploi; — le cheval est un moteur animé puissamment et merveilleusement organisé;

une machine vivante très-complexe et se résumant pourtant, selon l'expression de Cuvier, « en un système unique
« et clos, dont les parties correspondent mutuellement, et
« concourent à la même action définitive par une action
« réciproque. » L'objet et l'utilité de cette machine sont
faciles à saisir ; ils consistent à convertir le plus fructueusement possible en force vive, en puissance motrice tout ce
qu'on emploie de matière à sa création et à son entretien.
Pour en obtenir une somme d'efforts considérable, une
masse de travail qui n'en rende pas la possession onéreuse,
pour en maintenir longtemps la puissance, pour en renouveler l'effet utile aussi promptement que l'exigent les services spéciaux qui réclament son application, cette machine
veut être intelligemment créée et développée, soigneusement entretenue, bien dirigée dans toutes les fonctions
qu'elle doit remplir dans l'intérêt de sa propre conservation
et parfaitement conduite dans les actes qu'elle doit accom-
plir pour le compte de son possesseur. Elle a parfois de
grandes exigences ; elle commande des attentions, des
prévenances, des ménagements : il faut s'en occuper en
temps opportun, la traiter suivant des règles déterminées,
la nettoyer, la lubrifier, tendre ses ressorts, la perfectionner
sans cesse.

Tous les genres d'emploi du cheval doivent être ramenés
à deux effets généraux, à deux actions principales, — la
traction et le transport à dos. — L'un et l'autre dépendent
de la force ou de l'énergie musculaire accumulée dans chacune des parties constitutives du moteur par suite des soins
et de l'entente qui ont présidé à sa production, à son accroissement, à son entretien.

Sans être précisément proportionnée à la masse du corps,
la force musculaire s'y trouve néanmoins dans un certain
rapport avec le volume de la charpente squelettaire, la largeur des cordes tendineuses et le développement du système
musculaire. Étudiée sur des animaux de même race, élevés

dans des conditions générales similaires, il n'est pas douteux que la force musculaire, unie à la résistance, n'existe à un plus haut degré chez ceux dont le volume du corps est plus considérable. Mais serait-il exact d'établir la même différence proportionnelle entre les animaux de races différentes, soumis à des nourritures de forces variables ? Non, certes. Et en effet, qu'un cheval lourd, à la haute taille, aux grandes dimensions, aux coussins charnus volumineux, au tempérament lymphatique et mou, soit plus puissant ou plus fort au trait que le cheval léger, aux proportions élégantes et sveltes, aux tissus denses et serrés, au tempérament sec et nerveux, rien d'étonnant à coup sûr. Sans doute aucun, le premier montrera, dans une action lente et prolongée, une grande supériorité sur le second. Mais que l'essai inverse ait lieu, que l'on charge également les mêmes chevaux, qu'on les soumette à des actions plus rapides, et le plus puissant des deux, croyez-le bien, ne sera plus l'animal lourd, celui chez lequel une plus grande force musculaire avait été constatée en premier lieu; tout l'avantage restera au second, que je suppose d'ailleurs bâti en force relativement aux dimensions de sa race, et convenablement proportionné dans toutes ses parties.

Il en résulte que le cheval exclusivement destiné au tirage lent doit être volumineux et lourd pour produire une somme très-considérable d'effet utile, mais que, pour obtenir du cheval une grande quantité d'énergie musculaire, soit au trait rapide, soit au service de la selle, la masse du corps doit être allégée, au contraire, dans certaines proportions, sans dépasser pourtant certain degré au-dessous duquel on ne trouverait plus que faiblesse et impuissance (1).

(1) Depuis que cette étude a été publiée, M. Ch. de Sourdeval a traité ce sujet d'une manière très-remarquable dans un article intitulé, — L'étoffe et le sang.

Il dit : « L'étoffe et le sang sont comme les deux pôles de la sphère

Jusqu'ici je n'ai parlé que de l'énergie musculaire ou de la force physique, puissance toute matérielle en quelque sorte. Comme être vivant, le cheval renferme en sa nature une autre propriété que peu d'auteurs ont osé nommer *sa force morale*. C'est cette propriété que les vieux hippologues et les amateurs, que tous ceux qui ont usé du cheval noble ont appelée — cœur, âme, feu, nerf, ardeur..... — Que de mots pour mal exprimer la même pensée, la même disposition intérieure, la même faculté! La première expression me semble plus exacte, plus vraie, mieux appropriée; je l'adopte.

La force morale est une faculté abstraite, une propriété insaisissable, qui accroît dans des proportions fort diverses l'énergie ou la force dont on a placé le siége dans le système musculaire; — c'est un pouvoir qui se révèle spontanément, qui agit et produit ses effets sans aucune provocation préalable.

Il en est, d'ailleurs, de la force morale comme de la force musculaire. Elle existe en quantité variable et dans les différentes races et dans les individus d'une même famille. Mais, au rebours de la puissance physique, elle paraît s'accumuler d'autant plus abondamment au sein des organes que le développement des masses charnues est moins considérable; elle peut même être en excès dans certaines races

---

chevaline. Un cheval qui n'a pour lui que l'*étoffe* est une masse inerte, une machine lourde fonctionnant à peu de résultats; un cheval qui n'a que le *sang* est une ombre fugitive dont l'utilité réelle est difficile à saisir. C'est le contre-poids, l'équilibre de ces deux forces qui forment le bon cheval à tous les degrés de l'échelle.

« Nous appelons *étoffe* le développement de la masse osseuse et fibreuse du cheval, indépendamment de son énergie; nous entendons par *sang* l'énergie, l'âme du cheval, indépendamment de sa masse. La première de ces qualités semble particulièrement liée à un tempérament lymphatique, la seconde à un tempérament nerveux. » (*Journal des haras*, tome XLIV.)

et chez certains individus à tempérament irritable et nerveux dont on n'obtient pas alors une somme d'effet utile satisfaisante. Dans ce cas, la force musculaire n'est point en rapport avec le développement normal des diverses parties du corps ; celles-ci ne présentent plus entre elles une proportion convenable ; la machine est vicieuse, et ne fonctionne qu'imparfaitement.

En thèse générale, la puissance musculaire, prise isolément, est le propre des espèces communes ; — la force morale est plus essentiellement l'apanage des races nobles. — Plus la première domine, moins l'animal a de vivacité et d'aptitude aux mouvements prompts, mieux il est approprié, au contraire, aux services lents qui, pour une grande masse d'effet utile, exigent un emploi long et répété du moteur. — Plus la force morale est développée, moins grande est la puissance musculaire, plus actif, plus ardent, plus vite est l'animal, mais moins résistant et plus fragile il se montre. — Combinées en proportions heureuses dans les races, suivant l'aptitude particulière à chacune, ces deux forces complètent la machine et lui donnent la perfection sans laquelle elle ne saurait produire toute son utilité. Chez le cheval massif et lourd, au développement musculaire trop considérable, chez le cheval dans les tissus duquel s'accumulent en excès et la lymphe et la graisse, une marche vive, une progression rapide dépenseraient en peu d'instants et sans utilité aucune plus de force musculaire qu'il n'en serait nécessaire pour la production d'une grande quantité de travail et pour vaincre des résistances accrues au delà même de la mesure ordinaire. — Chez le cheval trop richement doté de la force morale, chez celui, conséquemment, en qui cette faculté n'est point suffisamment soutenue par le développement des masses charnues, la lenteur des mouvements n'empêcherait pas que la fatigue fût prompte à se manifester ; l'excès du poids à transporter le réduirait bientôt à une impuissance absolue. Dans l'un et dans l'autre cas le moteur déploierait des forces considérables pour ne produire qu'une somme insuffisante d'effet utile.

En résulte-t-il, ainsi que l'a écrit Mathieu de Dombasle, « qu'on ne peut rien gagner en vitesse sans perdre sur la « force, et réciproquement ? » Il faut s'entendre.

L'emploi des forces du cheval n'est pas soumis d'une manière absolue à cette loi de la dynamique. Les forces employées au déploiement d'une plus grande vitesse peuvent très-bien n'être pas toujours compensées par le degré de vitesse obtenu ; mais il ne s'ensuit pas qu'il y ait eu perte ou non-emploi des forces. Leur dépense a été mal entendue ; elles ont produit moins d'effet utile, soit ; elles n'en ont pas moins été émises, consommées, et le plus ordinairement même au préjudice du moteur. La dépense des forces peut être ainsi beaucoup plus considérable dans la production d'une vitesse exagérée qu'elle ne l'aurait été pour l'accomplissement d'une très-grande somme de travail exécuté avec toute la lenteur du service du roulage. La vitesse extrême de certains chevaux sur l'hippodrome en fournit des exemples fort curieux.

Cependant ce fait n'est pas admis sans conteste. Mathieu de Dombasle en est même si éloigné, qu'il établit ce principe : « Il y a, dans la vitesse extrême du cheval, une perte « des neuf dixièmes au moins sur l'effet utile obtenu. » Eh bien ! ceci est une erreur. Quel est donc l'effet utile à produire par le moteur ?

La vitesse, la vitesse aussi grande, aussi exagérée que possible. Toutes les forces du moteur ont-elles été consommées par lui à cette fin ? — Oui, évidemment. — Le résultat a-t-il été ce qu'on voulait qu'il fût ? — Oui, encore. — Il n'y a donc aucune perte à constater.

A la vérité, tel n'est pas le raisonnement du célèbre agronome. Il dit : « Dans la vitesse extrême des courses de « l'hippodrome, un cheval transporte son cavalier, soit un « poids d'environ 50 kilogrammes, à 4 kilomètres de dis-

« tance, dans l'espace de quatre à cinq minutes ; et la fati-
« gue qui en résulte pour lui dépasse vraisemblablement
« celle qu'il éprouverait en transportant le même poids à
« 40 ou 50 kilomètres de distance, au pas et dans l'espace
« de huit à dix heures. » Encore une fois, la question ne
saurait être ainsi posée. Il ne s'agit pas de savoir si le moteur eût éprouvé plus ou moins de fatigue à produire une
quantité déterminée d'efforts ou d'action dans des circonstances diverses. Le cas est bien spécifié. Il y a une carrière
à fournir, un but à atteindre dans le moindre délai possible :
qu'importe alors le plus ou moins de fatigues? Que le moteur trouve en lui la somme de puissance nécessaire à la
production de l'effet utile desiré, et il aura satisfait à sa
tâche.

Maintenant ma conclusion sera bien différente, si la
question est autrement posée. S'agit-il, par exemple, de déterminer le mode d'emploi relativement le plus convenable,
le plus rationnel, le plus avantageux au consommateur et
le moins compromettant pour le moteur? Le problème n'est
plus le même, et je dirais volontiers, avec Mathieu de Dombasle, qu'il y a beaucoup à perdre sur l'effet utile obtenu
quand certaines circonstances obligent des moteurs à dépenser, pour un même résultat, pour un effet utile égal à tous
égards, une somme de forces plus considérable que n'en
aurait demandé la production du même travail dans des
circonstances mieux combinées, plus judicieusement entendues. Alors il y a perte réelle, dépense exagérée, usure
inutile et sans but. — La citation et l'appréciation facile
d'un fait rendront cette proposition sinon plus évidente, au
moins plus facilement appréciable.

« Deux colonels, rapporte M. Rostan, d'après Sinclair,
« avaient eu entre eux une longue discussion pour savoir
« lequel convenait le mieux, pour une longue marche au
« milieu de l'été, de se reposer la nuit ou le jour. Comme
« la chose était, sous un point de vue militaire, assez inté-

« ressante, ils obtinrent de leur général d'en faire l'essai.
« Ils partirent l'un et l'autre avec leur régiment et parcou-
« rurent deux cents lieues. Celui qui marchait le jour et se
« reposait la nuit arriva à sa destination sans aucune perte
« d'hommes ni de chevaux, tandis que celui qui avait cru
« préférable de profiter de la fraîcheur de la nuit pour faire
« le chèmin, et de se reposer dans le milieu du jour, per-
« dit la plupart de ses chevaux et plusieurs de ses sol-
« dats (1). »

Je ne pouvais trouver un exemple plus remarquable pour
appuyer mon opinion. — L'expérience est concluante en
effet, car elle s'est répétée sur un grand nombre de sujets à
à la fois, et renouvelée pendant vingt-cinq à trente jours
consécutifs. Elle prouve que, pour ne produire que le même
effet utile, la même somme d'efforts, — le moteur a néanmoins dépensé une quantité de forces beaucoup plus considérable dans un cas que dans l'autre ; qu'il y a eu dépense
inutile, fatigue extrême, et finalement usure, usure sans
nécessité : — là est la perte.

Mais faudrait-il raisonner ainsi, s'il y avait eu obligation
de marcher pendant la nuit et non pendant le jour? Évidemment non ; et il eût fallu subir, — quand même, — les
inconvénients du voyage nocturne, s'il eût été le travail
exigé, l'effet utile nécessaire. Je suppose maintenant qu'au
lieu de cheminer séparément les deux régiments eussent fait
route ensemble, — soit le jour, soit la nuit : — les circonstances devenant les mêmes pour tous deux, la somme de
force déployée par chacun des moteurs en cause n'eût présenté aucune différence notable, et l'effet utile eût été obtenu, — ou sans pertes de part et d'autre, — ou bien avec
des pertes égales pour les deux corps. Enfin la fatigue plus
grande qui a si fort éprouvé les chevaux du régiment dont
le transport s'est effectué nuitamment ne provient pas d'une

(1) *Principes d'hygiène*, etc., par J. H. Magne.

perte des forces, mais, au contraire, d'une consommation exagérée de ces forces, que l'on n'a point su ménager. Chaque moteur, très-certainement, n'a dépensé que la somme d'efforts exigée pour le travail pénible qu'on lui demandait. En le rendant moins difficultueux, on économisait l'emploi d'actions considérables, et l'on prévenait des dépenses de forces inutiles, onéreuses, sans compensation, tout en obtenant le même effet utile.

Quant à la consommation des forces dans une course à outrance, elle est excessive et ne permet aucune perte : peu de personnes, probablement, se sont rendu compte du fait ; voici donc à leur usage les résultats d'un petit calcul que l'on peut croire exact.

Si *Éclipse* a été proclamé le roi des coureurs, *Childers*, selon l'expression anglaise, était le soleil du *turf*. Cette gazelle équestre déportait puissamment son corps à chaque bond : *Childers* parcourait 26 mètres 60 centimètres (82 pieds 1/2) par seconde, — 1,596 mètres à la minute. Certes, il faut une grande énergie pour produire un pareil effet (1).

(1) Ce degré de vitesse n'est pas souvent atteint sur l'hippodrome.

En mesurant les courses les plus rapides, parmi celles dont les résultats ont été consignés dans le 3ᵉ volume de la 1ʳᵉ partie de cet ouvrage (*a*), nous trouvons les vitesses ci-après :

1º *Angleterre.*

Pour une distance de

4,954	mètres parcourue en	6′25″, la vitesse par seconde est de	12ᵐ,86
3,621	....	4 16	....	14	14
3,134	....	3 53	....	13	45
2,034	....	2 17	....	14	84
1,610	....	1 49	....	14	77
1,561	....	1 46	....	14	72
1,130	....	0 70	....	16	14
796	....	0 53	....	15	»

2º *France.*

4,000	....	4 41	....	14	24
2,000	....	2 17	....	14	60

(*a*) Voir p. 75—76—77—80— et 81.

Comptons :

La résistance opposée par l'air est une force contraire de 16 kilogrammes à très-peu près par chaque mètre carré. La surface du cheval ajoutée à celle que présente le jockey ne peut guère être évaluée à moins de 5 pieds 1/2 carrés; — c'est donc une opposition, une résistance de près de 29 kilogrammes. Si l'on veut bien se rappeler qu'elles doivent être vaincues avec une vitesse de 26 mètres 60 centimètres, on trouvera que le produit de 29 kilogrammes par 26 mètres 60 centimètres est précisément de 2,585 kil. — Telle est la force déployée dans cet effet utile, pour parler la langue technique, telle est la dépense d'énergie que nécessite la production d'une telle vitesse. Eh bien, cette force est sept fois plus considérable que l'effort lent d'un cheval-monstre, puissant, sur un véhicule pesamment chargé.

Il n'y a donc pas dans la vitesse extrême une perte des 9/10es au moins sur l'effet utile, ainsi que l'a écrit Mathieu de Dombasle. Il est évident que les forces sont d'autant plus rapidement dépensées, épuisées même, que le moteur est plus pressé dans ses actions; mais la quantité de travail est produite dans un temps beaucoup plus court. C'est ainsi, par exemple, que l'expérience a encore démontré qu'il résultait moins de fatigue pour les chevaux d'un régiment à parcourir les étapes même d'une longue route, moitié au pas et moitié au trot soutenu, que de les faire tout

Ces chiffres tendraient à prouver d'une manière à peu près absolue que l'intensité de l'action, la rapidité du mouvement, la plus grande vitesse enfin est en raison inverse de l'étendue du parcours ou de sa durée. Cela s'explique, d'ailleurs, à merveille.

La grande étendue de l'enjambée et la rapidité du mouvement sont les deux éléments de la vitesse. *Hambletonian*, à la fin d'une course rapide, embrassait, dans une seule enjambée, une étendue de 6 mètres 37 centim. 56 millim. — *Éclipse* franchissait d'un bond jusqu'à 7 mètres 60 centimètres.

Au trot, *Esmeralda*, à M. le marquis de Croix, couvrait une surface de 4 mètres 67 centimètres.

entières au pas. C'est que, — si d'un côté il y a plus grandes dépenses de force motrice, — de l'autre il y a des repos plus prolongés pour réparer les pertes et accumuler au sein des organes des puissances nouvelles. Ce fait est constant, il s'applique également à tous les services journaliers qui, de leur nature, n'exigent pas une lenteur extrême qu'on ne saurait alors demander avec avantage à des chevaux d'une construction légère.

Force et vitesse sont des qualités parfaitement différentes. En thèse générale, la force implique le poids, la masse, un grand développement proportionnel de toutes les parties du corps. — La vitesse, au contraire, suppose des formes relativement élancées, sveltes, de l'élégance, de la légèreté, plus d'ardeur que de durée.

Le cheval fort est puissant, mais lourd. Le cheval vite est énergique, mais léger. Si le premier peut être puissamment chargé, il ne saurait être mené sans danger au delà d'une vitesse fort limitée. Le second ne veut pas d'un poids relativement trop considérable, sous peine de ne pas produire toute la somme d'effet utile qui est en lui. Chacune de ces spécialités a son importance et trouve son emploi; cependant, en l'état actuel des exigences de notre civilisation, elles perdent d'autant plus de leur utilité propre qu'elles s'excluent davantage. Le cheval le plus utile aujourd'hui est celui qui réunit en lui les deux natures de puissance au degré le plus favorable,—soit au tirage lent,—soit aux divers services qui réclament une certaine vitesse. Il résulte de là que le cheval exclusivement fort de même que le cheval exclusivement vite ne sont que des exceptions, mais que le cheval puissant à la fois et par l'un et par l'autre mérite est de plus en plus recherché au contraire. En d'autres termes, le gros cheval de trait du Nord veut être allégé jusqu'à un certain point, — et notre ancien cheval du Midi, si gracieux et capable, demande à être renforcé pour remplir convenablement les besoins de l'époque, pour lesquels il n'a certainement pas été constitué.

Quelles doivent donc être sa forme et sa structure? Ce qui précède le fait bien pressentir. Le cheval léger doit allier la vitesse à la force, — comme le cheval lourd doit allier la force à la vitesse. Il demeurera le cheval de selle, mais le cheval de selle aux moyennes proportions, au système musculaire énergique. Il sera cheval de luxe et ne redoutera aucune rivalité. Il se montrera ensemble et fort dans toutes ses parties, plus puissamment musclé, plus ossu, plus ferme dans ses attaches, plus précoce dans son développement. Ce ne sera donc plus le cheval chétif et serré, aux aplombs défectueux, aux proportions étroites, aplaties, réduites ; au système musculaire amoindri, impuissant; aux os minces, aux articulations faibles et par trop flexibles; à la croissance lente, onéreuse et tardive : ce sera le cheval de cavalerie légère, capable de porter son cavalier et son lourd équipement ; le cheval aux allures allongées et souples encore ; le cheval de fonds et d'haleine, plus résistant que nerveux et susceptible ; le cheval à forte structure et aux actions rapides, propre à tous les services en quelque sorte et que tout le monde réclame; le cheval qu'on ne trouve encore que par exception ; celui que sa construction place, comme intermédiaire, entre le cheval trop léger aujourd'hui des différentes parties du midi de la France, et le carrossier du nord, qui ne remplit pas suffisamment bien la destination du cheval de selle, car il n'en a ni le mérite ni la conformation. Tel est le modèle arrêté sur lequel il faut calquer le cheval léger, car tel le réclament les divers services qui l'emploient. Trop lourd, une partie de la force musculaire nécessaire à la production du travail serait détournée au profit du transport du moteur lui-même, sans résultat pour l'effet utile; — trop léger, au contraire, il n'offrirait plus assez de résistance au poids à porter, la fatigue serait trop prompte et le travail insuffisant.

En rapportant à cette alliance de la force musculaire et de la force morale en proportions heureuses tous les éléments de la valeur du cheval, je n'entends pas négliger la source même de l'une et de l'autre puissance, savoir : — le sang ou l'origine ; — les transmissions héréditaires ; — les habitudes générales d'alimentation et d'élevage, lesquelles dépendent essentiellement de la nature du sol, de l'état avancé ou arriéré de l'agriculture ; — l'action efficace ou malencontreuse de l'homme, déterminant, au moyen de l'art, des combinaisons nouvelles et tout à fait inattendues ; — enfin les formes extérieures, dont les bonnes proportions et l'heureux agencement peuvent toujours faire présumer une conformation intérieure correspondante.

II.

L'origine, — ou l'influence du sang, — acquiert une importance d'autant plus grande qu'il s'agit d'une race plus élevée sur l'échelle équestre dont le sommet est naturellement occupé par la race arabe, souche de toutes les autres, qui n'en sont que des émanations diversifiées par les climats et mille positions changeantes.

Étudié dans ses propriétés vitales, dans ses caractères physiques et dans sa composition intime, le sang de la race primitive, de la race la plus noble s'est aussi montré le plus riche, le plus chaud, le plus puissant ; il renferme l'élément aqueux en plus petite quantité que celui d'aucune autre famille, et, par contre, une plus forte proportion des globules albumineux qui nagent dans la partie séreuse en nombre variable, non-seulement en raison de la richesse ou de la pureté du sang, mais encore en raison de la condition physiologique des individus ; les composés salins y sont aussi plus abondants, et, sorti des vaisseaux qui le charrient dans tous les organes, qui le déposent dans tous les tissus, il conserve plus longtemps sa fluidité, les caractères de la vie ;

il résiste plus qu'un sang moins généreux aux causes de destruction physique, de dissolution de ses éléments divers.

Cette supériorité du sang n'existe et ne se conserve que dans un petit nombre de familles équestres privilégiées, soumises à des influences heureuses de climat, d'alimentation et de soins ; l'art lui vient puissamment en aide lorsque les circonstances lui sont moins favorables. Au milieu des causes affaiblissantes, les éléments de cette supériorité perdent de leur importance ; l'élément séreux domine bientôt dans la composition du liquide, le nombre des globules s'amoindrit, la masse du sang s'appauvrit, et la machine entière est atteinte dans ses conditions de force, de résistance, de durée, dans sa vitalité en un mot : c'est une loi de nature.

La pureté du sang est donc la source, le principe de cette force morale dont l'accumulation en proportion convenable est l'un des résultats les plus essentiels d'une production bien entendue et d'un élevage judicieux.

Si la théorie est vraie, si elle n'est point un caprice de l'imagination ou une erreur de la science, l'amélioration doit naître et se développer successivement dans le mariage des mâles d'une race pure, c'est-à-dire douée d'un sang plus riche en globules, avec des femelles dont le sang, moins heureusement doué, est pauvre, froid, trop aqueux. Par les alliances, en effet, la richesse du sang augmente chez les produits ; elle est moindre que chez le père, mais plus grande que chez la mère ; et cette supériorité, qui se révélera dans l'action, dans l'emploi du cheval, se trahit déjà au dehors à la simple inspection des sujets, comme elle est encore autrement démontrée par la science du chimiste lorsqu'il s'occupe de l'analyse quantitative des éléments organiques du sang.

Ce n'est donc point une expression vaine et creuse que celle de *pur sang*, par laquelle on désigne les animaux de

races pures qu'une éducation à part a maintenues au sommet de l'espèce : elle a donc sa valeur et son fondement ;
elle ne peut plus être un terme abstrait, une chose de convention ou de mode, une opinion bizarre , une idée extra-
vagante, comme beaucoup l'ont dit et comme quelques-uns
l'écrivent encore aujourd'hui.

Oh! certes, le pur sang existe..... Mais vous qui n'y
croyez pas, avez-vous vu le regard du cheval arabe, et la
flamme de ce fier regard transmise à l'œil de ses fils anglais?
Pourquoi, dites, la prunelle d'un poulain de notre vieille
Europe semble-t-elle éteinte près de celle des étalons d'O-
rient? Expliquez cela, ou, sinon, au moins croyez-le.

Le pur sang !..... mais c'est le principe de la force et du
courage. En lui réside le germe indestructible de toutes les
qualités intimes du cheval noble, du cheval père ; c'est la
source précieuse, féconde, intarissable de toutes les améliorations ; c'est la beauté absolue, la grâce, la puissance ;
c'est l'assemblage de toutes les perfections ; c'est encore
quelque chose que l'amateur sent beaucoup mieux qu'il ne
peut dire.

Aussi bien puis-je le matérialiser et le faire toucher du
doigt à ceux qui voudraient être incrédules jusque-là. Voyons
donc.

Le sang est le résultat de toutes les absorptions soit cu-
tanées et muqueuses, soit intérieures ou interstitielles. Il
renferme à la fois et les matériaux introduits dans l'organisme, et ceux qui, altérés par le mouvement vital, ne
pourraient plus en faire partie sans danger. Il est dépourvu
de structure, ce qui lui a fait refuser la vie pendant longtemps ; mais il la possède évidemment, lui qui la donne à
tout dans l'organisme, lui dont les réactions intestines sont
dans un exercice continuel, lui qui, à l'instar des organes
les plus vivants, est agité d'un mouvement moléculaire
comme spontané, par lequel il augmente sa substance , ou
la diminue, ou la renouvelle; lui qui offre les trois grands

phénomènes qui sont les effets de ce mouvement : — l'absorption, — l'assimilation — et la sécrétion. Ne l'a-t-on pas appelé enfin de la *chair coulante*, expression admirée, mais incomplète, sinon inexacte? car le sang, c'est plus que de la chair coulante, c'est la trame organique tout entière à l'état liquide, et tous les solides, quels qu'ils soient, ne sont que du sang modifié.

Qu'est-ce donc que le pur sang, sinon — la densité, le poids, la compacité de l'os; — l'élasticité, la force de la fibre musculaire, l'énergie de ses contractions; — la résistance du tendon, son volume, sa netteté; — la puissance des attaches ou des ligaments; — l'ampleur, le volume, la solidité de tous les viscères, de toutes les membranes, de tous les canaux dont le tissu ou la trame se montrent si énergiques; — le développement du cerveau, source de l'intelligence, de la force morale, des plus brillantes qualités; — la perfection des sens, dont les instruments ne sauraient alors être ni grossiers ni imparfaits; la richesse du tempérament sanguin allié à des nuances heureusement combinées de quelques-uns des avantages inhérents aux prédominances nerveuse et musculaire; — la hardiesse de la pose; — l'assurance, la vivacité, la fierté du regard; — la finesse de l'enveloppe extérieure et le soyeux des longs crins qui tombent de l'encolure ou garnissent le fouet; — une sensibilité exquise; — l'harmonie des formes et de structure générale qui, dans l'ensemble, résulte nécessairement de toutes les perfections de détails; — et enfin, pour tout résumer en un mot, la plénitude de la vie observée sur l'un des chefs-d'œuvre de la création?

Oui, voilà bien les caractères du sang chez le cheval pur... Voyons maintenant quelles différences naissent de sa dégénération, des changements qui surviennent dans la combinaison ou la proportion de ses éléments divers, par suite de l'existence du cheval dans des conditions défavorables à la conservation de sa noblesse et des hautes qualités natives.

Comparons le tableau qui vient d'être esquissé avec celui qui est offert par l'animal abâtardi, — l'antipode du cheval de pur sang.

Ici — l'air humble et triste, morne, hébété, stupide ; — l'œil éteint ; — les formes grossières, empâtées, disjointes, disgracieuses ; — la démarche lente et traînée; — la pose apathique et négligée, suant la mollesse par tous les pores. — L'intérieur de cette machine est tout aussi défectueux : — peu de vitalité dans les différents organes ; — indolence extrême dans toutes les fonctions ; — prédominance de l'élément aqueux dans le sang; — abondance d'une lymphe épaisse et d'une graisse jaune et mollasse, véritable rouille animale qui assiége, pénètre, abreuve tous les tissus, engorge tous les canaux, obstrue toutes les voies, embarrasse tous les mouvements et dégrade le moral autant que le physique est relâché..... Peut-il donc y avoir là de la force, de la volonté, de l'énergie morale ou de la puissance ? — Non ; — c'est encore de la vie, mais de la vie sans chaleur.

Eh bien ! si on lui permet de se reproduire, quelle sera l'action d'un pareil être sur sa descendance? La réponse est facile. — Son sang appauvri ne saurait communiquer aucune qualité à ses fils, et si la dégénération n'augmente pas, c'est qu'elle aura atteint son plus bas période.

L'origine, la race, le sang constituent donc l'un des principes les plus essentiels de la valeur du cheval. Tous les services, tous les emplois n'en réclament pas, chez le moteur, le même degré, la même dose, si je puis m'exprimer ainsi ; mais toutes les spécialités en veulent une certaine proportion que l'expérience apprend bientôt à déterminer.

III.

Deux écrivains allemands ont défini avec bonheur la procréation des êtres la continuation de la croissance de l'organisme des ascendants, d'où résulte une nouvelle vie, qui n'est que la fusion des vies du père et de la mère en formant une troisième.

L'hérédité, ou le pouvoir de transmettre à d'autres, par voie de génération, ce que l'on possède, est donc une loi de nature.

Cette loi assure la permanence des espèces, et la conservation des caractères généraux chez le grand nombre des individus formant race, famille à part ; ces caractères sont — la constance et l'homogénéité. Elle est le point de départ de toute amélioration ; elle est aussi la source de toute détérioration.

Les semblables, sauf de rares exceptions, produisent leurs semblables. Tel est le principe fondamental. Il n'exclut aucune faculté, aucune qualité, aucune forme bonne ou mauvaise, aucune spécialité, aucun défaut, aucun vice. Il peut les répéter tous avec la même certitude, car tous sont soumis à des lois communes dépendantes elles-mêmes des fonctions de la vie. Seulement il faut toujours être à la recherche et à la poursuite des qualités supérieures qui rapprochent les êtres du plus haut point de perfection qu'il leur soit donné d'atteindre, — et toujours repousser les imperfections et les défectuosités qui tendent sans relâche à la dégénérescence, à la détérioration des individus et des races. Il faut des soins pour améliorer, il en faut pour conserver. Plus un objet est précieux et plus il veut être traité avec ménagement. Pourquoi les mauvaises plantes reviennent-elles toujours dans nos champs et dans nos jardins, malgré tous les efforts et en dépit de la destruction qui les poursuit? Pourquoi les préjugés, qui sont les mauvaises herbes de l'esprit humain, sont-ils aussi difficiles à extirper? Les bonnes espèces, dont la culture est si coûteuse, ne se maintiennent qu'à la faveur de travaux intelligents et toujours renouvelés; elles disparaîtraient étouffées sous la végétation plus hâtive et plus puissante des espèces inutiles ou nuisibles, qui les envahissent si aisément. Ainsi la reproduction des qualités élevées est entravée par de nombreux obstacles, et a toujours besoin d'être fortement secourue. Ainsi les facultés solides et brillantes, alors même qu'elles prédominent chez les ascendants, sont toujours prêtes à céder la place à des vices de conformation, à obéir aux effets d'une véritable dégradation morale. Aussi trouve-t-on bien rarement la perfection, tandis que la médiocrité est partout et nous frappe à tout instant.

C'est que le bien et le mal luttent sans cesse l'un contre l'autre, et dans le monde moral et dans le monde physique. Les beautés — ou natives ou acquises, — dont rien n'a altéré la pureté, se transmettent de génération en génération, comme les imperfections se perpétuent, lorsque le concours des circonstances qui les ont fait naître tend incessamment à les propager.

Au reste, tout le monde est d'accord sur la transmission des formes extérieures des ascendants aux produits. C'est un fait tenu pour constant, et l'observation le répète chaque jour. On est moins touché de la transmission héréditaire, tout aussi constante néanmoins, de ressemblance dans les différents organes. Cependant un père donne tous les jours à ses extraits un cerveau, un cœur, des poumons, un foie..... plus ou moins développés, plus ou moins irritables, plus ou moins puissants; cela est incontestable. Pourquoi donc ne léguerait-il pas de même une certaine hérédité dans le mode d'excitation des fonctions de ces organes ?... Est-ce que les chevaux d'une même famille, d'un même pays, d'un même haras, si l'on veut, n'offrent pas entre eux des ressemblances organiques remarquables sous le rapport des qualités fondamentales, intimes de la race, tout aussi bien que sous le rapport des formes extérieures, par exemple ? Serait-il donc si hors de raison d'avouer que ces particularités distinctives peuvent dépendre de la puissance héréditaire ? Un poulain ne peut-il avoir emprunté à ses auteurs, par exemple, une force d'assimilation des aliments égale à celle qu'on avait pu remarquer chez son père ou chez sa mère (1)? Est-ce que certains animaux ne sont pas d'une nature à part, d'un entretien extrêmement difficile de père en fils?

Pourtant on conteste le fait, et l'on va même si loin dans cette opinion, que l'on refuse *au sang* — l'élément géné-

(1) Les exemples ne nous manqueraient pas pour appuyer cette théorie; nous n'aurions que l'embarras du choix parmi les faits que nous avons recueillis nous-même. Nous nous bornerons à rapporter ceux que M. A. Demoussy a consignés dans son *Traité des haras.*

Il s'exprime ainsi :

« La similitude qui existe entre les poulains et les pères et mères dont ils sont issus ne se borne pas aux formes extérieures du corps; elle s'étend encore aux organes qui reposent dans les cavités splanchniques : de là l'hérédité de certaines maladies qui tiennent toutes à un vice organique congénital.

« Les pères et mères bien constitués engendrent des enfants robustes, et, comme l'a dit un médecin célèbre, la plus grande force vient de la naissance. La faiblesse constitutionnelle des poulains dépend également de leurs procréateurs, lorsqu'un ou plusieurs de leurs organes ont un vice primitif de structure qui leur a été légué par leurs ascendants.

« Le *Collégial*, étalon espagnol, très-sujet aux coliques, à cause d'un rétrécissement anormal de l'intestin grêle, a transmis ce défaut à plusieurs de ses poulains, tels que le *Sophi*, l'*Engageant*, etc., qui avaient avec lui une ressemblance frappante.

« . . . . Je le répète, la ressemblance physique n'est pas la seule qui se transmette des pères aux enfants; les animaux héritent également des qualités morales de leurs procréateurs. Le cheval doux, plein de noblesse, ami de l'homme, communique ses bonnes qualités à ses productions; le cheval sauvage ne fait trop souvent que des poulains d'un naturel farouche. Il y a des races où cette âpreté de caractère, cette haine de l'homme, cet esprit d'indépendance forment un héritage inaliénable que les pères ne manquent jamais de léguer à leurs enfants. En Limousin, les arrière-petits-fils du *Cardinal*, de la *Jaumont*, un assez grand nombre des enfants du *Kurde* se reconnaissent encore à leur susceptibilité et à leur nature irascible. »

Tous les êtres vivants sont, d'ailleurs, soumis à la même loi.

rateur de toute organisation, — le pouvoir héréditaire qui lui donne tant d'influence, tant de supériorité dans l'acte reproducteur.

Je n'ai plus besoin d'expliquer cette expression—*le sang.* — Je lui ai donné une signification précise et élevée, celle qu'elle doit avoir dans le langage de la science. Je puis donc continuer sans crainte qu'on m'arrête sous prétexte de me demander raison.

Eh bien, n'est-il pas logique d'accorder au sang des reproducteurs toute influence heureuse ou non, tout pouvoir efficace ou nuisible, suivant qu'il sera riche ou pauvre?

Que se passe-t-il donc dans l'œuvre de la copulation? Deux êtres de sexes différents sont unis, — unis dans le but de la reproduction. — L'un a réuni en soi les éléments du germe ; — l'autre possède dans des organes particuliers la liqueur la plus pure et la mieux élaborée de toutes celles de l'économie, et pourtant cette liqueur elle-même n'est que le grossier véhicule d'une *aura seminalis* d'une incroyable subtilité. Les matériaux du germe comme ceux du sperme ont tous été apportés par le sang; ceux de la liqueur séminale ont souvent été repris par le mouvement circulatoire, et reportés au sein des organes pour en augmenter la force et la vie..... Comment donc le sang n'aurait-il pas toute action, toute puissance dans l'acte de la génération? Où serait alors le principe d'hérédité? Le fait même de la copulation ne donne, tout formés, ni les os, ni les chairs; il ne produit, entiers, ni le cerveau, ni le cœur, ni les poumons, ni aucun organe quelconque; il en transmet le principe, car il les contient tous, et nul ne se développera en dehors de son influence.

Le phénomène le plus difficile à comprendre, celui que l'on ne tente même pas d'expliquer, tant il est ténébreux, c'est la production du germe. Mais est-il besoin de trouver cette explication? Se rend-on plus facilement compte de la présence de cette *aura seminalis* qui donne l   ie au germe et détermine la conception? Une fois l'existence du germe admise, il n'y a plus sur la génération de difficulté particulière. Tant qu'il adhère à sa mère, il est nourri comme s'il était un de ses organes, et, une fois qu'il s'en détache, il a lui-même sa vie propre, qui est, au fond, semblable à celle de ses auteurs.

Cependant le germe, l'embryon, le fœtus, le nouveau-né ne sont jamais parfaitement de la même forme que leurs procréateurs. C'est qu'en effet mille circonstances sont venues modifier les influences sous lesquelles les ascendants ont été engendrés eux-mêmes et se sont développés aux différentes phases de leur vie utérine et extra-utérine. Il en résulte des déviations ordinairement légères, — d'autres fois étranges, — des caractères physiques et du caractère moral, des dissemblances individuelles que le principe d'hérédité peut même reproduire, si l'action de causes semblables en favorise la répétition, la transmission par l'acte générateur.

C'est à cette variation du type primitif que nous devons nos races diverses et toutes leurs variétés. Elle nous a révélé un pouvoir nouveau, un don de création, si je puis dire; elle nous permet de remanier toutes nos espèces, de leur faire perdre l'empreinte actuelle, de les modifier et de les refondre à notre guise, selon nos besoins et nos intérêts; elle nous a conduits à cette découverte que l'organisation animale est chose ductile, matière souple, capable de prendre toutes les formes et toutes les dimensions; c'est un morceau de cire obéissant à l'intelligence qui sait le chauffer à point pour le pétrir à son gré.

Malheureusement cette puissance est encore incomprise. A voir l'obstination que l'on met à produire toujours suivant la même routine, sans profiter aucunement des préceptes de la science, des leçons de l'expérience, des calculs de l'intérêt, il semblerait que les producteurs soient dans l'obligation absolue de s'en tenir invariablement à ce qui a été, à

ce qui est. Il n'en saurait être ainsi. Lorsqu'une race ne répond plus aux exigences de la civilisation, lorsqu'elle a
cessé d'être appropriée aux services divers, elle a cessé d'ê-
tre capable et productive. Son défaut d'aptitude la fait bientôt abandonner; elle vieillit, elle perd, chaque jour, de son
utilité, de sa valeur; elle tombe en désuétude; il y a perte
à s'en occuper, à la reproduire..., et, quand les choses en
sont là, on crie à la dégénération... Est-ce donc là de la dégénération? Non, c'est de l'immobilité.

Le premier symptôme d'affaiblissement d'une race est
dans une recherche moins active, bientôt suivie de la vileté
des prix maintenant à peine offerts de ses produits. Si l'a-
griculture ne profite pas de cet avertissement, c'en est fait.
Les pertes se succèdent rapidement; le découragement naît
du malaise : c'est une industrie désormais très-difficile à relever, à ramener à un état prospère. Eh bien! à qui s'en
prendre? — Le producteur accusera le consommateur, et
vous entendrez le consommateur, dont les besoins ne sont
pas remplis, se plaindre du producteur. Oui, c'est bien cela;
mais nul ne fera rien pour changer la situation et remédier
au mal. Celui-ci demeurera imperturbablement au point où
il a échoué, — l'autre trouvera de nouveaux fournisseurs
et portera ailleurs l'excitation puissante que toute industrie
rencontre dans tout débouché avantageux. Le consommateur
obtient ainsi toujours satisfaction. Il n'en est plus de même
de l'industrie qui produit. Elle tombe et s'anéantit lorsqu'elle ne sait pas reconnaître à temps et adopter avec convenance les modifications de forme et de structure générale
que le consommateur recherche chez les animaux qu'il emploie.

La production s'est rarement éclairée des besoins généraux et spéciaux qu'elle était appelée à remplir. Le plus ordinairement elle a travaillé au hasard, sans préoccupation
aucune de ce qui se passait autour d'elle, des mille et un
changements qui surviennent incessamment et qui se suc-

cèdent sans relâche dans les exigences du présent, toujours prêt à fuir. Elle n'a guère su modifier ses vues, changer ses procédés, transformer ses produits selon les temps. Le plus souvent donc elle s'est trouvée attardée, faute d'une bonne direction. Or la meilleure de toutes consiste à reconnaître les qualités les plus recherchées au temps pour lequel on opère, car ces qualités sont toujours les plus utiles en ce qu'elles sont toujours les mieux rétribuées.

Un jour arrive pourtant où l'on se trouve si fort en arrière, où l'on souffre à tel point de n'avoir pas été plus alerte et mieux avisé, que, sans mesurer la distance qui les sépare maintenant de ceux qui ont continué à marcher, les retardataires se mettent à l'œuvre et tentent de rejoindre ceux-là qui les avaient laissés en chemin. Ils se précipitent aveuglément à la suite, mais sans avoir, au préalable, ni reconnu les difficultés, ni sondé les écueils. La race sur laquelle ils opèrent n'est pas mûre pour les brusques changements qu'ils veulent lui imposer, rien n'est prêt autour d'elle, tout s'y trouve d'un autre temps fort éloigné déjà, et un grand insuccès couronne d'ordinaire de stériles efforts...

Je m'arrête. Je ne poursuivrai pas ici cet ordre d'idées; j'y reviendrai en temps et lieu. Peut-être ai-je déjà trop longtemps oublié qu'il s'agissait de la loi d'hérédité, étudiée comme élément de la valeur du cheval.

Il en est de l'organisation animale comme de l'organisation sociale. Ce n'est pas une loi unique, mais tout un ensemble de lois législatives, qui régit les peuples. De même, les lois de la vie sont multiples. Les influences respectives de chacune d'elles ne se font pas sentir à un égal degré sur les diverses parties de l'organisme, et leur action même varie suivant des circonstances qui ne sont pas toujours soupçonnées, mais dont les résultats sont toujours dévoilés au bon observateur par l'expérience et les faits.

Aussi calcule-t-on bien plus exactement, beaucoup plus sûrement l'arrangement des formes, le degré d'amélioration, les modifications diverses qui devront sortir de l'alliance de deux individus de même race, — l'un supérieur, l'autre médiocre, — mais soumis tous deux jusque-là, et depuis une longue suite de générations, aux mêmes influences générales, qu'on ne le pourrait faire dans le mariage entre animaux de races différentes. Dans ce dernier cas, les conditions ne sont plus les mêmes. Une lutte s'établit entre deux puissances différentes, la plus ancienne et la mieux fondée l'emporte ; mais le résultat n'est pas aussi simple. Il ne s'agit ici ni d'un vainqueur ni d'un vaincu. En se combattant réciproquement, les deux genres d'influences perdent l'un et l'autre de leur ascendant, de nouvelles combinaisons se forment, et si l'équilibre n'est pas maintenu entre toutes les forces, si l'alliance ne s'opère pas d'une manière heureuse entre les éléments en présence, il en sort des oppositions violentes et heurtées, il en résulte les disparates les plus choquantes, des mélanges bizarres et informes. Telle est l'explication la plus satisfaisante, semble-t-il au moins, des nombreux mécomptes éprouvés par beaucoup d'éducateurs qui ont voulu — ou régénérer, — ou changer leurs races d'animaux par l'introduction d'un sang étranger, sans en avoir médité les chances d'insuccès ou de réussite. Au surplus, et quoi qu'il arrive, le résultat — en plus ou en moins — est toujours inévitable aux premières générations lorsqu'il y a entre les deux races que l'on veut mêler à certains égards une grande disparité de formes, une différence notable dans les aptitudes, et peu d'analogie dans les habitudes de régime, de culture et d'emploi. Et c'est précisément alors que naît le plus complet découragement. Plus les produits obtenus s'éloignent du but que l'on s'était proposé, et plus vite on se hâte de répudier les éléments dont on avait commencé à se servir pour en faire intervenir d'autres dont on n'a pas mieux calculé l'action ou le succès... Et l'on s'étonne de ne pas réussir ! Au fond de ces métissages incohérents il ne saurait y avoir que confusion et désordre, puisque tous les éléments en sont hétérogènes.

Le principe d'hérédité n'est donc pas plus absolu que le principe du sang; il a sa force comme l'autre a sa puissance. Ils luttent également l'un et l'autre contre les influences qu'on leur oppose; mais ils n'en triomphent qu'avec le temps, et par un concours de circonstances qui, au lieu de les affaiblir, soit apte, au contraire, à les fortifier.

Ceux-là donc se trompent étrangement qui dans les questions d'amélioration ne voient exclusivement — ou que le sang, — ou que la transmission fidèle des formes extérieures et des qualités internes. Si le problème avait eu cette simplicité dans les termes, la solution en eût été facile dans tous les temps, et les fautes contre toutes les règles n'eussent pas été commises aussi nombreuses.

IV.

Le choix des reproducteurs contient en lui les deux sources d'amélioration et de progrès — ou de dégradation physique et morale — qui viennent d'être étudiées. Le sang et l'hérédité sont des influences très-voisines. Elles peuvent bien se combattre réciproquement lorsqu'on les oppose l'une à l'autre dans une opération de croisement par exemple, quand, par l'acte reproducteur, des sangs différents doivent être mêlés et donner des métis; mais elles se fortifient et tendent à un but commun quand on allie entre eux des individus de même race ou de même sang.

Les habitudes générales d'alimentation et d'élevage forment un genre d'influence très-actif, très-puissant et d'un ordre complétement différent. Dans toutes les introductions de races étrangères, il forme obstacle à la réussite. C'est l'écueil contre lequel sont venues échouer la plupart des tentatives d'amélioration au moyen du croisement, et presque tous les essais de culture d'une race d'élite toute faite, hors des influences — ou naturelles ou artificielles — dont elle résumait les forces et la valeur.

Par habitudes générales d'alimentation et d'élevage, j'entends tous moyens, tous procédés usuels de nourrissage comprenant la nature des aliments, les modifications que leur font éprouver la préparation, leur quantité, leur qualité, leur mode d'administration, leurs effets spécifiques surtout; — j'entends encore les influences résultant du sol et du climat, celles que détermine l'ensemble des conditions physiques et naturelles nécessairement attachées à chaque point du globe, — et enfin celles qui découlent forcément de l'état cultural du pays.

Ces diverses influences se touchent; elles combattent toujours ensemble. Elles peuvent être favorables, elles sont plus généralement contraires. Dès que l'art vient à les modifier, elles rentrent dans un autre ordre de causes que j'examinerai bientôt; elles dépendent davantage alors de l'action immédiate de l'homme.

Nul, que je sache, n'a jamais songé à nier l'influence des aliments sur l'organisation animale. Par leur conversion en chyle et en sang ils renouvellent à chaque instant les parties moléculaires qui se détachent sans cesse de tous les points de la machine. Le régime est donc tout-puissant... Son action s'appesantit défavorablement ou se fait sentir bienfaisante, au dedans comme au dehors,—sur les caractères physiques comme sur les qualités morales. S'il en était autrement, les influences du sang, celle de la loi d'hérédité, maintiendraient invariablement, sur tous les points à la fois, chaque nouveau venu dans une espèce quelconque exactement dans les mêmes formes et dans les mêmes dimensions, avec la même valeur élevée ou basse. Tout dernier-né représenterait ainsi toujours la copie fidèle et inaltérable du modèle extérieur et du moule intérieur sur lesquels ont été formés tous ceux qui ont suivi le premier couple, dans chaque espèce. Il n'en est point ainsi, loin de là. Chaque nouvelle copie, chaque exemplaire nouveau, invariablement modelé pourtant sur le prototype général de l'espèce, semble, malgré tout, « en se réalisant, s'altérer ou se perfectionner *par les* « *circonstances;* en sorte que, relativement à de certaines « qualités, il y a une variation bizarre, en apparence, dans « la succession des individus, et en même temps une con- « stance qui paraît admirable dans l'espèce entière. » (*Buf-fon.*)

Eh bien! ces circonstances qui modifient les animaux, tantôt heureusement et parfois d'une manière fâcheuse, sont toutes—dans la condition physiologique des procréateurs au moment de leur union — et dans l'influence toujours agissante des agents extérieurs, de l'air, des aliments, du sol... Aussi la structure des herbivores en général et du cheval en particulier dépend essentiellement de la nature des végétaux dont ils se nourrissent. — L'alimentation les modifie aussi puissamment, au physique et au moral, que la culture modifie profondément les plantes. Si l'agriculture permet d'accroître la taille, le volume, les facultés nutritives de ces dernières, elle donne aussi le moyen d'augmenter ou de restreindre l'ampleur des formes chez les animaux, de développer ou d'éteindre l'énergie vitale au sein même de l'organisme. Ainsi tout s'enchaîne ici, tout se trouve dans une corrélation parfaite. Les composés animaux tiennent de la nature des composés végétaux d'où ils sont extraits; mais ceux-ci, ne l'oublions pas, participent essentiellement des qualités du sol sur lequel ils croissent : — riches, si le sol est naturellement fertile ou soumis à des procédés agricoles rationnels;—pauvres, au contraire, si le sol est maigre ou mal cultivé. — Dans le premier cas, une végétation active, abondante en sucs nutritifs et dotant puissamment l'animal qui en use; — dans le second cas, des produits avortés, de médiocre valeur et ne donnant que des individus faibles, chétifs, dégradés. — Dans le premier cas encore, les animaux résistant parfaitement aux conditions défavorables du climat, et, dans le second, ceux qui ne succombent pas aux causes de destruction qui les étreignent de toutes parts, revêtant toujours le manteau de la misère.

Ces deux genres d'influence ne sauraient être isolés en l'état actuel des choses, puisqu'ils réagissent sans cesse l'un sur l'autre.

— Les influences du climat et du sol étaient toutes-puissantes autrefois, au temps où l'art ne savait encore imprimer aucune forme, aucune aptitude, aucune spécialité nouvelle aux animaux. Chaque individu demeurait donc fatalement abandonné à l'action exclusive des agents extérieurs qui pesaient alors de toutes leurs forces sur l'organisation et l'enchaînaient, à vrai dire, à l'indigénat. De là ces physionomies particulières, ces caractères à part, ce cachet distinctif, qui différenciaient d'une manière si tranchée les différentes races véritablement indigènes à la France. Chacune d'elles était en quelque sorte le produit-né du sol, le résultat forcé des influences climatologiques non contrariées de chaque province; la résultante des forces physiques de la localité, leur résumé logique, la suite toute naturelle de leurs combinaisons diverses. Mais du moment où un élément étranger est introduit, où d'autres forces sont ajoutées aux premières pour les contrarier ou les changer, pour établir des combinaisons différentes entre elles, oh! alors les résultats varient, et des modifications — ou légères ou profondes — sortent de ce nouvel ordre de faits. Les influences nouvelles exercent leur part d'action, elles déterminent des effets nouveaux en dépit de toutes les résistances opposées par les vieilles influences d'autant plus puissantes qu'elles règnent toujours de la même manière et qu'elles ont pour elles la sanction du temps. Les modifications apportées à la forme, aux qualités, aux caractères primitifs sont lentes à se produire, ou se réalisent promptement en raison de la force laissée aux anciennes influences, ou de l'activité plus grande donnée aux nouvelles. — Au début, beaucoup d'incertitudes, beaucoup d'oscillations, et plus tard, à la faveur de la persévérance, plus de fixité, plus de constance, plus d'homogénéité.

Les seules influences du sang et de l'hérédité, apportées par une race étrangère, paraissent insuffisantes contre les forces composées du sang, de l'hérédité, de l'alimentation et de la localité, lorsque d'ailleurs elles se montrent contraires. La lutte entre ces puissances est alors inégale. La plus faible succombe, l'indigénat l'emporte. Mais que l'art vienne en aide aux pouvoirs du sang et de l'hérédité, qu'il modifie seulement l'une des forces contre lesquelles ils combattent, que le sol soit différemment cultivé par exemple, qu'il soit fertilisé s'il est pauvre et aride, qu'il en sorte une nourriture nouvelle et variée, substantielle et riche, quand elle était rare et maigre, — et les conditions cessent d'être défavorables aux influences étrangères, lesquelles développent alors avec plus de liberté les germes d'amélioration qu'elles ont mission d'introduire dans la race locale.

Je crois avoir fait une large part à l'influence de l'alimentation. Elle est forte et puissante, plus prompte qu'aucune autre certainement à produire des modifications de forme et de volume. Je voudrais pouvoir pousser assez loin son étude pour apprécier convenablement les effets spécifiques propres à chaque aliment en particulier ; elle offrirait l'avantage de déterminer *à priori* à l'aide de quelle espèce de nourriture, au moyen de quelles combinaisons nutritives on réaliserait, dans le moins de temps, telles formes particulières, telle aptitude spéciale, telle qualité, tels produits, tels bénéfices. La science n'en est pas encore là. Mais l'observation a déjà ouvert cette voie et préparé de nouvelles et importantes découvertes.

Ce n'est pas à dire pourtant que, dans la production animale, il faille tout rapporter à cette unique influence, que toutes les combinaisons de la valeur du cheval se trouvent exclusivement au fond du régime alimentaire qu'on lui accorde. Ne faisons pas de cette influence, toute grande et forte qu'elle est, une autre panacée universelle. N'accordons pas à l'influence du sang la suprématie absolue qu'on lui conteste avec raison; j'ai, pour mon compte, évité l'erreur en resserrant son action dans les limites que lui assigne la science; mais n'allons pas commettre la même faute en élevant à sa place une influence unique, celle des aliments, ainsi que le voudrait Mathieu de Dombasle.

L'influence du climat a longtemps trôné aussi, et sans plus de justice. L'absolutisme a fait son temps; il ne saurait s'appliquer aux choses qui nous occupent. Les influences ont toutes leur importance. Celle qui, dans un cas donné, domine les autres est celle que les circonstances — naturelles ou artificielles — appuient et protégent le plus fortement. Mais toutes, par bonheur, sont dans une dépendance mutuelle. Or c'est cette dépendance qui rend possibles—l'affaiblissement de celles qui feraient obstacle à nos vues — et la force plus grande de celles dont le concours doit être efficace, — double moyen d'action dont se trouve heureusement armée l'intelligence de l'homme.

Dans l'opération du croisement des races, le sang étranger que l'on veut faire passer, en proportion plus ou moins considérable, dans les veines de la race indigène lutte contre une influence de même nature. Le sang de la race croisée forme donc le premier obstacle. — Il en est de même de l'hérédité. Les formes de la mère tendront à se reproduire absolument comme les formes du père. En supposant à ce dernier une puissance de reproduction plus élevée, due à la supériorité de son origine, le fruit de cette alliance conservera plus d'affinité avec le mâle qu'avec la femelle. Le résultat inverse se produirait nécessairement dans des circonstances opposées. Ainsi dégagé, le fait est simple et d'une compréhension facile pour tous. Ce qui le complique évidemment dans la pratique, c'est que l'on ne tient pas compte

des difficultés que présentent à la réalisation des modifications projetées ou des perfectionnements poursuivis — les
i nfluences non contrariées, non changées sous lesquelles a
vécu celui des deux reproducteurs qui est resté dans sa
sphère. Là ces influences ont leur source dans les habitudes
générales d'alimentation et d'élevage. Or, je l'ai dit, elles
dépendent essentiellement de la nature et des propriétés du
sol, de l'état avancé ou arriéré de l'agriculture, des qualités
bonnes ou mauvaises des aliments, de leur abondance ou de
leur pénurie, etc., etc. Dans un cas de croisement elles ne
sont plus combattues par des influences correspondantes ;
l'animal importé s'en trouve dépouillé. La lutte établie
sang contre sang, hérédité contre hérédité ne se produit
donc plus avec le même avantage pour la race introduite,
dès qu'il s'agit des autres influences non compensées.

Il suit de là que, pour n'être pas trop lents à se produire,
les résultats de l'importation d'animaux étrangers à une localité et à une race doivent être favorisés dans leur développement par un concours de circonstances extérieures qui
placent les produits de cette combinaison dans un milieu le
moins dissemblable possible de celui dans lequel ont été tenus les producteurs employés. Il ne faut pas songer à une
similitude complète. Les influences de la localité ne sauraient guère être modifiées au delà de certaines limites, et
leur action est à la fois plus occulte et moins appréciable.
Mais le mode d'alimentation, mais les mesures d'hygiène
générale et individuelle sont faciles à introduire partout.
En les rendant autant que possible semblables, la tâche
sera plus aisée, la réussite plus certaine. En ne contrariant
pas cet ordre d'influences dont il faut bien admettre la force,
on lui laisserait une prédominance qui ferait nécessairement
échouer l'opération, car il ne saurait guère reproduire que
ce qu'il a produit. Eh bien! c'est précisément ce produit que
l'on veut modifier, que l'on essaye d'améliorer. Le tenterait-
on si la race locale répondait aux besoins du moment, si elle

remplissait sa destination avec convenance? Non, sans doute. Dès qu'elle est résolue, il faut donc entourer l'opération de tous les auxiliaires indispensables à sa réussite prochaine ou éloignée, la débarrasser, au contraire, de toutes les entraves qui en compromettraient le succès.

Les influences de l'alimentation, suivant qu'elles seront favorables ou opposées, décideront, par conséquent, des avantages ou des pertes.

En les considérant de ce point de vue élevé, je restitue à ces influences leur valeur réelle et leur véritable importance. L'illustre agronome dont le nom s'est déjà plusieurs fois trouvé sous ma plume, tout en voulant constater leur supériorité sur toutes les autres, ne me paraît pas les avoir placées aussi haut. En effet, s'il y a justice à dire qu'un régime abondant, qu'une nourriture riche de principes alibiles sont une condition *sine quá non* de toute amélioration dans les races, il n'y a pas la même exactitude dans cette assertion : — la valeur commerciale de diverses espèces de chevaux est généralement en rapport avec la quantité de substance alimentaire consommée par chaque cheval pour le produire.

Dans ce raisonnement on saisit bien plutôt les calculs parfois un peu étroits de l'économiste que les combinaisons intéressées de l'éducateur, et surtout que les préoccupations scientifiques du naturaliste et de l'homme de cheval. Ces calculs deviennent d'une immense utilité dans le perfectionnement des races ; ils sont hors de propos quand il s'agit de leur création, de leur remaniement complet. Ce n'est pas en liardant que Bakewel a fait des prodiges.

Importer une race perfectionnée (et la perfection n'existerait pas sans la part des influences d'un régime approprié) sur un sol ingrat où elle ne trouvera que des conditions d'existence insuffisantes, c'est jeter une semence de bon choix sur une terre qui n'a pas été labourée, qui n'a reçu aucun travail préparatoire. Nul, à coup sûr, ne s'étonnera de la pauvreté bien prévue de la récolte. Semer dans ces conditions, n'est-ce pas condamner la terre à la stérilité? Commençons donc par labourer, nous sèmerons ensuite, quand le sol aura été convenablement préparé et lorsque la saison propice sera venue.

V.

Autant les caractères constants d'une race et ce que l'on appelle son homogénéité sont difficiles à modifier, lorsqu'ils résultent d'influences naturelles, invariables pour ainsi dire depuis une longue suite de générations, autant il devient aisé de les remanier sous l'empire d'influences nouvelles,— et réciproquement autant il est difficile de maintenir dans une race ses qualités propres, ses formes distinctives, en dehors du concours de circonstances auxquelles elle doit exclusivement sa production et sa conservation toujours entière, autant il est possible de la maintenir toujours intacte sous l'influence des mêmes causes que rien n'altère. Il en résulte qu'une race se modifie d'autant plus complétement sous des influences nouvelles que celles-ci s'écartent davantage de la manière d'agir des influences sous lesquelles elle a été obtenue, et *vice versâ*.

Je constate ainsi à nouveau la puissance des effets naturels des influences inhérentes aux habitudes générales d'alimentation et d'élevage ; mais je formule en même temps l'influence immense de l'homme sur la matière vivante, son pouvoir presque illimité sur la machine animale, qu'il fait, défait et refait pour ainsi dire à sa guise : car il l'assouplit et la domine, il la modifie et l'élabore selon ses besoins et ses caprices. Que devient, en effet, cette organisation en ses mains ? Il la presse, il la tire, il l'étend, il l'épaissit, l'amoindrit, la pétrit, lui communique mille formes changeantes qu'il pliera selon ses goûts, qu'il utilisera suivant ses intérêts.

Chaque instinct de l'animal devient ainsi un instrument soumis à la puissance intellectuelle de l'homme qui a découvert, après bien des siècles, l'action d'affinité et de supériorité que Dieu lui a si libéralement accordée sur la brute. Quelles améliorations, quels perfectionnements ne réaliserait pas l'éducateur intelligent ! Mais cette puissance est encore incomprise ; ce pouvoir, beaucoup ne le soupçonnent même pas, et le producteur poursuit machinalement une œuvre routinièrement commencée. Il est bien rare, en effet, que le paysan, lorsqu'il a décidé de renvoyer sa poulinière à l'étalon, ait cherché à se rendre, par avance, compte de la valeur qu'il pourra donner au produit, des formes qu'il devra réaliser en lui pour travailler fructueusement à la satisfaction des exigences du moment ; il est rare qu'il suppute avec lui-même les chances de réussite ou d'insuccès ; rare qu'il se propose une fin raisonnée, qu'il marche dans une route éclairée, qu'il ait un but déterminé..... Bien plus fréquemment agit-il capricieusement et livre-t-il l'opération au hasard.

Ce n'est pas ainsi que s'obtiennent les objets d'art, que l'on organise le succès, que l'on crée des chefs-d'œuvre. Or la production animale, au temps présent, ne saurait plus être abandonnée aux seules influences naturelles du sol et du climat ; ces influences sont insuffisantes aux besoins d'une civilisation qui avance toujours, mais qui ne marche pas sans vieillir tout ce qu'elle laisse en arrière, sans rajeunir et raviver toujours ce qui la suit, sans provoquer d'incessantes transformations, sans faire de nouvelles conquêtes à chaque pas, afin d'augmenter partout la masse du bien-être et des richesses.

Voilà donc une influence merveilleusement grande, — l'empire de l'homme ! Il raisonne, il agit et réalise des prodiges. — Ou bien il maintient son intelligence voilée, fait indifféremment, n'exerce aucune action sur ce qui l'entoure, et autour de lui tout dépérit. — Ici il commande, et tout cède à sa volonté, car il est fort ; là tout le domine et le subjugue, car il est faible et débile. Dès qu'il veut, il sait toujours écarter ce qui lui fait obstacle ; chaque difficulté même devient pour lui un moyen. Les influences diverses, les instincts vivants sont à sa disposition : il les réunit ou les dissipe ; il les accumule et les fortifie, ou les annihile, suivant qu'ils favorisent ou contrarient son action. Il fallait le génie de Bakewel pour cette révélation..... Il fallait sa riche provision de patience, son inflexible volonté, la sûreté de son coup d'œil, la rectitude de son jugement, pour deviner le secret de cette puissance, pour réaliser des patrons suivant des idées fixes et logiques, pour en tailler des modèles dans la matière et pour donner ensuite la vie à ces modèles. Ce pouvoir est en quelque sorte d'essence divine. Aussi un écrivain anglais s'écrie dans son enthousiasme : « Vantez maintenant, vantez, si vous voulez, les « Michel-Ange et les autres faiseurs de statues, tous ces ar- « tistes qui modèlent le bronze et la pierre. N'est-ce pas « aussi un grand artiste, un grand statuaire, ce Bakewel, « qui sculpte la vie, qui prend des chevaux, des bœufs, des « moutons pour ses blocs ; qui ne crée pas, comme les au- « tres, à l'image de Dieu ; qui fait plus, qui réforme l'œu- « vre de Dieu ; qui ne manie pas, comme eux, la matière « morte, inerte, sans réaction ni résistance, mais des mar- « bres animés qu'il faut tailler dans le vif, qu'il faut mode- « ler jusque dans le sang, dans les nerfs, dans le mouvement « et dans la volonté ? »

Et tout cela, vraiment, n'est pas si difficile aujourd'hui que l'expérience en a été faite et que tous les principes ont été systématisés, aujourd'hui que la science, jadis suspendue à quelques individualités superbes, se généralise et tombe peu à peu dans le domaine public.

A l'œuvre donc, vous tous qui avez la matière ; à l'œuvre, car la loi de progrès ou d'ascension est la loi du monde !

La source vive des éléments de la valeur du cheval est,

sans conteste, dans l'action et la toute-puissance de l'homme sur l'organisation vivante. Mais elle ne peut rien par elle-même; elle ne s'exerce que par la mise en œuvre, si je puis dire, ou la soustraction des autres influences, en les équilibrant entre elles, en s'efforçant de rendre dominantes celles-ci, en effaçant celles-là au contraire, en combinant suivant des vues judicieuses le choix des reproducteurs et une alimentation appropriée. C'est elle, en effet, qui préside au mariage des sexes, qui favorise la transmission de certaines formes, qui poursuit le développement de certaines aptitudes, qui détermine la prédominance des qualités les plus recherchées ; c'est elle qui stérilise ou féconde la terre, qui, par la suite, nourrit bien ou mal, abondamment et substantiellement, ou pauvrement et avec des matières inertes, avariées ou grossières; c'est elle qui modifie toutes les influences, qui règle leur action réciproque ou absolue par des soins journaliers bien ou mal entendus, par des exigences bien ou mal calculées de travail ou de repos, par des abris sains ou insalubres, par l'abandon et l'incurie enfin, ou par une hygiène attentive et honorable.

VI.

La connaissance de la conformation extérieure du cheval se trouve, pour mémoire seulement, au nombre des éléments de sa valeur. Aux yeux du monde, l'arrangement des formes extérieures n'a qu'une importance irréfléchie. Aux yeux de l'homme de savoir, cette importance grandit encore, parce qu'il y a dans la construction des êtres une inviolable subordination d'organes. L'enveloppe du corps, ce qu'en *extérieur* on appelle le modèle, n'est qu'un reflet des dispositions intérieures bonnes ou mauvaises, heureuses ou défavorables de l'organisation interne ; elle donne un corps percevable, appréciable aux influences de toutes sortes qui ont combattu dans la production de l'animal.

Pour nombre d'amateurs, toute la connaissance du cheval est dans l'examen isolé et superficiel de la forme. Ce n'est là qu'une demi-science ; mieux vaudrait souvent une complète ignorance. Pour l'homme qui sait, la connaissance de l'extérieur a son point d'appui, sa base, sa force dans la science tout entière de l'organisme, dans ce faisceau de connaissances diverses, au centre duquel est placée l'anatomie qui étudie avec tant de soin l'organisation, ses lois, et pourrait-on dire ses mystères.

Dans l'appréciation ainsi faite des raisons de la valeur du cheval, il y a toute une science, — une science profonde. Ce sujet ne saurait être abordé ici ; il appartient à une autre branche des connaissances hippologiques. Sans l'entamer, nous en ferons connaître l'importance en empruntant à M. Prince, directeur de l'école vétérinaire de Toulouse, une magnifique étude déposée par lui à la fin d'un travail ayant pour titre, — *Quelques considérations sur le principe du croisement* (1).

Cet aperçu rapide suffira bien à démontrer comment les organes se subordonnant les uns aux autres, une disposition organique donnée en entraîne nécessairement une correspondante dans toutes les parties du corps, soit qu'on les examine à la surface, soit qu'on les étudie dans les profondeurs de l'organisation. Il jettera sur les données spéculatives ou sur les applications pratiques de la science une assez vive lumière pour convaincre l'homme de cheval de la nécessité de ne pas s'arrêter à la connaissance superficielle de la conformation extérieure du cheval.

Quant à présent, nous n'avons aucun besoin d'aller au delà de cette démonstration :

« L'Orient, dit M. Prince, possède une race que les Arabes d'Égypte désignent sous le nom de *kohël*. Cette race

(1) *Mémoire lu, en février* 1848, *à la Société d'agriculture de Toulouse.*

est admirable, et ce n'est rien de trop que d'avancer qu'elle nous est fort peu connue. Pendant un séjour de plusieurs années en Égypte, nous n'avons vu que peu d'individus qui lui appartinssent ; mais tous étaient beaux, tous pour ainsi dire taillés sur le même patron, et évidemment de même race.

« Sur quelque partie de ces magnifiques animaux que l'attention se repose, on est également frappé de la correction des lignes, de la parfaite élégance des formes, et l'on reconnaît des indices de puissance que nous n'avons retrouvés au |même degré chez aucune autre race orientale que nous ayons vue.

« La robe du kohël est baie; sa taille est élevée, elle peut être la moyenne de celle des chevaux de course. Nul cheval n'est mieux placé ; l'arrière et l'avant-main sont dans une parfaite harmonie. La première est pour les mouvements généraux un ressort plein de force et de souplesse, et les parties antérieures, disposées de manière à embrasser largement le terrain, reçoivent, par une tige vertébrale d'une direction irréprochable, l'impulsion à laquelle elles obéissent avec la plus grande facilité.

« Sous le rapport dynamique, la charpente du kohël semble la solution la meilleure des problèmes de mécanique animale auxquels nous attachons le plus d'intérêt. Partout les leviers mobiles du squelette allongent leurs bras et les projettent dans la direction où s'agrandit le plus le sinus de l'angle des puissances qui les meuvent. Il en résulte, pour les détails, des beautés du premier ordre, et, pour l'ensemble, une aisance de mouvement, une grâce, une légèreté tout exceptionnelles, et dont l'attention est frappée bien avant que l'étude en ait révélé la cause.

« Ainsi les os du bassin dessinent un quadrilatère presque irrégulier. Les angles, accusés au dehors par les saillies des hanches et par celle des fesses, peuvent être réunis par des lignes qui, menées de l'ilium à l'épine ischiale, ne s'a-

baissent que très-peu au-dessous de l'horizon. Le bassin continue donc l'horizontalité de la tige dorso-lombaire. De là,
l'angle sous lequel se détachent les muscles ischio-tibiaux ;
de là d'admirables conditions de force. Vue par sa face pos-
térieure, l'arrière-main n'est pas moins belle. Elle dessine
pour la direction des membres ces deux lignes verticales
que nous ne sommes guère habitués à trouver que dans
l'idéal des livres, et qui masquent, par la projection des
membres postérieurs, celle des membres pectoraux. La
queue ajoute singulièrement à l'aspect élégant de la croupe.
Son port est, à sa base, parfaitement horizontal ; mais elle est
surtout remarquable par le volume de ses muscles.

« A l'avant-main, on est frappé tout d'abord par une
beauté qui doit surtout attirer l'attention, parce que, chez
les chevaux arabes, elle se montre une exception assez
rare. L'épaule du kohël est longue et très-inclinée ; elle ne
l'est pas moins que chez les chevaux de sang anglais ; elle
est légère et fortement musclée. L'élévation du garrot se
lie à une encolure très-bien sortie. Le diamètre antéro-pos-
térieur de la poitrine est fort étendu ; aussi le flanc a-t-il très-
peu de largeur. Le diamètre vertical est grand aussi, quoiqu'un peu moins peut-être que dans le cheval anglais. D'autre
part, la côte est plus arrondie que chez ce dernier, ce qui
rend la dimension transversale de la poitrine un peu plus
considérable. A cette disposition se joint, comme conséquence prochaine, un poitrail plus large. Aussi le cheval
kohël se montre-t-il plus étoffé, et, s'il est souple et gracieux cependant, au moins n'accuse-t-il pas cette légèreté
de gazelle des chevaux procréés et élevés en vue de l'hippodrome.

« La tête est belle de formes autant que d'expression ; le
front en est large, carré. L'œil grand et bien ouvert rayonne
d'intelligence et de fierté, et, ce qui donne un caractère
particulier de douceur à la physionomie, le bord libre des
paupières se montre entouré d'une légère bande noire qui

lui forme comme un cadre régulièrement dessiné. Le développement du front et du crâne en particulier entraîne cette brièveté relative de la tête que l'on estime avec tant de raison dans les chevaux de noble race. Le cône renversé que représente la tête, élargi à sa base par la dilatation de la boîte cérébrale, se rétrécit et devient aigu au sommet occupé par les lèvres. Mais il ne faut pas s'exagérer ce dernier caractère, et l'expression triviale par laquelle on le désigne quelquefois est impropre et manque de justesse. Les lèvres ne paraissent minces et rétrécies que comparées au développement de la région frontale. La fermeté de leur tissu, la netteté des contours et la large ouverture des naseaux donnent, du reste, à cette extrémité de la tête une forme carrée très-prononcée. Les oreilles sont longues; elles sont bien découpées, très-mobiles; et, ce qui est remarquable, elles sont plus rapprochées qu'il semblerait qu'elles dussent l'être en raison du volume du crâne.

« La puissance respiratoire du kohël se révèle dans l'ensemble et dans chacune des parties de l'appareil aérien. Chez lui, non-seulement la poitrine est d'une vaste capacité, mais encore le larynx et la trachée sont remarquables par leur volume et la résistance de leurs parois. Et si, pour compléter l'examen de ces organes, on fait attention au large espace où se loge le larynx, et que laissent entre elles les branches de la mâchoire inférieure, on demeure convaincu de l'étroite dépendance qui lie tous ces éléments d'une même fonction, et on reconnaît combien tout est admirablement disposé pour offrir à l'air qui pénètre dans la poitrine une voie large et facile.

« S'il est, dans l'étude des animaux, une loi belle et féconde, c'est celle qui nous montre la relation constante qui préside au développement des organes dont les actions sont connexes et dépendantes les unes des autres. Avec cette haute idée, le rapprochement et la comparaison des parties donnent lieu aux résultats les plus intéressants et souvent les moins prévus.

« Au milieu d'autres preuves, ce principe en trouve une dans les dimensions plus grandes que donnent aux régions qu'elles occupent les masses nerveuses, dont la prépondérance est à nos yeux, nous devons le dire, *le caractère le plus élevé de la noblesse des races.*

«Dans cette espèce de hiérarchie vitale qui subordonne les fonctions les unes aux autres, le poste le plus élevé, celui qui est placé au point culminant, qui domine et dirige tout le reste, c'est le poste assigné à l'action nerveuse. C'est là une vérité de fait hors de discussion. Dire que la respiration et les autres fonctions nutritives seront d'autant plus parfaites que l'innervation se montrera plus puissante, c'est en quelque sorte répéter l'abécédaire du physiologiste, et exprimer dans sa formule la plus concise la base de toute bonne théorie de la vie matérielle.

« Eh bien ! sans sortir du sujet, et toujours en analysant les conditions de forme du cheval kohël, voyez comme cette loi est belle de simplicité, comme elle frappe d'évidence !

« Dans cette race, pour percevoir et comparer les impressions transmises par des appareils sensitifs plus parfaits, pour donner l'impulsion et diriger le mouvement d'appareils assimilateurs plus puissants, l'encéphale, cerveau et moelle épinière, acquiert plus de volume.

« Déduisons de ce fait ses plus simples conséquences.

« Pour loger une moelle vertébrale plus grosse, il fallait un canal plus large. Les segments annulaires qui le composent lui donnent cette condition en se dilatant ; mais aussi un autre résultat se produit, et en même temps la tige flexible du rachis s'élargit, elle devient plus solide et transmet avec moins de perte l'action impulsive qu'elle reçoit du bipède postérieur.

« Pour contenir un cerveau plus volumineux, le crâne

aussi a dû s'agrandir ; sa base s'est dilatée comme le reste de ses parties, et les condyles temporaux se sont trouvés à une distance d'autant plus grande que cette dilatation a été plus prononcée. Articulée avec le crâne par ces mêmes condyles, la mâchoire inférieure comprend, par l'écartement de ses branches, un espace d'autant plus considérable que le crâne a plus de largeur.

« Or voilà un premier résultat mécanique ; il est frappant dans le kohël, où le V de la mâchoire inférieure a les branches très-écartées, où l'espace intermaxillaire est considérable.

« Nous voyons donc déjà cette disposition de la mâchoire inférieure dépendre du volume du crâne, et, par cela seul, nous jugeons tout ce qu'il faut attribuer de mérite à ce caractère de haute race, tiré de la largeur de l'espace intermaxillaire, caractère sur lequel nous pensons qu'on n'a pas assez insisté.

« Mais continuons : un espace intermaxillaire très-large ne peut être une disposition isolée. Cet espace est un contenant, et de lui au contenu il y a nécessairement un rapport de dimensions et de volume. En effet, le larynx répond aux proportions de cet espace qui le contient, et, si l'auge est large dans le kohël, le larynx est volumineux, à parois fortes et résistantes.

« Est-ce tout ? Non, car le larynx appartient à un appareil dont toutes les autres parties sont liées entre elles et avec lui par la dépendance d'une étroite solidarité. Si la boîte aérienne et sonore du larynx est volumineuse, il faut bien que soit volumineux aussi le tube de la trachée, dont le larynx n'est que la tête et le point de départ. Aussi, comme le larynx, la trachée du kohël offre-t-elle, avec un diamètre remarquable, une résistance de parois qu'on est bien loin de trouver dans les trachées molles et dépressibles de beaucoup de chevaux de notre pays.

« La voie large que préparent à l'accès de l'air des orga-

IV.   4

nes ainsi développés serait un contre-sens que la simple
raison accuserait, si, en définitive, par cette voie, le fluide
aérien n'arrivait dans un organe respiratoire dont la vaste
capacité, dont le jeu facile et étendu puissent contribuer à
produire cette richesse de composition du sang, qui est l'é-
lément indispensable à l'énergie des muscles et à la perfection nutritive des tissus. Aussi la cavité pectorale du kohël
répond-elle parfaitement à ces prémisses, et vient-elle, en
quelque sorte, en couronner l'ensemble.

« Quoi de simple, quoi d'admirable cependant, comme
l'enchaînement de tous ces effets qui se suivent, se com-
mandent et se rendent de proche en proche nécessaires et
rigoureux !

« La fonction nerveuse domine le sang par l'étroite dépendance dans laquelle elle tient la digestion et la respiration. Eh bien ! comme si quelque contradiction eût été possible, comme s'il eût fallu craindre quelque erreur dans les
formes, non-seulement cette loi de physiologie se montre
l'un des corollaires les plus hauts de la science, mais encore,
dans les dispositions mécaniques mêmes qui résultent du
développement des organes, l'observation nous montre que
le cerveau ne peut s'accroître sans que le crâne s'élargisse,
que cet élargissement de la boîte cérébrale commande, dans
l'appareil respiratoire, par le seul fait de l'écartement des
temporaux, ces modifications qui se déduisent comme les
conséquences d'un principe bien posé, et aboutissent, en
définitive, à une cavité respiratoire d'une vaste étendue.

« Ne semblerait-il pas que, dans l'atelier pectoral où
s'élabore le sang, tout ait été préparé, l'espace et l'accord
des moyens, pour répondre à la puissante action du cerveau
de l'artisan qui préside à l'œuvre !

« C'est donc une admirable harmonie que celle qui s'établit ainsi entre le développement de l'appareil cérébral et
celui des organes de la respiration. Nous estimons que, dans
le kohël comme dans toutes les belles races, on trouve dans

cette harmonie l'empreinte véritable de la noblesse d'origine, la raison de toutes les beautés de détail que décèle l'analyse raisonnée des organes et des formes.

« Les membres des chevaux de cette race répondent aux conditions de souplesse et de solidité de l'ensemble : les articulations en sont larges, les tendons forts et nettement détachés des surfaces osseuses; les aplombs sont corrects, et les sabots, régulièrement arrondis, sont d'une corne dure et élastique.

« En somme, le cheval kohël n'est pas parfait, mais il possède à un haut degré des qualités du premier ordre. Quand on le voit pour la première fois, ce qui frappe le plus peut-être, c'est sa haute taille et l'expression particulière de physionomie que lui donnent ses oreilles, qui, bien que gracieuses, sont un peu longues cependant.

« Or, si ces traits-là frappent chez ce cheval, c'est que, du reste, on se rappelle les avoir déjà vus, car ils sont le propre de beaucoup de chevaux anglais, et à première vue se présente de soi-même le souvenir de ces derniers (1). De ce rapprochement naît une question; on se demande si les chevaux kohëls n'ont pas dû prendre part à l'origine de la race anglaise. Pour nous, si nous devions conclure de la simple comparaison , nous serions porté à nous prononcer affirmativement. »

A la lecture de ces pages, on sent bien de quelle utilité peut être pour la vraie connaissance du cheval l'étude approfondie de son organisation; on sent bien aussi l'insuffisance complète de l'examen isolé des formes extérieures et la nécessité de l'appuyer sur une base sûre, pour en tirer des indices quelque peu satisfaisants en ce qui touche l'appréciation exacte des éléments de la valeur du cheval.

---

(1) Déjà le prince Puckler-Muskau avait dit : « Quelques-uns des plus beaux chevaux arabes ont l'apparence du cheval anglais le plus parfait. »

DES RACES ÉQUESTRES DANS LES TEMPS
ANTÉRIEURS ET DE NOS JOURS.

Sommaire.

I.

La toute-puissance de la nature se révèle dans la variété infinie de ses œuvres : aucun de ses produits n'est parfaitement semblable à un autre; elle ne fait rien d'absolu au-dessous de certaines lois organiques immuables; elle ne laisse rien tout à fait uniforme et stationnaire, nuance tous ses ouvrages, se joue dans les mille combinaisons de forme et de structure qu'elle a départies à chaque espèce, sans en effacer jamais le type originel, toujours maintenu avec une admirable constance.

Aussi, à part les caractères originaires de l'espèce, caractères indestructibles, indissolubles, nos animaux domestiques ne ressemblent plus, à vrai dire, à ce qu'étaient les premiers individus dont ils sont sortis. Tous, plus ou moins, ont dépouillé l'aspect primitif sous l'influence d'agents extérieurs toujours variables, pour revêtir une livrée nouvelle, mobile comme l'action des causes diverses, changeante comme la nature même des différents milieux dans lesquels les individus sont forcément tenus.

Les uns ont dégénéré : — c'est une expression sur laquelle il faut s'entendre, et j'y reviendrai ; — elle signifierait qu'ils se montrent aujourd'hui moins parfaits, moins bons, moins beaux, d'un entretien plus onéreux. J'examinerai cette opinion en son temps. — Les autres ont éprouvé les effets d'une amélioration réelle, autre genre de modification qui les sépare tout aussi profondément de l'état primitif que l'abâtardissement le plus complet, mais qui les rend plus profitables à l'éleveur, plus immédiatement utiles à la société, dont les besoins se modifient sans relâche, changent à la longue, se multiplient en raison même des progrès de la civilisation.

Le cheval a dégénéré, — le cheval s'est amélioré dans notre vieille Europe. — D'importantes modifications se sont réalisées dans les races de trait par un concours d'heureuses circonstances ; seulement je n'ose en faire honneur à l'intelligence de l'homme. De tout temps, en effet, on s'est récrié contre son ignorance et son incurie en fait de reproduction équestre. Je suis bien plus disposé à les attribuer à des causes toutes locales, à des influences naturelles et permanentes, à des lois de développement que l'on n'avait même pas songé à étudier. — Des améliorations partielles non moins utiles ont été obtenues dans la descendance des sujets les plus parfaits de l'espèce que l'on avait extraits à cette fin de la terre natale. Mais ici des soins bien entendus, minutieux, persévérants ; une éducation raisonnée, judicieuse, puisant sa force dans l'art ; une lutte incessante, enfin, contre les causes d'altération ou de dégénération, ont triomphé des obstacles, et l'espèce s'est reproduite, dans son état de pureté, loin du berceau de ses tribus naissantes, non pas exactement semblable, cela était de toute impossibilité, mais utilement modifiée dans sa forme et dans ses dimensions, mieux appropriées à la condition des services au temps présent. Tel est le cheval père qui a trouvé une seconde patrie en Angleterre, et qui de là, comme jadis de l'Orient, se répand dans toutes les parties du continent, avec des qualités nouvelles, produites et conservées avec art, solides et brillantes pourtant, et plus en rapport, il faut le répéter, avec les besoins actuels d'une civilisation plus avancée, que ne le sont les qualités si différentes aujourd'hui du cheval arabe, dont il descend en ligne directe néanmoins.

Entre ces deux types si tranchés, d'une utilité si grande et si distincte, combien d'intermédiaires! que de races ont été estimées! combien sont encore regrettées! combien plusieurs d'entre elles, le plus grand nombre même, sont déchues, vieillies, caduques, décrépites, et s'éteignent pour faire place à des variétés nouvelles, mieux adaptées à ce temps-ci, plus en harmonie avec toute l'économie de notre époque. Oui, ces anciennes races qui se perdent, ces vieilles générations qui, en disparaissant, ne nous laissent que des individus affaiblis, languissants, usés, abâtardis, se rajeuniront peu à peu dans des créations nouvelles plus vivaces et plus utiles pour les exigences actuelles et à venir, comme elles-mêmes ont succédé à de plus anciennes, qui ne satisfaisaient plus à la destination pour laquelle elles avaient été produites.

Les temps changent, — et avec eux les mœurs, les goûts, les appétits, les besoins se modifient et se calquent sur des exigences nouvelles. Rien ne résiste à cette force de destruction; tout s'use à son contact, et ceux-là s'en vont qui ont vécu toute leur vie. Les espèces ont des âges comme les peuples, les races s'éteignent comme les individus; dans chaque période de leur existence elles éprouvent des modifications qui les transforment complétement à la longue. Ces changements, — insensibles et lents pour les générations d'hommes qui passent pendant qu'ils s'effectuent, — établissent une rotation incessante de morts et de vies nouvelles, rotation dans laquelle, par bonheur, les forces de destruction et de création se balancent, dans laquelle des acquisitions nouvelles compensent toujours largement les pertes successives.

On l'a déjà fait remarquer avec justice, « parmi les pré-« jugés qui s'opposent en France à l'amélioration des races « chevalines, il n'en est pas de plus préjudiciable que celui « qui tend à conserver sans modifications les anciennes races « d'un pays (1). » Si chaque époque a ses mœurs, ses ha-bitudes, ses besoins, chaque chose doit nécessairement varier, changer aussi et prendre des caractères nouveaux et des formes appropriées. — L'homme n'est point fait pour le cheval, mais le cheval pour l'homme ; ce n'est point à la con-sommation d'obéir, mais à la production de se soumettre. Cette dernière a mission de remplir tous les besoins et de sa-tisfaire à toutes les exigences ; il ne lui appartient pas de se complaire dans un immobile *statu quo*, alors que tout mar-che autour d'elle, alors que tous les besoins s'étendent et se multiplient. A elle de produire tout ce qui est demandé, dans la forme et dans les qualités recherchées au temps présent. Il ne peut y avoir que des pertes pour ceux qui s'obstinent à continuer le passé routinièrement et sans intelligence. Il y a toujours avantage, au contraire, à réaliser sans retard les transformations que provoque une situation toujours pro-gressive, à se maintenir avec zèle à sa hauteur, à profiter de tous ses bienfaits. Arrière donc les vaines clameurs, les plaintes inutiles, tous ces regrets impuissants ! ils ne feront jamais revenir sur lui-même le temps qui a fui, et qui, dans sa course uniforme, a détruit sans retour ce qui a passé avec lui.

Le monde marche ; il avance toujours. La mission de l'hom-me, ici-bas, est de ne s'arrêter jamais. Une loi de nature semble également pousser les espèces civilisées vers des améliorations nouvelles, et ne jamais leur permettre de ré-trograder.

(1) E. Houël, *Différentes espèces de chevaux en France.*

Lorsque le producteur sera pénétré de cette vérité, la matière sur laquelle il opère ne demeurera plus stationnaire; il la travaillera, il la pétrira, sans se lasser jamais, pour la modifier et la refondre, pour la tenir toujours au niveau des progrès incessants de l'ordre général de l'univers. Les besoins de tous, les exigences de la mode même, et les caprices du luxe, qui remboursent à si haut prix les avances qu'on peut leur faire, telles sont les nécessités de tous les temps et de tous les lieux, nécessités changeantes et mobiles qu'il faut suivre à la piste dans toutes leurs transformations utiles ou bizarres, pour n'être jamais en arrière, afin d'être toujours en situation progressive, non d'amélioration, puisque ce mot induit souvent en erreur et fait que l'on est très-rarement d'accord, mais d'appropriation des différentes races aux spécialités de tous les services utiles, ou même de pur agrément.

Cela posé, jetons un coup d'œil rapide sur le tableau hippologique des temps antérieurs, et cherchons, dans sa comparaison avec celui de notre époque, quelques lumières propres à éclairer cette question : Le plus haut point de perfection des races n'est-il pas dans leur appropriation la plus heureuse à tous les besoins dans un état de civilisation donné ?

Cette question présente trois côtés. Au sommet de chacun de ses angles pose un écrivain différent. — Mathieu de Dombasle résume toutes les époques en un grand fait. Pour lui, les races sont le produit exclusif du régime ; elles demeurent stationnaires ou s'élèvent en raison de la situation immobile ou progressive de l'agriculture. — M. E. Houël, trouvant toujours une corrélation parfaite entre les aptitudes diverses des chevaux et les exigences d'un état particulier de civilisation, caractérise toutes les races équestres qui ont existé en tous les temps en disant qu'elles sont l'expression des besoins de chaque époque. — M. Ch. de Sourdeval érige en principe que partout le cheval reflète la nature et la condition de l'homme qui le fait naître.

Il y a du vrai dans ces opinions : elles ont toutes trois leur fondement, mais aucune ne saurait être admise d'une manière absolue.

Examinons.

II.

La première ne tient pas assez compte des circonstances nombreuses au milieu desquelles se meut toute reproduction chevaline. En aucun temps cette industrie n'a été ni assez complétement ni assez généralement abandonnée à elle-même pour ne représenter que les seules forces résultant de l'alimentation. Les sollicitations du consommateur ont toujours dû intéresser jusqu'à un certain point le producteur, intervenir par conséquent, et exercer ainsi leur part d'influence. — Les faits qui appuient le sentiment de l'illustre agriculteur viennent prouver eux-mêmes que l'action de l'homme n'est point étrangère aux effets qu'il attribue exclusivement au régime. En assolant mieux la terre, en élevant de plusieurs degrés sa richesse, il en tire des nourritures plus abondantes, plus variées, plus fortes, plus substantielles, qui déterminent, non pas toutes les améliorations, comme il le prétend, mais des progrès de formes, de développement précoce, de valeur particulière, un certain ordre de qualités toujours utiles et toujours appréciables. Or, il l'avoue aussi, les soins donnés à un animal quelconque sont toujours en raison de l'intérêt qu'offre sa culture, et cet intérêt ne saurait avoir d'autre base que la valeur de l'animal lui-même. De là une intervention nouvelle et plus immédiate de la part de l'éducateur. En supposant qu'il se soit abstenu jusqu'alors, que la chétiveté de ses produits n'ait provoqué ni bons soins ni recherche judicieuse des producteurs, il perd ses habitudes d'insouciance et d'incurie sur le choix des étalons, sur la manière d'élever, dès que les circonstances d'une agriculture arriérée ne le condamnent plus à ne tenir que des animaux dépourvus de toute valeur vénale. Les races qui sortent de ces conditions générales ne peuvent plus être con-

sidérées comme le produit exclusif du régime. L'homme y a
mis la main, il a aidé médiatement et immédiatement au développement utile d'autres influences encore que celles de
l'alimentation, et, dès qu'il intervient ainsi, il est tout logique de supposer qu'il donne à son industrie la direction la
plus profitable à ses intérêts. De là à travailler dans le sens
de la satisfaction des besoins généraux il n'y a pas loin, je
pense.

En dernière analyse, si cette opinion de Mathieu de Dombasle est fondée en ce qui concerne l'amélioration des animaux domestiques, que l'on cultive dans un intérêt exclusif
de consommation, que l'on entretient principalement pour
la production de la plus grande quantité possible de viande,
de graisse, de lait, de beurre, de fromage..., elle cesse d'être
vraie en ce qui regarde l'élève des races chevalines, et il n'y
a réellement rien à répondre à cet argument : « Les Arabes,
qui possèdent le meilleur cheval du monde pour l'usage auquel ils l'appliquent, ne sont pas, certes, un peuple dont l'a-
griculture soit bien avancée, tant s'en faut (1). »

En supposant donc le principe toujours juste pour les autres espèces domestiques, ce qui est encore contestable jusqu'à un certain point, il est évident qu'il ne saurait être que
d'une application fort limitée en ce qui touche la question
d'appropriation des races équestres aux divers emplois qu'elles
remplissent.

III.

L'opinion formulée par M. Houël définit beaucoup mieux
le but à poursuivre qu'elle n'exprime rigoureusement les
faits. Si les races avaient toujours répondu aux exigences des
temps, parfaitement rempli les besoins à toutes les époques,
nous ne trouverions pas dans les livres sur la matière ce

(1) *Annales des haras et de l'agriculture*, tome Ier, p. 9 et suivantes.

concert de plaintes, de réclamations, de regrets, de lamentations à n'en pas finir, qui s'élève toujours au même diapason dans tous quand il s'agit de la dégénération des races, ou plutôt de la comparaison de celles du jour avec celles d'autrefois. Quoi qu'on ait dit et publié, les races n'ont pu demeurer stationnaires ; elles se sont modifiées et refondues souvent ; de nouvelles formes, des aptitudes nouvelles ont remplacé d'autres qualités et d'autres caractères extérieurs ; mais, dans presque tous les temps, les modifications réclamées ne se produisant pas aussi promptement que besoin eût été, les races, bientôt attardées faute de lumières, faute d'intelligence, étaient ensuite brusquement attaquées par des systèmes mal combinés d'appropriations diverses : la fusion des caractères et du mérite ne s'opérant pas d'après des vues sagement calculées, la transition devenait trop forte ; elle avait pour conséquence nécessaire, inévitable la confusion et le désordre. Telle est la source des divergences d'opinions que présentent les différents auteurs hippologiques de tous les temps.

Les uns, frappés de l'affaiblissement des races, en étudiaient les causes à leur manière, et proposaient des plans de régénération admirables de conception, cela va sans dire. On finissait toujours par leur emprunter quelque chose, et l'on prenait tardivement quelques mesures incomplètes. Il arrivait alors ce qui était toujours advenu et ce qui adviendra toujours, les résultats n'étaient pas également satisfaisants sur tous les points ; ils variaient avec les milieux, selon mille circonstances diverses.

Observateurs chagrins et impatients, d'autres se produisaient armés de la critique, jugeant facilement après coup, blâmant les essais malencontreux, condamnant les innovations folles auxquelles le présent était redevable d'une dégradation encore plus profonde. Aussi pourquoi ne s'en être pas tenu au passé ? Les anciennes races étaient toujours si précieuses, si parfaites ! Mais non ; la manie des changements, la tyrannie, l'absurdité de la mode, la rage de la nouveauté n'ont-elles pas toujours despotiquement régné sur les hommes?... Et l'on se donnait large carrière sur ce beau thème.

Cependant les choses n'en allaient pas moins leur train. Chaque jour amenait après lui sa modification insensible, et complétait peu à peu, par degrés, la transformation entière des races. Aucune n'a été frappée de mort violente ; toutes se sont éteintes dans une longue agonie et ont été successivement remplacées par d'autres qui ne permettaient pas de mener le deuil de leurs aînées. Les vieilles avaient disparu sous des modifications de formes et de structure qui les avaient élevées à la hauteur du besoin..... Mais tout passe. Celles-ci devenaient caduques à leur tour ; elles ne tardaient pas à dégénérer, suivant l'expression consacrée, c'est-à-dire qu'elles vieillissaient et s'affaiblissaient, comme s'étaient affaiblies et avaient vieilli celles qui leur avaient cédé la place.

Alors les plaintes de recommencer, les regrets de se reproduire..., et toujours de même à chaque phase nouvelle de la civilisation du monde.

En est-il donc ainsi là où, par exception, les besoins restent invariablement les mêmes? Non, sans doute. Le cheval arabe est aujourd'hui ce qu'il a toujours été ; car rien ne s'est modifié autour de lui. M. Houël constate fort bien ce fait dans un passage de son excellent livre *sur les courses au trot* : « L'Arabe, peuple centaure, naquit avec le cheval et « mourra avec lui ; quand il n'y aura plus de cheval sous la « tente du désert, il n'y aura plus de tente au désert.....

« Le cheval fut le premier besoin de l'homme primitif pour « animer les grandes solitudes d'un monde inhabité, pour « rapprocher entre eux des lieux inconnus, pour remplacer « à lui seul, au sein de la famille et sous la tente du désert, « quarante siècles de civilisation qui n'existaient pas encore.

« Le cheval devint donc l'objet de soins infinis ; on lui de-

« manda ce dont on avait besoin, des jambes et du cœur.
« On employa tous les moyens pour perfectionner chez lui
« toutes ces qualités essentielles qui rendent si précieux cet
« admirable animal. Le cheval de Job, contemporain des
« temps fabuleux, serait encore aujourd'hui le roi du dé-
« 'sert. »

C'est qu'au désert tout se passe aujourd'hui comme dans
la longue série des siècles antérieurs. L'Arabe, dont le cheval était toute la vie, en reconnaissant l'étroite utilité, le
traita suivant ses besoins, selon les exigences de sa position,
et sut l'amener à un état de perfection relative et absolue
qu'il faut considérer comme l'expression la plus heureuse de
ses intérêts les plus vifs. Arrivé à ce point, il ne dut plus
avoir d'autre souci que celui de conserver toujours à la même
hauteur les qualités si bien définies, l'aptitude si complète
de son cheval pour la condition où il devait vivre avec lui.
Or, tant que cette condition ne changera pas, l'Arabe ni
son cheval n'éprouveront aucune modification importante,
essentielle.

Mais sous notre civilisation les choses sont différentes.
Nous produisons le cheval bien moins pour nos propres
usages que pour ceux des autres, et nous commençons ainsi
par connaître bien moins les exigences de la consommation
que si nous étions nous-mêmes les consommateurs à peu
près exclusifs de nos produits. Lorsque l'Arabe se livre à la
reproduction, c'est en vue de ses besoins propres, et non
avec la pensée de chercher à satisfaire des exigences mal
définies qui ne sont plus les siennes. Il travaille pour lui
dans un but bien arrêté; il a l'intelligence de ses intérêts
et de sa position. Son existence est tout entière suspendue à
la valeur, rivée à la vie de son cheval.

En aucune situation l'homme n'a eu de motif plus puissant pour intervenir dans la production du cheval; le cheval
arabe est donc un produit de la civilisation, mais de la civilisation arabe. Que les conditions de celle-ci, tout en le per-

fectionnant, l'aient maintenu aussi près que possible de l'état primitif, je le crois, et c'est une opinion à peu près unanimement admise ; que ces conditions même soient les seules aptes à donner comme à conserver une haute valeur au cheval, je ne le conteste pas ; mais, avant tout, le coursier arabe est pour moi l'appropriation par excellence de la nature du cheval aux circonstances particulières à la civilisation arabe.

Le cheval de course anglais offre un exemple non moins remarquable de la permanence des caractères d'une race tant que la reproduction en est poursuivie sous les mêmes influences qui ont servi à la déterminer, qui l'ont revêtue de ses formes distinctives, dotée de ses qualités et de son aptitude spéciale. En effet, il est invariablement le même depuis plus de deux cents ans, et demeurera ce qu'il est, — le cheval le plus puissant de la terre pour des courses de vitesse, — aussi longtemps que les conditions générales de reproduction et d'élève, qui l'ont créé, ne seront point modifiées elles-mêmes.

Et d'où vient donc cette race ? Est-ce autre chose qu'une émanation du cheval père ? Non, assurément ; c'est la branche cadette de la famille. Exportée de la mère patrie, soumise à des influences toutes différentes, élevée non plus pour l'immensité du désert, mais pour la grande rapidité des communications à courtes distances, elle a subi des changements de formes et de structure qui, à la faveur d'un système d'éducation à part, sans analogue dans le passé, l'ont mieux adaptée aux nouveaux besoins qu'elle était appelée à remplir, l'ont mieux appropriée à sa destination actuelle, qui ne pouvait plus être la même, puisqu'elle devenait le résultat d'un ordre de choses très-différent, et qu'elle devait se mettre à l'unisson des conditions diverses d'une civilisation nouvelle.

Le coursier anglais est-il donc, moins que l'arabe, le cheval de la nature ? Je n'oserais pas dire que l'arabe du

désert exige moins de soins et d'attentions, moins de persévérance et de suite dans les mêmes idées et les mêmes procédés que n'en veut le cheval anglais pour se conserver toujours le même, toujours également doué, en dépit des influences contraires ; je n'oserais décider lequel, de l'anglais
ou de l'arabe, exige le plus d'art pour se maintenir toujours
entier et ne déchoir jamais ; mais je n'hésite pas à voir dans
le cheval de pur sang, tel qu'il a été modifié par les Anglais,
une nouvelle appropriation de la nature équestre aux besoins
plus pressés de la civilisation en Europe.

Je n'admets donc pas cette distinction entre les deux familles, — le cheval de la nature — et le cheval artificiel ou
factice, comme d'aucuns disent, à moins que l'on ne con-
sente à modifier la signification du mot, et qu'on ne s'accorde sur ce fait : le véritable état de nature, pour tous les
êtres, est le plus haut point de perfectionnement où ils
peuvent atteindre (1).

(1) « Dans le cheval, deux influences forment les races, celle de la
nature et celle de l'art. Dans l'état de nature, le cheval est sauvage,
petit, faible et léger, et la légèreté forme sa qualité essentielle ; dans
l'état perfectionné par l'art, il est plus ou moins grand et fort, lourd ou
léger. Qui décide le plus ou le moins de ces qualités? L'influence de
la nature, ordinairement indélébile, et la volonté de l'homme, presque
illimitée dans le bien qu'il tente comme dans le mal qu'il produit. Le
sol et le climat exercent d'abord leur puissance, l'homme démontre
ensuite la science, et ce qui la prouve, c'est le parti que les Anglais
ont su tirer de la souche arabe, en la transplantant dans une contrée si
différente de celle qui l'avait vue naître, où cette race importée, loin de
s'abâtardir, surpasse maintenant en taille, en beauté, en qualités de
tout genre les plus nobles familles chevalines de l'Orient. On pourrait
citer encore, comme témoignage de la puissance de l'homme, ces chevaux énormes, si lourds, si massifs, si différents enfin du type originaire de l'espèce, et que produisent certaines contrées de la France :
ici l'on ne s'est attaché qu'à grossir les formes, et l'on y est parvenu ;
là on s'appliquait uniquement à donner plus d'énergie, de grâce et de
légèreté à l'espèce, et les efforts ont été couronnés de succès. »
(Wilhelm, — *Journal des haras*, tome XI.)

Quoi qu'il en soit, je crois le cheval arabe et le cheval anglais également produits par l'art, également prompts à dégénérer lorsque l'action de l'homme, se retirant de l'un comme de l'autre, cesse d'être toute-puissante et laisse prendre à d'autres influences une prédominance dont l'effet déterminera des combinaisons nouvelles ; je les regarde aussi l'un et l'autre comme l'expression d'une civilisation différente, et je les vois tous deux au plus haut degré de l'échelle hippique.

Maintenant, si, à ce titre, on recherche de quelle utilité ils peuvent être pour toutes les races inférieures, pour toutes celles qui ont vieilli et qui ne remplissent plus, avec le même avantage qu'autrefois, des besoins nouveaux, il est évident qu'il ne faudra les appliquer l'un et l'autre qu'à la refonte des races qui auront conservé le plus d'affinité avec chacun d'eux ; on les classe alors suivant leurs aptitudes spéciales, et l'on en retire immédiatement une plus haute utilité que si on les confondait sans discernement aucun, que si on les employait indistinctement, ici et là, sans plus raisonner d'ailleurs les chances de réussite que la certitude d'un insuccès.

En procédant ainsi, on fait logiquement ; on procède comme ont procédé les Anglais pour obtenir le cheval de la civilisation moderne. Quelle aptitude, en effet, s'agissait-il pour eux de développer chez des races avilies, dont les formes ni les qualités ne répondaient plus ni aux idées ni aux exigences du temps ? M. Houël l'a écrit, on voulait *des jambes et du cœur*, c'est-à-dire une grande puissance, des forces considérables, de la vitesse surtout. Où pouvait-on rencontrer ces qualités ? Elles n'existaient que dans les races orientales, et la première de toutes était la race arabe, sans conteste. C'est donc avec des sujets extraits de l'Orient que l'on a poursuivi la solution du problème, lequel ne consistait pas à reproduire le cheval arabe en Angleterre, puisqu'en Angleterre ne se retrouve aucune des circonstances qui déter-

minent la production du cheval arabe, mais bien à obtenir
de ce dernier, à force d'intelligence et de soins, un cheval
nouveau qui, puisqu'il ne devait ni ne pouvait plus présenter ni le même volume, ni la même taille, ni les mêmes formes, ni les mêmes conditions de structure, ni les mêmes
aptitudes, conservât au moins avec ses auteurs, par le sang,
plus qu'une liaison étroite, plus qu'une affinité, même très-
rapprochée, mais une filiation directe et non interrompue,
sauve de toute mésalliance et de toute souillure étrangère.

Ainsi conservé dans son principe, dans son essence, le
cheval père, modifié pourtant dans sa forme, devenait plus
apte à l'amélioration des différentes races de l'Europe, c'est-
à-dire à leur appropriation plus complète aux exigences de
tous les services, tels qu'ils ressortent maintenant de l'état
de la civilisation.

Ce but impliquait nécessairement l'intervention active,
soigneuse, intelligente de l'homme. Sans elle, en effet, la
race mère, maintenant aux prises avec des circonstances si
différentes de celles qui lui avaient donné naissance, eût été
impuissante à la solution du problème, et en un petit nombre de générations elle serait retombée au niveau des influences non contrariées du genre d'alimentation et des autres agents modificateurs particuliers à la localité. Aussi, et
tandis que les Anglais produisaient un cheval nouveau, semblable à lui-même partout où l'on travaillait à le réaliser (1),
la France tirait de la même souche — ici le cheval des Alpes,
— là celui des Pyrénées, — plus loin, ceux du Limousin et
de l'Auvergne, — ailleurs, ceux du Morvan et du Charolais,
— puis le camargue, puis le breton de la montagne, — puis
d'autres encore : ceux du Merlerault, de la Hague, des Ar-
dennes..., que sais-je !

(1) Pour le cheval anglais, dit M. de Sourdeval, le véritable climat,
c'est l'*œil du maître* et les soins spéciaux, intelligents qui en découlent.

IV.   5

Entre ces différentes races de commune origine quelles distances! Celle d'Angleterre est restée pure, entière; j'ai dit pourquoi. — Celles de France, plus abandonnées à elles-mêmes, moins directement soumises à l'influence de l'homme qu'à celles du climat et de la nourriture réunies, en ont répété les combinaisons diverses suivant les forces respectives de chacune d'elles aux lieux où elles étaient produites. De là, ces variétés nombreuses, séparées par des caractères plus ou moins tranchés dans la forme, sans utilité réelle pour le fond, et sans que l'on puisse d'ailleurs en découvrir l'origine dans un ordre de besoins particuliers. Chaque territoire imprimait pour ainsi dire à son cheval une modification distincte, comme chaque terroir donne à ses produits une saveur spécifique en quelque sorte et des propriétés qui ne sont plus exactement les mêmes ailleurs.

A cette période donc, le cheval n'était pas toujours l'expression rigoureuse des exigences de la consommation. L'influence dont les forces prédominaient alors prenait bien plutôt sa source dans les circonstances locales de climat et de richesse du sol que dans les combinaisons intelligentes de l'homme réglant l'action de tous les agents modificateurs sur le degré d'activité et de puissance qu'il importait de réserver à chacun d'eux.

Aussi retrouvons-nous, dans toutes les contrées analogues et dans tous les temps, des caractères généraux qui établissent de grandes distinctions basées sur la nature du climat, sur le point d'élévation du sol et la force particulière des aliments, de même que nous voyons se reproduire partout aussi exact, aussi entier que possible le cheval de pur sang créé par l'art et calqué sur les besoins. Le principe est absolu; les mêmes causes répètent nécessairement les mêmes effets.

Le cheval des marais n'a jamais ressemblé à celui des plaines, ni ce dernier au montagnard. Chacun a son type, sa forme, ses caractères génériques. Il n'est même pas besoin d'un œil exercé pour en saisir à *priori* les dissemblances profondes. Et pourtant chaque groupe distinct n'est pas un, homogène. Malgré les analogies frappantes qui en relient entre elles les nombreuses variétés, il revêt encore, suivant la position et les circonstances, une figure, un cachet à part. Les influences qui les déterminent appartiennent donc à deux ordres d'actions différentes. — Les unes sont générales et agissent partout suivant le même mode ; — les autres sont particulières ou locales, et présentent des forces qui ne se renouvellent pas ailleurs, qui donnent aux produits spéciaux ce goût de terroir dont j'ai déjà parlé.

Cette distinction n'existe pas dans la production du cheval lorsque partout on la poursuit suivant les mêmes principes, d'après les mêmes vues, avec les mêmes moyens et les mêmes forces ; l'action de l'homme se substitue alors à toutes les influences pour les modifier et faire sortir de leur combinaison entre elles un produit nouveau parfaitement approprié aux besoins changeants des temps.

Le cheval de pur sang anglais, le cheval d'hippodrome, produit à Paris, en Normandie, en Anjou, en Bretagne, en Limousin..., se rencontre partout le même (sauf les particularités individuelles qui sont une loi de nature dans toutes les positions imaginables), quand l'éducateur, à la suite du père et de la mère, a su introduire les mêmes procédés d'alimentation et les mêmes méthodes d'élevage. Bien plus, le cheval de pur sang arabe produit en Limousin, par exemple, lorsqu'il est élevé avec la même richesse de nourriture et tenu dans les mêmes conditions d'hygiène générale que le cheval anglais, lorsqu'on le soustrait aux forces locales qui le maintiendraient plus près du cheval de montagne, plus près des formes et du développement du cheval de la civilisation arabe, se modifie bien vite à la faveur des influences nouvelles, et se rapproche très-promptement du cheval de la civilisation moderne et par le volume et par les dimensions corporelles. Quant aux qualités, elles ne sont plus tout à fait les mêmes. La conformation du cheval anglais est bien différente de celle du cheval arabe. Ce dernier est particulièrement bâti pour la durée et pour la résistance. Une harmonie exacte, mais d'un ordre à part, réunit et lie solidement entre elles toutes les parties du corps pour des actions soutenues et prolongées. Chez le cheval anglais, la disposition des leviers n'est plus la même, il y a un agencement de parties tout autre ; les lignes sont plus longues et plus hautes, et les forces moins concentrées ; il y a tout autant de solidité et de puissance, mais un arrangement différent détermine des actions différentes ; et, si d'une part il y a moins de durée, de l'autre il y a plus d'intensité absolue, plus de pouvoir. Dans le cheval arabe, les forces auxquelles, en mécanique, on donne les noms de *puissance* et de *résistance* se font pour ainsi dire équilibre. Dans le cheval anglais, au contraire, cet équilibre est rompu : la disposition respective des leviers est telle, que la vitesse est favorisée aux dépens de la force ; la *puissance* domine de manière à vaincre la *résistance.*

Eh bien ! ce genre de modification n'est point dans le régime. Il est dans les habitudes d'élevage, dans un système d'éducation exclusif et tout spécial, dans un mode rationnel d'exercices et dans une série de générations plus ou moins nombreuse suivant que le point de départ est plus ou moins éloigné du degré extrême auquel on prétend arriver.

La spécialité de cet élevage n'est pas immédiatement commandée par l'application même du cheval aux services divers. Non, le cheval de course n'est pas produit dans une pensée d'emploi spécial, usuel au travail ; il n'entre même que par exception dans la consommation générale. On le produit comme type, comme aptitude à part, et utile à la procréation de plusieurs autres natures qu'il a le pouvoir d'améliorer ou de mieux approprier aux exigences variées de notre temps.

En Arabie, un seul cheval répond à l'unique besoin de la civilisation arabe ; on le produit pour lui-même, et il est l'expression fidèle de ce besoin. En Europe, des services nombreux et divers demandent des conformations particulières, des aptitudes correspondantes, et le moteur doit prendre les formes et les qualités relatives les plus élevées pour chaque nature de service. Eh bien ! le germe de toutes ces aptitudes, le principe générateur de toutes ces qualités sont dans la culture d'une race supérieure et d'élite, qui, judicieusement appliquée à l'amélioration des autres, soutient leur valeur sans faire obstacle aux transformations nombreuses qu'elles peuvent subir. Ces dernières résultent d'un autre ordre d'influences, de celles qui appartiennent à certaines combinaisons de l'hérédité et des habitudes générales d'alimentation et d'emploi.

Ainsi le cheval améliorateur n'est point produit pour lui-même ; tous les soins donnés à son éducation n'ont pas d'autre but que l'appropriation la plus complète des différentes espèces dont notre époque a besoin. Il en est du cheval de pur sang comme de ces essences qui contiennent, sous une grande concentration, des propriétés qui se répandent, se propagent et se communiquent, qui s'appliquent à mille objets, qui remplissent mille besoins, et dont la vertu est encore fort appréciable après une longue imprégnation. Par elles-mêmes, les essences sont trop fortes et trop actives, on les affaiblit afin d'en rendre l'emploi agréable, possible même. Ainsi du cheval de pur sang, qui ne saurait être admis avec avantage à tous les services. — Les uns ne veulent qu'une petite dose de sang pur ; d'autres, au contraire, ne sont bien remplis qu'autant qu'il augmente par son abondance proportionnelle la force de tension de tous les ressorts qui jouent et fonctionnent dans la machine animale.

Ce qui enlève à l'opinion émise par M. Houël une rigoureuse exactitude, c'est la paresse et l'inintelligence de l'industrie, qui s'attarde toujours et ne sait pas tenir ses produits au niveau des exigences toujours nouvelles. Cette opinion ne sera vraie qu'autant que la production, attentive et soigneuse de travailler à la satisfaction des besoins divers, saura calculer ses moyens, disposer ses forces, combiner ses ressources de manière à marcher toujours du même pas que la civilisation, qui, elle, ne s'arrête jamais.

M. Houël a mis le doigt sur la plaie ; c'est un préjugé funeste que celui qui tend à faire conserver sans modification les anciennes races d'un pays. Celles que l'on ne modifie pas selon les temps vieillissent et disparaissent forcément peu à peu du tableau des existences. Faut-il donc le regretter?... Que ceux-là qui sont pour l'affirmative se donnent la peine de refaire, par la pensée, les races usées qui ne sont plus, qu'ils les appliquent à nos besoins actuels, et qu'ils disent après de quelle utilité elles nous seraient en ce moment.

Nous discuterons ensuite volontiers sur ce thème.

IV.

« Partout, dit M. Ch. de Sourdeval (1), le cheval est l'ex-
« pression de l'homme qui le fait naître. En Angleterre,
« l'éleveur, haut placé dans la société, forme le cheval pur
« sang, le cheval de course. En Arabie, en Tartarie, le che-
« val, élevé par un cavalier, devient un coursier admirable.
« Les Allemands, habiles à construire des voitures légères,
« produisent naturellement le carrossier léger. En France,
« hélas! pays d'horribles charrettes, pendant que l'on ex-
« pose à Paris mille théories, que l'on disserte dans les états-
« majors, que l'on distribue des prix dans les hippodromes,
« le tout dans le but très-louable d'acclimater de meilleurs
« types, le cheval, dans sa pratique réelle, se trouve élevé
« par un charretier. Celui-ci, au rebours de tous les pro-
« grammes de la civilisation hippique, et plus barbare, en
« pareille matière, qu'un Bédouin ou qu'un Turcoman, veut,

(1) *Journal des haras*, tome XXX, page 299.

« avant tout, former un cheval à l'unisson de son grossier
« véhicule..... Ailleurs, par un destin bizarre, le cheval
« n'est élevé ni par un sportsman, ni par un cavalier, ni
« par un charretier ; il l'est tout simplement par un bou-
« vier qui ignore l'art de le manier et de s'en servir, et qui
« ne sait employer que le bœuf à ses travaux d'agriculture
« et de transport. Un tel éleveur est, on le pense bien, in-
« capable d'apprécier le degré de coïncidence qui doit exister
« entre les formes et les qualités d'un cheval ; aussi, ne
« voyant dans son élève qu'un animal à faire profiter, il le
« traite suivant cette idée et l'engraisse en bœuf pour le
« vendre à la foire. Du reste, pour élever des chevaux, je
« préfère un bouvier à un charretier. Celui-ci veut absolu-
« ment faire triompher l'informe type attelé à sa carriole
« ou à sa charrue ; l'autre a, du moins, l'avantage d'être, par
« ses mœurs, neutre dans la question : il reste plus de
« chances de s'entendre avec lui. »

Cela revient à dire que partout en France le producteur
est ignorant des besoins à remplir, qu'il ne donne aucune
direction judicieuse à l'économie du bétail, qu'il produit
suivant les habitudes locales, qu'il ne modifie aucune forme
par son influence particulière, et qu'il obtient, en réalité, au
hasard, tout ce que peut lui donner le milieu dans lequel il
est perdu. Ainsi exposée, la question est plus nette, plus rigoureusement exacte ; car le cheval n'est pas partout, suivant la
pensée même de M. de Sourdeval, l'expression de l'homme qui
le fait naître, — fashionable et riche ici, grossier et ignoble
là ; plus loin, svelte, léger, brillant, ou gros, gras et em-
pâté. — Dans les contrées montagneuses du centre, dans le
midi de la France, l'élève du cheval, depuis bien longtemps,
n'est plus qu'aux mains d'un bouvier, et certes elle n'y est
pas devenue plus bovine pour cela. Ce n'est pas à dire que
le cheval en soit d'une nature plus riche, — au contraire ;
mais il est loin, bien loin de la condition propre au cheval
du marais de la Vendée, également produit et élevé par un

producteur et éleveur de bœufs. Or c'est plus particulièrement de celui-là qu'a parlé M. de Sourdeval.

Le cheval du marais vendéen n'est pas volumineux et
lourd parce qu'il sort des mains d'un bouvier, mais parce
que le sol sur lequel il vit pousse au développement considérable de toutes les parties, et lui fait acquérir, au temps de
la plus grande activité de la végétation, un embonpoint excessif, un état de graisse qui ne conviennent point à la nature
du cheval. Les chevaux limousins et d'Auvergne, ceux de
plusieurs autres contrées de la France ne se sont pas montrés, en grande majorité et pendant longtemps, rapetissés,
resserrés, étiolés, amincis, amoindris dans leurs dimensions,
— tarés, déformés, déjetés, éteints, dégénérés au point de
vue de l'utilité présente du cheval de selle, — parce qu'ils
étaient produits par des conducteurs de bœufs, mais bien
parce que le sol sur lequel ils ont pauvrement vécu ne leur
a fourni, pendant des années, qu'une alimentation insuffisante par la nature même de ses principes alibiles et trop
souvent aussi par sa quantité absolue.

C'est que les forces de la nature sont bien diverses. Ici,
par exemple, il faut les contenir, car elles poussent hâtive-
ment à une extension de tous les tissus, qui offrirait plus de
masse et de volume que de véritable énergie ; — là, au contraire, elles ne sont pas assez généreuses, elles manquent de
force et veulent des auxiliaires sans lesquels elles ne donnent
que lentement et avec parcimonie. On reste en deçà avec les
dernières, quand on irait au delà avec les autres, sans atteindre le but dans aucun cas. Ici et là donc il faut de l'art,
l'entente du métier.

L'art et le métier, mieux entendus et plus judicieusement
appliqués quand l'intérêt a mis en cause l'intelligence du
producteur, ont suffi, en dépit des influences contraires et
des oppositions les plus fortes, à réaliser dans les races des
améliorations utiles en ce qu'elles les appropriaient parfaitement aux besoins changeants des temps. Mais en dehors

de leur puissant concours, alors que les préjugés et l'ignorance trônent à leur place, les plus chétifs produits peuvent
sortir des milieux les plus favorisés, et l'homme inintelli-
gent ne tirer aucun avantage des positions les plus heureuses.
Peu importe maintenant que cet homme soit riche ou pauvre, qu'il soit charretier ou bouvier, poli ou grossier, civilisé ou barbare....., tout est dans l'intelligence qui sait faire
concourir toutes choses à la production du bien dans la lutte
incessante qu'il est obligé de soutenir contre le mal.

L'élève du cheval, la culture de toutes les espèces domestiques ne sauraient plus être abandonnées au hasard. L'art de
faire naître et de multiplier les animaux, de les approprier,
dans tous les temps, aux exigences diverses ne peut plus
être le partage de quelques individualités intelligentes. Celles-ci ont marqué le but, ouvert les voies, posé les principes
d'amélioration et de perfectionnement, à tous maintenant
l'application usuelle de leurs doctrines.

En se généralisant par une pratique éclairée, l'art et la
science opéreront peu à peu et sans secousse toutes les ré-
formes nécessitées par les exigences du présent et de l'avenir.
Leurs principes, d'ailleurs, peuvent inspirer toute confiance;
ils ne sont plus à l'état d'essais. Des faits nombreux prouvent
assez clairement que les élaborations de la théorie ont été
poussées si loin, qu'elles ont comme assuré à l'avance le
succès de l'application, et tous les systèmes peuvent se produire aujourd'hui à l'état de maturité.

Ainsi deux choses sont nécessaires à qui veut travailler
efficacement à l'amélioration des races, à leur appropriation
à tous les besoins : — la connaissance intime et raisonnée des
qualités qui sont en elles, soit dans leur état de développement utile, soit dans une condition latente, à l'état d'embryon, soit enfin à l'état d'extinction ou de décrépitude,
qu'on me passe l'expression ; — puis la connaissance réelle
des besoins, sans laquelle on ne parviendrait jamais à la
satisfaction heureuse d'aucun d'eux.

Sans l'une et l'autre, les producteurs s'enferment comme à plaisir dans une obscurité profonde quand un rayon de lumière suffirait à dissiper toute cette nuit. Ils avancent en aveugles et pourraient être comparés à ces projectiles qui partent d'une bouche à feu, pour tuer au hasard le bon droit comme le mauvais. Ils mêlent sans discernement les caractères transmissibles; les bons comme les mauvais se confondent, se fortifient ou se neutralisent, et se répètent ou affaiblis ou prédominants. Il n'en faut pas tant pour détruire les qualités et faire prévaloir tout ce qui est défectueux.

J'ai résolu la question, je crois. L'utilité d'une race, tel est le premier fondement de sa valeur. Cette valeur est d'autant plus élevée que la race répond mieux aux besoins qu'elle est appelée à remplir. Le plus haut degré d'amélioration est dans l'appropriation la plus complète des animaux aux services. Toute perfection cesse là où n'est plus l'utilité.

V.

Voyons maintenant par quelles transformations successives ont passé les races de chevaux suivant les temps, les lieux et les besoins. Nous sommes toujours certains de retrouver, dans cet examen, les rapports logiques de causes à effets.

Aux différentes époques de leur vie, les sociétés ont des constitutions différentes, des besoins particuliers, des arrangements divers, une activité variable, de même que les individus, dans les phases diverses de leur existence, passent d'une prédominance organique à une autre, éprouvent des exigences nouvelles, et se sentent des forces tantôt plus grandes et d'autres fois amoindries. Ainsi des lieux et des choses; l'immobilité n'est pas dans la nature.

Dans leurs commencements, les sociétés ne jouissent pas de la plénitude de la vie; elles ont moins de force et moins de besoins; elles manquent nécessairement de beaucoup de choses dont elles ne sauraient se passer plus tard, lorsque la civilisation les a grandies et développées.

Ainsi, et pour nous en tenir à la spécialité de ces études, dans un état peu avancé des sociétés, on trouve les populations qui les composent moins nombreuses et moins pressées qu'elles ne le seront à un autre âge sur un espace de même étendue ; une vaste portion de territoire est couverte de forêts ; celles-ci sont habitées par des bêtes fauves ; beaucoup de terrains sont incultes ; les marais, ces plaies infectes de la terre, en occupent une partie considérable ; les circonstances climatériques n'ont encore été modifiées ni par les défrichements, ni par le reboisement des montagnes, ni par le desséchement des parties basses ; tous les fleuves et toutes les rivières suivent un cours qui sera modifié peut-être ; aucun obstacle n'a encore été opposé à leur débordement ; les habitations et les abris sont rares ; la nature du sol n'a pas encore éprouvé les heureux effets d'une culture rationnelle, beaucoup de plantes alimentaires sont encore à introduire, à acclimater; tout est sauvage pour ainsi dire, tout commence ; l'homme n'a point encore usé de la force d'initiative qui est en lui, et qui le rend capable de réagir sur tout ce qui est, sur la nature entière, de transformer beaucoup d'agents qui lui sont nuisibles, ou même de se soustraire à ceux qu'il ne peut plier à ses besoins.

Dans ces conditions, les animaux destinés à la domesticité sont loin du degré de perfection auquel ils peuvent atteindre, auquel ils parviendront certainement plus tard. Leur reproduction est fort limitée, leur valeur peu élevée, leur entretien moins profitable. L'homme s'en occupe peu ; ils restent voués à l'action des circonstances extérieures dont ils résument exactement les forces ; ils sont alors le produit exclusif des habitudes générales et des causes naturelles : l'art n'a encore influé en rien sur leur multiplication.

Telle est la condition particulière des animaux de consommation, de ceux qui doivent servir à l'alimentation de l'espèce humaine. Mais, il faut le reconnaître, il n'en est plus tout à fait ainsi du cheval, dont l'emploi est tout autre. Celui-ci, dans tous les temps, a dû être, quoiqu'à des degrés variables, l'objet d'attentions et de soins que l'on n'accordait point à la culture des autres animaux. Ces soins et ces attentions n'étaient pas les mêmes pour tous à coup sûr, et n'atteignaient pas la totalité de la population ; mais ils s'exerçaient dans certains lieux favorisés, sur certaines races dont les services étaient plus recherchés, et qu'une éducation plus judicieuse tendait incessamment à approprier de mieux en mieux à chaque génération nouvelle, aux besoins divers du temps. C'est ainsi que, dans l'enfance des sociétés, le cheval arabe, par exemple, a été civilisé à un très-haut degré, à tel point que son élévation sur l'échelle hippique a dû être considérée pendant longtemps comme la perfection même, comme le véritable état de nature pour l'espèce entière, c'est-à-dire comme le plus haut point de perfectionnement où elle pût arriver.

A cette période de la vie des nations, le cheval n'a qu'une seule destination, un seul emploi ; il est cheval de selle, rien de plus. Donc tous les efforts tendront à le reproduire apte à ce genre de service, et, parmi toutes les émanations du cheval père, celles-là seront les plus estimées et les plus utiles qui auront conservé avec lui le plus d'affinité et de ressemblance, car elles seront encore et toujours les mieux appropriées aux exgences du consommateur.

Si l'état de la civilisation demande davantage, si le cheval n'est plus seulement destiné à porter l'homme, s'il doit servir à d'autres usages encore, au transport à dos des différents objets de commerce au lieu et place d'une autre espèce, de l'éléphant ou du chameau par exemple, on lui donnera des caractères nouveaux, un développement plus considérable, des formes, une stature qui, en le rendant moins léger et moins susceptible, augmenteront son énergie et sa résistance à la peine, l'approprieront mieux à cette destination

nouvelle. Mais alors le siége de cette race ne sera plus précisément le même que celui de la première. Le cheval de
somme sera plus avantageusement produit ailleurs; il sortira
d'autres climats, et résumera des circonstances générales
d'élève toutes différentes. Il perdra de sa grâce et de sa
finesse, il sera moins fashionable, il revêtira des formes
moins distinguées, des caractères moins nobles; il offrira
moins d'élégance, il deviendra plus commun, il aura moins
de sang enfin (1).

Lorsque le cavalier, déjà grand et lourd par lui-même,
devra surcharger encore son cheval du poids d'une pesante

---

(1) Voilà un gros mot, une expression mal sonnante pour quelques
gens qui se refuseront pendant longtemps encore à la comprendre.
Beaucoup de sang, peu de sang, que signifie ce langage? Eh! mon
Dieu! le ciel d'Italie se retrouve-t-il en Hollande? Le climat de l'Angleterre est-il le même que celui de l'Espagne? N'y a-t-il pas quelques
différences entre le midi et le nord de la France? On trouve la vigne à
Surène, et l'on n'y récolte pas le vin d'Aï. L'Anjou, la Bourgogne, le
Bordelais donnent des vins blancs, des vins blancs mousseux cham-
pagnisés, on le dit; n'est-ce pas le même mot appliqué à une autre
nature de produits? Le vin a beaucoup ou peu de vin, n'est-ce pas
une expression usitée pour qualifier la liqueur elle-même? — Oui, un
cheval a plus ou moins de sang suivant qu'il a conservé plus ou moins
de noblesse et de feu, des rapports plus ou moins intimes avec la race
la plus élevée sur l'échelle du perfectionnement. On sait comme la
parenté s'éloigne et s'éteint dans les familles par la multiplication des
individus; on sait aussi comment on remonte à la souche des générations, et comment on établit la filiation, la descendance des derniers
venus à l'égard des aïeux. — On sait de même que le vin mitigé a
cessé d'être pur et que les produits d'un climat se modifient étrangement sous les influences toutes différentes d'un climat opposé. S'il en
était autrement, il n'y aurait qu'une seule espèce de vin, il n'y aurait
qu'une seule et même race équestre. Le cheval plein de feu du climat
brûlant d'Arabie s'éteint sous l'impression humide et froide des contrées septentrionales de l'Europe; il y perd son ardeur et sa pureté,
je n'ai pas dit sa valeur et son utilité: car, de même que le vin mêlé
d'eau est plus favorable à certains estomacs que le vin pur, de même
le cheval refroidi par les circonstances extérieures convient mieux à
certains usages que le cheval bouillant du désert.

armure, il n'est pas douteux qu'il cherche à le produire dans des proportions plus fortes, doué d'une énergie nouvelle, — sous peine de n'en point obtenir le travail qu'il désire. A cette époque encore, les besoins sont simples; les communications ne s'établissent que par le cheval de selle; les peuples guerroient entre eux, et le cheval de guerre est une nécessité.

Plus tard, lorsque les besoins se multiplient, les exigences varient, plusieurs races viennent remplir des services fort différents. Le destrier, le roussin, le palefroi répondent aux habitudes générales d'un temps moins reculé; ils ont appartenu, suivant une expression très-caractéristique de M. Houël, à l'âge d'or de l'espèce chevaline chez les nations de l'Europe. Le cheval de guerre des premiers âges de notre civilisation actuelle, celui que montaient les Gaulois dans les siècles antérieurs à la monarchie française, était grand, fort et vigoureux. Il se modifia au moyen âge et devint le destrier ou le genet, c'est-à-dire le cheval des combats, des fêtes militaires et des tournois, le cheval de prix à la taille haute, aux formes puissantes, aux actions vives et promptes néanmoins, à la conformation énergique et brillante. Le sommier, inconnu là où il existe d'autres bêtes de somme que le cheval, fut pour ainsi dire de tous les temps partout ailleurs. Au moyen âge, le sommier, dont la culture a été le moins négligée, fournit le roussin ou le cheval de fatigue. On en usait pour la route autant par ménagement pour le destrier que par commodité pour le cavalier. Ce dernier était, en effet, plus doucement porté par le roussin, qu'une éducation toute particulière amenait à marcher des allures artificielles moins pénibles pour les longues routes que ne le sont le pas et le trot ordinaires sur des chevaux épais et volumineux, aux articulations courtes, aux réactions dures. Enfin le palefroi, ou le cheval des dames, sorti du premier type, c'est-à-dire du cheval de selle svelte et léger, fut l'objet d'une production savante et d'une culture vraiment perfectionnée.

Emanation pure de la race mère, le palefroi la répétait riche de grâce et de nerf dans les familles équestres que les puissants du siècle entretenaient à grands frais et avec un succès sans égal dans le Limousin et dans la Navarre.

Le destrier, issu du cheval de guerre de la Gaule, s'est transformé en un autre type que nous avons tous connu ; il a produit le carrossier et le cheval de grosse cavalerie, qui, l'un et l'autre, se transforment encore chaque jour.

Le palefroi, descendance immédiate des races orientales, se débat en vain contre les causes de destruction qui l'étreignent; il doit disparaître avant peu, et se fondre dans une race nouvelle mieux adaptée aux exigences des temps. Il était à son apogée au xv° siècle. « Alors, dit M. Houël (1),
« la poudre vint enlever aux hommes d'armes leurs pesantes
« armures; elles n'étaient plus qu'un poids inutile. Les
« chevaux n'eurent plus besoin d'autant de force matérielle
« et les corps soldés qui s'organisèrent à cette époque com-
« mencèrent à se remonter dans les contrées où l'on élevait
« des races plus légères que celles employées jusque-là dans les
« usages de la guerre. D'un autre côté, le goût du manége
« et des jeux équestres, qui faisait la passion de la jeunesse
« française, fit rechercher avec avidité les races de che-
« vaux qui avaient le plus de vigueur, de légèreté, de
« grâce et d'élégance. Le cheval limousin fut le type du
« cheval recherché à cette époque pour la guerre et le ma-
« nége, et c'est de là que date sa brillante réputation. »

Sous quelles influences fut-il donc produit avec cette perfection? Le climat et le sol étaient pour lui; l'homme riche en était le producteur et l'éducateur intelligent; il lui accordait toute sa sollicitude, il le rapprochait de sa personne pour le faire vivre de sa propre vie en quelque sorte, et semblait ainsi l'élever d'un degré sur l'échelle des êtres organisés. Ceci, dit Mathieu de Dombasle, c'est presque une

(1) *Des différentes espèces de chevaux en France*, etc.

œuvre de *civilisation universelle*. Aussi, comme il reflétait avec bonheur l'heureuse combinaison des divers agents de production! Chez lui le sang avait conservé ses qualités les plus précieuses; toujours chaud, toujours généreux, il imprimait à toute l'économie et la force, et la grâce, et la puissance, et la noblesse; sa reproduction ne s'écartait pas des lois de la nature. Le sol accidenté, montagneux donnait des aliments savoureux, fins et toniques, dont la substance concentrée favorisait le maintien des formes élégantes et sveltes; l'adresse, l'agilité, la souplesse étaient dans les inégalités du terrain, dans l'air vif, élastique des montagnes; la durée de la vie avait sa source dans la lenteur du développement, dans les mille précautions prises au dressage, dans les habitudes soigneuses de conservation et d'entretien; le même genre d'emploi ne permettait aucun écart dans les aptitudes, aucune déviation forcée dans la conformation; le maître était noble et puissant, beau et riche : son cheval se montrait bien doté, fashionable, aristocrate. Bonne origine, causes extérieures heureuses, régime approprié, intelligence et sollicitude chez l'éducateur, un but d'élevage parfaitement défini, telles étaient les sources de la valeur du cheval léger de l'époque.

La découverte du moine d'Erfurth détermina le remplacement du grand et fort destrier par le cheval de selle souple et léger. L'invention plus reculée des carrosses a opéré une révolution tout aussi profonde dans l'emploi du cheval. Celui-ci dut subir de nouvelles modifications pour prendre les caractères et les formes qui approprient le mieux ses races à l'action de tirer. Mais cette appropriation ne sera pas la même partout ni dans tous les temps : comme toutes choses, elle aura son commencement et sa fin; comme toutes choses, elle ira se perfectionnant d'âge en âge. Les véhicules, grossiers d'abord, de construction défectueuse, d'un poids considérable à traîner sur des voies de communication peu praticables, exigeront, au début, des moteurs volumineux et lourds, lents et compassés ; plus tard, les voitures deviendront légères et commodes, les routes seront faciles et permettront l'emploi d'une race équestre moins massive et plus rapide. Le mélange indigeste de Berthold Schwartz ne sert plus à personne : la poudre fine lui est justement préférée ; mais le fusil à percussion n'a pas été le premier de tous les fusils.....

Voilà donc le destrier, le roussin, le palefroi et le sommier, destitués dans l'avenir, et pour ainsi dire à la fois, de la spécialité de services pour laquelle ils avaient été créés ; les voilà faisant place, à leur tour, à une série de races diverses, toutes propres aux usages variés de l'attelage et du trait proprement dit ; car les routes ne se borneront pas à fournir des voies carrossables ; elles relieront plus étroitement entre elles les différentes provinces d'un même royaume, et provoqueront bientôt l'organisation de ces transports réguliers auxquels on appliquera la dénomination de roulage.

Ces transformations sont toutes aujourd'hui à l'état de faits plus ou moins heureusement accomplis ; mais il a fallu des siècles pour les réaliser, tout incomplètes qu'elles se produisent encore. Quel déplacement elles ont opéré dans la production et l'élève du cheval ! C'est dans le midi et quelques provinces privilégiées du centre de la France que l'on poursuivait avec le plus de succès la culture du cheval léger. Celui-ci ne pouvait descendre que des hauteurs mêmes de l'espèce ; son amélioration était tout naturellement dans son contact avec le cheval arabe, et ce contact l'avait élevé fort haut, en effet, par suite d'un concours de circonstances très-favorables à la reproduction, en dehors de l'Orient, d'une grande partie des qualités propres aux races orientales. Mais voici que les conditions changent ; que l'emploi n'est plus le même ; que les besoins nécessitent des aptitudes nouvelles toutes différentes. Or le cheval léger cessera d'être autant recherché ; il va donc se produire moins abondamment. Une voie nouvelle est ouverte à l'industrie, elle y entrera ;

ainsi le veut son intérêt, qui est tout entier dans la satisfaction des exigences du consommateur. D'autres localités paraissent plus heureusement posées pour une production nouvelle; elles deviennent, à leur tour, un centre d'activité et d'élevage profitable. Le sol y est plus généreux, plus richement cultivé, l'alimentation plus forte et plus substantielle; l'air moins vif, plus tempéré, moins sec, moins vivifiant. Sous ces influences, tout ce qui gravite, dans le règne animal comme dans le règne végétal, tend au développement, au volume, à l'extension et au poids de toutes les parties. C'est dans ces localités, on le conçoit, que les races corpulentes s'obtiennent et prospèrent; c'est donc à elles que le consommateur va demander le produit nouveau qui entre dans ses besoins et dans ses exigences.

Au commencement, la consommation prit encore çà et là : toutes les routes ne s'ouvrirent pas le même jour; toute la jeunesse brillante et riche ne cessa pas d'équiter à la même heure ; toute la noblesse ne se montra pas en carrosse à la fois ; la population entière ne perdit pas en même temps ses habitudes casanières ; le commerce n'eut pas tout d'abord une immense activité ; les services de la selle et de l'attelage se partagèrent donc, pendant longues années encore , les différentes races de chevaux qui leur étaient spéciales. Peu à peu, cependant, les derniers devinrent plus nombreux ; l'équilibre fut détruit, et le cheval de selle, naguère encore la règle générale, perdit du terrain, céda la place à son compétiteur, et devint l'exception.

Dès lors, toutes les races anciennes furent plus ou moins négligées. Le producteur, ne trouvant plus dans une recherche active et pressée le même intérêt à produire, n'apporta plus les mêmes soins que par le passé à l'élève du cheval ; il donna une autre direction à son industrie. Par contre, tous ceux qui, par position, purent travailler avec profit à la culture des races nouvelles s'y adonnèrent bientôt avec toute l'ardeur qui naît de la certitude du succès.

Cependant les habitudes se prennent et se perdent avec une égale difficulté, avec une même lenteur. On lutta de part et d'autre ; ici pour ne pas cesser de produire, là pour ne s'engager qu'à coup sûr dans une voie toute neuve, dont les abords n'avaient pas encore été suffisamment reconnus. Il en résulta une perturbation qui n'a même pas entièrement cessé de nos jours. Les anciennes races ont à peu près disparu partout, ou du moins leur physionomie changeante et mobile offre maintenant à l'œil de l'observateur des traits tellement multipliés et incertains, qu'il est devenu très-difficile de les saisir, de les grouper et de les réunir de manière à en former un tout et un ensemble dans lesquels l'harmonie existe et soit vraie au point de reproduire l'expression véritable du cachet d'autrefois. A peine forment-elles aujourd'hui une série de démembrements partiels d'une seule et même race dont les caractères sont effacés ; variétés disparates, bientôt aussi nombreuses que les individus pour ainsi dire, et qu'un même système d'amélioration générale cherche à rattacher, unir et confondre de nouveau dans une seule et même conformation, par le mariage éloigné ou prochain des deux familles les plus civilisées de l'espèce avec tout ce qui nous reste de nos races vieillies, ayant partout les mêmes traits, le même cachet, et, partant, les mêmes aptitudes, la même perfection relative. Cette fusion de l'espèce est maintenant nécessaire, exigée par les besoins bien définis de l'époque ; elle est logique, conséquente, la suite inévitable d'une civilisation qui embrasse l'ordre entier de la nature. C'est un des mille reflets qu'elle projette et que nous pouvons étudier dans ces glaces magiques où le conteur et l'historien voient se mouvoir les hommes, les animaux et les choses dont ils veulent connaître la destinée. Telle est la loi du monde physique.

Aujourd'hui donc, si l'on voulait retracer les caractères

spécifiques, en quelque sorte, d'une foule de races très-bien connues autrefois, les peindre et les montrer telles qu'elles furent, tel qu'est maintenant ce qui en reste, on ne le pourrait sans charger sa palette de couleurs mêlées et incohérentes. Dans ce peu de mots qui embrassent une si longue période d'années, que de phases de décadence, quelle série d'échecs, et quelle suite non interrompue de dépérissements et de dégradations! Mais par bonheur, et comme par compensation, à mesure que l'on remonte cette spirale où le temps a échelonné les transformations diverses, comme les damnés du poëte gibelin, on trouve une amélioration progressive de l'espèce dans l'appropriation, toujours assurée à la longue, de ses différentes races aux besoins simples ou multiples des temps.

M. Houël a parfaitement caractérisé la situation de l'espèce chevaline à l'époque actuelle et dans l'avenir ; il dit (1) :

« Les grandes améliorations apportées depuis quelques
« années au système de voirie, la découverte des chemins
« de fer, et l'ouverture d'un nombre infini de canaux, vont,
« d'ici à quelques années, modifier singulièrement les
« races de chevaux en France. Ainsi la race carrossière
« subit maintenant une modification importante : sa taille
« était majestueuse, ses formes gracieuses et nobles ; mais
« on lui reprochait avec raison des corps longs, des têtes
« busquées et peu de vigueur. Des croisements bien enten-
« dus avec le cheval anglais lui ont fait perdre ces défauts,
« et lui font faire, chaque jour, des progrès qui l'amèneront
« bientôt à la perfection du genre réclamé par les besoins
« de l'époque. Le problème à résoudre est d'opérer la réu-
« nion des qualités de force et de taille des anciennes races
« d'attelage avec la légèreté, le brillant, la vigueur et la
« longueur d'allures qui distinguent le cheval oriental ou

(1) *Loco jam citato.*

« ses dérivés. D'un autre côté, les races de trait vont subir
« de grands changements ; la forte race de gros trait ne sera
« bientôt qu'un objet de luxe et de parade, comme en An-
« gleterre, où on ne la voit plus qu'aux attelages des mar-
« chands de bière, ornée de pompons rouges. Les roulages
« se feront par des chevaux plus actifs, plus légers, qui
« mangeront moins, feront le double de chemin, et rem-
« placeront par la vigueur et l'énergie cette force d'inertie,
« apanage du cheval de gros trait, qui se consumait en
« partie sur elle-même. Les races de trait léger s'améliore-
« ront dans le sens le plus favorable à la vitesse et à l'éner-
« gie qui leur manquent ; on les croisera avec des chevaux
« qui, sans leur ôter de leur résistance ni de leur force,
« donneront plus de longueur et de meilleures directions à
« leurs articulations ; enfin le cheval de selle, *proprement*
« *dit*, se reproduisant par lui-même, sera entièrement
« abandonné, et remplacé par le cheval de demi-sang ou
« de trois quarts de sang, plus approprié aux besoins, à la
« mode, au caprice de l'époque. Enfin il résultera de ces
« mêmes besoins, des nouveaux instincts de la civilisation,
« des fortunes plus divisées de notre époque, et de l'aban-
« don de l'équitation telle que l'entendaient nos pères, qu'il
« n'y aura bientôt plus en France ni cheval de selle, ni
« cheval de carrosse, ni cheval de trait. Il y aura de grands
« et de petits chevaux ; des chevaux forts et des chevaux
« légers ; des chevaux de pur sang, de demi-sang, de dif-
« férents degrés de sang ; mais il n'y aura plus de cheval
« affecté à tel ou tel service, ou plutôt il y en aura pour
« cent services divers. — Je m'explique : Qu'est-ce qu'un
« cheval de selle? Sera-ce le cheval de carabinier ou le che-
« val de chasse, ou le cheval de gendarme, ou le cheval de
« cavalerie légère ou le petit poney? Maintenant les fem-
« mes mêmes montent des chevaux de carrosse, et elles
« attellent des poneys à leurs voitures! Où sera le cheval de
« selle dans tout cela ? — Qu'est-ce qu'un cheval de car-

« rosse ? Il y a encore quelques personnes qui se servent de
« lourds et massifs chevaux, mais le nombre en diminue
« chaque jour ; les autres ne veulent plus que des chevaux
« ayant plus ou moins de sang ; d'autres attellent des po-
« neys, d'autres des chevaux limousins, d'autres des che-
« vaux de pur sang ! Où sera le carrossier dans tout cela ?
« Quant aux chevaux de trait, on les emploie encore pour
« quelques services quand ils sont de bonne race ; tels sont
« le halage des rivières, les transports des fardeaux dans
« les grandes villes, le roulage au pas, etc. Mais les postes,
« les diligences, les voitures publiques ont besoin de che-
« vaux plus actifs. Déjà, sur les routes très-fréquentées, les
« relais sont composés de chevaux ayant un peu de race ;
« on commence à y voir des chevaux de demi-sang. Ces
« chevaux vont plus vite, se fatiguent moins et durent plus
« longtemps.

 « Ainsi, dans l'époque présente, trois grandes divisions :
 « 1° Le cheval de tirage,
 « 2° Le cheval de demi-sang,
 « 3° Le cheval de pur sang.

 « Dans la première de ces divisions je comprends les che-
« vaux de trait des fortes races destinées au halage des ca-
« naux et au roulage dans les grandes villes ; ceux des ra-
« ces plus légères, ou forts carrossiers, destinées aux diffé-
« rents services de l'artillerie, au roulage accéléré, aux di-
« ligences, voitures publiques, etc.

 « Dans la deuxième je comprends les chevaux de diffé-
« rents degrés de sang, produit du mélange des fortes races
« avec le pur sang ;

 « Dans la troisième, les chevaux de pur sang, type régé-
« nérateur des autres races. »

VI.

Mais ces races ne s'obtiennent pas sans soins ni savoir ;

elles ne se trouvent pas toutes faites au fond des influences propres à chaque localité ; elles ne sont pas la résultante des seules forces de la nature ; elles répondent aux besoins d'une civilisation avancée, et demandent, pour sortir identiques de milieux fort divers, une grande intelligence dans l'emploi des moyens qui les produisent.

Et ce fait n'est point exceptionnel aux races du présent. Le cheval particulier à chaque siècle, le cheval le mieux approprié, dans tous les temps, aux besoins d'un état de civilisation donné, n'a pas été plus que le nôtre le produit spontané des agents extérieurs, mais un reflet toujours bien entendu de la civilisation elle-même. Le cheval arabe, je l'ai déjà dit, ne coûte pas moins de soins, d'efforts, d'intelligence, de sollicitude persévérante que le cheval anglais de pur sang. Nos races si renommés du Limousin, de la Navarre et de l'Auvergne, la race andalouse, si vantée jadis, et tant d'autres dont le souvenir s'affaiblit chaque jour, que sont-elles devenues à partir du moment où elles ont été abandonnées aux seules forces du dehors, où elles n'ont plus rempli les besoins du temps, où, par cela même, elles n'ont plus été cultivées avec art, où elles ne se sont plus trouvées soumises qu'aux seules conditions générales des lieux ? Elles sont tombées, au lieu de se maintenir ; car la force salutaire, l'intérêt, qui développe l'intelligence de l'éducateur, s'était retirée d'elles.

Un fait non moins remarquable et qui n'a pas été assez observé, c'est que les races équestres d'une époque déterminée ont souvent cessé d'être employées avec autant d'activité que par le passé au temps de leur plus haute réputation. L'explication est facile. L'industrie chevaline n'a jamais été ni assez éclairée ni assez hardie, je ne dirai pas pour prendre l'initiative d'une modification rendue nécessaire par la force des choses, mais même pour se soumettre tout aussitôt qu'il y avait urgence à modifier le présent et à pénétrer dans une voie nouvelle. Ignorante et routinière, elle n'a jamais su apprécier aucun des faits qui se posaient autour d'elle, et qui, poussant toutes choses en avant, la laissaient bientôt loin par derrière. Il lui a donc toujours fallu un temps démesurément long pour reconnaître et se décider à marcher. Mais, inhabile et paresseuse, elle venait tard, et tout ce qui l'avait devancée était déjà prêt à fuir et à disparaître encore lorsqu'elle arrivait à peine, riche d'une transformation utile, mais dont elle ne devait plus profiter longtemps; car la course recommençait à nouveau, car la civilisation avait toujours quelque conquête à ajouter aux conquêtes du passé. Fidèle à la force d'inertie, la production n'a jamais suivi partout la marche générale, et elle ne s'est guère trouvée, pendant un laps de temps considérable, à la hauteur des besoins que là où les besoins sont demeurés invariables, là où la civilisation n'a rien changé à ce qu'elle avait précédemment édifié.

Partout ailleurs, on le comprend, les races, après un laborieux enfantement, après une approbation lente et tardive aux convenances sociales, tombèrent souvent au-dessous de ces dernières, non pas d'abord par suite d'affaiblissement et de dégénération, mais par immobilité, mais faute de se modifier à nouveau pour se tenir toujours au niveau des exigences de tous. La dégradation venait après, lorsque la production ne se trouvait pas stimulée par un bénéfice nécessaire, par le seul aliment qui pût la défendre contre l'abandon.

Quant aux principes de production et d'amélioration, ils n'ont jamais été ni mieux compris ni plus éclairés qu'au temps où nous sommes.

Dans la période du mode d'emploi exclusif du cheval léger, l'éducateur ne pouvait descendre que du cheval léger le plus avancé, le plus heureusement doué, le plus rapproché de son véritable état de nature par une culture judicieuse et bien entendue au point de vue des nécessités du temps.

On demandait donc, et avec raison, aux races orientales les plus parfaites les sujets les plus aptes à l'amélioration des races inférieures. A cette période, la science n'a rien de compliqué. Elle n'avait qu'un obstacle à vaincre, la dégénérescence du type. La barrière qu'elle lui opposait avec le plus de sollicitude s'élevait dans les efforts tentés pour éviter que l'acclimatation ne nuisît beaucoup aux individus importés. L'appareillement des sexes rendait ensuite raison de toutes les autres difficultés. Il avait pour but d'amoindrir les défectuosités, d'effacer les imperfections, et s'attachait, au contraire, à faire dominer et les qualités utiles, et le genre de conformation qui constituait alors la beauté.

Plus tard, lorsque les races durent s'épaissir et prendre un développement considérable, la pratique suivit d'autres données. Ignorante de ce fait que le volume des animaux est toujours en rapport avec l'abondance et la valeur nutritive des aliments qui les forment, on cherche le principe de la grande taille, de la force et du gros, dans les races qui en étaient le plus puissamment dotées. Dès lors le point de départ de l'appropriation des races à des besoins tout différents fut diamétralement opposé au principe d'amélioration suivi jusque-là. Sans la connaître, on avait agi suivant une loi de nature en allant puiser dans les climats chauds et secs les sujets destinés à l'amélioration des animaux refroidis par leur transport et leur reproduction en des climats plus froids et plus humides. Par une marche inverse, on jeta le désordre dans la production; les races ne changèrent pas seulement de formes, elles perdirent toutes qualités et descendirent, en quelques générations, au plus bas degré de l'échelle.

Cependant, les besoins restant les mêmes, l'agriculture avançant peu, les races légères ne prenaient pas le développement désirable et les races lourdes ne s'allégeaient pas assez. On crut trouver la solution du problème dans un principe mixte que la pratique appliqua à la recommandation de deux

célèbres patrons, Buffon et Bourgelat. Leurs paroles avaient
force de loi : ils disaient, et la croyance suivait; leurs idées
étaient souveraines. Qui donc en eût appelé? N'étaient-ils
pas, eux aussi, les princes de la science? Et cependant ils
proclamaient l'erreur, les faux principes; ils accréditaient
un préjugé. Quel mal n'ont-ils pas fait !

Singulier système, en effet, que le leur !

Pour eux, et bien que cela dût leur paraître au moins
étrange, le modèle du beau et du bon était dispersé par toute
la terre. Dans chaque climat, il n'en résidait qu'une portion
qui dégénérait toujours, à moins qu'on ne la réunît avec une
autre portion qu'il fallait découvrir et prendre au loin. Pour
avoir de bons chevaux, pour entretenir une perfection toujours égale dans les races, il fallait allier aux femelles d'un
pays des mâles d'une contrée étrangère, et réciproquement
unir aux mâles de ce pays des femelles choisies parmi les
races éloignées. Peu importait, d'ailleurs, que ces étrangers
fussent ou non supérieurs aux indigènes; tout le succès de
l'opération était dans la différence de race des animaux à
réunir en des accouplements plus ou moins bizarres. Le principe se formulait ainsi pour la France : donner aux femelles
de nos provinces méridionales des mâles tirés des races devenues indigènes aux contrées du nord, et aux femelles de
celles-ci des mâles extraits des familles orientales. Les résultats devaient être d'autant plus heureux que la température des climats sous l'influence desquels les animaux étrangers avaient pris naissance était plus éloignée de celle du
nouveau climat à l'action duquel ils allaient être soumis.

Dans la première période, à part les races d'élite, qui ont
toujours été produites avec intelligence, le gros de la production appartenait particulièrement aux influences propres
à chaque localité. L'agriculture, peu avancée, ne fournis-
sait pas assez substantiellement pour que les races devins-
sent fortes et lourdes; le cheval restait dans des proportions
heureuses pour les usages de la selle, et son amélioration

était favorisée par son contact plus ou moins immédiat avec le cheval de selle le plus civilisé du monde.

Lorsque, dans des temps moins éloignés, on voulut élever la taille, élargir les formes, grossir l'espèce, on fit fausse route en demandant aux mêmes principes alimentaires des forces, des dimensions, des aptitudes nouvelles qui n'étaient ni dans la nature ni dans l'abondance des plantes nutritives consacrées à la reproduction équestre. On crut les obtenir par voie d'hérédité, et l'on introduisit dans les races légères, tout imprégnées encore du sang riche et chaud des familles orientales, le sang pauvre et refroidi des races plus lourdes, des chevaux étoffés et de grande taille des contrées humides et froides de l'Europe. Cette tentative détruisit toute noblesse et toute valeur chez le cheval léger ; elle dégrada singuliè- rement aussi le cheval plus corsé des plaines et des herbages fertiles ; elle porta la déchéance et la ruine partout. Nous en étions là il n'y a pas encore quinze ans.

Mieux éclairé aujourd'hui, on est revenu à des idées plus certaines, et dans la pratique on ne s'écarte plus guère de ces principes : — le pur sang est l'agent le plus efficace de l'amélioration et du perfectionnement des diverses races de chevaux ; il contient le germe de toutes les qualités et de toutes les aptitudes. — Les races du Nord s'améliorent par leur alliance avec les races du Midi, tandis que ces dernières s'affaiblissent et se dégradent, au contraire, par leur contact avec les races du Nord.

Mieux avisé aussi, on n'ignore plus que le pur sang, tout puissant qu'il est, ne constitue pas pourtant l'unique moyen d'amélioration des races ou de leur appropriation aux ser- vices divers ; on sait qu'il est un des éléments indispensables, mais qu'employé seul, à l'exclusion des autres, il ne dé- terminerait pas toutes les améliorations que l'on pourrait poursuivre soit dans la forme, soit dans les aptitudes. Déjà nous avons vu que le problème de la production équestre ne se réduisait point à cette simplicité de termes.

Toutefois une idée commence à prévaloir en économie de bétail. Nous acceptons cette idée comme un progrès capable de faire faire un grand pas à la pratique, mais nous ne voudrions pas la voir admettre en principe d'une façon aussi exclusive qu'elle semble se produire. Ainsi, dit-on, il y a perte à introduire sur un sol trop pauvre des races créées sur des terres d'une fertilité supérieure ; il y a perte également à continuer la production et l'élève des races chétives et donnant peu, dès que l'état avancé de l'agriculture permet l'éducation, autorise la tenue de races meilleures et d'un rendement plus élevé.

Dans le premier cas, c'est la manie des introductions des races étrangères qui est condamnée; dans le second, c'est la routine acharnée que l'on attaque.

L'une et l'autre sont également préjudiciables et au producteur et au consommateur ; leurs intérêts ne sauraient être séparés : c'est l'aisance générale, c'est la richesse publique qui alors sont atteintes dans leurs sources les plus précieuses.

L'idée que l'on préconise est juste assurément, fondée surtout en tant qu'on l'applique plus particulièrement aux races des espèces du bœuf, du porc et du mouton ; mais le principe d'où elle découle n'est peut-être pas très-heureusement formulé. Les bénéfices de l'éleveur, écrit-on, dépendent en grande partie de l'appropriation parfaite des races adaptées aux circonstances dans lesquelles il doit les placer.

Eh bien ! c'est encore trop laisser, du moins je le crois, aux influences extérieures, et ne pas accorder assez à l'action de l'homme, qui, en fait de production animale, doit puiser la plus grande partie de ses moyens dans son intelligence. J'ai dit ce qu'elle pouvait. Que le gros des producteurs se fasse habile manœuvre, et suive, dans une exécution rendue facile, les principes de l'art heureusement découverts et profitablement appliqués déjà. Dès aujourd'hui, en effet, les bons exemples ne font pas défaut. Mais les bénéfices d'une éducation, j'insiste à dessein sur ce point, me paraissent être dans l'appropriation des races, non plus aux lieux où on les implante, mais aux besoins divers et bien définis de la consommation. Tout, me semble-t-il, doit se modifier pour arriver à ce résultat; tout doit se plier à cette exigence. Les localités pauvres, le sol peu élevé en fécondité doivent être travaillés et améliorés. Ils sont à la fois matière et instruments; l'homme les met en œuvre, il sépare, transforme les molécules dont ils se composent, en change l'état, la condition, la nature, et crée des produits nouveaux. Or ceux-ci n'ont d'autre valeur que leur utilité; c'est donc le plus haut degré d'utilité qu'il faut avoir incessamment en vue.

Que le producteur de bétail, — éducateur de chevaux ou engraisseur d'animaux, — élève enfin ses opérations au rang d'une industrie; qu'il apprenne à les considérer dans leurs rapports avec tous les intérêts qu'il est appelé à desservir. C'est l'ignorance qui tient cette industrie arriérée alors que tout marche et progresse. L'obscurité est le plus grand obstacle au développement de toutes les facultés de nos animaux, au perfectionnement de tous leurs instincts et de leurs aptitudes diverses...; un rayon de lumière décuple les forces et centuple les produits.

Le perfectionnement d'une race, qu'on se le persuade bien, ne dépend pas autant de l'avantage de la situation, de la salubrité et de la clémence du climat, de la fertilité même du sol que de l'intelligence de l'éducateur et des avantages qui en découlent; tels la persévérance à suivre une bonne voie quand on a su y entrer, les soins judicieux d'une hygiène toujours convenable au but certain et bien arrêté qui y est poursuivi.

Un système rationnel d'élevage balance une foule d'inconvénients, aplanit mille difficultés, supplée à bien des exigences. Un régime approprié non-seulement à la convenance, mais surtout à l'aptitude des races, n'est-ce pas le grand secret d'une production toujours intelligente, toujours heureuse, toujours utile?

L'éleveur de bestiaux, encore un coup, ne travaille pas exclusivement pour lui, il ne produit pas pour son unique consommation ; la raison dernière de ses efforts et de son labeur est tout entière dans la satisfaction des besoins généraux, car là sont l'utilité et le profit. Son intérêt particulier est nécessairement lié à celui de la société au milieu de laquelle il est appelé à exercer son art, son industrie; il faut donc qu'il étudie, pour la comprendre, l'économie de cette société dans laquelle il se meut, dont il fait partie, lui aussi, et qu'il opère pour les autres en même temps que les autres travaillent pour lui, tout en faisant leur chose propre. « Les « connaissances spéciales ne suffisent pas, dit J. B. Say ; « elles ne sont qu'une routine aveugle, lorsqu'on ne sait pas « les rattacher au but qu'on se propose, aux moyens dont « on peut disposer. Nous ne sommes pas appelés à exercer « nos arts au milieu d'un désert; nous les exerçons au sein « de la société et pour l'usage des hommes. »

A combien de pertes alors n'est pas vouée l'industrie qui vit au jour le jour, qui travaille sans souci de ce qui se passe autour d'elle, sans intelligence du mouvement, sans préoccupation des besoins divers? Et pourtant telle a été pendant longtemps la situation de notre économie de bétail; l'industrie chevaline ne semble pas avoir toujours été beaucoup plus éclairée que ses sœurs.

QUELS CHEVAUX MÉRITENT LA QUALIFICATION DE PUR SANG ?

Sommaire.

I.

Cette question, fort controversée, est encore du domaine presque exclusif de la polémique. Elle divise les hippologues, et leurs discussions vives, leurs opinions divergentes et parfois confuses jettent beaucoup d'incertitude sur le principe même de l'amélioration des races. Les faux départs, sur l'hippodrome, obligent toujours à de nouveaux apprêts ; ils n'amènent que des résultats négatifs. En désaccord sur le principe même de la science, les auteurs hippologiques n'ont jamais pu s'entendre, et l'étude est toujours à recommencer. On ne bâtit pas sur le sable mouvant ; tout édifice repose sur une assise solide, toute science a son fondement.

Étudions à nouveau cette question dans les mêmes termes que ceux qui l'ont attaquée avant nous. Ces termes sont absolus. Il ne s'agit pas d'une simple affaire de hiérarchie, on ne classe pas entre elles les diverses races auxquelles on accorde ou refuse la qualification de pur sang ; on va bien au delà vraiment : on exclut, et sans autre forme de procès, une ou plusieurs races, pour n'en admettre qu'une seule, tantôt celle-ci, tantôt celle-là. Encore, à ce point de vue, admet-on le principe. Le litige alors ne porte que sur l'application, sur l'usage rationnel du mot lui-même; mais d'autres ne croient pas du tout au pur sang..., et pourtant la supériorité du sang, on l'a dit, ne peut pas plus se nier que la conscience et l'honneur dans l'ordre moral.

Voyons quelles sont les idées émises et chaleureusement soutenues à cet égard.

— Pour les uns, que l'on dit puritains en matière hippique, que l'on appelle des imitateurs exclusifs, des admirateurs extravagants des Anglais, il n'y a de cheval de pur sang que celui dont l'arbre généalogique s'étend jusqu'au *general Stud-Book* (1), espèce de registre de l'état civil équestre dont je m'occuperai bientôt.

— Pour d'autres, retardataires obstinés, comme on les nomme, qui se croient imbus des idées de nos grands naturalistes et qui ne les comprennent pas toujours, le cheval de pur sang ne peut naître qu'en Arabie. Il doit être débarqué d'hier et arrivé tout frais émoulu, si l'on veut bien me passer l'expression, condition hors laquelle il ne possède plus dans toute leur pureté les qualités natives, celles du pur sang, nécessairement inhérentes au sol, au climat de la patrie originaire, aux soins pris par l'Arabe, son maître, pour empê-

---

(1) « L'administration des haras qualifie de pur sang *les chevaux « et juments arabes et leurs produits*, comme les chevaux d'origine « anglaise. La Société d'encouragement pour l'amélioration des races « de chevaux en France, au contraire, refuse aux premiers cette « qualification, et ne les admet pas à courir les prix décernés par elle. « Aux termes de son règlement (art. 14), *ne sont considérés comme « étant de pur sang que les chevaux et juments issus d'un cheval « et d'une jument dont la généalogie se trouve constatée au Stud- « Book anglais, ou qui ne sont issus eux-mêmes que d'ancêtres « dont les noms s'y trouvent insérés.* »

(*Bulletin officiel des courses de chevaux,* 1re année, no 2.)

cher la plus petite tache dans les familles, la moindre mésalliance dans les accouplements.

— Il en est qui admettent les deux races au bénéfice de la qualification, et pour eux les races arabe et anglaise sont également des races de pur sang.

— D'autres classent parmi les races pures (1) les démembrements les plus voisins de la race arabe, tandis que d'aucuns ne les considèrent que comme des émanations dégénérées du cheval père ; les races barbe, turque et persane sont dans ce cas.

— Je cite pour mémoire seulement ceux qui désignent sous le nom de pur sang tout cheval issu d'un premier croisement, ou bien encore tout cheval complétement dépourvu de sang, mais appartenant à une race distincte. Ils disent — un normand, — un lorrain, — un camargue, — un charolais, — un percheron... pur sang, pour exprimer qu'aucun mélange n'est venu altérer le cachet particulier propre aux chevaux sortis exclusivement des forces que les agents extérieurs puisent diverses dans telle ou telle localité. Ce genre de pur sang devient fort heureusement très-rare aujourd'hui ; c'est là un abus de mots auquel il serait puéril que je m'arrêtasse davantage.

— Quelques-uns ont tenté de faire passer dans le langage un sens de convention au moins étrange. Il eût fait sentir la

(1) Pour M. Huzard fils, les mots *race pure* constituent un barbarisme : c'est de la cacologie. Le premier emporterait nécessairement avec lui la signification que l'on veut ou que l'on croit lui donner en l'accolant à une épithète parasite ; c'est plus qu'un pléonasme, c'est une absurdité. « Qu'est-ce qu'une race qui n'est pas pure ? dit-il. Je « ne connais pas ce que c'est... *Il y a race, ou il n'y a pas race.* « Une race qui n'est pas pure ! J'ai beau chercher, je ne vois pas ce « que ce peut être. » Je reviendrai sur ce sujet. En attendant, je continuerai à employer une expression consacrée aujourd'hui dans le langage hippique. Le sens qu'on y attache est tellement précis, que nul ne s'y trompe, que tous le comprennent, sans en excepter M. Huzard lui-même, car il s'en est beaucoup servi dans ses différents écrits sur la matière.

distinction qu'ils auraient admise entre deux degrés différents de pureté de sang ou de race, quelque chose, si je puis
dire ainsi, comme une race primaire et une race secondaire.
— Le cheval arabe, le plus pur de tous, eût été le cheval de
sang pur ; mais tous ses produits nés et élevés hors de l'O-
rient n'eussent plus été que des chevaux de *pur sang.* Cette
distinction est trop subtile pour moi... Il est des gens, d'ailleurs, avec lesquels il ne faut jamais discuter, et que l'on peut
laisser se débattre dans le vide. Ainsi ferai-je de l'opinion de
ceux-ci, car je n'ai assez de lucidité ni dans l'esprit ni dans
le style, pour comprendre et faire comprendre à qui me lira
comment avec du sang pur on peut faire du pur sang ; si ce
dernier est d'une autre nature que le premier ; si, par exemple, la race anglaise de *pur sang* est moins pure que n'est
pure la race arabe de *sang pur.* N'y a-t-il pas entre ces deux
puretés de race exactement la même différence qu'entre
bonnet blanc et blanc bonnet?... Passons, passons vite...

— Enfin beaucoup nient l'existence du pur sang comme
la majorité l'entend. Pour ces derniers, la supériorité de la
race n'est pas dans le sang ; il faut la chercher exclusivement dans un système rationnel de production et d'élevage,
et surtout dans l'action toute-puissante des influences les
plus favorables au développement d'une constitution riche et
à l'exaltation de toutes les qualités que le cheval est susceptible de réunir en lui. Le cheval de pur sang peut ainsi se
former de toutes pièces sur tous les points du globe et sans
le concours d'aucune race étrangère. L'emploi de sujets
améliorateurs importés du dehors hâterait sans doute la
marche de l'amélioration, le progrès ; mais il n'est point
indispensable pour élever une race indigène, déchue, au
plus haut point de supériorité qu'il soit donné au cheval
d'atteindre, pour le ramener au degré de pureté et d'homogénéité que présentent, par exemple, les races nobles d'A-
rabie et le cheval pur sang reproduit en Europe sans mélange
et sans mésalliance aucune.

Examinons maintenant ces opinions diverses, après avoir bien vite écarté celle qui applique les mots *pur sang*, à tort et à travers, à toutes les espèces indistinctement, sans plus savoir ce qu'elle exprime que ce qu'elle voudrait exprimer. La discussion s'ouvrira ainsi entre — ceux qui n'admettent pas l'existence du pur sang; — ceux qui ne reconnaissent pas d'autre race pure que la race arabe noble ; — ceux qui n'admettent à cette qualification que les seuls chevaux dont la généalogie se trouve constatée au Stud-Book anglais, ou qui ne sont issus eux-mêmes que d'ancêtres dont les noms s'y trouvent insérés; — ceux qui regardent comme étant également de pur sang les chevaux arabes et anglais, mais ceux-là seulement; — ceux enfin qui ajoutent à ces deux races les autres races d'Orient que l'on appelle barbe, turque et persane.

II.

Le sang est tout, — le sang n'est rien. Ces deux propositions extrêmes sont nées de leur exagération même. En proclamant l'infaillibilité du pur sang, en isolant le principe de tout ce qui l'étaye et fait sa force, en déniant toute autre action, en n'admettant en dehors de lui aucune autre puissance, en en faisant l'unique remède à tous les vices, le seul obstacle à toutes les causes de déchéance, les plus chauds partisans du pur sang ont beaucoup nui à son application raisonnée. N'ayant pas toujours été judicieuse et rationnelle, elle n'a pas toujours été heureuse et efficace. De l'insuccès est sorti le doute, et le doute a développé une opposition formidable au principe. Ils sont nombreux les écrivains qui ont pris part au débat ; tous peuvent également se reprocher l'exagération des assertions émises, tous se sont montrés également absolus, également exclusifs, également passionnés..... : aucune question de cet ordre n'a certainement provoqué une lutte aussi vive et autant prolongée.

Toutefois les deux opinions sont demeurées entières; cha-

cune est restée fidèle à son drapeau. Nul n'a fait défection ;
l'état des partis restera le même pour le présent. Mais la vérité doit se faire jour à la fin et rallier autour d'elle tous les
hippologues à venir. Loin de moi la pensée de ranimer une
querelle mal éteinte ; j'écris pour ceux qui n'y ont pris aucune part : je ne fais pas de polémique, j'étudie.

Mathieu de Dombasle s'est placé à la tête de l'opinion contraire à l'existence du pur sang. Il ne suppose pas que le
cheval soit plus exposé à dégénérer dans les pays froids que
sous l'influence des climats chauds d'où il tire son origine.
Pour le célèbre agronome, le dernier mot de l'amélioration
des races, le germe de toutes les qualités, le fondement de
toutes les perfections, animales ou végétales, ont une seule
et même source, l'industrie de l'homme qui sait, de l'homme intelligent. Tout est dit lorsque ce dernier a su pourvoir
aux besoins matériels de la vie, lorsqu'il a pu tirer du sol les
moyens d'alimentation qui manquaient primitivement dans
les pays froids ; car les grands quadrupèdes n'ont été originairement posés vers les régions tropicales que parce qu'une
nourriture suffisante y était assurée par une végétation constante. Le grand secret de toute civilisation, l'*ultima ratio*
de tous les perfectionnements passés, présents et à venir sont
ainsi ramenés à une question d'appétit convenablement résolue. Et cela est si vrai, que la seule race d'Orient qui ne
soit pas dégénérée et méprisable, qui reste au-dessus des atteintes cruelles des fléaux destructeurs de toutes les autres
est celle du Nedj, élevée et maintenue au plus haut point de
l'échelle à la faveur d'un régime un peu exceptionnel peut-
être, mais qui fait autant d'honneur à l'art culinaire chez
l'Arabe du Nedj qu'aux inclinations gastronomiques du cheval qu'il nourrit (1). En ceci pourtant une chose m'embar-

_____

(1) « Le cheval nedji est nourri d'une manière particulière : des
« dattes, de l'orge, du lait de chamelle, du bouillon de viande et même
« de la viande, voilà ses aliments ; et on ne lui permet l'usage de
« l'herbe que pendant quarante jours de l'année, c'est son carême.
« M. Hamont explique comment on administre la viande à ces ani-

rasse, et je ne sais trop comment l'expliquer. Le cheval a été créé et mis au monde pour vivre exclusivement d'herbes et de grains ; nul n'a jamais contesté ce fait zoologique. Comment donc n'est-on parvenu à le doter de toute la somme des perfections dévolues à sa nature qu'en le tenant à un régime habituel diamétralement opposé aux convenances de son organisation, qu'en le soumettant à une nourriture particulièrement composée de substances animales ? Je propose la solution à de plus habiles.

Mathieu de Dombasle s'empare de ce conte des mille et une nuits (1) et raisonne ainsi : La race du Nedj elle-même, la plus parfaite des races orientales, ainsi que toutes les autres, est soumise à l'influence du régime et ne peut se soutenir en dehors des conditions de cette influence. Or, si les races arabes ne jouissent pas du privilége d'être exemptes de la dégénération dans leur propre pays, comment nous persuadera-t-on que quelques gouttes de sang de ces races introduites dans celui des races françaises auront la miraculeuse vertu de préserver ces dernières de la dégénérescence ? Si l'on croit pouvoir porter remède à la détérioration des races par des croisements, encore faut-il que la race qu'on y emploie ait pour elle-même la propriété de résister aux cau-

« maux. On fait cuire le mouton dans de l'eau ; on leur en donne le « bouillon. Ensuite, les animaux étant rangés autour d'une table, un « Arabe s'occupe à désosser, et distribue à chacun sa part. Mais aussi « quel cheval ! quel coursier !... »
(Math. de Dombasle, *De la production des chevaux*, etc., p. 34.

(1) Je ne veux pas dire que l'Arabe du Nedj ne donne pas à son cheval des matières animales ; d'autres l'ont dit avant M. Hamont. Mais je nie que le cheval nedji soit particulièrement soumis au régime du carnivore. Les écrivains qui ont parlé des chevaux du Nedj les ont toujours présentés comme des plus puissants et des plus nobles d'Arabie ; ils ont signalé le fait de leur alimentation exceptionnelle, accidentelle, par des matières animales, soit dans la prévision de grandes fatigues, soit après des travaux excessifs ; mais M. Hamont est encore le seul qui ait habituellement nourri ces chevaux avec des viandes et des bouillons de viande.

ses de la dégénérescence; encore faut-il qu'elle offre, quant
au nombre des étalons, des ressources telles, qu'il soit possible de revenir toujours à elle sans être jamais dans l'obligation d'utiliser ses produits de demi-sang, qui n'ont plus le
même pouvoir améliorateur. « Cette vérité est fondée sur
la puissance d'absorption des races naturelles indigènes, qui
tend incessamment à tout ramener à leur type par les influences de localité, si l'on n'y introduit sans cesse du sang
pur de la race au moyen de laquelle on prétend combattre
les influences. » Agir autrement, procéder par le petit nombre, c'est avoir la prétention *d'améliorer une barrique de
mauvais vin avec un demi-verre de vin de Bordeaux*..... Et
il conclut ainsi : De quelque côté qu'on envisage les faits,
« on ne trouve dans tout cela qu'une grande déception (1). »

Et d'abord la dégénérescence est inévitable; c'est une
loi de nature, loi immuable et nécessaire à laquelle l'homme est redevable d'une puissance de création réelle. C'est
par elle qu'il produit ces déviations de la forme primitive
qui donnent à celle-ci des caractères nouveaux et une plus
grande utilité relative. Donc, en reconnaissant à certaines
races une supériorité incontestable, on n'a jamais avancé
qu'elles fussent au-dessus de toute atteinte. Ce qui les place
au sommet de l'échelle au contraire, ce sont les mille soins
judicieux dont elles sont entourées et qui n'ont point d'autre objet que de les préserver de toute dépréciation. En ma-
riant des producteurs choisis dans des races d'élite avec des
femelles d'une race inférieure, on ne se propose guère aujourd'hui de reproduire, par une suite non interrompue de
générations, le type de la race amélioratrice : on poursuivrait
bonnement une grosse impossibilité; et, en suivant la marche dénoncée par Mathieu de Dombasle, on tenterait bien,
en effet, d'améliorer une barrique de mauvais vin avec un
demi-verre de bordeaux. Mais si les termes du problème

(1) *Loco citato*, p. 351.

sont autrement posés, si, dans l'emploi du bon cheval que l'usage a fait qualifier de pur sang, on trouve le principe non plus de l'amélioration des races équestres (on a tellement abusé de ce mot, qu'il finit par embrouiller le sujet), mais de l'appropriation de ces races aux services divers, aux exigences de tous les temps, il faudra bien passer condamnation, et admettre qu'il y a dans la nature même du cheval une puissance (1) inhérente à certaines influences et dont l'énergie décroît en raison même de l'affaiblissement des conditions sous lesquelles elle se développe et se conserve.

Eh bien! une longue suite d'observations recueillies dans tous les siècles le prouve d'une manière irréfragable; cette puissance vive n'acquiert toute son intensité, toute sa richesse, toute son activité, toute son amplitude, si je puis ainsi m'exprimer, que sous l'action de certains climats réunie à des circonstances heureuses de régime et à des conditions bien entendues de reproduction et d'élevage.

Cela posé, il est simple, il est logique d'aller demander aux races privilégiées, qui sont ainsi entretenues, l'élément de force qui constitue le premier mérite de l'espèce et qui va s'affaiblissant toujours sous les influences contraires à son développement et destructives de son principe. En y revenant de temps à autre, en le rappelant en temps utile, on ne noie pas sans résultat appréciable un demi-verre de bon vin dans une barrique de surène; on verse utilement quelques gouttes d'une liqueur concentrée, puissante, dans une certaine quantité de liquide qui en acquiert des propriétés nouvelles et cesse d'être fade ou insipide.

Non, tout n'est pas dit lorsqu'on est parvenu à faire pro-

---

(1) « Le cheval arabe a créé la race anglaise, si vite; la race espa-
« gnole, si souple et si brillante; la race allemande, propre à tant de
« services. Cette admirable flexibilité tient à ce que le cheval type n'a
« aucune spécialité, mais toutes les perfections et le germe de toutes
« les spécialités; il n'y a qu'à les développer en lui. »
(Baron de Curnieu, *Observations sur l'ouvrage du marquis Oudinot,* p. 47.)

duire au sol des aliments appropriés et en suffisante abondance. Ce n'est là qu'un des côtés de la question, et, bien
que l'animal puise les éléments de son existence, les matériaux qui le constituent, dans les produits de sa digestion,
il y a pourtant en lui quelque chose qui procède d'une autre
source, qui vient de plus haut ou de plus loin. — Il y a le
principe d'où il sort, puisque sa vie n'est que la continuation de la vie de ses auteurs. Si donc rien n'altère ce principe, si des soins judicieux sont puissants à le conserver entier, n'est-il pas évident qu'on le trouvera fort, qu'on le
trouvera pur dans la suite des générations? N'est-ce donc
pas le cas particulier des races de pur sang reproduites en
Europe?

Les physiologistes disent fort bien que tous les matériaux
qui entrent dans le corps des animaux traversent le sang,
se mêlent à sa composition, et, finalement, en font tous
partie avant d'être expulsés, sauf le détritus des aliments,
transformé en matière fécale. — Ils expliquent de même
comment s'opèrent la décomposition et la recomposition continuelles de la machine, soit par le rejet et l'assimilation des
matériaux nutritifs que l'animal pompe dans les substances
alimentaires versées dans son intérieur, soit par l'air qui pénètre dans l'organe pulmonaire. — On comprend même
parfaitement comment la qualité variable des nourritures,
comment les conditions propres des divers climats peuvent
modifier les caractères et les propriétés vitales du sang; —
comment ce liquide, suivant les forces et la vitalité acquises,
doit modifier à son tour la nature des solides qu'il est appelé
à former de toutes pièces; — et l'on se rend ainsi compte
facile des causes et des effets de l'altération des races vivant
sous des influences peu favorables à la conservation de la
puissance originaire du sang, que nous avons constatée déjà
chez certaines races, sans pouvoir la mieux définir. — Mais
il n'est jamais venu à la pensée d'aucun physiologiste de faire
commencer le mouvement circulatoire à l'intestin, au moment où le résultat de la digestion, — le chyle, — est en-

levé par les vaisseaux absorbants, et va se mêler à la lymphe
et au sang veineux, pour rouler avec eux jusqu'au cœur,
pour en sortir bientôt, se répandre dans toutes les parties
de l'organisme, et revenir encore au cœur avec des propriétés moins élevées, chargé pourtant de nouvelles richesses,
par une marche opposée à celle déjà suivie, pour recommencer ensuite et ne s'arrêter qu'avec la cessation même de
l'existence de l'animal. L'estomac n'a jamais été constitué
centre de la vie, et l'opinion de Mathieu de Dombasle, si
chaudement défendue, en ferait le siége, ou tout au moins
le point de départ, la source première de toutes qualités et
de toute valeur. Nous préférons, nous, car cela nous semble
être plus vrai, en voir le germe, le principe dans le *sang*,
comme l'on dit, dans ce je ne sais quoi de si subtil et si impé-
nétrable que le fils tient de ses ascendants, et que l'acte de
la reproduction rend indestructible : *le sang ne se perd
pas.*

Mathieu de Dombasle a lui-même implicitement reconnu
cette vérité fondamentale en s'occupant de la race anglaise
de pur sang, qu'il qualifie de *race universelle.* Cependant il
n'entre pas dans mes vues de lui faire dire ce qu'il n'a pas
pensé. Il appelle la race anglaise — une race universelle,—
parce que l'emploi des mêmes moyens assure partout sa reproduction entière, attendu que ces moyens ne laissent
presque aucune prise aux influences de localité. Eh! sans
doute, c'est là ce qui constitue sa supériorité sur la race
arabe elle-même, au moins dans la plus grande partie de la
France. Pour se reproduire de premier jet avec toutes ses
perfections, je l'ai dit ailleurs, le cheval arabe veut un concours de circonstances hors lesquelles il déchoit et perd de
sa valeur. Eh bien! dès qu'il est tombé au-dessous de son
niveau, il ne va plus en rien à nos besoins. Ce qui nous le
rendait précieux, c'était la pureté de son sang, la force de
reproduction qui était en lui, son énergie native; ce pouvoir concentré qui se développait avec tant d'utilité chez ses

fils... Une fois affaibli, à quel emploi l'appliquerions-nous? à quel usage nous serait-il donc permis de l'utiliser?......... Mais si , par des soins judicieusement combinés , vous parvenez à empêcher sa chute ; si , par un ensemble de moyens bien entendus, vous le maintenez dans toute sa puissance ; si , par un choix scrupuleux de reproducteurs, vous conservez à sa descendance toute sa noblesse, oh ! alors vous vous l'êtes approprié, vous l'avez acclimaté à un nouvel ordre de choses, et vous le posséderez entier, dans toute la plénitude de la force qui est en lui, aussi longtemps que vous ne faillirez pas à la tâche que vous vous serez imposée... Telle est la condition du cheval anglais, et vous ne voulez pas qu'il soit qualifié de *pur sang !* Mais alors il ne serait pas le cheval universel, comme vous le dites; il ne se reproduirait pas ailleurs, partout, à l'aide des mêmes moyens , car ce qui le soutient à son niveau, c'est le sang, la pureté de sa race , cette force particulière inhérente à sa nature, cette puissance conservatrice qui est son premier apanage et qui lui permet de lutter victorieusement contre les causes de destruction qui tendraient à l'altérer sans cesse. Le mode d'alimentation est, certes, d'un immense secours dans cette œuvre; mais seul il serait complétement inefficace.

Voyez donc ce qui est arrivé partout ailleurs qu'en Angleterre, partout où l'on n'a point opposé aux forces d'altération et d'affaiblissement une action bien combinée, des moyens salutaires. Là le cheval le plus noble, le plus fort, le plus pur a dégénéré; partout il est tombé au niveau de l'indigénat. Ailleurs, au contraire, lorsqu'un système de reproduction sévère n'a point permis de mésalliance, lorsque les soins d'élevage sont venus prêter leur concours au pur sang arabe, il s'est encore reproduit dans toute sa pureté et dans toute sa richesse. Telle est aussi la condition de la famille arabe de pur sang réunie et entretenue avec tant de sollicitude au haras de Pompadour. Cependant, que sont devenus, autour de lui, les nobles rejetons des races orientales? On retrouve bien çà et là quelques traces de sang; mais nulle part il ne s'est conservé pur. Loin de là, il s'est refroidi, éteint, à tel point qu'on ne saurait plus en tirer aujourd'hui aucune utilité réelle, aucune utilité immédiate. Et cependant, vous le dites, la race indigène au Limousin vivait dans un milieu *très-propre à conserver indéfiniment les qualités des races les plus nobles*, car elle avait par elle-même une grande affinité avec la race mère (1).

Eh bien! prenez-la aujourd'hui dans les conditions d'infériorité où elle est tombée; prenez à tâche de satisfaire au plus haut point tous ses appétits; cherchez dans les améliorations du sol tous les éléments qui vous sont indispensables pour atteindre le but; alliez toujours entre eux dans la même ligne, *in the same line*, les sujets les plus capables; opérez sur vingt, sur trente générations, et, quoi que vous fassiez, vous ne donnerez pas à la race limousine *la pureté du sang.* Vous l'élèverez de plusieurs degrés sur l'échelle, vous la rapprocherez beaucoup du sommet, vous l'approprierez parfaitement à certains usages du temps, vous en ferez une race utile, précieuse à cultiver, mais elle n'arrivera point au pur sang..... Pardonnez la trivialité de ma citation : *D'un sac à charbon il ne sort point de blanche farine!*

Non, le régime, et une domesticité si honorable et si soigneuse qu'on la suppose, ne feront jamais d'une race déchue une race de pur sang. Ce n'est point ainsi qu'a été obtenue la race anglaise, quoi qu'on en dise. Et d'ailleurs il est un point auquel l'amélioration s'arrête naturellement

(1) « On peut dire que là (en Limousin) l'importation de la race « arabe présente peu d'utilité; car, soit que la race indigène soit « naturelle à cette contrée, soit qu'elle ait été modifiée, comme quel- « ques personnes le croient, par d'anciennes importations de chevaux « orientaux, on peut, par des soins convenables, la maintenir dans « toute sa pureté et avec toutes ses qualités, sans de nouvelles impor- « tations de sang étranger. »

(Math. de Dombasle, *loco citato*, p. 350.)

et forcément dans chaque localité, lorsqu'on la poursuit
d'après le système et les idées de ceux qui ne croient pas au
pur sang ; il est un point d'élévation au-dessus duquel, quoi
qu'on fasse, il n'y a plus qu'impuissance. Et quand, dans
le mode d'amélioration des races par elles-mêmes, on a
atteint cette perfection, on sent bien la nécessité impérieuse
d'avoir recours à des moyens nouveaux, d'employer des
forces nouvelles.

Un fait à l'appui.

— Nul ne récusera l'autorité de M. J. Rieffel. — Analy-
sons ce qu'il a écrit page 96 et suivantes de la 1re livraison
de l'*Agriculture de l'ouest de la France*, au sujet du troupeau de bêtes à laine de Grand-Jouan.

Le domaine était riche en terres incultes avant le défri-
chement ; il n'y eut que le mouton qui put vaguer avec
quelque profit sur ces landes immenses, et encore quel
mouton ! Le peu d'exigences de la race du pays, sa rusticité
la rendaient pourtant plus capable que toute autre dans les
circonstances données ; elle fut adoptée dans la pensée qu'elle
s'élèverait progressivement en raison même des progrès de
la culture et de l'augmentation des ressources alimentaires.
On partit de bas ; mais l'amélioration ne repousse aucun
élément. Une hygiène mieux entendue, moins d'abandon,
quelque attention dans les accouplements accrurent la valeur du troupeau, et compensèrent largement les dépenses
nécessitées par une tenue parcimonieuse. Les générations
se succédèrent. En sept années, le poids moyen des bêtes
fut porté de 15 kilogrammes et demi à plus de 23 kilogrammes et demi ; le poids moyen des toisons s'éleva de 1 demi-
kilogramme 55 grammes à 1 demi-kilogramme 68 grammes,
et le prix du kilogramme de laine, vendu en suint, de
1 franc 70 centimes à 2 francs 40 centimes.

« Mais à ce point, dit M. J. Rieffel, j'ai dû songer à engager mon troupeau dans une voie nouvelle ; car désormais
il y a peu d'espoir de progrès dans le poids des toisons ; en

continuant la marche suivie jusqu'à ce jour, les béliers reproducteurs ne dépassent guère mes propres limites. Le sol, d'ailleurs, acquiert, chaque jour, plus de valeur, et, avec l'augmentation de fécondité, la pâture devient plus riche, plus substantielle. Les bêtes à laine vont donc être appelées à payer une rente plus élevée. Dans les considérations nouvelles qu'il m'a fallu passer en revue pour savoir quel mode j'adopterais, je me suis décidé à un croisement..... »

Pourquoi donc M. Rieffel aurait-il changé de système, pour donner une plus haute valeur à son troupeau, pour en retirer un revenu plus en rapport avec la fécondité nouvelle de ses terres, si le régime seul avait été puissant à opérer ce prodige? Pourquoi n'a-t-il pas songé à élever le mouton des Landes au niveau du mouton mérinos par exemple, ou de telle autre race mieux adaptée aux circonstances diverses et au milieu dans lesquels il lui était donné d'agir? Pourquoi n'a-t-il pas songé à se créer une race de pur sang quelconque?

Ce fait me paraît être d'une très-haute importance pratique, d'une très-haute signification scientifique dans la question qui vient d'être étudiée; aussi je le livre avec confiance aux méditations de ceux qui ne croient ni à la nécessité des croisements, ni à l'efficacité du pur sang comme principe d'amélioration ou d'élévation des races, lorsque, par une culture judicieuse et raisonnée, elles ont été amenées à la plus grande somme de perfection relative qui soit dans les seules ressources de la localité, intelligemment sollicitées.

III.

Huzard père n'admet qu'un seul cheval de pur sang, l'arabe, et en cela il est d'accord avec un autre écrivain de mérite, Préseau de Dompierre.

M. Huzard fils ne distingue pas les races de pur sang entre elles. Pour lui, toute collection d'animaux ayant des caractères distincts et transmissibles forme race. Tous les individus qui se reproduisent sous les mêmes influences et lèguent à leur descendance les caractères qu'ils tiennent de leurs auteurs sont, par cela même, des animaux de race, c'est-à-dire de pur sang. Il y a donc autant de *purs sangs* différents qu'il existe de races. Malgré cela pourtant, M. Huzard fils n'admet pas un seul degré de valeur dans les diverses collections d'individus d'une même espèce; les unes sont nobles, les autres médiocres, d'autres encore sont tout à fait inférieures. Eh bien! dans l'espèce du cheval, la plus noble de toutes, c'est encore la race arabe. — A ce point de vue, il se rapproche des deux premiers hippologues que j'ai cités, et qui peuvent bien être considérés comme les chefs du parti arabe exclusif.

Préseau de Dompierre a écrit consciencieusement et avec conviction. Toutes ses déductions sont logiques, et sa conclusion, parfaitement rigoureuse, entraîne vers lui. Il n'existe dans l'univers entier qu'une seule race pure, celle du cheval arabe. Ce germe précieux est unique; de lui seul découle tout principe d'amélioration (1).

(1) Cette opinion a été, est encore partagée dans tout son absolutisme par un grand nombre d'hippologues. Parmi ces derniers, M. de W... est bien certainement l'un des plus exclusifs.

«..... Je ne connais, dit-il, ni en Angleterre ni dans tout le reste de l'Europe, de races chevalines *pures*, de races aux produits desquelles on puisse donner la qualification de *chevaux de pur sang*.

«....... En Tartarie et en Arabie, l'espèce ne dégénère pas; elle s'y reproduit, au contraire, par elle-même sans le secours d'aucun mélange, et sans avoir besoin d'aucun mélange étranger, particularité unique et qui n'appartient, je pense, qu'à ces contrées originaires du cheval. Je dois dire, toutefois, qu'il paraît que les Tartares ont négligé le perfectionnement de leurs chevaux domestiques; mais les Arabes, loin de les imiter, ont, au contraire, apporté de si grands soins à la conservation du type et du caractère primitifs, que leurs chevaux ont servi et servent, chaque jour, de souche aux races les plus belles des autres contrées, et que maintenant encore ils sont les plus estimés du monde. Seuls, d'ailleurs, les **chevaux** tartares et arabes habitent encore leur pays origi-

Les meilleurs chevaux, dans quelque genre que ce soit, seront toujours ceux qui auront reçu dans leurs veines une plus grande quantité de sang arabe, parce qu'il n'a rien perdu des qualités que lui a données la nature. Le croisement des races inférieures est donc indispensable. Toutefois par croisement il ne faut pas entendre ce mélange confus, incessant des animaux de toutes les parties de la terre, mais le renouvellement constant du premier germe, du type primitif (1).

Telle est, en substance, la théorie de Préseau de Dompierre ; elle est une et parfaitement homogène. Cependant il s'en écarte le premier dans le plan qu'il trace pour l'organisation de haras souche, de haras pépinière, comme il les appelle. En théorie, il exclut d'une manière absolue la naturalisation ; il veut le renouvellement constant des races par le croisement au moyen du cheval père. En pratique, il organise un moyen d'acclimatation graduée qui doit successivement fournir, aux races inférieures, aux races du Nord, des reproducteurs issus de la souche primitive, mais s'en éloignant déjà de plusieurs degrés. Ainsi il divise ses haras de pépinière en établissements de premier, deuxième, troi-

naire ; seuls ils n'ont jamais subi le mélange d'un sang étranger ; eux seuls sont donc de *race pure ;* à eux seuls, enfin, appartient le nom de *chevaux de pur sang.*

« Cette qualification ne saurait être donnée aux espèces des autres pays, puisque toutes y étant, en quelque sorte, étrangères, elles y ont nécessairement subi des altérations, résultats forcés de leur transplantation, de l'influence d'un nouveau sol et d'un nouveau climat, et puisque toutes aussi ont nécessairement dû y mélanger leur sang avec celui d'individus appartenant à une souche commune, il est vrai, mais venus de contrées voisines, et d'une nature déjà altérée. » (*Journal des haras,* tome II, p. 204.)

Nous nous réservons, bien entendu, de discuter les divers points de cette opinion et d'en séparer le vrai du faux, ou tout au moins de ce qui nous paraît tel.

(1) *Traité de l'éducation du cheval en Europe* (chap. Ier).

sième, quatrième et cinquième ordres, placés à deux degrés
(ou 50 lieues astronomiques) les uns des autres, embras-
sant dans leur sphère d'action toutes les races françaises, et
partant du point le plus méridional pour arriver ensuite à la
partie la plus septentrionale. Le haras de deuxième ordre,
recevant ses reproducteurs de celui qui le dominerait par
le sang, en fournirait, à son tour, à celui du troisième ordre,
et ainsi des autres. Mais dans tous, à l'exception du premier,
la reproduction s'opère par les mâles sur les femelles indigènes à chaque circonscription établie. La loi de nature est
donc rigoureusement observée. L'amélioration procède toujours du midi au nord ; seulement la pratique fait usage de
reproducteurs autres que ceux d'Arabie non encore naturalisés, tout récemment importés de la terre natale, et la
théorie ne reçoit d'application pleine et entière que dans le
haras de premier ordre.

Voilà en quoi d'aucuns la trouvent défectueuse.

Cependant il est juste de dire que Préseau de Dompierre
ne s'est occupé de l'amélioration que sous un seul point de
vue, celui du croisement, et qu'il a complétement négligé
une autre question fort importante encore, celle de la naturalisation du cheval primitif sur une terre étrangère. C'est là,
en effet, un point de doctrine bien différent.

Tout ce qu'a dit Huzard père (1) en faveur du cheval arabe
est plein de vérité et ne laisse pas un mot à reprendre. Il n'en
est pas de même lorsqu'il parle du cheval anglais, qu'il ne
connaissait pas. Et cela est si fondé, qu'il ne désigne pas
une seule fois, dans tout son livre, le cheval de pur sang,
mais le cheval de sang seulement, c'est-à-dire le produit
croisé, le métis obtenu en Angleterre du mariage du cheval
d'Orient avec la jument indigène. Huzard père, dont la
science était vaste, déniait avec raison le pouvoir améliorateur, la faculté de créer et de fonder des races perfection-

(1) *Instruction sur l'amélioration des chevaux en Europe.*

nées, aux chevaux de sang tels que la France en avait importé, et à l'emploi desquels on reprochait alors, à tort ou à raison, la dégénération dont la race normande se trouvait atteinte. Mais qu'il en eût parlé autrement si, au temps où il écrivait, on avait connu le cheval de pur sang comme on le connaît aujourd'hui, s'il avait été convaincu, comme presque tous les hippologues de notre époque, de sa filiation directe et sans mélange avec ces belles races orientales qu'il se plaisait tant à vanter! Il eût mis à leur niveau la précieuse race que le grand nombre préfère maintenant.

Quant à M. Huzard fils, il a nettement formulé son opinion. La race arabe est bien certainement pour lui la première du monde : il rend justice à celle que l'on est convenu d'appeler *pur sang* en Angleterre ; mais il lui conteste sa filiation directe et sans mélange, non-seulement avec l'arabe, mais même avec toutes les autres races d'Orient. On se rend difficilement raison de toute la peine qu'il a prise pour prouver cette assertion un peu hasardée « que la race anglaise, sans excepter les chevaux dits de pur sang, est une race formée par métissage très-ancien, quelquefois interrompu, mais souvent renouvelé avec les races orientales, aidé aussi par un régime de bons soins résultant de l'institution des courses. »

Quelques hippiatres partagent l'opinion émise par M. Huzard fils ; d'autres, plus nombreux, la repoussent au contraire, et entre autres le comte de Weltheim, l'un des éleveurs les plus célèbres de l'Allemagne, qui a publié un écrit dans le seul but de la combattre. Il faut bien dire qu'il s'en est tiré de manière à donner ses convictions à beaucoup de ceux qui l'ont étudié.

M. d'Aure dit aussi quelque part : « Lorsqu'on songea sérieusement à l'amélioration de nos races, des hommes éclairés jetèrent les yeux sur l'Orient pour y rechercher chez les tribus arabes la race primitive pure et sans mélange.....; mais, afin de n'être pas toujours tributaires de l'Arabie, les

Européens tentèrent d'acclimater cette race de noble sang qu'aucune mésalliance n'avait tachée. Indépendamment des étalons, ils importèrent des juments de pur sang, afin de faire naître le pur sang en Europe. Il fallait de grands soins pour que des produits qui auraient dû naître sous un ciel et sur des sables brûlants pussent s'acclimater dans un pays humide... Les Français eurent peu de succès, parce qu'ils n'y mirent point de persévérance; mais l'Angleterre, au contraire, a réussi complétement en suivant dès le principe les errements des Arabes à l'égard des généalogies. »

Ce débat, d'ailleurs, existait depuis longtemps. Bourgelat lui-même, sans oser se prononcer, avait senti néanmoins faiblir un instant son système exclusif du croisement. « Des personnes, a-t-il écrit, soutiennent que les chevaux anglais dits de race ne sont que ceux qui proviennent en ligne directe de chevaux de juments arabes; mais ces juments sont-elles d'un sang véritablement pur? Il serait d'autant plus intéressant de vérifier ce point *que l'on croit* assez communément à l'indispensable nécessité de croiser les races. » Or on sait ce que Bourgelat entendait par ces mots : *croiser les races* (1). Ce n'est plus le système rationnel de Préseau de Dompierre; ce n'est plus la loi de nature découverte par notre grand naturaliste, par Cuvier.

D'autres écrivains ont été plus explicites.

Un hippologue érudit autant qu'il était modeste et con-

---

(1) C'est à Buffon que le célèbre hippiatre avait emprunté sa théorie du croisement; en faisant remonter jusqu'à lui le mal qui en a été la conséquence, M. F. Villeroy a écrit ce passage :

« Il n'est pas un homme qui ait fait autant de tort que Buffon à l'amélioration des races de bétail sur le continent européen. Il a soutenu le principe de la nécessité des croisements; il a prescrit d'allier les extrêmes, les animaux du Nord avec ceux du Midi, et cette doctrine, propagée, admise partout à la faveur d'un nom illustre, a amené des maux incalculables. Ce fut à tel point que l'Espagne, qui possédait une excellente race de chevaux d'origine orientale, importée par les Maures, faisait venir, en 1764, des chevaux de la Normandie, du Dane-

sciencieux, Camille Mellinet, admet sans conteste la pureté de la race anglaise de pur sang, c'est-à-dire son extraction directe d'étalons et de juments d'Orient.

Les auteurs du cours d'équitation militaire de Saumur ont formulé la même opinion en ces termes : le cheval ou la jument de pur sang est, en Angleterre, le cheval ou la jument né de père et de mère descendant directement de la race créée dans ce pays, il y a environ deux siècles, par des étalons arabes et des juments barbes.

Pour M. Ach. de Vaulabelle, cette assertion est si bien démontrée, qu'il écrit : « Il n'y a *personne* qui ne sache aujourd'hui que le pur sang anglais n'est autre chose que la descendance directe et sans mélange de producteurs orientaux, étalons et juments, qui furent importés en Angleterre dans la première moitié du XVIIe siècle. »

« On n'a donné aux chevaux de course anglais, dit M. de Burgsdorf, le nom de chevaux de pur sang que parce qu'ils sont le produit direct, et sans mélange aucun de sang impur, d'accouplements de chevaux arabes (1). »

Le duc de Schleswig-Holstein confirme encore cette assertion de la manière suivante : « Jamais les Anglais n'ont appliqué le nom de chevaux de pur sang qu'aux chevaux descendant, directement et sans mélange, de chevaux orientaux, soit que ces derniers aient été introduits sous Charles II, époque que l'on assigne à la création de leur race supérieure, soit qu'ils aient été importés postérieurement (2). »

---

mark, etc., tandis que de précieuses juments arabes, données par le dey d'Alger au roi d'Espagne, étaient employées à produire des mulets.

« La France, Naples, l'Espagne avaient pour les chevaux une immense supériorité sur l'Angleterre. Qu'on compare aujourd'hui ces pays entre eux, et qu'on juge lequel a suivi la bonne route. »

(1-2) *Des Institutions hippiques*, etc., par M. le comte de Montendre, tome I.

Combien de fois la même opinion n'a-t-elle pas été reproduite dans les colonnes du *Journal des haras* depuis plus de quinze ans? Toutefois négligeons ces citations, qui fatigueraient à la fin, pour une seule qui les résumera toutes, et que nous puiserons dans un travail de M. le duc de Guiche, publié en 1833.

« On aurait évité beaucoup d'erreurs et de controverses, dit le noble duc, si l'on eût défini clairement les expressions de *cheval de sang*, cheval de *pur sang*, qui paraissent avoir été empruntées des Anglais, plus heureux et plus avancés que nous dans leurs efforts pour améliorer l'espèce chevaline.

« Ils nomment cheval de sang (blood-horse) celui qui, par une filiation plus ou moins éloignée et par des *croisements* plus ou moins multipliés, descend de la race arabe, et en conserve jusqu'à un certain point les caractères extérieurs et les qualités.

« La dénomination de chevaux de pur sang (thoroughbred) ne s'applique qu'aux chevaux arabes, ou aux chevaux anglais qui, par une filiation *non interrompue* et sans souillure, tant du côté du père que du côté de la mère, descendent des chevaux arabes importés et naturalisés en Angleterre.

« L'expression pur sang a donc été et doit être exclusivement réservée au cheval arabe, ou à sa postérité sans mélange naturalisée en Europe, parce que cette race est reconnue comme la race par excellence, comme le type de la perfection et comme la source de toutes les améliorations des autres races inférieures. »

M. le duc de Guiche, aujourd'hui duc de Grammont, répond victorieusement à M. Huzard fils, et plus qu'un autre il fait autorité en pareille matière. Il nous débarrasse ainsi du troisième et dernier adversaire considérable, puisqu'il formait, avec Huzard père et Préseau de Dompierre, la tête de colonne du parti opposé à la reconnaissance de la pureté sans souillure du cheval anglais de pur sang. Reste comme argument, en faveur de l'opinion contraire, la preuve apportée par M. Huzard fils, que certains chevaux inscrits au Stud-Book anglais n'y présentent pas la double origine orientale.

Examinons.

Avant tout, admettons comme parfaitement consciencieuses les recherches faites à ce sujet par M. Huzard fils. A Dieu ne plaise qu'on essaye de recommencer après lui, à titre de contrôle ! Mais ces recherches ont-elles donc la signification que leur donne l'auteur ? On peut en douter. Il est souvent très-difficile, même pour ceux qui savent lire dans le Stud-Book, d'y suivre la filiation tout entière d'une famille pendant une longue suite de générations : car (et dans les commencements il a fréquemment dû en être ainsi) beaucoup de produits n'y sont pas nominativement désignés ; ce qui brouille quelquefois à tel point, que le plus habile a peine à s'y retrouver, si même il ne s'y perd tout à fait. Mais telle n'est pas la question.

Pour ceux qui ne voient point de salut en dehors du cheval de pur sang, la conséquence naturelle de l'opinion de M. Huzard fils conduirait tout droit au rejet absolu, comme reproducteurs, de toutes les poulinières et de tous les chevaux amenés d'Orient en Europe. Les plus nobles y sont arrivés sans parchemins, sans preuve matérielle ou officielle de la pureté de leur origine. Je ne veux citer qu'un exemple. Godolphin-Arabian, cette grande célébrité achetée d'un porteur d'eau à Paris, qui partage avec un très-petit nombre d'autres chevaux orientaux le mérite d'avoir fondé la meilleure race chevaline de l'Europe, et que M. Huzard lui-même admet parmi les plus nobles chevaux qui aient jamais existé, Godolphin-Arabian n'a été reconnu de pur sang qu'en raison de la supériorité qu'il léguait à ses produits. Sa généalogie n'a jamais pu être tracée ; et John Lawrence, sur qui s'appuie si volontiers M. Huzard fils, s'attache à démontrer avec un soin tout particulier qu'on ne put même jamais rien savoir de la contrée où il avait été élevé.

Enfin M. le duc de Guiche est bien loin de ce rigorisme, malgré toute la sévérité qu'il exige pour l'admission au Stud-Book. C'est, dit-il, lorsque l'on veut faire l'acquisition d'un cheval de course, d'un étalon ou d'une poulinière de pur sang, la seule garantie dont on ait besoin, si l'on peut, d'ailleurs, s'aider de sa propre intelligence, et il n'en faut pas une grande dose, pour étendre ses recherches jusqu'à la deuxième ou à la troisième génération. Quiconque, en Angleterre, chercherait à justifier son choix hors du Stud-Book et de la publicité, dans l'opinion des autres, y serait l'objet de la risée générale et la victime des connaisseurs...

Au surplus, ce point sera plus amplement éclairci dans un autre chapitre de ces études.

IV.

Pourquoi faut-il maintenant que nous ayons à combattre l'absolutisme de M. le duc de Guiche, dont l'autorité vient de nous prêter un si bon appui contre M. Huzard fils! Serait-il donc impossible qu'on ne trouvât pas toujours l'ivraie mêlée au bon grain? Cette pensée nous rend très-circonspect, car il semble qu'il n'y ait que le petit nombre qui jouisse du privilége spécial d'être complétement exempt d'erreur.

M. le duc de Guiche n'admet la qualification de pur sang que pour deux races seulement :

— 1° La race arabe dans ceux de ses représentants ayant été éprouvés et s'étant montrés supérieurs en qualité : car elle est le principe de toute amélioration, car seule, lorsqu'on l'abandonne, lorsqu'on la livre à elle-même et qu'on la nourrit mal, elle conserve encore assez d'énergie pour combattre avec succès la dégénération qui, en pareilles conditions, se manifeste rapidement dans toutes les autres races et dans tous les autres pays du monde;

— 2° La race anglaise de pur sang, qu'il faut nécessairement considérer comme race pure dans son principe, dans le sang, puisqu'elle est le produit sans mélange du cheval et de la jument arabes, importés et naturalisés en Angleterre, perfectionnés ensuite par des unions bien assorties entre individus de même race, mais de familles différentes, afin d'éviter les inconvénients désastreux de la consanguinité.

Ainsi M. le duc de Guiche refuse des lettres de noblesse, la qualification de races de pur sang à celles des familles équestres issues de la race mère sans dégénération appréciable, malgré les modifications légères apportées à la forme extérieure. Cependant il les exclut avec un tel absolutisme, qu'il ne les considère pas seulement comme des émanations *dégénérées*, mais comme des races *abâtardies*, résultant de croisements entre le cheval arabe médiocre et la jument indigène des pays qui avoisinent l'Arabie.—Les races barbe, turque et persane, — des races abâtardies!... Oh! vous ne pouvez, sans contradiction, soutenir cette opinion; elle détruirait celle qui vous fait classer la race anglaise de pur sang au niveau de la race arabe elle-même: car, ainsi que vous le dites, les Anglais ne l'ont point formée par le transport exclusif, sur le sol de la Grande-Bretagne, de sujets arabes éprouvés, — mâles et femelles; — d'autres sujets appartenant à des démembrements de la souche primitive ont souvent concouru aussi à l'entretien de la famille transplantée, et parmi ces derniers il en fut des plus célèbres et des meilleurs, en tête desquels il faut inscrire bien vite le nom de *Godolphin-Arabian*, que tout le monde fait naître en Barbarie, d'où il aurait été extrait par un M. Coxe, sans généalogie, et avec ce seul renseignement qu'il était né en 1724 (1).

(1) D'autres ont déjà dit ce que nous écrivons. — « On ne saurait le nier, il est des causes qui, toujours subsistantes, doivent produire, nécessairement et d'une manière constante, des effets semblables....... Lors même que les Arabes, oubliant un instant l'espèce de culte qu'ils

Il faut bien admettre que les races barbe, turque et persane ne sont que des dérivés de la race mère, et que, tout en ayant conservé avec elle une filiation directe et non interrompue, elles ont perdu néanmoins quelque chose des caractères extérieurs qui distinguent ou différencient la race arabe. Mais faut-il conclure de ce fait que l'on doive repousser impitoyablement de la reproduction tout cheval et lui refuser les honneurs d'une inscription au Stud-Book par cela seul qu'il vient de la Barbarie, de la Turquie ou de la Perse? Non, sans doute... De même ne faudrait-il pas davantage accepter comme vraies et authentiques toutes les lettres de noblesse qui seraient présentées en faveur de tout cheval quelconque venu d'Arabie (1).

Tous les chevaux arabes ne sont pas de pur sang, vous le

portent à la pureté de leurs races, consentiraient à la croiser, ils ne pourraient obtenir de résultats avantageux qu'en l'alliant au sang le plus pur des autres contrées de l'Orient. C'est à quelques-uns de ces croisements que les Persans, les Turcs et les Tartares doivent leurs races de chevaux, et c'est le même sang arabe qui a doté l'Angleterre des espèces estimées qui font sa richesse chevaline. » (HANKEY SMITH, — *Journal des haras*, tome III.)

(1) Hankey Smith attribue le discrédit dans lequel le cheval arabe est tombé de nos jours en Angleterre à ce que beaucoup de chevaux sans valeur ont été introduits après la vogue que leur avait acquise la réputation méritée des bons reproducteurs de cette race dont l'emploi judicieux a naturalisé le pur sang en Europe.

« Beaucoup de chevaux métis, dit-il, ont sans doute été importés en Angleterre, munis de brillantes généalogies, qui les présentaient comme des productions du sang arabe le plus pur ; mais faut-il s'en étonner? Cette possession de titres magnifiques n'est que le résultat de l'importance que les Anglais et les autres amateurs de l'Inde et de l'Europe attachent à une généalogie écrite. Les Arabes n'en possédaient et n'en possèdent encore que fort peu par leurs meilleurs chevaux ; mais voyant que ce genre de titres était impérieusement exigé, et que les preuves orales qu'ils donnaient de la filiation des chevaux présentés par eux n'obtenaient que peu ou point de créance, les marchands arabes se mirent dès lors à en fabriquer, et une foule de chevaux persans furent vendus comme chevaux du désert. » (*Loco citato.*)

dites encore. Il en est de médiocres et qui sont déchus ; mais en Arabie on les trouve meilleurs et plus nombreux que partout ailleurs. Les chevaux de pur sang sont plus rares en Barbarie, en Turquie et dans la Perse ; mais il en existe cependant, et la commission officielle du Stud-Book, en France, a fait sagement, semble-t-il, et a raisonné suivant la logique et la science, en admettant au nombre des animaux de pur sang qui ont été introduits chez nous ceux qui appartenaient aux races pures barbe, turque et persane, toutes les fois qu'elle a eu la preuve authentique, la certitude matérielle et morale de l'origine, non-seulement quant aux pays d'où ces animaux provenaient, mais encore quant à la famille d'où ils sortaient... ; et celle-là devait être noble et pure, reconnue telle dans le pays même. Ajoutons que la commission nommée pour la formation du Stud-Book en France n'a pas agi autrement qu'il n'a été fait en Angleterre pour les inscriptions au Stud-Book anglais. Or M. de Guiche, plus que personne, accepte l'authenticité de ce livre ; sans elle, en effet, toutes ces idées hippiques, son système d'amélioration tout entier s'écrouleraient, et ils sont établis sur une base large, saine et solide.

Le Stud-Book français est donc complétement hors de la critique du noble duc, de même que le Stud-Book anglais n'a rien à redouter des recherches de M. Huzard fils. — Que si, par exception, quelques chevaux y figurent sans avoir une origine sans tache, c'est tout simplement une noblesse illégitime, concédée à des intrus. Mais cette exception n'atteint en rien le principe ; elle concerne quelques individualités isolées, non la race dont on les a crues sorties en ligne directe et sans mélange.

V.

Pour en finir avec ces opinions contradictoires, nous avons encore à examiner s'il y a quelque fondement dans la pensée de ceux qui n'admettent comme étant de pur sang que les seuls chevaux inscrits au Stud-Book anglais, ou ceux qui, nés hors de la Grande-Bretagne, se rattachent exclusivement cependant au pur sang anglais, de près ou de loin, par la double origine anglaise de leurs ascendants, dont les noms doivent se trouver au *general Stud-Book*.

Cette opinion est celle que professe *la Société d'encouragement pour l'amélioration des races de chevaux en France*, beaucoup plus connue sous le nom de *Jockey-Club*. Elle refuse la qualification de pur sang à toutes les races d'Orient, desquelles est pourtant sorti, en ligne directe et sans mélange (style consacré), le cheval anglais de pur sang.

Cet absolutisme a soulevé une immense tempête dans le monde hippique. Deux camps ont été formés soudain, et de part et d'autre la cause a été chaudement plaidée. C'est au temps à prononcer maintenant; car, ainsi que je l'ai déjà écrit, les partis sont encore en présence. L'orage ne gronde plus, mais le calme ne règne qu'à la surface.

Voyons pourtant quelles objections ont été faites aux partisans exclusifs du pur sang anglais.

Et d'abord déclarons bien nettement que, dans cette partie du litige, nous nous bornerons à raconter en substance ce qui a été argué contre les doctrines de la Société d'encouragement, laissant au parti arabe tout entier la responsabilité double et du fond et de la forme.

— Eh quoi! dit-on, vous repoussez de la grande famille de pur sang le cheval arabe lui-même, le père de tous les autres; vous lui déniez la faculté d'améliorer les races, à lui, et vous accordez toute puissance à ses descendants! Mais ce n'est pas seulement un contre-sens, c'est une folie! Vous êtes-vous donc bien compris vous-mêmes lorsque vous avez décrété la déchéance du pur sang arabe en faveur du pur sang anglais? Si une pareille idée avait germé dans le cerveau de quelque Anglais malade comme elle est sortie de l'imagination de nos grands sportsmen français, le fait n'est pas douteux, on aurait vu s'organiser à côté de ce Jockey-Club anglais un Jockey-Club arabe, si l'on peut dire; puis, à quelque temps de là, des paris extravagants se fussent organisés sur la supériorité des chevaux de chaque origine, et l'expérience eût décidé, car les conditions de courses, les épreuves eussent été nécessairement modifiées... Mais, reprend-on, il y eût eu à cela une petite difficulté, celle de trouver, parmi les chevaux de pur sang nés en Angleterre, des individus qui n'eussent pas dans leurs veines quelques gouttes de ce sang que l'on ne veut plus considérer comme pur.

Arrière donc, messieurs du Jockey-Club! libre à vous de réserver tous vos prix, toutes vos faveurs pour les chevaux de pur sang anglais; libre à vous d'en exclure ceux qui, nés sur le continent, comptent parmi leurs auteurs un ascendant ou paternel ou maternel de pur sang oriental, qui pour vous néanmoins serait de pur sang, s'il avait été importé en Angleterre, au lieu d'avoir été directement conduit d'Orient en France ou en Allemagne (1); libre à vous, c'est votre droit! mais n'érigez pas en principe de pareilles erreurs.

Ceci, on le voit, ne serait plus de la discussion. Mais on répond:

— Le Jockey-Club, lui, ne discute pas, et ses doctrines ne sont pas seulement exagérées, elles sont fausses, dangereuses et préjudiciables. Qu'a-t-il objecté à ceux qui lui ont dit: Il n'y a pas en Angleterre, dans toute l'Europe, une

(1) Et de fait, *Massoud*, *ce roi du jarret*, l'un des meilleurs chevaux arabes qui soient jamais venus d'Arabie en Europe, *Massoud*, qui, parce qu'il n'a point été importé en Angleterre, n'est point un cheval de pur sang pour messieurs de la Société d'encouragement de Paris, malgré les vainqueurs qu'il a donnés à l'hippodrome; *Massoud* serait pourtant fort recherché aujourd'hui dans son sang, dans sa descendance, si, ayant séjourné en Angleterre, avant son arrivée en France, le temps physiquement nécessaire pour une inscription au *general Stud-Book*, il eût donné, par ce fait seul, à ses produits le titre, la qualification exigés... *Eylau*, *Agar*, *Quine*, *e tutti quanti*, ne seraient point frappés d'ostracisme et seraient aptes à disputer tous les prix de courses offerts, en France, en appât à l'industrie chevaline. Faute de cette formalité, *Massoud* et tous ses dérivés sont exclus des courses de la Société d'encouragement.

seule race de pur sang : le cheval de pur sang ne peut naître qu'en Arabie ; et encore, entendons-nous bien, tous les chevaux arabes ne forment pas une seule et même famille, une race unique que l'on puisse décorer du nom de pur sang : — toutes ont plus ou moins de noblesse et de valeur ; mais celles-là seulement qui portent sans atteinte, extérieurement et intérieurement, physiologiquement et moralement, le sceau de toutes les perfections compatibles avec la nature de l'espèce, celles-là seulement sont de pur sang ?

— Le Jockey-Club ne répond pas davantage à ceux qui lui répètent : Il n'y a que quelques races orientales, en tête desquelles la race arabe, qui méritent la qualification de pur sang. Ce titre ne saurait être appliqué aux races devenues indigènes aux autres contrées, puisque toutes, y étant d'origine étrangère, ont forcément subi des altérations dues à l'action des causes locales, partout défavorables à la conservation entière des qualités propres au cheval de pur sang, puisque toutes aussi ont nécessairement dû y mêler leur sang à celui de races déjà profondément atteintes par la dégénération. Or cette condition est bien celle de la race anglaise dite de pur sang, à l'égard de laquelle cette désignation est complétement inexacte. Et en effet, le *general Stud-Book* à la main, on arrive bien plutôt à déterminer le degré de noblesse particulier à chaque individualité, ou même à chaque famille, qu'on ne parvient aisément à démontrer la pureté absolue de la race elle-même.

— Le Jockey-Club n'a pas d'objections contre cet argument : une généalogie de race réellement pure exige que tous les ascendants — paternels et maternels soient de pur sang ; la filiation la plus reculée, si elle arrive (comme c'est le cas pour beaucoup de vos chevaux anglais de pur sang) à une mère sans origine sûre, n'est pas entièrement satisfaisante ; à moins, cependant, que, pour vous, cette pureté soit regardée plutôt comme un objet de curiosité que recherchée comme une nécessité indispensable, sous le spécieux prétexte que, dans une si longue suite de générations avec le pur sang, le sang étranger doive être lavé jusqu'à la dernière goutte..... Mais alors que devient le sens si absolu de cette expression : — pur sang?

— Le Jockey-Club se tait devant ceux qui lui tiennent ce langage : Vos chevaux de pur sang, quoi que vous disiez, ne sont pas des produits sans mélange de la race mère; mais en accordant même que ce mélange supposé n'existe pas, et qu'il y ait descendance réelle et directe de chevaux orientaux de la plus noble origine, vous ne pouvez contester, du moins, que le sol et le climat n'aient influé sur les produits de ces chevaux arabes. Or cette influence est telle, dans l'esprit de beaucoup de personnes, que, à moins de croisements continuels avec le pur sang d'Orient, la race anglaise, qui a toutes vos faveurs en ce moment, ne saurait tarder à déchoir et à revenir au type des races indigènes à l'Angleterre, si l'on n'oppose pas une nouvelle barrière aux effets de la dégénération que plusieurs écrivains ont déjà signalée avec tant de vérité.....

— Le Jockey-Club se tient dans la même réserve vis-à-vis de ceux qui lui crient : L'influence toute-puissante des agents extérieurs est un fait irrécusable ; les chevaux anglais de pur sang n'y ont pas échappé, car ils dégénèrent..... ; ils dégénèrent si bien, que, pour combattre efficacement cette action incessante des causes de détérioration, les Anglais eux - mêmes comprennent la nécessité de remonter au type primitif, au cheval d'Orient, qui, seul, aura la puissance de raviver, de réchauffer le sang du cheval anglais.....

— Le Jockey-Club ne discute donc pas. Dédaigneux de ceux qui ne partagent pas ses idées, qui ne pratiquent pas ses théories, il se complaît dans le silence, et agit comme bon lui semble, dans le seul intérêt de ses plaisirs, sans préoccupation aucune de l'utilité de tous. Aussi lui renvoie-t-on cette phrase d'un écrivain de Londres à l'adresse d'un

club anglais : « L'organisation de notre hippodrome dépend
« du bon plaisir d'un club de messieurs qui se sont réunis
« pour leur amusement, et ne regardent nullement la na-
« ture et l'intérêt de la race. Ces amateurs de courses n'ont
« ni le désir ni l'occasion de regarder plutôt l'avenir que
« le présent, et de préférer l'intérêt national à l'intérêt
« particulier. » Et l'on ajoute : Ceci n'est point une accusation gratuite contre le Jockey-Club de Paris, beaucoup plus
anglais encore que celui de Londres. Pour lui, la grande
affaire, le point véritablement essentiel, c'est le jeu. Le
turf a remplacé le tapis vert. Lisez, pour vous en convaincre, l'article 2 d'une délibération en date de juin 1834 ; il
est ainsi conçu : « Il y aura, au lieu de la réunion de la
« Société, un livre de paris où seront inscrits les défis
de course, etc. »

— Il y a dans toutes ces opinions, dans tous ces reproches
une égale exagération. Il est même juste de reconnaître que,
dans ces derniers temps, la Société d'encouragement a senti
la nécessité de prendre part à la discussion soulevée par M. le
lieutenant général marquis Oudinot, à l'occasion de la production du cheval de troupe en France. Dans un opuscule
publié en 1842 (1), elle a, sans modifier en rien ses doctrines
ni ses actes, exprimé pourtant ses idées d'une manière moins
absolue. Elle énumère fort bien les raisons qui l'ont portée
à faire de l'institution des courses la base de son système ;
elle donne même des explications sur la préférence qu'elle
accorde au cheval de pur sang anglais sur le cheval arabe,
lequel s'est *conservé pur et sans mélange sur certains points*
du Soudan ou de la Syrie ; elle dénonce comme entachée de
la plus complète ignorance l'assertion émise par M. Hamont,
« que la race des chevaux de pur sang anglais ne s'entretient
« à son état de perfection que par l'introduction continuelle

(1) Observations de la Société d'encouragement sur les remontes et
la production des chevaux de troupe.

« de sang arabe, » et elle repousse comme dénué de fondement le jugement de ceux qui ne voient dans ses théories
et dans sa manière d'agir « qu'une imitation ridicule des
« mœurs et des goûts d'un peuple avec la constitution et le
« caractère duquel la France n'a aucune analogie. » Ne trouvant nulle part, chez nous, les éléments d'amélioration que
réclamait impérieusement l'état de décadence toujours crois-
sant des races indigènes, reconnaissant, au contraire, la supériorité incontestable des races chevalines de l'Angleterre,
elle fut tout naturellement conduite à étudier les principes
d'après lesquels les races étaient reproduites, et à profiter
doublement des travaux et de l'expérience des Anglais, en leur
empruntant — et leur cheval — et leurs méthodes de production et d'élevage. C'était, d'ailleurs, suivre un conseil donné,
dès 1830, par M. le duc de Guiche, et gagner ainsi, par
cette préférence accordée au cheval anglais sur celui dont il
descend, tout le temps qu'on avait mis en Angleterre à modifier convenablement et à approprier aux besoins de l'époque la stature, la conformation et les qualités du cheval
arabe. « En effet, le cheval anglais de pur sang présente
« dans son perfectionnement un fait accompli ; il réunit à
« toutes les qualités du sang la force et la taille, le fonds et
« la durée. Le cheval arabe, au contraire, manquant d'élé-
« vation, ne peut remplir aussi bien le but qu'il est im-
« portant d'atteindre. Le cheval anglais est à la fois plus
« propre à relever la taille des races du Midi employées pour
« la cavalerie légère et à donner de l'énergie aux races
« normandes (1)... »
Ici la Société retombe dans son absolutisme. En théorie
elle admet le cheval arabe pur à la qualification du cheval de
pur sang ; elle dit bien comment les Anglais sont parvenus à
conserver toutes les qualités des chevaux d'Orient dans la
race de pur sang qu'ils ont reproduite en Angleterre ; mais

(1) Société d'encouragement, *loc. cit.*

en fait elle repousse le cheval arabe et finit même par lui refuser toutes lettres de noblesse.

On la surprend ainsi en contradiction flagrante avec elle-
même. — Dans sa brochure de 1842 le cheval arabe est un
cheval de pur sang ; mais elle ne veut pas l'appliquer à la
reproduction, en raison de son infériorité de taille, de développement et de vigueur. Dans son bulletin officiel (février
1842), elle dit textuellement : « L'administration des haras
qualifie de pur sang *les chevaux et juments arabes et leurs
produits*... ; la Société d'encouragement, au contraire, *leur
refuse* cette qualification..... » En d'autres termes, elle reconnaît comme pur le cheval arabe en tant qu'elle a besoin
de cette pureté pour la transmettre au cheval anglais et lui
trouver une origine véritablement noble ; mais elle n'en veut
plus dès qu'il s'agit de l'emploi à faire de l'un et l'autre
cheval.

VI.

Il semble facile de résumer la question. Pour qui l'étu-
diera froidement et sans idée préconçue, il n'est pas douteux
qu'on ne trouve aucun fondement ni pour exclure ni pour
admettre systématiquement telle ou telle race, ni même telle
individualité.

Il y a en Arabie plusieurs familles équestres de pur sang,
cela est incontestable. Il y a en Europe, cela n'est pas moins
évident, plusieurs familles issues des premières directement
et sans mélange, et qui dès lors sont également de pur sang.
Le lieu de la naissance importe peu ; il en est ainsi de l'aptitude spéciale de chaque famille à tel ou tel emploi. La noblesse de la race, la pureté du sang ne sont point une
question de taille ni d'appropriation individuelle à tel ou tel
genre de service. Qu'une famille donnée soit plus apte à
transmettre un ordre de qualités qu'un autre, cela se conçoit et personne ne l'ignore ; qu'elle réussisse mieux dans
certaines circonstances déterminées, qu'elle réponde mieux

à certaines exigences, qu'elle s'adapte plus heureusement à certains milieux, cela est, et nul ne le contestera avec justice : il en est absolument de même des individualités. Dans chaque famille, en effet, tous les sujets ne sauraient être indistinctement choisis pour un seul et même but. Il est donc fort inutile de raisonner plus longuement dans cet ordre d'idées, et nous disons pour conclure :

Les chevaux méritent la qualification de pur sang lorsqu'ils appartiennent aux familles qui se sont conservées pures en Arabie, en Barbarie, en Turquie, en Perse ; ils sont encore de pur sang lorsque, nés en Europe des races orientales pures, ils ont été préservés, dans leur descendance directe, de tout mélange avec des races détériorées ; mais seule cette qualification n'est point un brevet de capacité ; le pur sang n'est en aucune façon la pierre philosophale en hippologie, une panacée universelle (1).

Les générations ne lavent pas la moindre souillure ; dans l'espèce toute tache est indélébile.

Le Stud-Book seul doit constater la pureté absolue et faire loi, puisque ce livre existe maintenant en France et en Allemagne comme en Angleterre.

Enfin la qualité de pur sang ne saurait dispenser, dans l'emploi des animaux à la reproduction, d'observer scrupuleusement ce principe invariable, que l'amélioration des races *par le croisement* doit toujours procéder du midi au nord, et jamais en sens inverse ; car le plus haut degré de per-

---

(1) Tous les produits de la race *pur sang*, a dit M. de Guiche, n'héritent pas de tous les avantages qui distinguent le père et la mère ; on remarque à ce sujet de fréquentes anomalies, dont il n'est pas toujours possible de rendre raison. Parmi les frères et sœurs qui sortent du même père et de la même mère, les uns réunissent toutes les qualités de la famille, s'élèvent à une grande célébrité, tandis que les autres semblent entièrement déshérités et sont dépourvus de tout avantage, quoiqu'on ait donné les mêmes soins à tous pendant le temps de la gestation et après la naissance.

IV.   9

fection d'un étalon tiré d'un pays froid et bas n'étant, comme sang, qu'une dégénération d'un étalon né sous l'influence d'un climat plus heureux , il est nécessairement inférieur, et ne saurait être admis comme élément de succès dans un système d'amélioration par croisement.

LE STUD-BOOK.

—

Sommaire.

I.

Il est de science certaine aujourd'hui que, partout où l'on s'est occupé sérieusement d'améliorer et de perfectionner les races chevalines, on a dressé avec ordre et méthode le catalogue des animaux appartenant à une noble origine, tracé avec soin la généalogie des chevaux de pur sang destinés à en conserver la race dans toute sa pureté native.

Et cependant beaucoup de contradictions encore ici.

Examinons, discutons les opinions, et voyons quel degré de confiance il nous sera permis d'accorder à l'état civil équestre que les Arabes ont nommé *Hhudjé*, — tables généalogiques, — et les Anglais *Stud-Book*, — livre de l'écurie, livre généalogique des chevaux de pur sang. Cette dernière expression a été adoptée sur le continent, où elles s'est introduite avec beaucoup d'autres, à la suite des chevaux anglais de pur sang, si généralement employés maintenant à l'amélioration des races en Allemagne et en France.

Le Mecklenbourg a commencé et donné l'exemple de cette innovation ; c'est qu'il avait été des premiers à reconnaître comme à appliquer les bons principes. Il a publié, avant les autres États d'Allemagne et assez longtemps avant la France, un catalogue de tous les animaux de pur sang anglais importés ou nés sur son territoire.

La Prusse est venue, à son tour, constater la filiation directe et sans mélange des sujets reproducteurs empruntés par elle aux races de pur sang.

Enfin la France a senti aussi la nécessité vraiment absolue d'avoir son nobiliaire équestre, son dictionnaire historique en quelque sorte des familles chevalines étrangères de pur sang importées ou nées chez elle (1).

Les Hhudjés et les Stud-Books sont, par conséquent, les livres d'or de l'espèce chevaline ouverts, dans tous les pays où l'on met en pratique les saines doctrines hippiques, à l'inscription des animaux de la race pure, préservés de toute mésalliance à travers les migrations nombreuses qu'on leur fait éprouver.

Un cheval d'Orient vient en Europe, des certificats authentiques attestent la noblesse de la famille de laquelle il descend, la pureté de son sang justifie de l'illustration de sa race, l'inscription au Stud-Book lui est ouverte. Supposons maintenant que cette inscription ait eu lieu en Angleterre, et que de nouvelles migrations fassent passer le che-

(1) Il paraît qu'il a été d'usage, en Espagne, d'établir l'état d'un cheval de quatre à cinq ans par un acte notarié dressé en présence de quelques connaisseurs servant de témoins. Nous ignorons si cet usage existe encore, car l'Espagne hippique a disparu et s'est depuis longtemps effacée, comme la nationalité tout entière menace de s'écrouler d'épuisement sous les efforts du temps.

Tous les vieux auteurs qui ont écrit sur les haras ont toujours prescrit comme une nécessité impérieuse de tenir registre de la généalogie exacte des chevaux et même d'y spécifier avec soin les diverses circonstances les plus propres à empêcher le doute sur la pureté et l'ancienneté de la race. Cette sorte de livre contenait, pour ainsi dire, l'histoire physiologique de chaque haras en particulier. Depuis bien longtemps déjà, cette bonne coutume est complétement tombée en désuétude chez nous; elle a peut-être été plus longtemps et plus rigoureusement suivie dans le royaume des Deux-Siciles qu'ailleurs.

val en France et plus tard en Allemagne ; il suffira que son
identité soit constatée, pour qu'il figure successivement aux
Stud-Books tenus en France et en Allemagne. Ce cheval, allié
à des juments de sa caste dans l'une ou l'autre de ces contrées, leur transmettra le droit de prendre place au nobiliaire équestre soigneusement conservé aujourd'hui dans
chacun de ces trois États.

C'est donc avec justice que j'ai appelé le Stud-Book un
dictionnaire historique des différentes familles chevalines
d'une même race, de la race de pur sang ; car, en compulsant les différents Stud-Books, on trouvera la relation historique des migrations diverses de ce cheval dont l'identité
sera facilement admise d'ailleurs sur les indications précises
que contient maintenant le Stud-Book, lesquelles relatent
— les inscriptions antérieures, s'il y a lieu, — le nom de
l'individu, — la couleur de sa robe, — l'année de sa naissance,
— le nom du ou des propriétaires, et tous les détails qui intéressent le pédigrée, c'est-à-dire l'exposition complète et
nominale de la parenté et des alliances tant en ligne directe
qu'en ligne collatérale avec les diverses familles dont se
compose la grande race pure ou primitive. C'est ainsi que le
Stud-Book est devenu le livre par excellence pour l'amateur
de courses, le dépositaire fidèle des chevaux ou des poulinières dont les produits avaient obtenu les plus brillants succès d'hippodrome. On conçoit que l'étude des rapprochements faits entre les différentes familles, à l'issue des épreuves qui constatent la valeur de chaque produit, rende illu-
soire et parfaitement insignifiante l'inscription d'un intrus,
et que cette noblesse illégitimement accordée, cette place
usurpée ne mènent pas bien loin ; car, à moins d'être au
nombre des plus grands fanatiques du sang, on n'accepte
guère que des faits, et l'on repousse sans pitié les plus belles
individualités lorsque de bons états de service ne viennent
pas les recommander. Il ne faut donc pas attacher une importance plus considérable que de raison à la fraude néces-

sairement inévitable qui introduit de temps à autre, parmi les plus nobles et les plus purs sujets de la race, quelques individus entachés d'un germe d'ignobilité soit paternelle, soit maternelle.

Je sais un éleveur, en France, qui a eu recours à un pareil subterfuge et dont les produits, maintenant, ne trouvent plus placement nulle part. C'est le châtiment bien mérité d'une faute grave, inexcusable. Un producteur n'a pas de moyen plus assuré de discréditer ses écuries. L'ignorance seule peut le porter à une fraude coupable dont il devient fort heureusement ainsi la première, la principale et bientôt même la seule victime.

Voilà pour les inscriptions fausses, illégitimes, inévitables de loin en loin sans doute, mais exceptionnelles et rares cependant, avec le contrôle sévère qu'exercent aujourd'hui l'administration en France et les particuliers en Angleterre.

Voyons comment ont commencé les Stud-Books, et sur quel fondement s'y trouve établie la notoriété de la pureté du sang chez les familles orientales, base de la formation de celles qui en sont sorties dans les différents États d'Europe.

II.

Les avis ont été partagés quant à cette notoriété en ce qui regarde les races d'Orient; le doute atteint, par conséquent, celles qui en émanent, puisqu'elles ne sont que leur suite, leur continuation, leur descendance. Mais ce n'est pas la première fois que nous voyons la logique faire défaut aux opinions si contradictoires, d'ailleurs, des hippologues modernes. Poursuivons.

La première question à résoudre est celle-ci : Les peuples orientaux ont-ils un Stud-Book, ou plutôt des tables généalogiques qui retracent la filiation certaine de ceux de leurs chevaux appartenant à la race noble, qualifiée de pur sang?

Nous pourrions répondre tout de suite affirmativement par cette considération assez déterminante, ce nous semble, que les Arabes ont, dans leur langage, un mot spécial dont l'expression anglaise — *Stud-Book* — n'est que la traduction, puisqu'ils ont ce qu'ils appellent des *Hhudjés*. Or les Hhudjés ne sont autre chose que le registre généalogique des animaux de race noble et pure. Mieux vaut porter un examen plus approfondi du sujet.

Le major Herbert, commandant du haras de Babolna, en Autriche, chargé, en 1836, d'aller en Syrie, et d'en ramener des étalons et des poulinières arabes, a écrit d'une manière assez confuse et assez contradictoire, touchant la manière dont les Arabes établissent ou n'établissent pas la généalogie de leurs chevaux de pur sang.

Je lis ce passage dans la relation qu'il a publiée de son voyage : « Les documents généalogiques sur les chevaux « arabes ne méritent aucune foi. Les Bédouins ne conservent « aucune espèce de documents écrits, et les renseignements « qu'ils donnent sur la généalogie de leurs chevaux ne se « transmettent que verbalement.

« Les Arabes ne nomment que le père et la mère de leurs « chevaux. Quand on veut en savoir davantage, ils s'éton-« nent et se contredisent souvent.

« Les certificats, confectionnés par les acheteurs eux-« mêmes, ou par les habitants des villes, ne méritent, « comme je l'ai dit, aucune foi ; car chacun écrit ce que « bon lui semble. »

Mais il ajoute un peu plus loin : « Les Arabes ont la ré-« putation d'être très-consciencieux, et de ne dire, sur la « généalogie de leurs chevaux, que ce qu'ils croient. Ils ne « méritent pas cette réputation ; elle vaut mieux qu'eux. « Pour de l'argent, l'Arabe fait quoi que ce soit, et il dit « sur le compte de ses chevaux ce qu'il pense le plus pro-« pre à séduire l'acheteur. »

Il n'est pas besoin d'être Arabe pour cela. Sur ce point,

les maquignons de tous les pays et de tous les rangs se valent, il faut bien l'avouer ; le Français, l'Allemand, l'Anglais ne le cèdent pas au Bédouin ; chaque peuple a ses finesses, tout marchand a ses ruses; l'intérêt est un sur tous les points du globe. Mais de ce que l'Arabe cherche à duper un acheteur sur la généalogie de chevaux non tracés, pour me servir de l'expression consacrée chez nous, s'ensuit-il qu'en Arabie tout cheval noble ou de pur sang soit dépourvu de lettres de noblesse, et qu'il n'y existe pas de preuve authentique de la pureté des races? Le major ne le pense pas lui-même ; car, tout en convenant que l'on n'est jamais sûr de ne pas être trompé sur la généalogie d'un cheval arabe, il donne l'assurance qu'il est toujours possible de prendre des renseignements à cet égard, parce que, dit-il, « quand « il s'agit d'un cheval noble et hors ligne, beaucoup de per- « sonnes savent toujours de quel pays il est venu. Or, ce « qu'il importe le plus de connaître, c'est dans quelle tribu « ce cheval est né. » A quoi bon demander autour de soi des renseignements, s'ils doivent être faux toujours, s'il n'est permis d'y ajouter aucune créance? La recommandation expresse du major ne laisse-t-elle pas supposer que, dans quelques tribus au moins, on conserve avec soin la généalogie des chevaux précieux, des individualités nobles et pures dont les Arabes tirent race?

D'après le même auteur, « les plus nobles races sont « celles qui sont censées descendre des cinq juments du « prophète : — *Kohejle-Ménéghi*, — *Kohejle-Séglavi*, — « *Kohejle-Gjulfa*, — *Kohejle-Agjus*, — *Kohejle-Massa-* « *tiche.* »

En cela, les écrivains sont d'accord. Huzard père avait déjà dit la même chose dans les mêmes termes à peu près. D'après lui, la race noble des Arabes se nomme indistinctement *kocklani*, *kohejle* et *kailhan*; elle est parfaitement pure, et les Arabes en ont la généalogie positive de temps immémorial. Ses autorités sont Niebuhr et Fouché d'Obsonville.

Le major continue ainsi : « Toute jument appartenant à « l'une de ces races peut donner son nom à une *race* secon- « daire. De là, une infinité de *races* qu'on croise les unes « avec les autres. »

Relevons d'abord l'expression impropre de race. Le major a voulu écrire, et nous dirons plus correctement pour lui que chaque jument descendant de l'une des cinq de Maho- met peut donner son nom à une *famille*, et que ces diffé- rentes *familles*, alliées entre elles suivant les convenances individuelles, perpétuent la race noble et pure née des cinq juments du prophète, lesquelles descendent elles-mêmes, suivant l'affirmation de Niebuhr, du haras si renommé dans l'antiquité du roi Salomon. Du moins, est-ce déjà une no- blesse fort honorable que celle-là ?

— Le major Herbert a donné, à son insu, une preuve de l'authenticité de la pureté de la race et de la certitude gé- néalogique de tout cheval noble. En effet, d'après lui-même, les Arabes appellent *kohejle* tout cheval de noble race ; mais ils ne citent la famille qu'en second lieu. Certes, il importe essentiellement de connaitre la famille d'un cheval de pur sang ; c'est le renseignement le plus utile après celui qui ne laisse plus de doute quant à la race ; le troisième, qu'il ne faut pas négliger davantage, n'intéresse plus que l'individu lui-même. Mais pourtant voici bien la triple condition à observer dans le choix des animaux de pur sang ; ne con- server aucun doute sur l'origine, — connaître la famille, — et apprécier le mérite, les qualités individuels.

Les Arabes savent toujours satisfaire à ces conditions, mais, avant tout, à la première. Faut-il une autre preuve des soins qu'ils mettent à établir la généalogie de leurs che- vaux, auxquels ils reconnaissent d'autant plus de valeur, comme race, qu'ils peuvent faire remonter plus haut leur origine ? Quand donc ils ont prouvé qu'ils sont de la plus ancienne race, de la race *kohejle*, ils se croient à bon droit exempts de rien ajouter, puisque nulle preuve ne vaut celle-là.

Opposons cependant à l'opinion du major un passage de la relation laissée par Burckhardt de son voyage en Arabie, relation insérée au *Journal des haras*, tome XVIII.

« On connaît en Syrie trois races de chevaux, savoir la véritable race arabe, la turcomane et la kurde, qui est un mélange des deux premières.

« Les Bédouins comptent cinq races nobles de chevaux, descendues, suivant eux, des cinq juments favorites de leur prophète Mahomet : c'étaient *Tanéïffé, Ma'nekeié, Koheil, Saklaouié* et *Djulfé* (1). Ces cinq races principales se subdivisent en une infinité de ramifications. Toute jument remarquable par sa vitesse et sa beauté, et appartenant à l'une de ces cinq races primitives, peut devenir la souche d'une nouvelle race (nous dirions, nous, d'une nouvelle famille), dont tous les descendants portent son nom ; de sorte que les noms des différentes races arabes du désert sont innombrables. A la naissance d'un poulain de race noble, il est d'usage de réunir des témoins, et de rédiger par écrit une notice des marques distinctives du jeune animal, en y ajoutant le nom de son père et celui de sa mère.

« Ces Hhudjés, ou tables généalogiques, ne remontent jamais à la grand'mère, parce qu'il est sous-entendu que

_____

(1) Presque tous les écrivains sont d'accord sur les commencements de la race noble d'Arabie ; ils la font généralement descendre des cinq juments qui, parties avec 95 autres des environs de Damas, arrivèrent seules à la Mecque d'un seul trait, si l'on peut dire, pour y annoncer la grande victoire remportée par le prophète ; mais presque tous les désignent sous des noms divers. Un orientaliste qui a laissé des mémoires les appelle *Rabdha, Noâma, Ssabhha* et *Hhezma*. Cela n'affaiblit en rien le fait, à notre avis ; nous croyons l'expliquer d'une manière satisfaisante en disant que chaque nom, sans être précisément celui des cinq juments mères, en représente pourtant la tige, une branche principale.

chaque Arabe de la tribu connaît, par tradition, la pureté
de toute la race; il n'est donc pas toujours nécessaire d'avoir
de ces certificats de généalogie, beaucoup de chevaux et de
juments étant d'une descendance si illustre, que des milliers d'hommes attesteraient, au besoin, la pureté de leur
sang.

« La généalogie est quelquefois placée dans un petit morceau de cuir recouvert de toile cirée et suspendu au cou du
cheval; en voici un échantillon :

« Dieu. — Enoch.

« Au nom du Dieu très-miséricordieux, seigneur de
« toutes les créatures, que la paix et les prières soient avec
« notre seigneur Mahomet et sa famille, et ses disciples,
« jusqu'au jour du jugement; et la paix soit avec tous ceux
« qui liront cet écrit et en comprendront l'objet.

« Le présent acte est relatif au poulain *Obeian*, de la
« vraie race *saklaoui*, brun grisâtre avec les quatre pieds
« blancs, et une marque blanche sur le front, dont la peau
« est aussi brillante et aussi pure que le miel, et ressem-
« blant à ces chevaux dont le prophète a dit : *De vraies*
« *richesses sont une noble et courageuse race de chevaux;*
« et dont Dieu a dit : *Les chevaux de guerre, ceux qui se*
« *précipitent sur l'ennemi avec des naseaux soufflant forte-*
« *ment, ceux qui, de grand matin, se plongent dans les*
« *combats.* Et Dieu a dit la vérité dans son livre incompa-
« rable. Ce poulain *saklaoui* a été acheté par Cosrein, fils
« d'Emeit, de la tribu de Zébala, Arabe A'nezé. Le père de
« ce poulain est l'excellent cheval bai nommé *Merdjan*,
« de la race koheilan; sa mère, la fameuse jument *saklaoui*,
« connue sous le nom de *Djéroua*. D'après ce que nous
« avons vu, nous attestons ici, sur notre espérance de la
« félicité et sur nos ceintures, ô scheickhs de sagesse et
« possesseurs de chevaux! que ce poulain gris, désigné
« précédemment, est plus noble même que son père et sa
« mère; et c'est ce que nous attestons, d'après notre con-

« naissance la plus exacte, par cet acte valide et complet.

« Que des actions de grâces soient rendues à Dieu, sei-
« gneur de toutes les créatures !

« Écrit le 16 de safar de l'an 4225.

« Témoins, etc., etc. »

« Cette pièce est fidèlement traduite de l'original arabe,
« écrit de la main des Bédouins. L'année musulmane 1223,
« époque de cet acte, correspond à l'an 1808 de notre ère.

« . . . .

« Les Arabes ignorent les fraudes employées par un maquignon européen pour duper un acheteur ; on peut prendre un cheval sur leur parole, à la première vue ou au premier essai, sans courir aucun risque d'être trompé..... »

Ce passage de Burckhardt est fort explicite.

Toutefois le prince Puckler-Muskau, qui a aussi voyagé
en Syrie, n'est pas, quant au même fait, d'un avis aussi
absolu. Il convient, il atteste même que les Arabes tiennent
à conserver leur race noble aussi pure que possible, et qu'ils
évitent avec soin toute mésalliance avec des animaux infé-
rieurs, ce qui est considéré, dans le Coran, comme un péché
capital ; le cas échéant, ils ne font point état du poulain né
d'un pareil accouplement, et ils s'en défont toujours pour
une bagatelle ; mais il ajoute :

« Les Arabes n'ont pas de *Stud-Book*, comme on l'a
prétendu ; ils ne font pas appeler de témoins au moment où
ils font saillir leurs juments ou à celui de la naissance du
poulain. J'ai été fort souvent à même de voir donner des
juments à l'étalon pendant la nuit, et rarement il se trouvait un témoin, à moins que ce ne fût par hasard. »

Que de contradictions dans tout ce qui a été écrit sur les
races d'Orient, et quel épais nuage couvre la vérité !

Cependant je suis tout disposé à croire que la généalogie
des chevaux de pur sang est moins facile à constater en
Orient qu'en Europe, que l'absence d'un livre général et
officiel l'enveloppe dans une obscurité souvent très-profonde;

mais je n'en conclurai pas que la filiation des individus de
race pure n'est établie nulle part, et qu'il y a impossibilité
de constater cette pureté autrement que par la beauté des
formes et les qualités transmises à la descendance. D'ailleurs, le soin que prennent les Arabes d'allier les individus
de la race kohejle entre familles bien distinctes de cette
race atteste qu'en agissant suivant une loi de la nature qui
n'autorise pas la consanguinité, c'est-à-dire les alliances en
trop proche parenté, ils conservent au moins des souvenirs
qui peuvent remplacer jusqu'à un certain point les documents que l'on négligerait de consigner par écrit dans quelques tribus.

Hartmann dit que les peuples d'Orient, et particulièrement les Arabes et les Tartares, sont si ponctuels à tracer la
généalogie de leurs chevaux, qu'ils savent beaucoup mieux
la faire que la leur propre.

C'est aussi l'opinion de Hallen. On trouve ce passage
dans son histoire des animaux : « On tient en Arabie un
registre très-exact de la généalogie des chevaux de race
noble.

« Celle-ci, la première des trois qu'on y connaît, est pure
et ancienne des deux côtés; les chevaux qui la composent
transmettent à leurs descendants toute la gloire de leurs
ancêtres. Les moindres juments de cette classe coûtent
500 écus et davantage. Chaque Arabe sait parfaitement le
poil, les aïeux, le surnom, le nom de son cheval et de celui
de son voisin. Quand on emprunte un étalon pour faire
couvrir sa jument, l'accouplement ne se fait qu'en présence
du secrétaire de l'émir et de quelques témoins, qui en donnent une attestation scellée, dans laquelle ils exposent toute
la généalogie du cheval et de la jument. On répète le même
procédé aussitôt que celle-ci a pouliné. On en marque le
jour, et on fait la description du poulain, dont la noblesse
est mise, par ces diplômes, à couvert de toute contestation.

Ces attestations donnent du prix aux chevaux arabes, et on les remet à ceux qui en font l'acquisition. »

Selon Niebuhr, que j'ai déjà cité, on appelle *kocklanis* ou *kohejles* les chevaux arabes de première origine, c'est-à-dire ceux dont on a l'arbre généalogique depuis plus de deux mille ans. Ils descendent des haras de Salomon, et sont ordinairement d'un prix fort élevé.

Un vieil auteur, Caseri, raconte que, dans trois occasions, l'Arabie a coutume de se livrer à de grandes réjouissances, et que les tribus y célèbrent la prospérité arrivée à l'une d'elles par un appareil pompeux. Ces occasions sont — *quand la jument poulinière donne un poulain de belle espérance,* — quand il est né un fils, — et quand il paraît un poëte.

N'est-ce pas encore là un moyen de constater la naissance, la pureté d'origine d'un poulain précieux !

Voyons ce qu'en pense Grognier, page 18 de son cours de multiplication et de perfectionnement des animaux domestiques. « C'est une opinion répandue parmi les Arabes-Bédouins que la race des chevaux kocklanis descend, en ligne directe, du haras de Salomon. On ne démontre pas, sans doute, par des monuments authentiques une pareille généalogie ; mais il est des kocklanis dont les titres de noblesse, bien prouvés, remontent à un grand nombre de générations.

« De temps immémorial, la monte, en Arabie, a lieu en présence de témoins assermentés ; on surveille ensuite les juments, jour et nuit, pendant un temps déterminé, pour être bien sûr qu'aucun étalon commun n'en approchera.

« Ces mêmes témoins assistent à l'accouchement, et ils attestent par serment la noble filiation du nouveau-né. L'acte juridique dressé en cette circonstance est le plus important qui ait lieu parmi les Bédouins, persuadés qu'ils sont de la connexité entre la conservation de leur race équestre et la prospérité de leur nation.

« Voici une formule de cet acte : « *Au nom de Dieu le* « *miséricordieux ; c'est de lui que nous attendons assis-* « tance et protection.

« Le prophète a dit :

« *Que mon peuple ne s'assemble jamais pour commettre* « *des actions illégitimes.*

« Voici l'objet de ce document authentique : Nous, sous- « signés, déclarons devant l'Être suprême, attestons, affir- « mons et jurons par la destinée et par nos ceintures, que « la jument MN, âgée de... ans et marquée de..., descend « au troisième degré et en ligne directe d'ancêtres nobles « et illustres, attendu que sa mère est de la race NN, et le « père de la race NM, et qu'elle-même réunit en elle toutes « les qualités de ces nobles créatures dont le prophète a dit : « *Leur sein est un coffre d'or, et leurs cuisses sont un trône* « *d'honneur.* En vertu du témoignage de nos prédécesseurs, « nous affirmons encore une fois que la jument en question « est aussi pure d'origine et sans mélange que le lait; « et nous attestons par serment qu'elle est célèbre par la « rapidité de sa course, et son habitude à supporter les « fatigues, la faim, la soif. C'est d'après ce que nous savons « et avons appris que nous avons délivré le présent témoi- « gnage. Dieu, d'ailleurs, est le meilleur de tous les té- « moins. »

« *Suivent les signatures.*

« En vendant un kocklani, on livre scrupuleusement ses titres de noblesse.

« On estime bien plus une noble et ancienne extraction par les femelles que par les mâles ; ce qui est le contraire en Europe. »

M. A. F. de Cacheleu s'est exprimé en ces termes sur le même sujet :

« Tout le monde sait que, en Arabie et de temps immé- morial, l'excellence du cheval de selle est parvenue au plus haut point. C'est que dans ce pays, où de tout temps aussi l'existence des populations se partagea entre le soin des troupeaux et le brigandage à main armée, le seul emploi du cheval fut toujours pour la monture; car le chameau, le bœuf, l'âne et le mulet y font tous les travaux du commerce et de l'agriculture. Mais ce sont la vitesse et la vigueur du coursier qui permettent à l'Arabe de franchir en peu d'heures de très-longues distances, lui assurent les meilleures chances pour le succès de ses incursions, aussi bien que pour le salut de sa vie, quand il est obligé de fuir devant des forces supérieures. Dès lors on conçoit que chacun d'eux dut attacher, dès les premiers temps, la plus grande importance à ces qualités d'une utilité journalière, et s'efforcer de les obtenir dans les élèves qu'il faisait pour son propre usage. Ainsi donc, lorsque, parmi la multitude des juments employées dans leurs expéditions aventureuses, l'une d'elles se faisait remarquer par une énergie vraiment extraordinaire, son maître ne pouvait manquer de choisir pour elle l'étalon le plus célèbre aussi par sa vigueur. Puis, si le produit de leur alliance venait à mériter dans la suite le même renom, les mêmes soins étaient encore pris pour l'allier convenablement à son tour.

« Mais la série des générations venant à se prolonger et à s'étendre en branches collatérales, la trace d'une filiation si relevée se fût bientôt perdue, et avec elle le surcroît de valeur vénale acquis à la race par l'affermissement de l'hérédité, si la sagacité arabe n'eût imaginé de prévenir ces inconvénients en faisant *constater, par titres authentiques*, l'origine de leurs chevaux les plus précieux, et en leur appliquant, en outre, des marques à feu pour garantie plus complète d'identité.

« De là deux classes très-distinctes, pour ne pas dire deux races de chevaux dans ce pays, — *la race noble* ou *pur sang* — et *la race commune*.

« La première de ces deux classes est toujours très-peu

nombreuse, parce qu'elle n'admet que l'élite la plus épurée parmi les produits de chaque génération, et tout ce qui en fait partie est toujours d'un très-haut prix, non-seulement à cause de l'excellence avérée de ses qualités sous le rapport du bon service, mais bien plus encore en raison de l'énergie remarquable et de la puissante vitalité héréditairement assurée à sa descendance, par suite de la perpétuelle exclusion des vices contraires.

« La seconde comprend tout le reste de la population chevaline (1)... »

M. Hamont a longtemps habité l'Égypte ; il partage cette opinion que les Arabes établissent et conservent avec soin la généalogie de leurs chevaux. Il s'exprime ainsi :

« L'Arabe est tout à son cheval, et ce dernier conserve intact l'honneur de son maître. Point de mésalliance chez les nomades, un cheval étranger n'est pas reçu ; et jamais une jument de la tribu n'est saillie par un animal dont les parents sont inconnus. Les Bédouins conservent avec soin la généalogie de leurs chevaux ; elle est d'autant plus estimée qu'elle est plus ancienne. Autrefois il n'existait qu'une race dans le *Nedji*, elle se nommait *kouélla* ; les Arabes en font remonter l'origine jusqu'au prophète. De cette première souche est sorti le cheval *laklahoué*, un des plus vigoureux de l'Arabie ; le *kourèche*, ce nom vient de *kouer*, qui veut dire cœur ; le cheval *déma*, le plus estimé du Nedji ; *leubéya*, tous noms qui désignent autant de variétés existantes ; viennent ensuite les chevaux *zeïyas* et *dnémanes*. Les habitants distinguent encore deux *keuéllas* : la *keuélla* agouse ou l'ancienne, et la *keuélla* ghédide ou récente. La différence n'existe que dans la vitesse et la sobriété. »

Rien de plus positif assurément. Mais dans cette question tout est contradictoire ; toute affirmation reçoit un démenti formel. Les oui et non se balancent ; les assertions contrai-

---

(1) Système rationnel de haras général, etc. (1847.)

res se font en quelque sorte équilibre. Cependant nos recherches n'auraient pas toute la signification que nous voudrions leur donner, nos études seraient incomplètes, si nous ne mettions pas en présence et le pour et le contre avant de les discuter au fond et de prendre nos conclusions.

A l'opinion formulée par M. Hamont il nous faut donc opposer celle d'un autre hippologue, ainsi rapportée par le *Journal des haras*, tome XXX, pages 124 et 125 :

« On a beaucoup parlé du soin tout particulier avec lequel les races nobles sont conservées en Arabie, et de celui que mettent les Arabes à constater la pureté des plus estimées, jusqu'à appeler des témoins à la naissance de leurs poulains, à tenir des registres généalogiques authentiques, enfin à prendre toutes les précautions possibles pour empêcher les taches et la fraude. S'il y a quelque chose de vrai dans ce qu'on a dit ce sujet, je n'en suis pas moins convaincu que tout cela est beaucoup plus en discours qu'en réalité. Ce qui est plus sûr et plus certain, c'est qu'un Arabe ne donnera pas sa jument à un mauvais étalon, s'il peut en choisir un bon, et si ses moyens lui permettent de payer un cheval de race supérieure; mais malheureusement l'Arabe pauvre, possesseur d'une seule jument souvent très-bonne et de la meilleure race, est hors d'état de payer le prix de la saillie d'un étalon de premier sang, qui se trouve entre les mains d'un cheik ou d'un riche Arabe. Cependant il ne veut pas manquer la saison pour faire saillir sa jument, dont la fécondité est la seule richesse, l'unique ressource de sa famille ; que fait-il alors ? Il choisit un étalon inférieur, ou, s'il possède un poulain, fils de sa jument, il la lui donne sans hésiter un seul instant. Je dirai, à ce sujet, que les Arabes, tout en désirant toujours faire saillir leurs juments par un étalon de leur propre race, si elle est considérée comme la meilleure, ou par des étalons de races supérieures, ne répugnent pas du tout à se servir des producteurs de races inférieures lorsqu'ils

ne peuvent faire autrement. Ainsi le *Nedj* renferme quatre
races principales désignées sous les noms de *khellan, shœ-
man*, *yetman* et *zheoman*, et réputées les meilleures du
pays, mais non de mérite égal, la première étant supérieure
aux trois autres, ce qui n'empêche pas les Arabes possesseurs de juments de cette même race de se servir, au besoin,
des étalons des trois autres. On peut supposer, d'après cela,
qu'il doit résulter de ces fréquents croisements beaucoup
d'incertitude relativement à la pureté d'origine des chevaux
du *Nejd*, et une plus grande difficulté d'obtenir des preuves
de la race à laquelle ils appartiennent réellement qu'on
nous le dit et qu'on le croit assez généralement en Europe. »
(*Observations sur les différentes races de chevaux arabes.*)

Mis en regard de ce qu'a écrit M. Hamont, ce passage
infirme bien son assertion, cela est incontestable ; mais il
ne prouve pas, ce nous semble, que les Arabes ne conservent
point la généalogie de ceux de leurs chevaux qui appartiennent à la race noble et pure. En effet, il a trait bien plutôt à
la certitude relativement à la pureté de l'origine de certains
chevaux du Nedj en particulier, et même de l'Arabie tout
entière, qu'à la noblesse réelle de la race mère, de celle que
l'on ne mésallie pas, et que l'on maintient toujours avec un
soin également scrupuleux à sa hauteur primitive. Cette
nécessité du croisement, ou plutôt du mélange, auquel les
Arabes sont fréquemment forcés d'avoir recours, soit par
pénurie du cheval père, soit par pauvreté individuelle, n'atteste qu'un fait parfaitement connu d'ailleurs, que tous
les chevaux arabes ne sont pas de pur sang, et qu'il y a
obligation, pour qui achète, de rapporter la preuve authentique de la bonne origine, de la noblesse et de la pureté de
ceux que l'on veut extraire de l'Orient au profit de l'Europe,
afin de ne pas y amener des animaux médiocres et de mince
valeur au lieu et place de reproducteurs précieux et de la
plus noble race.

Au surplus, M. Hamont lui-même a pris soin d'avertir

qu'il faut bien être sur ses gardes lorsqu'on traite avec des maquignons du Nedj. Il fait même, à ce sujet, un petit conte assez bien tourné, et que les lecteurs curieux iront chercher à la page 172 du *Journal des haras*, tome XXX. Il prouve au moins qu'en Arabie, comme ailleurs, il y a des races diverses, des chevaux nobles et purs, — et d'autres d'une extraction moins élevée ; il veut dire aussi qu'il ne faut point être moins connaisseur ni plus crédule avec le maquignon d'Orient qu'avec les marchands européens, ce qui nous rappelle ce vieux dicton fort sage, sans doute inventé par un de nos prédécesseurs en science hippique : *N'achetez jamais chat en poche*.

Dans ses consciencieuses recherches sur la pureté et l'ancienneté des races orientales, Camille Mellinet a écrit ces quelques mots auxquels on doit ajouter une foi pleine et entière : « On sait que de tout temps les peuples d'Orient ont attaché un grand prix aux chevaux. Chacun avait son nom, sa généalogie, et le Stud-Book anglais, imité en France, n'est que la continuation de cet antique usage. Mais les anciens faisaient plus encore ; leurs chevaux venaient-ils à mourir, on leur dressait un tombeau, et on leur consacrait une épitaphe. »

Et il donne la traduction suivante d'un de ces curieux monuments :

> Aux Dieux mânes.
> Fille de la Gétule Haréna,
> Fille du Gétule Equinus,
> Rapide à la course comme les vents,
> Ayant toujours vécu vierge,
> Spendura ! tu habites les rives du Léthé.

Voilà bien une généalogie.

M. de Lamartine a voyagé en Orient ; il déclare que « tous les chevaux arabes portent au cou leur généalogie suspendue dans un sachet en poil, et plusieurs amulettes pour les préserver du mauvais œil. »

L'auteur d'une notice sur Wellesley-Arabian dit : « Aucun peuple de la terre n'apporte autant de soins et d'exactitude à constater la généalogie des chevaux que les Arabes. L'acte de la saillie pour les étalons et juments de premier sang est d'abord publiquement annoncé, afin que de nombreux témoins puissent y assister. La même cérémonie se renouvelle à la naissance des poulains, en sorte que l'on peut s'assurer des généalogies authentiques remontant au delà de cinq siècles. *Darley-Arabian* appartenait à l'une des plus anciennes. » (*Journal des haras*, tome X, p. 1re.)

Dans une histoire générale du cheval, publiée en Angleterre, je lis ce passage : « On compte en Arabie trois races ou variétés de chevaux. Selon beaucoup d'opinions, la dernière est celle des *attéchis*, dont les habitants ne font point d'estime ; la seconde, celle des *kadischis*, ce qui signifie chevaux de race incertaine, correspondant à nos chevaux de sang mélangé ; et les *kocklanis*, chevaux dont la généalogie est, suivant les Arabes, tracée depuis deux mille ans. Il est commun, dans leurs écrivains, de voir attester des généalogies qui remontent à quatre siècles, et' quelques-uns, avec toute l'exagération orientale, en tirent depuis Salomon.

« Quoi qu'il en soit de pareilles traditions, il n'en est pas moins vrai que, dans ce pays, les généalogies de chevaux sont conservées et reproduites avec infiniment plus de soin et d'exactitude que celles des plus anciennes familles des chefs arabes, et des précautions particulières sont prises dans le but de prévenir toute espèce de fraude relativement à la filiation des premiers. »

« Personne n'ignore, a dit Bourgelat, combien les Arabes sont jaloux de leurs races, qu'ils divisent en nobles et toujours pures des deux parts, et nobles et souillées par des mésalliances, enfin en races absolument communes ; et tout le monde est instruit de l'exactitude avec laquelle ils tiennent les registres les plus fidèles du nom, des poils et de la taille de leurs chevaux, qui sont, en quelque façon, la souche et le tronc des chevaux les plus renommés..... »

Le vicomte d'Aure a répété les mêmes faits après mille autres. Il a écrit : « De temps immémorial, l'Arabe s'occupe spécialement de l'éducation du cheval. Le cheval n'est pas pour lui comme pour nous un accessoire de l'existence, ou l'emblème de la richesse ; c'est toute sa vie... Sa noblesse est celle de son cheval ; il a sa généalogie, connaît ses affiliations, et peut prouver jusqu'à près de trois mille ans que son compagnon, son ami fidèle est de race noble, et de sang qu'aucune mésalliance n'a pu tacher. Cette noblesse chevaline s'appelle, en Arabie, la race des *kocklanis* ; les races croisées, ou qui laissent des doutes sur la pureté de l'alliance, des *kadischis*. Il existe aussi des races communes ou plébéiennes, car il y a des vilains partout (1). »

Bourgelat cite d'autres dénominations : les chevaux communs sont des *kuédechs* ; ceux qu'une mésalliance a souillés prennent le nom de *hatiks* ; enfin la race noble et pure est distinguée par le nom de *kékhilan*.

Il ressort pourtant un enseignement de ces opinions diverses, on ne saurait en disconvenir : il y a du vrai de part et d'autre ; chacun a écrit selon ce qu'il a vu et observé. Que l'on n'ajoute pas foi à la relation contradictoire d'un seul en opposition avec plusieurs, cela se comprend ; mais que l'on donne créance à une opinion sur une autre, lorsque toutes deux sont étayées sur des autorités également certaines, cela est inadmissible. A laquelle pourrait-on, avec justice, donner raison ? à laquelle un démenti ?

Supposons que des Arabes voyagent en Europe, — qui en Angleterre, — qui en Allemagne, — qui en France. Ces contrées offrent incontestablement une facilité d'exploration bien autre que celle que l'Européen le mieux recommandé ne saurait trouver dans les déserts de l'Arabie ; eh bien !

_____

(1) *Lettre sur l'équitation à Madame la duchesse de N.....*

croit-on qu'ils en rapportent tous les mêmes idées, les mêmes impressions au point de vue des richesses chevalines propres à chacun de ces États parcourus, — ceux-ci dans leurs parties les mieux pourvues, — ceux-là, au contraire, dans leurs contrées les plus pauvres?

Les uns s'occuperont plus spécialement des nobles races; ils connaîtront le Stud-Book, et ils en parleront; ils en parleront comme d'un fait général, et ils n'auront saisi que l'exception. D'autres, moins heureux, n'auront vu que la plèbe : — celle-là n'a de parchemin en aucun pays; celle-là n'a aucune noblesse, elle en est l'antipode; — ils en parleront aussi en généralisant, et ils nieront peut-être jusqu'à l'existence de cheval de pur sang...; ils ne seront pas dans le vrai, et pourtant ils raconteront — les uns et les autres — ce qu'ils auront vu et observé avec la meilleure foi du monde.

Ainsi ont fait, selon toute apparence, les Européens qui ont voyagé en Orient. En ne les étudiant qu'au point de vue des divergences, on les trouve en complet désaccord, cela est évident; mais si, tenant compte de l'observation qui précède, on les recherche au point de vue des rapprochements, on prend confiance et l'on est amené à conclure ainsi :

Oui, une race supérieure de chevaux existe en Arabie; oui, une race d'élite, une race noble et de pur sang y reçoit des soins tout particuliers de conservation; peu importent maintenant l'orthographe du nom qu'on lui donne, ou le mot plus ou moins exact par lequel on traduit ce nom....... Quel étranger sait donc écrire et faire passer dans sa langue les noms propres d'une langue qu'il ne sait pas, qu'il ne peut même pas savoir?

Une race noble et pure existe, ce point est donc incontestable.

Mais où la trouve-t-on? Quel est son siége? Je répondrai à cette double question par la question elle-même. En Europe, où trouve-t-on la race de pur sang, et quel est son siége essentiel?..... Cette race est un peu partout; les familles en sont nombreuses, mais clair-semées, et les individus bien plus encore. Elle a un siége, en effet, — le Stud-Book; — là seulement on la trouve en nombre.

Et de même en Orient....... les chevaux non tracés sont groupés en familles, en races peut-être; mais les chevaux de pur sang, — les *kocklanis* ou les *kohejles*, — sont plus rares que les autres évidemment. Peut-être même ne pourraient-ils pas produire tous leurs parchemins. La généalogie écrite, matérielle n'est peut-être pas conservée dans toutes les tribus; mais ceux pour qui on peut l'obtenir authentique sont bien certainement de haute lignée, de noble extraction, et dans beaucoup de tribus on la retrace avec le plus grand soin et la plus scrupuleuse attention.

Telle est, au moins, la conclusion rigoureuse qui ressort de tout ce qui précède, et notamment des formules généalogiques dont la traduction a été si fidèlement rapportée par Grognier et Burckhardt, deux autorités considérables en pareille matière.

Nous pouvons donc adopter de tous points, et sans la modifier en aucune façon, l'opinion de M. le duc de Grammont sur cette question. — Nous la trouvons formulée en termes bien nets, et nous la reproduisons volontiers en terminant :

« On sait, dit-il, avec quelle religieuse exactitude les Arabes tiennent, de temps immémorial, les inscriptions généalogiques de leurs familles de chevaux les plus distinguées et avec quel discernement ils savent en rapprocher et en allier les rameaux éloignés pour prévenir toute dégénérescence. »

Il restera bien démontré, par conséquent, que les Arabes attachent la plus grande importance à la constatation de l'origine de leurs chevaux nobles, — *kocklanis* ou *kohejles;* — que nous pouvons ajouter foi à leurs tables généalogiques, en tant que nous sommes assez habiles pour ne pas nous en laisser imposer par leurs supercheries. Mais, encore un coup, de ce que nous pouvons être trompés par eux, de ce fait que nous pouvons nous tromper nous-mêmes sur la généalogie d'un cheval inférieur, il ne résulte pas que cette généalogie ne soit pas authentiquement constatée pour le plus grand nombre de leurs chevaux de premier sang, sinon pour tous les descendants de la fameuse race *kohejle*.

Ce point bien établi, nous pouvons maintenant nous occuper du livre généalogique ouvert en Europe chez les différents peuples qui possèdent des familles de la race pure.

Pour nous, on le voit, le cheval de pur sang est un, homogène partout, dans son principe, dans son essence; nous ne lui trouvons que des différences secondaires qui résultent de la variété des familles.

III.

Les différentes familles chevalines de pur sang que possède aujourd'hui l'Angleterre sont toutes sorties de l'accouplement d'étalons et de juments d'Orient introduits à diverses époques sur le sol de la Grande-Bretagne.

Les étalons n'ont pas tous été employés à la reproduction pure de la race importée; ils ont servi également à l'amélioration des races indigènes à l'Angleterre, fort avilies au temps où les chevaux orientaux commencèrent à être plus prisés que les chevaux du pays. — Les juments nobles, au contraire, ne furent point mésalliées; elles reçurent toujours les étalons les plus célèbres parmi ceux des familles orientales que s'était approprié l'Angleterre. Elles formaient une caste à part, et, pour les mieux distinguer, afin de ne les plus confondre avec celles que l'amélioration rapide relevait par degrés de leur état d'infériorité, on leur donna une qualification nouvelle, le nom de *royal mares*. Bien certainement les possesseurs des *royal mares* durent conserver des renseignements exacts, comme tous ceux que l'on gardait autrefois dans tous les haras particuliers, et dans lesquels on retrouva aisément, plus tard, la preuve certaine, irrécusable de la parenté directe et sans mélange, avec un sang inférieur, des animaux nés de l'alliance de ces poulinières avec des étalons de leur ordre.

Mais la valeur plus grande des produits obtenus dut faire naître bientôt la fraude; bien souvent on a dû essayer de faire passer comme étant de pur sang des animaux qui s'en rapprochaient peut-être par les formes extérieures à la faveur des accouplements d'où ils étaient sortis, mais qui n'appartenaient pas de fait à la race pure conservée sans alliance hétérogène, et dont les individus commençaient à se multiplier sur le sol de la Grande-Bretagne.

C'est alors que l'on sentit la nécessité de consigner dans des recueils annuels les noms et les alliances des chevaux de la race noble et pure, afin de la préserver à toujours de toute souillure, et de prémunir les amateurs contre la supposition et la fraude.

Ces recueils portèrent différents noms, et l'on vit se succéder différentes publications relatives à l'histoire de la reproduction de la race de pur sang, et entre autres *An historical list of horsematches*, vers l'an 1750, — *the Sporting calendar* en 1769, — *the Racing calendar* qui commence en 1773, et se continue encore avec beaucoup de soin et de ponctualité; — puis enfin beaucoup d'autres ouvrages du même genre et pourtant moins spéciaux.

Malgré tout, ces différents recueils ne donnaient qu'une très-courte généalogie de chaque cheval, et n'avaient d'ailleurs aucun lien, aucun enchaînement entre eux. Il en résultait de grandes difficultés soit pour retrouver la suite non interrompue des filiations, soit pour remonter avec toute certitude jusqu'au point de départ, jusqu'à la race orientale elle-même dans les individus importés. Le maquignonnage, avec ses ruses et ses supercheries, avec toutes les ressources

que lui suggère la cupidité, contribua aussi à jeter la confusion dans les recherches, et les amateurs furent de nouveau
menacés de ne plus s'y reconnaître, car beaucoup de généalogies fausses étaient produites dans un intérêt de vente
plus avantageux et mieux assuré. C'est alors que vint l'idée
d'une publication générale, authentique, et que fut arrêtée
la rédaction d'un seul livre généalogique, qui, résumant
avec soin tous les renseignements vrais, fondés, exacts,
mais disséminés dans les divers recueils imprimés jusque-là,
offrît la généalogie et la descendance de tous les chevaux
nés en Angleterre des étalons et des poulinières de pur sang
qu'on y avait précédemment introduits. Ce travail, intitulé
the general Stud-Book containing pedigrees of races horses,
date de 1791. Il remonte aux premiers temps de l'importation de la race primitive, s'est continué sans interruption ni
lacune jusqu'à nos jours, doit se prolonger de même dans
l'avenir, et faire toujours loi, selon toute apparence, ainsi
que cela a lieu maintenant non-seulement en Angleterre,
mais dans toute l'Europe, voire dans le nouveau monde,
comme nous tributaire, sous ce point, de l'heureuse Angleterre.

M. Huzard fils, avons-nous déjà dit, a attaqué l'authenticité de ce grand ouvrage; il le voit rempli d'erreurs, et lui
refuse un haut degré de confiance, sous prétexte qu'il ne saurait, en raison des difficultés d'un semblable travail, indiquer
la pureté absolue des chevaux inscrits, mais seulement le
degré de noblesse que peut faire accorder à chacun le degré
de métissage auquel il aurait été successivement amené.
Nous avons repoussé cette opinion, qui nous paraît avoir
principalement pris racine dans l'esprit de M. Huzard fils
lorsqu'il a eu à défendre une théorie attaquée. Nous reviendrons plus loin sur cette théorie, et nous la soutiendrons où
la combattrons suivant les circonstances, car elle nous paraît fondée ou fausse selon l'application judicieuse ou in-
tempestive qu'on en fait.

M. Huzard a pu découvrir quelques intrusions au *general Stud-Book*; comment en aurait-il été autrement? Mais ces admissions illégitimes n'ont pas nui longtemps à la race elle-même : car les animaux de pur sang, et *à fortiori* ceux qui ne le sont pas, ne montrent pas tous la même valeur, les mêmes qualités; ceux-là seulement qui donnent la preuve de leur supériorité servent à la reproduction et à la conservation de la race, à l'exclusion de tous les autres. Est-ce qu'il en est autrement dans l'état de liberté et d'indépendance? Est-ce que la nature emploie le concours de tous les animaux procréés pour conserver intactes les espèces et les maintenir toujours à leur hauteur respective, sans dégénération aucune? Non, sans doute. Un petit nombre suffit à cette fin, et le but de la création est toujours assuré, toujours atteint. L'homme ne saurait faire mieux, et son intelligence peut toujours le soustraire aux effets de l'erreur et de la fraude. Ce serait par trop rétrécir le sujet que de l'envisager dans un horizon aussi borné. Elargissons, élargissons autant que possible le cercle; lorsque nous avons à nous occuper de pareilles questions, cherchons à nous élever toujours à la hauteur des lois de la nature, et sachons sortir des limites trop restreintes d'une idée purement spéculative ou d'une opinion toute personnelle. En nous grandissant nous aurons encore assez de peine à atteindre à la vérité; comment y arriverions-nous, si nous nous faisions plus petits encore que nous ne sommes?

Une nouvelle citation empruntée à un journal allemand, et que nous prendrons au tome IV, page 359 du *Journal des haras* (1830), viendra corroborer en tout point notre manière de voir touchant la pureté de la race anglaise qualifiée de pur sang, et constater l'insignifiance des intrusions au Stud-Book. Ici ce sont des faits pratiques; ils valent encore mieux que le simple raisonnement, quelque logique qu'il soit.

« Si j'ai bien compris les auteurs allemands qui ont écrit sur les chevaux anglais de pur sang, dit M. le comte de

Weltheim, tous, excepté pourtant M. Ammon, m'ont paru croire que la race de chevaux de course, la race de pur sang (*thorough of racing bred*), souche des différentes espèces de chevaux qu'élève actuellement l'Angleterre, avait été formée par le croisement continu de juments indigènes avec des étalons orientaux.

« Cette fausse opinion est d'autant plus extraordinaire, qu'une foule de documents publics, dépôts d'observations et de faits recueillis sans interruption, et avec la plus scrupuleuse exactitude, depuis plus d'un siècle, tels que le calendrier des courses (*the Racing calendar*), le registre des courses ou du gazon (*turf Register*), et le Stud-Book général de Weatherby (*Weatherby's general Stud-Book*), constatent de la manière la plus formelle le contraire. Voici ce qu'ils nous apprennent :

« Dès le règne de Jacques 1er on avait commencé à importer des étalons de l'Orient pour les employer à l'amélioration des races indigènes ; mais pendant un certain laps de temps ces importations ne donnèrent aucun résultat notable. Il faut sans doute voir l'unique cause de cette absence de produits remarquables dans l'emploi isolé de ces étalons nobles, qui, accouplés seulement avec des juments indigènes, ne pouvaient conséquemment former une race d'origine pure, mais donner seulement des métis, qui, comme tous les individus de ce genre, ne tardèrent pas à dégénérer.

« Ce ne fut que sous Charles II, amateur passionné des courses de chevaux, et qui le premier en établit les règles, que l'on se convainquit enfin de la nécessité de former une race entièrement de pur sang. Pour y parvenir, ce roi envoya en Arabie et dans l'Asie Mineure son directeur de haras, avec ordre d'y acheter quelques étalons et un certain nombre de juments, qu'il devait ramener ensuite en Angleterre.

« Il paraît que cette démarche eut le plus heureux résultat, et que ce sont les juments importées par suite de cette mission qui, encore aujourd'hui, sont inscrites dans les livres généalogiques des chevaux anglais sous le nom de juments royales (*royal mares*), et forment la souche de la race actuelle des chevaux de course. Je suis loin de nier cependant que, dans les cinquante premières années de l'institution régulière des courses, c'est-à-dire de 1670 à 1720, il ne se soit trouvé quelques chevaux de course qui n'étaient point le produit pur et sans mélange de chevaux orientaux. Il devait en être nécessairement ainsi ; mais il est facile de se convaincre, en parcourant les documents et les actes authentiques qui forment les archives de la race anglaise, que dès 1720 aucun cheval ne paraissait sur l'hippodrome qui ne fût d'une origine orientale. On se tromperait si l'on voyait dans cette exclusion une simple exigence de la mode; elle n'existait que parce que l'expérience avait suffisamment constaté qu'il n'y avait aucun succès à espérer d'un cheval dont le sang aurait été mélangé avec le sang du Nord, si faible qu'en fût la portion.

« Cependant on a vu, plus tard, paraître dans les courses quelques chevaux dont l'origine n'avait point toute la pureté dont je viens de parler, et dans lesquels on ne pouvait soupçonner du sang mélangé ; mais, s'ils y ont figuré autrement que comme moyens d'expérience, on ne doit voir en eux que de ces rares exceptions que l'on ne saurait appeler à l'appui d'aucune assertion. De tous ces chevaux, au reste, trois seulement sont connus comme ayant eu un succès qui ait répondu aux tentatives que l'on a faites en ce genre. Voici leurs noms :

« 1° *Sampson*, cheval entier, robe noire, élevé en 1745, et appartenant à M. Robinson. Il se distingua comme cheval de course vers l'année 1750 et les suivantes. Bien qu'il ne pût posséder qu'une très-faible portion du sang du Nord, il était cependant d'une taille et d'une force si extraordinaires, que, lorsqu'il parut pour la première fois à Newmarket, tous les jockeys s'amusèrent de M. Robinson en lui voyant l'intention de faire courir ce qu'ils appelaient un cheval de carrosse. Tous les détails relatifs à ce cheval extraordinaire et à ses descendants se trouvent dans l'ouvrage de M. John Lawrence, intitulé *History of the race horse*, p. 110 à 227.

« 2° *Engineer*, cheval entier, bai brun, né en 1755, fils du précédent. Il se fit connaître vers l'année 1760 et les suivantes comme bon cheval de course.

« 3° Et enfin *Mambrino*, cheval gris, aussi fils du précédent, né en 1768, et qui, quelques années après, acquit de la célébrité.

« Les bonnes qualités de ces trois étalons, jointes à une construction forte et vigoureuse, firent pendant quelque temps rechercher leurs descendants. M. Lawrence dit, dans l'ouvrage cité plus haut, qu'il se rappelle très-bien que, à la dernière des époques dont je viens de parler, on regardait comme une recommandation pour un cheval de pouvoir citer dans sa généalogie un croisement de *Sampson*, et que l'on recherchait beaucoup alors les juments issues d'*Engineer*. Bientôt, cependant, l'on ne tarda pas à se convaincre que cette race ne conservait point les qualités de ses ancêtres, et que, semblable en cela à toutes les espèces métisses, sa dégénérescence augmentait à chaque génération, et la rendait, tous les jours, plus impropre à figurer dans les courses. On se hâta, dès lors, de rejeter des haras de chevaux de pur sang tous les individus qui pouvaient lui appartenir; et tel est le souvenir qu'elle a laissé, qu'aujourd'hui encore tous les éleveurs et les amateurs de paris redoutent à l'excès le sang impur et *unfashionable* de *Sampson*, et que l'on évite soigneusement d'employer à la reproduction les chevaux chez lesquels on pourrait craindre la moindre parenté avec lui, quelque éloignée qu'elle fût. »

Ce passage n'a pas besoin de commentaires.

IV.

Nous avons déjà conclu, et par anticipation, dans le chapitre qui précède ; nous n'avons donc qu'à nous répéter. Le Stud-Book peut seul constater la noblesse des familles de la race pure importées ou nées en Europe, et il doit faire loi en dépit des erreurs ou des omissions qu'on pourrait lui reprocher. Par lui seulement on arrive à connaître la situation de ces familles dont l'origine remonte aux fondateurs de l'amélioration chevaline en Angleterre, contrée qui a devancé tous les autres États d'Europe dans cette voie ; et ces fondateurs, redisons-le, sont les *royal mares*, et les étalons de races arabe, barbe, turque et persane, ancêtres de tous les chevaux de pur sang qui de la Grande-Bretagne se sont successivement répandus sur d'autres points du globe.

Notre Stud-Book, à nous, ne date que de 1838, et il se continuera dorénavant avec la même suite et la même exactitude qu'en Angleterre ; il est sorti d'une ordonnance royale de 1833. Ç'a été un long et difficultueux travail que de rassembler, comme on l'avait fait pour l'Angleterre, tous les éléments épars, toutes les richesses inconnues et pendant si longtemps inappréciées, pour en former la base, le point de départ du registre-matricule des chevaux de pur sang, et la souche des familles destinées à produire dans les races inférieures la même amélioration qu'en Angleterre. La suite est chose facile maintenant, et ne demande plus qu'une vérification attentive des pièces exigées pour l'inscription au grand livre généalogique des familles de la race de pur sang.

Comme le Stud-Book anglais, celui de France a eu ses critiques, — M. le duc de Grammont et le Jockey-Club parisien.

M. le duc de Grammont repoussait toute autre race que l'arabe, et celle que l'on est convenu d'appeler anglaise de pur sang ; les autres races orientales, barbe, turque et persane, ne devaient pas y être admises, car elles ne sont, d'après cet hippologue, que des dérivés affaiblis, des émanations abâtardies de la race mère.

Le Jockey-Club poussait l'absolutisme plus loin ; il ne

voulait au Stud-Book français que l'inscription des chevaux ou juments importés d'Angleterre en France, et de ceux nés en France de l'accouplement des premiers.

Nous ne rentrerons pas dans la discussion à laquelle nous avons soumis ces opinions, qui se combattent l'une l'autre ; nous dirons seulement que la commission instituée pour réunir les documents relatifs à la formation du Stud-Book français, et pour juger en dernier ressort des droits à l'inscription, a tranché la difficulté en proposant de séparer dans le même livre, sous des titres différents, l'inscription des chevaux de pur sang anglais et l'inscription des chevaux de pur sang oriental. Cette décision n'a fait qu'introduire plus d'ordre et de méthode dans la rédaction d'un livre qui en exige beaucoup.

On y trouve, par conséquent, divisés en quatre groupes distincts, tous les animaux qui ont été admis à l'honneur d'une inscription ; ils y figurent sous les chefs ci-après :

« 1° Les étalons de race pure anglaise ;

« 2° Les poulinières de même race et leurs produits ;

« 3° Les étalons de race pure arabe ;

« 4° Les poulinières de même race et leurs produits.

« Les produits du croisement d'une race avec l'autre suivent l'état de la mère ; la race du père est toujours désignée. Après le *pedigree*, ou généalogie de chaque étalon, on indique les localités où il a fait la monte, et le nom du propriétaire actuel.

« Comme dans le Stud-Book anglais, à la suite de chaque poulinière se trouvent toutes ses productions, du moins toutes ses productions connues, quelquefois les renseignements ayant manqué par la faute des propriétaires.

« La rédaction du *pedigree* présentait quelques difficultés. Si l'on suivait littéralement la version anglaise, on pouvait tomber dans l'obscurité. Pour remédier à cet inconvénient, on a pensé qu'après avoir mentionné le nom, l'âge, la robe et le lieu de la naissance, le père et la mère d'un animal de

IV.   11

pur sang, il suffirait de faire connaître ses grands-pères et ses grand'mères, du côté paternel comme du côté maternel. Les personnes qui voudraient remonter plus haut pourraient avoir recours au *Stud-Book* anglais, à la page qu'on a pris soin d'indiquer à chaque *pedigree*. » (*Stud-Book français*, tome Ier, page 4.

Ainsi, par suite de la classification indiquée, les produits des croisements d'une race par l'autre suivent l'état de la mère.

Des suppléments doivent paraître de deux en deux ans, et ajouter aux premiers volumes les accroissements successifs, les acquisitions nouvelles, les derniers venus.

Des listes terminent chaque volume et comprennent les noms des chevaux et des poulinières sur lesquels il n'est parvenu aucun renseignement. On publie aussi l'obituaire de la race, et chaque supplément renferme le catalogue des pertes depuis la dernière publication.

On répare enfin les omissions aux volumes précédents, on comble les lacunes résultant des renseignements tardivement envoyés. Cette dernière liste porte, dans les livres de ce genre, le titre *Addenda*.

Il est important de connaître la composition du Stud-Book, car il ne faut rien ignorer lorsqu'on se livre à des recherches généalogiques, sous peine de ne pas les faire complètes. Mais on n'oubliera jamais l'existence de *l'addenda* à la fin de chaque volume, si l'on prend la peine de lire le passage ci-après, extrait du feuilleton d'un grand journal et recueilli par celui des *haras*, tome XIX, page 372.

Le grand confrère avait voulu rendre compte du dépôt, qui avait été fait à la préfecture de la Seine, de l'épreuve du premier volume du *Stud-Book* français.

« Nous n'avons encore que vingt-cinq poulinières orientales, disait-il entre autres choses erronées, et six *addenda*. »

Mais qu'est-ce donc que la race *addenda*, demande le journal·des *haras?* Et il répond : Adressez-vous au journal *le Temps*, lui seul pourra vous l'apprendre; et, s'il ne peut en venir à bout, citez-lui les vers du bonhomme la Fontaine, en lui conseillant d'en faire son profit dans une autre occasion :

> . . . .
> Le Dauphin dit : Bien, grand merci ;
> Et le Piré a part aussi
> A l'honneur de votre présence :
> Vous le voyez souvent, je pense?
> — Tous les jours ; il est mon ami,
> C'est une vieille connaissance.
> Notre Magot prit pour le coup
> Le nom d'un port pour un nom d'homme.
> De tels gens il en est beaucoup
> Qui prendraient Vaugirard pour Rome,
> Et qui, caquetant au plus dru,
> Parlent de tout et n'ont rien vu.

La leçon était bien méritée; mais les journaux quotidiens en profitent fort peu, et commettent beaucoup trop souvent des *erreurs*, — le mot au moins est poli, — de la même taille que celle du *Temps* — ainsi relevée par le journal des *haras*.

On est dans l'usage, et c'est à tort, selon nous, de nommer au Stud-Book quelques produits de demi-sang. Nous voudrions que cela ne pût avoir lieu. Les autres renseignements sont utiles, indispensables même : il faut bien que l'on sache que telle jument, par exemple, livrée à un étalon de demi-sang, a produit en telle année un poulain qui n'a pu être tracé, puisqu'il n'appartient pas à la race pure; mais nous ne voudrions y trouver ni son nom ni sa robe. Il suffirait d'écrire en regard de l'année : *livrée au demi-sang* (1).

(1) Cette simple indication est la seule admise à partir du Ve volume. Il nous a été facile de faire conformément à nos vues, puisque nous présidons maintenant à la publication du Stud-Book.

En annonçant la publication du troisième supplément au Stud-Book, en Prusse, M. le comte de Montendre a fait connaître ce travail dans les termes que voici :

« Le troisième supplément au registre des chevaux de pur sang du royaume de Prusse (Stud-Book prussien) contient les noms de 170 étalons et de 759 poulinières appartenant à cette race type, et divisés de la sorte :

« 1° Chevaux de pur sang portés au Stud-Book anglais ;

« 2° Chevaux de pur sang nés sur le continent, de pères et mères dont les noms sont insérés au Stud-Book anglais ;

« 3° Chevaux nés de pères et mères arabes ;

« 4° Chevaux résultant de croisements entre juments anglaises et étalons arabes, ou de juments arabes avec des étalons anglais.

« La commission chargée de la formation du Stud-Book prussien s'est autorisée de l'exemple de l'Angleterre pour le classement, parmi les chevaux de pur sang, des chevaux orientaux et de leurs descendants ; elle n'a donc pas hésité à les placer au nombre des chevaux dignes de figurer sur le Stud-Book, en appuyant sa décision par les raisonnements suivants, extraits de la préface du premier catalogue publiée en 1832.

« Cette manière de procéder ne peut avoir aucun incon-
« vénient, parce qu'il est facile de s'apercevoir aux épreuves
« auxquelles les chevaux sont soumis, soit aux courses, soit
« aux chasses et dans tout autre service, si eux ou leurs pa-
« rents ont été dignes de l'honneur qu'on leur a fait en les
« plaçant sur ce Catalogue, d'où on les expulsera, s'ils
« ne répondent pas à l'opinion qu'on s'en est faite d'a-
« bord. »

« Nous ne pouvons approuver de semblables raisonne-
ments, ajoute avec beaucoup de raison M. de Montendre, car le provisoire qui est la suite de l'adoption d'une mesure qui a pour résultat de laisser des doutes sur l'origine d'un grand nombre des animaux portés au Stud-Book prussien

fait trop longtemps rester les éleveurs dans un vague indéfini tout à fait nuisible à leurs intérêts. Nous avons conçu notre Stud-Book d'une manière plus rationnelle, et nous l'avons établi sur des bases plus solides et plus durables, tout en admettant les arabes et leurs descendants (1). »

Cette observation a beaucoup d'importance. En effet, il ne fallait plus de doutes, il ne fallait plus aucune incertitude après l'insertion au registre. C'est aux amateurs à apprendre à lire et à ne choisir, parmi tous les noms dont se compose le Catalogue, que ceux qui répondent réellement, par leurs qualités, au mérite propre et entier de la race.

Tout n'est pas dit, tout n'est pas terminé, lorsqu'on a pu constater l'inscription au Stud-Book du premier cheval de pur sang venu; il faut rechercher encore s'il compte dans son ascendance des noms fameux, par quelles qualités ses aïeux se recommandaient, et enfin comment lui-même se fait remarquer, soit par sa conformation, soit par ses victoires sur l'hippodrome, soit principalement par la manière dont il a résisté aux épreuves, aux luttes subies contre de vaillants athlètes.

(1) C'est à tort que M. le vicomte de Tocqueville a écrit ce qui suit :
« En Prusse, on place sur le *Stud-Book* tous les chevaux qui se sont distingués d'une manière particulière dans les courses. C'est sur l'hippodrome, disent les Prussiens, que se gagnent et se délivrent les titres de noblesse.

« Les parchemins sont inutiles, les vieilles généalogies ne sont pas admises de droit. On ne dit pas : Vous ne courrez pas, si vous n'êtes noble; on dit au contraire : Vous serez noble, si vous courez bien. » (*Mémoire sur l'amélioration des chevaux normands.*)

Ceci est une interprétation forcée de ce qui se passe en Prusse relativement à la rédaction du Stud-Book.

L'incertitude qui plane sur les généalogies des chevaux importés d'Arabie ne permettant pas d'ajouter une entière confiance dans la filiation qui leur est attribuée d'une manière plus ou moins authentique, l'inscription au nobiliaire de la race ne devient définitive qu'après confirmation obtenue des qualités inhérentes à la race noble d'Arabie, au cheval arabe de pur sang.

C'est ainsi que procèdent les Arabes, et nous ne saurions nous montrer plus faciles qu'eux , puisque nous nous trouvons dans des conditions beaucoup moins favorables, sous les rapports au moins du climat et de l'alimentation.

« Aucun cheval ne peut être considéré comme véritablement de pur sang qu'autant que ses prétentions à cette distinction ont été constatées par des épreuves de courses. Il n'existe pas d'autre moyen de prouver la pureté du sang; tout autre mode doit être regardé comme chimérique, et il n'en est pas qui ne puisse tromper les meilleurs juges.

« Quand il s'agit d'essayer un cheval noble à la course, l'Arabe le monte au moment où règne la plus forte chaleur du jour pour lui faire parcourir tout d'une haleine 25 ou 30 lieues sur le sol brûlant et pierreux du désert , et , lorsque la course est terminée , il l'oblige d'entrer jusqu'au poitrail dans l'eau ; si le cheval mange d'un bon appétit après cette épreuve , son sang est reconnu des plus généreux. » (*Extrait des* Observations d'un amateur sur les chevaux arabes.)

« C'est à la chasse de la gazelle ou aux attaques de caravanes que les Arabes éprouvent le plus ordinairement la vitesse de leurs chevaux. » (*Journal des haras*, tome Ier, page 262.)

Ainsi , même en Arabie, le berceau de la race mère , le cheval n'est pas accepté pour lui-même, sur sa bonne mine, qu'on nous passe le mot , ni par cela seul qu'il descend d'illustres aïeux. Ces deux faits sont , sans aucun doute, une très-forte présomption en sa faveur ; mais on n'y attache une haute valeur , une importance certaine qu'après qu'ils ont été consacrés par une très-rude épreuve. N'est-ce pas , pour le dire en passant, un argument bien puissant contre ceux qui repoussent le travail de l'hippodrome ? Car ceux-là voudraient trop s'en rapporter à l'examen pur et simple de la forme ; moyen faillible et conduisant d'autant plus sûrement à l'erreur qu'on n'est et ne sera pas souvent d'accord sur les beautés physiques, trop soumises aux caprices de la mode.

M. le duc de Grammont, grand partisan du système des épreuves, n'admet au nombre des chevaux arabes, ainsi que nous l'avons déjà constaté, que les seuls chevaux qui ont été éprouvés en Arabie. Or le fait des épreuves n'a point encore été contesté, que nous sachions.

V.

Indépendamment du Stud-Book, fort bien appelé *general Stud-Book* en Angleterre, chaque haras particulier devrait posséder, ainsi que tous les hippologues l'ont de tout temps recommandé, un registre généalogique et historique pour tous les animaux qu'il produit, élève ou emploie à la reproduction.

Ici ce ne serait plus un simple catalogue, mais une histoire détaillée et complète de chaque individu, suivi et observé dans les différentes phases de son élevage ; ce serait une histoire scientifique de sa vie, considérée chez ses auteurs d'abord, et puis en lui-même par comparaison utile ; ce serait une série d'observations physiologiques qui hâteraient singulièrement les progrès d'une science difficile, celle des accouplements, en éclairant quelques points obscurs et en élargissant toujours le cercle, encore si rétréci, des connaissances nécessaires à tout éducateur de chevaux; ce serait enfin un riche dépôt de renseignements et de faits pratiques dont l'explication aurait lieu en son temps, et qui ferait profiter ceux qui entrent dans la carrière, de l'expérience de ceux qui l'ont parcourue (1).

M. de Cacheleu, dans son *Système rationnel de haras géné-*

(1) Nous espérons bien, dans le cours de ces études, pouvoir intercaler un travail de ce genre concernant les diverses familles de chevaux entretenues au beau haras de Pompadour. C'est le *Livre d'or* de l'établissement que nous nous proposons d'ouvrir et de publier.

ral, est plus exigeant ; il voudrait que chacune de nos races fût bien connue dans son origine, qu'on n'appliquât à sa reproduction améliorée que des animaux éprouvés et d'une filiation parfaitement établie.

« Ce n'est point assez, dit-il, d'avoir reconnu, par des expériences directes et positives, les meilleurs instruments du perfectionnement des races, d'avoir mis leur excellence en renom et de les avoir dévolus obligatoirement à la propagation, il faut aussi penser à constater les origines par titres généalogiques authentiques et tout à fait certains, afin d'éclairer les éleveurs dans les croisements futurs ; car les renseignements détaillés et véridiques sur la conformation et l'aptitude particulières des ancêtres seront toujours, pour les éleveurs, le meilleur moyen qui puisse leur servir à combattre dans la descendance les mauvaises tendances héréditaires.

« Pour atteindre ce but d'une importance évidente, il convient que, aussitôt après la distribution des prix et l'apposition de la marque à feu particulière à chaque circonscription ou à chaque race, on inscrive, sur un registre à ce destiné,

« 1° Le nom, le sexe, l'âge et le signalement très-détaillé de l'animal primé ;

« 2° L'énonciation de son origine et de sa généalogie, mais seulement en tant qu'elles seraient justifiées d'une manière certaine par titres authentiques ;

« 5° Le genre de spécialité usuelle pour lequel la prime aurait été décernée, ainsi que la classe de cette prime, avec mention du degré de vitesse ou de puissance dynamique manifesté par l'animal dans les épreuves du concours ;

« 4° Le résumé précis de ses perfections et imperfections individuelles, d'après l'examen rigoureux, par le jury, de toutes ses parties, considérées d'abord isolément et ensuite dans leurs rapports d'ensemble.

« Copie de cette notice serait remise au propriétaire pour

servir de titre à l'animal primé et le suivre dans quelques mains qu'il vînt à passer par la suite. »

A côté, ou plutôt au-dessus de cette exigence, M. de Cacheleu en place une autre qu'il regarde comme plus essentielle encore; il recommande de fonder le Stud-Book particulier à chaque race, *à chaque haras local* par la filiation, dûment établie, des poulinières.

« Ce sera toujours par les mères, dit-il, et uniquement dans la ligne maternelle, que devront se faire toutes les preuves généalogiques. Cette préférence est fondée sur les motifs suivants : — le premier d'encourager l'emploi à la propagation, non pas seulement des juments primées, mais encore de la plupart des femelles qui en proviendront, et, conséquemment, d'assurer la continuité des essais d'amélioration dans les générations consécutives des mêmes familles en ligne féminine, parce que de ce côté la légitimité présente bien plus de certitude, et aussi parce que dans l'espèce chevaline, dès que la noblesse d'extraction existe chez la mère, il est fort à croire qu'on ne lui aura pas laissé faire défaut du côté du père. Car quel possesseur d'une poulinière vraiment distinguée pourrait être assez malavisé pour lui donner un étalon de mérite inférieur? Mais il est encore une raison non moins forte pour n'exiger les preuves de filiation que dans la ligne féminine seulement; c'est que vouloir astreindre les éleveurs à suivre les généalogies dans toutes les lignes à la fois, dès à présent, ne servirait qu'à les dégoûter d'une étude qui, malgré son utilité réelle, est encore trop étrangère à leurs habitudes pour n'avoir pas besoin de leur être présentée, tout d'abord, réduite au plus essentiel et au moins compliqué possible. »

Ce n'est pas chose si aisée que d'établir les tables généalogiques d'une race, que d'arriver à y faire inscrire annuellement toutes les individualités qui surgissent du fait de la reproduction générale. Les difficultés de ce travail sont telles pour la race pure elle-même, qu'on peut les dire à peu près insurmontables pour les races secondaires ou communes.

En Arabie, comme en Angleterre, la race du pur sang est la seule qui ait son *Stud-Book*, son *Livre d'or*, sa généalogie authentiquement constatée. Encore cette authenticité ne paraît-elle pas à certains hippologues à l'abri de toute critique. Ceux-ci n'ont plus aucune confiance dans les pièces généalogiques qui viennent d'Orient ; ceux-là contestent au cheval de pur sang anglais sa qualité de cheval de pur sang. Qu'adviendrait-il donc de l'arbre généalogique de toutes nos races, s'il était donné de l'établir ?

Toutefois les choses sont déjà fort avancées sous ce rapport. Deux sous-races semblent devoir bientôt sortir de la foule, et produire des preuves à l'appui du degré de noblesse qui les rend précieuses à plus d'un titre. Nous voulons parler du cheval de demi-sang anglo-normand produit dans le Merlerault, et du cheval de demi-sang anglo-navarrin ou bien arabe et navarrin qui s'élève dans la plaine de Tarbes. L'un et l'autre possède en ce moment son nobiliaire — dû — le premier à un amateur du département de l'Orne, très-versé dans cette difficile étude, — le second au palefrenier-chef du dépôt d'étalons de Tarbes, employé laborieux et méritant que nous nous plaisons à encourager à l'achèvement de ce travail utile.

L'étude généalogique de ces deux sous-races était d'autant plus importante à faire que l'une et l'autre sont destinées à fournir de nombreux sujets à la reproduction améliorée d'une très-grande partie de la population chevaline de la France ; elle éclairera l'administration sur les acquisitions d'étalons, et les éleveurs sur les choix auxquels ils doivent s'arrêter pour arriver à un système d'alliances rationnelles entre leurs poulinières les mieux racées et les reproducteurs les plus recommandables.

Terminons cette étude par quelques mots en faveur d'une sous-race très-voisine du pur sang, mais dont les titres de noblesse n'ont jamais été authentiquement reconnus ni en Angleterre ni en France.

Il s'agit de cette famille, peu nombreuse, qui sortit du haras de Deux-Ponts, et qui en avait pris le nom ; en effet, on la désignait également sous l'un ou l'autre de ces deux appellations, — race ducale, — race deux-pontoise.

L'origine de ce dernier démembrement de la race mère ne remonte pas à 90 ans; elle date de la fondation même du haras de Deux-Ponts par le duc Christian.

La race ducale deux-pontoise provient de l'alliance bien combinée de juments de pur sang anglais et d'étalons turcs, barbes et arabes choisis avec soin.

La nouvelle famille, convenablement traitée, acquit bientôt une grande réputation, et se répandit peu à peu dans les principaux haras de la Prusse; elle avait, dit-on, son Stud-Book privé. Depuis ses commencements jusqu'à 1814, la plus grande sollicitude n'avait cessé de l'entourer; aucune mésalliance ne l'avait atteinte dans sa pureté, les chasses à courre révélaient au duc les reproducteurs les plus capables parmi les animaux de sa petite colonie.

Malheureusement, le livre généalogique qui la concernait n'a reçu aucune publicité; il est resté spécial au haras de Deux-Ponts.

A l'époque de la première invasion, les animaux du haras furent dirigés sur Rosières, qui en conserva de précieux échantillons; le plus grand nombre, pourtant, fut dispersé sans profit pour la nouvelle race, sans utilité pour l'amélioration en général. Une moins scrupuleuse attention que par le passé à constater les généalogies laissa quelques lacunes dans les pédigrées. La race ducale, dépaysée et mêlée à d'autres races sans que l'épreuve publique mît le sceau à la conservation de ses qualités, cessa d'être elle-même; elle s'individualisa dans quelques sujets de haute valeur, elle ne fut plus une collection d'êtres se tenant étroitement par des caractères identiques constants.

C'en était fait de son existence : elle s'éteignit peu à peu au point de n'être plus qu'un souvenir.

Ce fut donc en vain qu'on réclama pour elle les honneurs d'une insertion au Stud-Book français, lorsqu'il fut question d'établir le nobiliaire de nos familles de chevaux ; à défaut d'une admission au même titre que les races d'où elle sortait, on avait sollicité pour elle la création d'une catégorie spéciale qui n'aurait compris que les sujets appartenant à la race ducale deux-pontoise.

Cette proposition n'était point acceptable dès qu'on ne pouvait établir l'authenticité des preuves généalogiques ; elle fut donc repoussée, et la race de Deux-Ponts n'eut pas sa place au Stud-Book français.

Elle a si peu de représentants aujourd'hui, que son inscription n'aurait plus aucune importance quant à l'amélioration des races : nul n'y songe plus en ce moment ; mais elle avait eu ses partisans et ses défenseurs.

LE PUR SANG ANGLAIS ET LE PUR SANG ARABE.

—

Sommaire.

I. Parallèle entre le cheval de pur sang arabe et le cheval de pur sang anglais. — II. Les courses sont le *criterium* de la force et de la puissance ; — elles révèlent les athlètes de la race ; — elles assurent cette dernière contre l'altération des qualités inhérentes au type le plus élevé de l'espèce.

I.

Nous avons établi en principe que le sang varie dans sa nature quant à la proportion de ses éléments et quant aux qualités particulières qu'il tient de cette proportion même.

Nous avons reconnu que dans l'espèce chevaline il atteint son plus haut degré de supériorité et de richesse sous certaines influences climatériques et dans certaines conditions résultant des soins judicieux que l'homme peut donner à la culture des différentes races du cheval.

Nous avons étudié, au point de vue de la physiologie comparée, les propriétés physiques et vitales de ce liquide dans les veines du cheval type ou de pur sang — et dans celles du cheval dégénéré.

Nous avons déterminé quels chevaux devaient être qualifiés du nom de pur sang, et nous avons trouvé comme généralement admise l'opinion que le pur sang est le seul agent efficace de l'amélioration et du perfectionnement des races.

Mais le pur sang coule dans les veines de deux principales familles ou sous-races de chevaux très-distinctes entre elles, si distinctes même extérieurement, que les hippologues et les amateurs les considèrent comme des races différentes , — celle de pur sang anglais — et celle de pur sang oriental.

Cette distinction établit une grande divergence d'opinions quant au choix des sujets améliorateurs pour les races altérées, inférieures. — Ceux-ci veulent le cheval anglais, à l'exclusion de tout autre ; — le cheval arabe est de beaucoup préféré par ceux-là ; — d'aucuns repoussent complétement et systématiquement le pur sang anglais ; — certains autres l'admettent en concours relatif avec le pur sang d'Arabie à la régénération des races déchues.

Ici donc il y a dissidence , et voici la question du pur sang posée entre les partisans fanatiques du pur sang anglais et ceux qui n'en veulent pas reconnaître sans réserve ou la valeur plus grande ou la supériorité exclusive et absolue.

Souvent la controverse a été vive et animée. De part et d'autre on a parlé le langage de la passion, et ce grand procès, également instruit en Angleterre, en Allemagne et en France, est en quelque sorte encore pendant devant les hommes compétents. On dirait d'un tribunal qui a remis , indéfiniment ajourné le prononcé du jugement dans une grave et sérieuse affaire. Nous remplirons un rôle qui a son utilité en présentant le résumé impartial des débats ; chacun appréciera et jugera.

Le pur sang anglais et le pur sang arabe sont tour à tour — le métal massif et l'ouvrage plaqué ; — l'ombre après laquelle on court, au lieu d'aller droit à l'objet pour le saisir ; — le cheval pur et le cheval dégénéré ; — le cheval stationnaire et le cheval perfectionné. — L'arabe, c'est encore le mélange indigeste du moine d'Erfurth, dont personne, à coup sûr, ne voudrait plus charger ses armes aujourd'hui ; — mais l'anglais ne lui est pas plus supérieur que les essais informes de Guttemberg ne le sont aux éditions de luxe de la typographie moderne. — L'arabe, c'est le cheval d'autrefois, un animal antédiluvien dont tout le monde parle et que personne de ce monde n'a pu voir : c'est un être fantastique et imaginaire, un Lilliputien incapable; — mais l'anglais ne vaut pas même la litière de l'écurie! c'est un invalide : il tousse, il boite, il est panard, étroit, serré, arqué, taré par tous les bouts; on ne le sort ni quand il pleut, ni quand il neige, ni lorsqu'il vente : quand donc? On l'enveloppe de flanelle de la tête aux pieds; en hiver il mange des pâtes pectorales, dans la belle saison il va aux eaux et prend des bains de mer; c'est un cheval factice, une existence qui ne se soutient que dans des conditions exceptionnelles et onéreuses. — L'arabe est petit : c'est la monture de l'habitant du désert, et non le cheval des peuples civilisés; — l'anglais, lui, est grand et haut perché : c'est un échassier long et étripé, une ficelle qui ne va que lorsqu'on la tire et qui casse vite lorsqu'on la tire un peu trop fort. — L'arabe appartient à une race douteuse, — l'anglais à une race maudite...

Telles sont les gentillesses réciproques que s'envoient les antagonistes des deux races, comme on les nomme, sans se douter qu'une semblable dispute nuit essentiellement à l'application même du principe du pur sang, que tous néanmoins reconnaissent et proclament. Dans ces hideux portraits qu'ils tracent du cheval noble, ils n'en montrent que la caricature mal faite, ils n'en exposent qu'une charge ridicule. Est-ce que toute société n'a pas ses plaies et ses misères? Quelle population ne peut être vue, étudiée que dans les perfections de son type? Tout classement présente un premier et un dernier échelon, un cône offre toujours une base et un sommet.

Nous connaissons maintenant les chevaux des deux familles. Quand des amis maladroits s'étaient chargés de les faire représenter du mauvais côté et d'exagérer le tableau des défectuosités qui peuvent les atteindre, il était bon d'esquisser celui des perfections de la race. Nous l'avons fait précédemment.

Le point de départ de toute cette polémique est vicieux ; c'est qu'il ne s'appuie pas sur des assises solides, sur l'observation et l'expérience. Toute cette discussion est établie sur la pointe d'une aiguille, comment en sortirait-il quelque chose de plein et de large comme une vérité fondamentale, comme un principe? Elle a voulu proclamer un fait évidemment erroné, et la pratique ne l'a jamais sanctionné. Elle a dit : Le sang est tout ; seul il suffit pour améliorer ; versez, versez abondamment le sang sur toutes les races : il est la source unique de toute régénération, de tout progrès ; tel quel, s'il est de pur sang, un reproducteur donnera toujours et incontestablement meilleur qu'un étalon non tracé. Dans vos choix n'ayez donc aucune autre considération que celle du sang ; qui peut le plus peut le moins : le sang tient lieu de tout, puisqu'il résume toutes les qualités innées du cheval. Et ce système fut porté à un tel degré d'exagération et d'absolutisme, qu'il fit abandonner et oublier toutes les règles de la production animale et qu'on lui soumit toutes les modifications de la formation des êtres. Ces idées avaient pénétré si avant, que l'ancien archevêque de Malines, l'abbé de Pradt, les résumait ainsi : On peut commander un cheval à un éducateur intelligent comme on commande un habit à un tailleur, et il doit se charger de le fournir à une époque donnée, — de la robe, de la taille, de l'encolure et du caractère qui auront été désignés. — L'abbé de Pradt s'est trompé ; les termes du problème ne sont pas si simples : il ne pouvait en obtenir la solution, et il a échoué comme ont échoué tous les partisans absolus et exclusifs du pur sang.

Voilà pour le principe en général, qui a peu souffert, et n'en est pas moins resté entier, parce qu'il est vrai. Et en effet, toutes les opinions veulent encore du pur sang comme

source de régénération et de puissance ; nous verrons plus
tard comment il faut en user dans l'application.

Mais tandis que les adorateurs exclusifs du cheval anglais,
le seul qu'ils qualifient de pur sang, l'offraient à tous sans
distinction, comme le remède universel à tous les maux
dont les différentes races équestres se trouvaient atteintes et
convaincues, une autre panacée non moins infaillible était
présentée en concours du grand principe, — les courses,
—non plus comme institution utile, jeune et vivace, comme
moyen d'épreuves raisonné, donnant la mesure de la vitesse
unie à la force et à la résistance, c'est-à-dire au fonds, mais
comme institution usée, vieille et décrépite, telle que l'ont
faite la passion effrénée du jeu et la fureur des paris, et ne
servant plus à constater qu'une seule qualité, — la vitesse.

Pour ceux-là, le cheval le plus propre à la reproduction
(car il ne faut pas dire le plus apte à l'amélioration), c'est
le cheval le plus vite. Dès lors l'hippodrome empiéta sur les
lois de la nature, la conformation vigoureuse et athlétique
des chevaux d'autrefois diminua peu à peu, la force et la
durée devinrent des qualités secondaires et exceptionnelles,
tandis que la légèreté et la vitesse furent considérées comme
plus essentielles et même comme l'unique but auquel dût
tendre la reproduction. Les distances furent raccourcies et
les poids allégés. La symétrie et la régularité des formes,
l'ampleur, la netteté des os, la force des tendons importèrent peu ; tout enfin fut subordonné à une seule faculté, —
la vitesse, — le plus haut degré de vélocité possible.

Ainsi poursuivie, exaltée, cette qualité modifia beaucoup
l'organisme du cheval. Elle en changea la structure, cela est
incontestable, mais elle n'atteignit pas le principe même de
l'organisation ; elle n'a rien pu lui ôter de sa condition primitive, essentielle, elle n'a point fait dégénérer le cheval
dans son sang, elle a seulement développé en lui une aptitude spéciale plus grande, acquise au détriment d'autres
facultés tout aussi précieuses chacune en particulier que

IV.   12

celle-ci, mais dont la réunion est nécessaire pour constituer la perfection, c'est-à-dire la plénitude de capacité et de pouvoir chez le cheval de noble race.

C'est ainsi que le coursier du désert, naturalisé anglais, devint plus rapide que l'arabe lui-même pour de courtes distances, et que le cheval de pur sang anglais eut sur lui l'avantage dans les courses à l'anglaise.

Battu sur l'hippodrome par le cheval anglais, l'arabe fut déclaré inférieur à ses fils. On considéra ceux-ci comme ayant été perfectionnés à la faveur de soins intelligents et soutenus.

Ce n'est là, toutefois, qu'un perfectionnement partiel ; car, en ne poursuivant qu'un seul ordre de facultés à l'exclusion de toutes les autres, celles-ci, ainsi négligées dans l'acte reproducteur, paraissent s'être amoindries, avoir perdu de leur puissance en raison même du développement plus considérable de la qualité uniquement recherchée et poursuivie dans une longue série de générations successives, et toujours obtenue plus grande d'âge en âge jusqu'à développement complet. Sous d'autres rapports donc il y aurait une véritable dégénération, puisque d'autres facultés auraient perdu de leur force, puisque l'on observerait un affaiblissement réel dans les conditions de vigueur et d'énergie durable que peuvent seules donner ensemble une conformation harmonieuse, une organisation bien prise, riche dans toutes ses parties et fortement accentuée.

Cela suffit à rendre compte de la manière différente dont se trouve établie l'opinion sur les deux familles de pur sang, eu égard aux individualités qui les représentent en Europe et en Orient.

En Orient le cheval est d'une naissance d'autant plus illustre (on nous passera le mot) que sa noblesse est plus ancienne, qu'il compte dans sa famille un plus grand nombre de générations, ce qui fait dire à l'Arabe, lorsqu'il con-

state la naissance d'un poulain, que ce dernier est plus noble
que son père et que sa mère.

En Europe on a abandonné l'expression *noblesse*, et le
cheval le plus *perfectionné* est toujours celui qui a couru le
plus vite et donné le plus grand nombre de vainqueurs sur
l'hippodrome.

En Orient donc, la pureté de la race est principalement
fondée sur son ancienneté et sa constance; en Europe, ou
tout au moins en Angleterre, son plus haut mérite consiste
à obtenir un nouveau degré de perfectionnement de la faculté à laquelle on s'attache avant tout et dont on poursuit
le développement à peu près exclusif, l'exagération même.

En Orient le but important est la conservation des qualités primitives dont on cherche toujours à constater l'existence, le non-affaiblissement. En Europe c'est un perfectionnement toujours nouveau, toujours plus grand que l'on
poursuit, sinon à l'exclusion raisonnée de toutes les autres
perfections, du moins en les négligeant beaucoup, et
souvent même en les oubliant à peu près complétement,
puisque nombre d'amateurs en font véritablement trop bon
marché.

Cette opinion n'est pas nouvelle, elle repose sur une théorie déjà bien vieille; elle paraît, d'ailleurs, bien fondée, et
l'observation la consacre encore tous les jours.

« On ne permettait pas aux jeunes Grecs bien élevés de
« dépasser certaines limites dans les exercices de gymnasti-
« que, parce qu'on craignait que cela ne nuisît au dévelop-
« pement de leurs formes et à leur croissance. On pensait
« que le corps de l'homme ne pouvait être développé que
« jusqu'à un certain degré, et que, ce degré atteint, il de-
« vait perdre d'un côté ce qu'il gagnait de l'autre.

« L'équilibre des forces générales est détruit dès que la
« force de l'une des parties est développée de préférence,
« et cette force dégénère en faiblesse, car elle n'a été pro-
« duite qu'artificiellement. Notre propre expérience nous a

« démontré la justesse de ces observations, et nous en con-
« cluons que l'institution des courses ne doit pas diriger,
« mais seulement accompagner l'élève générale du che-
« val (1).....

Quoi qu'il en soit, on comprend comment, avec cette
nouvelle direction imprimée aux idées, le cheval de pur
sang, grandi et modifié en Angleterre par un système de
reproduction et d'élevage à part, dut prendre faveur et se
substituer peu à peu, en Angleterre même, au cheval d'O-
rient qui lui avait donné naissance. Un argument de valeur
dont le nouveau cheval anglais eut tout le bénéfice, c'est
l'amélioration vraie, considérable de la majeure partie des
chevaux indigènes à la Grande-Bretagne. Le pur sang anglais,
c'est-à-dire l'*arabe perfectionné*, en eut tous les honneurs,
comme s'il n'y avait pas justice à l'attribuer, en partie du
moins, au cheval père dont la puissance avait transformé en
bonnes races cette tourbe de mauvais chevaux tombés au
plus bas degré de l'échelle. Dans le même temps, quelques
chevaux médiocres venus d'Orient ayant eu peu de succès et
do vogue, la question fut vite tranchée.

Le cheval d'Orient, on le déclara, était resté stationnaire,
si même il n'avait pas dégénéré; — le cheval de pur sang
anglais, au contraire, avait été perfectionné. Le premier ne
répondait plus aux besoins de l'époque, — et le second satisfaisait à toutes les exigences d'une civilisation avancée.

La conclusion était facile à déduire : — le cheval arabe
devait être partout abandonné; — le cheval anglais devait
être partout adopté.

L'application de cette pensée toute systématique devint
assez générale, mais pourtant pas complétement absolue. En
France et en Allemagne surtout le cheval d'Orient eut encore quelque faveur et quelque succès. De rares représen-

(1) *Institutions hippiques*, 1ᵉʳ vol. : *Encore un mot sur l'élève du
cheval*, par M. de Burgsdorf.

tants, conservés avec art, bien placés et judicieusement uti-
lisés, fournirent la preuve irrécusable que le sang arabe
n'avait rien perdu de sa valeur primitive, de sa puissante
chaleur, de sa supériorité sur le cheval affaibli et refroidi de
la vieille Europe; mais je parle ici du sang noble et pur d'A-
rabie, non de celui qui coule dans les veines de tout cheval
quelconque extrait de l'Orient.

Partout, en effet, l'expérience a démontré que le bon
cheval arabe, bien choisi, allié suivant les règles bien entendues de l'union des sexes, produisait avec autant de force
et d'avantage qu'autrefois, en tant qu'on n'exigeait pas de
ses fils plus qu'on n'en avait exigé autrefois. Mais il ne donne
pas de premier jet, à la première génération, des coureurs,
je n'ose plus dire des coursiers, aussi rapides que le cheval
anglais, dont toute la structure a été graduellement modifiée en vue de cette aptitude particulière, — la vitesse, — en
vue de la spécialité de l'hippodrome.

Le cheval d'Orient est le noble *coursier* du désert, et cette
expression peint très-bien sa belle nature, toute la richesse
de ses formes, toute la solidité de son organisation puissante
et robuste, la plénitude de toutes les perfections réunies.—
En Europe nous en avons fait un *coureur* rapide, courageux,
brillant, susceptible de dépenser en quelques minutes une
prodigieuse quantité d'énergie, de force et d'innervation,
accumulées en lui par des soins et un régime particulier
longtemps continués; nous en avons fait un animal exceptionnel tirant toute sa puissance d'un perfectionnement partiel trop souvent acquis aux dépens de la perfection des formes, et de l'exagération d'une seule faculté primant les autres de tous les degrés dont elle a été accrue, détruisant ainsi
l'équilibre entre les forces générales de l'économie.

Une conséquence forcée de ce défaut de répartition égale
des forces, c'est un affaiblissement relatif des autres parties,
qui, ne pouvant suivre ou résister, cèdent par fatigue ou par
faiblesse. De là des défectuosités de formes, des vices de

structure, des tares, un appauvrissement réel de ce que l'on appelle les qualités physiques, sans atteinte pourtant des qualités morales, demeurées intactes, toujours pleines et entières (1). Telle est la source des deux opinions.

Pour ceux qui veulent des coureurs, des chevaux pour l'hippodrome, oh! le cheval anglais est le type de la perfection, le principe de toute amélioration, et ceux-là veulent le voir appliquer à la restauration de toutes les races inférieures sans distinction aucune.

Pour ceux, au contraire, qui ne s'attachent pas à la pour-

---

(1) Ce n'est point un fait insolite, particulier au cheval, que cet affaiblissement relatif de certains mérites lorsqu'une faculté est appelée à dominer les autres. On le retrouve dans toute l'échelle de la création et pour les différents ordres de qualités réparties à chaque espèce. Toutes, en effet, jouissent d'une somme d'avantages déterminée et qui ne semble pas pouvoir être augmentée. La nature a suffisamment doté chaque partie de l'organisation ; elle a donné à chaque appareil des forces proportionnées à leur importance. Mais l'homme paraît puissant à modifier cet arrangement primitif, cette disposition première, cette répartition égale et judicieuse ; il semble qu'il puisse à son gré, sans rien ajouter à la masse générale, priver quelques parties au profit de certaines autres, développer et enrichir certains appareils aux dépens de plusieurs organes, affaiblir ceux-ci et faire prédominer ceux-là. Il en résulte que, sans augmentation des forces, sans diminution dans la somme de puissance propre à chaque espèce, propre à une race donnée ou même à un individu, on obtient des aptitudes nouvelles, des spécialités de services dont le germe réside à coup sûr dans l'économie, mais qui ne sont à l'état de haute valeur et d'utilité vraie que dans certaines dispositions particulières et spéciales qui entraînent d'autres arrangements dans la forme et une répartition nouvelle des forces ; il en résulte encore que certaines qualités ne peuvent être développées que par l'exagération même des changements successifs apportés par voie d'hérédité dans l'ordre normal des facultés.

Là donc serait le secret de la création des races nouvelles, le secret du développement de certaines aptitudes et de ces perfectionnements partiels qui les rendent si utiles et si précieuses pour des emplois spéciaux, si difficiles aussi à maintenir à leur hauteur quand on a pu les amener au plus haut point d'exaltation qu'il soit permis d'atteindre.

suite d'une qualité unique chez le cheval; pour ceux qui,
avec le sang, estiment aussi la symétrie, l'harmonie de
toutes les parties, c'est-à-dire les conditions diverses qui
rendent le cheval véritablement supérieur; pour ceux qui,
dans l'application du principe de la science, tiennent compte
des lois de la nature, le cheval anglais tel quel, rapide autant qu'on le puisse imaginer, mais défectueux dans quelques-unes de ses régions, ne sera pas le cheval père, l'étalon de choix pour la reproduction et l'anoblissement des
races. Ces derniers repoussent avec le même soin, avec la
même ardeur, avec le même absolutisme le cheval d'Orient,
fût-il du sang le plus pur, s'il ne possède pas, d'ailleurs, les
qualités exigées chez un bon reproducteur, si quelque tare
essentielle le déshonore.

Et en cela ils se montrent logiques; en cela ils imitent la
manière dont procèdent les Arabes, nos meilleurs maîtres,
si l'on en juge par les étalons de valeur qui leur ont été empruntés, et par le petit nombre de poulinières qu'on a pu
leur enlever. Est-ce que la pureté, la netteté de toutes les
parties, chez le cheval arabe, ne sont pas tout d'abord le fait
le plus saillant qui se révèle au premier coup d'œil? Et cette
netteté si grande n'est-elle pas la meilleure preuve des soins
apportés au rejet de tout producteur souillé de la plus petite
tache, entaché de la moindre tare héréditaire?

C'est que les Arabes, comme les plus chauds partisans de
leur cheval, font plus que défendre un système et soutenir
un parti. Ils sont pour l'observation et puisent les bonnes
méthodes dans l'étude des faits généraux et dans la révélation
des secrets de la nature. Ils savent que ce n'est pas seulement
la vitesse et la vigueur qui se transmettent de père en fils,
ils savent que la loi d'hérédité ne comprend pas seulement
ce qu'on est convenu d'appeler les facultés ou les qualités
physiques et morales, mais tout ce qui constitue l'organisation soit extérieure, soit intérieure, jusque dans ses moindres détails, jusque dans sa dernière molécule.

Beaucoup ont cherché à distinguer et à faire apprécier les influences réciproques des reproducteurs dans l'acte de la génération, et surtout les transmissions héréditaires tant physiologiques que pathologiques; mais n'eût-il pas été plus rationnel de se poser cette question : Quelle transmission peut être empêchée, éteinte? — Aucune à forces égales, — toutes à forces supérieures, — telle aurait été la conclusion après une étude approfondie; car, ainsi que nous l'avons répété après Baer et le docteur Heine, « la procréation des êtres n'est que la continuation de la croissance de l'organisme des ascendants; » c'est une vie nouvelle qui résulte à la fois de la fusion des existences antérieures et de la combinaison plus ou moins heureuse des éléments dont se composaient ces existences.

Le beau et le bon, le médiocre et le défectueux sont donc également transmissibles par voie de génération; il n'y a pas une molécule dans l'organisation qui ne puisse passer des père et mère aux produits... Eh bien! déjà nous l'avons fait remarquer, les vices de formes, les défectuosités même légères, tout aussi bien que les tares les plus nuisibles, se répètent avec une force désespérante, s'ils ne sont pas incessamment attaqués et combattus; ils forment obstacle, — un obstacle puissant et permanent, — au développement ou à la conservation des qualités les plus élevées.

C'est donc la perfection qu'il faut poursuivre sans relâche. Or quelle en est la source? — Le pur sang, puisqu'il tend toujours à repousser l'avilissement, à corriger ce qui est mauvais, à donner au beau une prédominance marquée, à mettre en saillie tout ce qui est bon, tout ce qui est fort..... En ce cas, c'est dire qu'il faut le prendre partout où on le trouve, qu'il faut l'utiliser chez tous les individus qui le portent ainsi doté, riche de toute sa puissance et de toute sa chaleur, fort de toutes les perfections dont il conserve le germe vivace, indestructible; c'est dire aussi qu'on ne le prend pas comme un être de raison, mais bien comme re-

présentant toutes les conditions d'une organision solide et
non souillée.

Telle est notre opinion quant à l'application du pur sang
à la régénération des races, à leur appropriation aux services
divers. — Donc, qu'il vienne d'Orient ou d'Europe, nous
l'acceptons, sauf examen de l'enveloppe qui le renferme et
sauf emploi judicieux et rationnel. Nous l'appliquons avec
mesure, les yeux ouverts et l'esprit tendu, en suivant,
d'ailleurs, les règles que prescrit la science, les principes
qu'enseignent les faits et que l'expérience éclaire de son
flambeau.

II.

L'immense querelle touchant la préférence à donner au
sang arabe sur le sang anglais, ou bien à ce dernier sur l'autre, a son plus fort point d'appui dans la question des
courses. On ne saurait disconvenir que la grande bataille ait
été principalement livrée sur ce terrain. Nous pouvons nous
en occuper sans pour cela entamer un sujet qui doit être
traité à part et avec toute l'importance qu'il comporte.

C'est à l'entraînement, aux exercices violents de la
course que les ennemis du sang anglais attribuent les vices
de formes, les défectuosités, les tares, l'impuissance, l'état
de décadence reprochés au cheval de pur sang né et élevé
en Angleterre. C'est à l'entraînement, au travail préparatoire des courses, au système d'épreuves, en un mot, que
les partisans exclusifs du pur sang anglais croient devoir la
conservation pleine et entière des qualités physiques et morales que le cheval anglais tient de ses auteurs, des sujets
des races orientales d'où il est sorti..... Qui donc a tort, qui
a raison?

Ceux-là ont tort qui regardent les courses comme le but
même de l'amélioration des races, au lieu de ne voir en
elles qu'un moyen d'arriver à ce but; — ceux-là ont raison
qui, avant d'employer un reproducteur, exigent qu'il ait fourni

ses preuves et montré dans des luttes répétées qu'il n'a rien perdu du feu sacré, de cette animation puissante et capable, partage exclusif du petit nombre des privilégiés.

Ceux-là ont tort qui admettent ou rejettent arbitrairement et capricieusement, à la reproduction, des animaux éprouvés ou non éprouvés, par cela seul qu'ils appartiennent à telle ou telle race, qu'ils sont d'une famille plutôt que d'une autre ; — ceux-là ont raison qui ajoutent à ces données essentielles et veulent encore, avant de fixer leur choix, s'assurer que la nature ne s'est point arrêtée à une simple ébauche, qu'elle a été prodigue au contraire, qu'elle a richement et puissamment doté, qu'elle n'a pas oublié ou placé une tare, par exemple, à côté d'une beauté de premier ordre, qu'elle a enfin complété et parfait son œuvre à tous égards ; — sont trop faciles ceux qui agissent avec moins de prudence et qui ne voient pas les choses sous leurs différents aspects.

Ceux-là ont tort qui contestent l'utilité des courses et qui arguent contre leur institution de ce que beaucoup de chevaux tarés gagnent des prix contre d'autres chevaux à conformation régulière et belle, de beaucoup supérieurs à cause de cela, disent-ils ; — mais ceux-là sont dans le vrai qui raisonnent ainsi : Non, le cheval vaincu n'est pas mieux doté que le vainqueur ; il faut bien qu'en dehors de la conformation il y ait chez ce cheval défectueux quelque chose d'occulte et d'insaisissable aux sens extérieurs et qui le recommande, puisque, malgré ces taches apparentes qui lui ôtent beaucoup de sa valeur et qui entravent beaucoup de ses moyens, il a pu battre néanmoins cet autre dont l'organisation extérieure robuste, dont la structure irréprochable à la surface promettaient plus de force et de puissance, une supériorité incontestable. Ce quelque chose, indépendant de la forme, manque donc à cette conformation régulière, à cet ensemble de *beau garçon*, puisque son infériorité est réelle ; sa défaite est une victoire pour le principe et justifie ceux qui n'entendent point y faillir.

Voilà bien démontrée la nécessité d'un système d'épreuves. Au plus vaillant la palme !..... Qui donc la lui refuserait? Ne l'a-t-il pas loyalement gagnée ? Cependant ni au vainqueur ni au vaincu le bénéfice de la reproduction, l'honneur de concourir à la conservation de la race. Si le premier n'est pas net, si le second est incomplet, l'un et l'autre ils la feraient déchoir : celui-ci en la souillant, en lui imprimant une tare nuisible et longtemps réfractaire peut-être ; celui-là en éteignant en elle la force et la puissance, les perfections qui la signalent. A d'autres alors le soin et le mérite de cette reproduction.

Mais tout n'est pas dit après une épreuve ; c'est dans une suite de combats que le plus fort se révèle, et, lorsqu'on le juge en dernier ressort, c'est en le comparant aux athlètes de l'espèce, en récapitulant toutes les circonstances dans lesquelles il s'est trouvé placé, en le faisant poser diversement et en discutant ses mérites. C'est donc un sérieux examen, une étude approfondie auxquels il est soumis avant d'être déclaré cheval de tête, avant de monter au plus haut pas de l'échelle, avant d'être le premier entre tous, — *primus inter pares.*

Ceux-là ont également tort qui, sans examen préalable, ne voient aucune différence entre deux chevaux arrivés très-près l'un de l'autre, ou qui, accordant toute valeur et toute supériorité au premier, n'ont aucune estime pour le second. — Le vainqueur a-t-il fait tous ses efforts? Le vaincu a-t-il été puissant, énergique? Le premier n'a-t-il jamais été battu? Le second a-t-il quelquefois remporté la victoire?..... Encore un coup, on ne peut pas conclure d'une seule épreuve: les courses et l'hippodrome n'apprennent rien à qui ne veut ou ne peut rien apprendre ; mais ils sont d'un immense secours à qui en possède la clef, à qui sait observer et lire dans les faits les plus vulgaires. Il n'est pas vrai que les

courses mettent l'ignorance au niveau du savoir; il y a
quelque chose encore à déoouvrir par l'intelligence après la
constatation authentique d'un fait aussi matériel que celui
de la déclaration du vainqueur dans une lutte publique.

Ceux-là ont tort qui condamnent systématiquement l'institution des courses par la raison toute spécieuse qu'elle est
grosse d'inconvénients et de ruine pour les chevaux, grosse
d'abus, voire de friponneries par ceux qui en usent comme
d'un jeu. Ceux-là ont raison qui, nonobstant cela et même
précisément à cause des excès qu'elle entraîne, y voient un
moyen toujours efficace de connaître les meilleurs chevaux,
et de pouvoir ainsi les employer avec certitude, et préférablement à tous, à la conservation pleine et entière de la race
pure. Ils peuvent déplorer que, parmi les meilleurs, beaucoup soient sacrifiés à l'ignorance, à la cupidité, à la passion du jeu, qui ne connaît pas de bornes ; mais ils n'en
tiennent pas moins ceux qui résistent pour bons et vaillants.

Ceux-là ont tort qui, pour repousser d'une manière absolue le cheval anglais de pur sang, n'ont que du mal à dire
de sa race, de sa conformation, et des méthodes d'éducation
et d'élevage auxquelles il est soumis;—ceux-là ont tort qui,
ne voulant pas du cheval arabe comme reproducteur, en font
des portraits qui offensent la vérité et témoignent peu de
respect pour les faits les mieux acquis à la question. — J'ai
plus de confiance en ceux qui ne s'attachent, par esprit de
système, à aucun parti, trouvent bon ce qui est bon, jugent
froidement, sainement, sans prévention, et prennent le
cheval de valeur partout où ils le rencontrent.

Ceux-là ont tort qui prétendent améliorer le cheval anglais
avec le cheval arabe, et qui, loin de recommander son emploi, voudraient le refondre, le réchauffer, le retremper
dans le sang du cheval primitif, du cheval arabe. — Ceux-là
ont raison, au contraire, qui soutiennent que les Anglais
peuvent conserver, sans recourir aux types originels, toutes
les qualités qu'ils ont su fixer dans leur race de pur sang;

ils constatent un fait vrai lorsqu'ils nient que la race se détériore, qu'elle perd à chaque génération nouvelle de la chaleur du sang primitif, et qu'elle ne saurait se soutenir plus longtemps, si on ne la renouvelle au contact salutaire du sang d'Orient. En effet, il n'y a rien à répondre à ceci : le cheval n'est pas le seul être de la création que les migrations aient déplacé, aient fait venir des pays chauds dans nos climats ; il n'est pas le seul être qui ait reçu de la main de l'homme des perfectionnements utiles, précieux à perpétuer..... : d'où vient donc que seul il ne pourrait se maintenir à ce degré de perfectionnement acquis, quand tous les êtres organisés, ainsi modifiés, se soutiennent à leur hauteur sans retour nécessaire aux types originels? L'espèce du cheval est dans la loi commune, elle ne fait point exception. « Nous n'allons pas redemander au Bengale, au Japon, au « Mexique le type du rosier, du camélia, du dahlia, dont « les soins de l'homme ont su tirer chez nous tant de variétés plus belles que les types. La pomme de terre est aujourd'hui entre les mains de nos cultivateurs, infiniment « supérieure à ce qu'elle était au moment de son introduc- « tion et à ce qu'elle est encore dans les Andes du Pérou. « Nos céréales, nos légumes et nos fruits les plus succulents, « qui sont presque tous originaires des contrées orientales, « ont-ils besoin qu'on ait recours aux types primitifs pour « que les espèces se perpétuent avec tous les perfectionne- « ments qu'ils tiennent d'une culture intelligente et soi- « gneuse (1)? » Non, rien de plus juste, si l'on ajoute un mot, un seul : les perfectionnements divers conquis par l'art et par des soins judicieux ne se maintiennent qu'à l'aide des moyens qui les ont produits. Que l'homme cesse d'agir, tout s'altère et s'efface.

L'institution des courses, on ne saurait le nier, a amené la race anglaise au point de valeur, au degré de puissance

(1) Math. de Dombasle, *De la production des chevaux*, etc.

qui en ont fait la première race du monde, eu égard à son
utilité propre; que cette institution tombe, la race est éteinte. Est-ce à dire que l'hippodrome produit tout le bien imaginable, ou qu'il ne fait pas beaucoup du mal qu'on lui attribue? Non, certes; mais il est hors de doute, surtout en l'é-
tat actuel des choses, que, sans le système des épreuves, sans
un *criterium* quelconque de la force et de la puissance, la
race anglaise de pur sang perdrait en quelques générations
tout le bénéfice des efforts séculaires qui l'ont solidement
édifiée. Abandonnées à elles-mêmes, que deviendraient aujourd'hui ces riches variétés de fleurs que tout le monde admire sans se rendre aucun compte des soins qu'elles ont
coûtés, de la somme d'intelligence dépensée pour les obtenir, de toutes les pertes qu'elles ont occasionnées, de tous
les mécomptes et de tous les avortements?... Et de même
de ces légumes succulents, de ces fruits savoureux et déli-
cats, de toutes les plantes utiles et précieuses qui font notre
richesse et satisfont nos besoins. Comment procèdent donc
les Arabes pour conserver toujours intacte et haute en valeur
la race de chevaux qui a donné naissance à toutes les autres,
aux plus fortes comme aux plus faibles? Ce n'est pas en l'a-
bandonnant à elle-même, mais en imitant les procédés de la
nature, qui, toujours sage et prévoyante, n'admet à la reproduction que les athlètes dans chaque espèce. La saison des
amours est le signal de combats acharnés parmi les préten-
dants divers; au plus valeureux la palme! — Et l'espèce est
toujours ainsi assurée contre la déchéance. Nous l'avons déjà dit, les familles nobles de chevaux, en Orient, sont pré-
servées de toute mésalliance par les soins que l'Arabe met à
n'employer à la reproduction que des animaux fortement
éprouvés et sortis sans atteinte aucune des différentes épreuves
auxquelles ils sont soumis.. Par quel mode remplacer en Europe le système adopté?... Que ceux qui ne veulent pas des
courses à l'anglaise imaginent mieux et introduisent les ré-
formes que tous les vœux appellent, mais que jusque-là ils

cessent de les rejeter systématiquement ; car il n'y a point
de conservation possible de la race sans choix éclairé, judicieux des reproducteurs, et nul ne sait assez pour faire un
choix judicieux sans un système d'épreuves révélant à l'œil
les secrets que la nature a voulu tenir cachés. Est-ce que
ce n'est pas l'absence de moyens propres à constater la valeur des animaux d'élite, — les seuls qui doivent et puissent
être employés avec avantage à perpétuer les espèces, — qui
a donné naissance à ce système étrange de croisement entre
elles de toutes les races de la terre, système inventé par Buffon, qui sentait la nécessité d'allier toutes les beautés et
toutes les perfections, mais qui, n'imaginant pas les moyens
de les découvrir dans les races supérieures, les chercha dans
toutes, préconisa leur rapprochement, et recommanda leur
mélange incessant, c'est-à-dire leur confusion toujours renouvelée. Ce principe n'intéressait que la forme ; il attachait
une importance exclusive aux qualités physiques, il ne re-
connaissait que les perfections extérieures puisqu'il n'étu-
diait que l'enveloppe ; il fondait une beauté de convention
que rien ne justifiait et dont l'expérience a fait justice beaucoup trop tard (1).

Il faut conclure. Sans épreuves, point de connaissances
précises, réelles, fondées ; point de choix certain, par conséquent, pour la reproduction ; dès lors, aucune chance de

---

(1) « L'accouplement d'un cheval de sang mêlé avec un autre
« cheval de sang mêlé était une coutume française dont il faut surtout
« attribuer l'introduction et les progrès au comte de Buffon, mais que
« nous autres anglomanes repoussons par la seule raison que toutes nos
« anciennes races de chevaux danois, mecklembourgeois, lithuaniens,
« polonais et hongrois n'ont été perdues que par suite de cette méthode.
« Nous savons aussi, instruits par l'observation et les essais avec des
« coqs, des chiens, des brebis et des bêtes à cornes, que, sans la con-
« servation du pur sang, on perd bientôt les avantages de l'accouple-
« ment et des croisements ; nous avons donc raison d'y tenir dans nos
« haras. »   (M. de Bailly, *Institutions hippiques*, t. Ier, p. 122.)

conserver à une race sa valeur, les qualités qui lui sont propres... La dégénération prompte et complète est au bout de ce système, qui ne produit pas un bon cheval. Avec les courses au moins il en reste quelques-uns, et ceux-là suffisent à perpétuer les hautes facultés inhérentes au cheval noble, au cheval de pur sang, au régénérateur précieux qui a pouvoir et mission de tout améliorer au-dessous de lui.

La plus grande perfection possible est nécessaire, rigoureusement indispensable chez les reproducteurs, lorsqu'il s'agit de la conservation d'une race mère, quand il s'agit de combattre toute tendance à l'altération du type; mais y a-t-il le même fondement à n'employer à la reproduction que des sujets parfaits lorsqu'il est simplement question d'améliorer une race inférieure? Non, car il y aurait une impossibilité absolue; non, car nul ne trouverait dans un tel ordre et en suffisance tous les étalons nécessaires. — Autre chose est, en effet, de travailler à l'amélioration d'une race, autre chose de porter tous ses efforts, tout son savoir et toute son intelligence sur un seul point, sur un seul fait qui contient toutes les conditions ensemble, — la conservation d'une race type dans toutes les perfections qui la recommandent et qui en font la valeur.

L'amélioration ne repousse aucun élément, elle peut avoir son point de départ aux divers degrés de l'échelle hippique indistinctement : — la conservation d'une race dans toutes ses qualités acquises repousse, au contraire, le concours de la majorité; elle n'est, elle ne saurait être que dans l'emploi judicieux et réfléchi du petit nombre; elle n'est et ne saurait être que chez de rares individualités, chez quelques privilégiés que la nature prend soin de compléter à tous égards.

Cette distinction paraîtra fondée; je ne la crois pas contestable. Elle pose la question sur un terrain nouveau qu'il conviendra de fouiller en temps opportun.

ENCORE LE PUR SANG.

—

Sommaire.

I. Opinion de Mathieu de Dombasle sur le pur sang ; — négation du
principe que celui-ci représente. — II. Réfutation. — III. L'énergie
est de nature transmissible ; elle n'est point un résultat exclusif,
immédiat, inévitable du régime alimentaire. — IV. Le principe de
l'ancienneté, de la constance, de l'homogénéité des races n'est point
une fiction. — V. Objections contre le cheval de pur sang anglais.
— VI. Le cheval de pur sang est un ; il est homogène sous les formes diverses qu'il peut revêtir.

I.

La question du pur sang est le centre vers lequel gravitent
toutes les plaintes soulevées par la dégénération des races,
tous les plans de restauration nés ou à naître, tous les systèmes d'amélioration qui se heurtent dans les têtes en dedans
ou en dehors du monde hippique, toutes les idées, en un
mot, de reproduction chevaline ; elle est donc d'une très-
haute importance, et l'on nous pardonnera d'y revenir, de
ne passer outre que lorsqu'elle nous paraîtra bien élucidée
dans ses points principaux.

Et d'abord la négation du principe lui-même.

Elle n'a guère été absolue que du fait de Mathieu de Dombasle. Sur quelle base a-t-il donc appuyé son raisonnement ?
Sur quoi a-t-il fondé l'espoir d'imposer aux hommes de cheval
une opinion si contraire à toutes les idées reçues, si complétement opposée même au principe élémentaire et fondamental de la science hippique ?

Il n'est pas raisonnable, dit-il, de croire que le *sang* (1) d'une race se transmet par la génération plus spécialement que toutes les autres parties du corps. Est-ce que le sang qui circule dans les veines d'un produit est encore le même, peut-être de même nature que celui de ses auteurs? Mais tout au contraire c'est sur les fluides, et par conséquent sur le sang, que l'hérédité exerce le moins d'influence; car, résultats plus ou moins immédiats de la digestion, il n'est point douteux que les liquides du corps animal soient beaucoup plus promptement modifiés que les solides par l'acte de la vie, sous l'influence toute-puissante du régime alimentaire...

C'est le manque de vigueur chez les races françaises qui a fait croire à cette prétendue nécessité du pur sang; mais la vigueur est-elle donc un mérite héréditaire? Non, c'est, avant tout, un résultat alimentaire. Dépendant beaucoup plus du régime que de la transmission par voie de génération, on ne saurait communiquer ce caractère par le croisement, c'est-à-dire par le sang, du moins pour une suite de générations. En dehors des influences nutritives, le sang n'est pour rien dans le plus ou le moins de vigueur particulière à une race; c'est tout bonnement un caractère inhérent à l'espèce, commun à toutes les familles, inséparable de la nature même du cheval, et qui le suit dans tous les lieux, sous tous les climats et dans toutes les positions, en se modifiant, toutefois, selon les ressources alimentaires que chaque race, chaque

----

(1) Le mot *sang*, pris dans l'acception qu'il reçoit forcément dans ces études et dans la signification qu'on lui donne non-seulement dans le langage hippique, mais en économie de bétail, le mot *sang* n'est et ne saurait être qu'une expression figurée et d'une valeur convenue. Nul n'a jamais voulu dire sans doute qu'un reproducteur donnait matériellement à ses fils une partie du sang qui coule dans ses veines. Cependant, au point de vue physiologique, il semble bien que ce liquide contient le principe générateur de l'organisme tout entier et le germe ou la cause de toutes les qualités morales.

famille ou chaque individu trouve dans les conditions spéciales au milieu desquelles il lui est donné de vivre.

Les faits constatent cette vérité : « Partout où les produits d'étalons de pur sang ont été soumis à une alimentation abondante, composée de substances excitantes et très-nutritives sous un petit volume, les animaux conservent la vigueur que leurs ascendants devaient à un régime semblable. Mais, si l'on recherche sans prévention ce que deviennent les produits de ces croisements chez les éleveurs qui les soumettent au même régime que l'ancienne race, on reconnaît que les produits, parfaitement reconnaissables encore par des caractères pris dans la charpente osseuse, se sont mis, souvent dès la première génération, sous le rapport de la vigueur, parfaitement au niveau de la race indigène. Les hommes qui provoquent chez nous l'amélioration des races par des croisements reconnaissent bien ce fait. Ils en gémissent, et en accusent la parcimonie, la routine ou l'incurie des éleveurs, qui ne consacrent pas aux élèves de ces races choisies une alimentation convenable pour leur donner la vigueur qui formait le caractère de la race paternelle. Mais il résulte de cette plainte elle-même la preuve que la vigueur dépend beaucoup plus du régime que de l'hérédité, et qu'aucune race ne peut transmettre à d'autres pendant plusieurs générations la vigueur dont elle était douée hors des conditions du régime auquel elle la devait (1). »

C'est à tort, ajoute le célèbre agronome, que l'on attache quelque importance au fait de l'antiquité d'une race et qu'on attribue à ce fait le pouvoir, qu'elle aurait plus qu'une autre, d'imprimer son cachet à celles qu'elle pourrait croiser. L'ancienneté ne fait rien ici ; car le cheval arabe, le plus ancien de tous, le plus noble et pur par excellence, est sujet à se modifier lui-même par le régime comme tous les autres

_____

(1) Mathieu de Dombasle, *loco citato*.

chevaux. En effet, relativement fort et développé dans certaines contrées de l'Arabie, plus favorisées au point de vue de la production agricole, il est chétif, mal conformé, criblé de tares, et d'une petite stature, au contraire, dans les parties où le sol manque de fertilité, où les ressources alimentaires sont pauvres et peu abondantes. « *Les familles nobles de chevaux sont tout simplement des familles bien nourries.* » S'il en était autrement, les étalons de ces races serviraient à la régénération de toute l'espèce autour d'eux ; il n'y aurait pas un cheval médiocre en Arabie, si les types régénérateurs pouvaient quelque chose contre les influences du régime. Si cette régénération n'a pas lieu ainsi avec le concours suffisant d'étalons de la race pure, si leur emploi dans la mère patrie n'oppose pas à l'altération de la race une barrière puissante, efficace, que peut-on attendre en Europe, ou seulement dans notre France, du très-petit nombre d'étalons de la race pure qu'il est possible d'y introduire comparativement aux besoins de toutes nos races réunies? La théorie, l'idée du pur sang donnent une certaine carrière à l'imagination ; elles se prêtent sans doute à quelques expressions poétiques ; mais elles ne sont, au fond, qu'une pure fiction, qu'une grande déception.

Quant à la race anglaise, issue de la race arabe, elle est d'une haute valeur, en ce que ses qualités la rendent d'un usage plus général et en quelque sorte universel. Elle a, d'ailleurs, cet autre avantage, que l'emploi des mêmes moyens peut la reproduire partout la même. Mais elle est d'un entretien extrêmement dispendieux ; l'éducation particulière d'un poulain de pur sang coûte presque aussi cher que celle d'un fils de famille. C'est donc une race artificielle que celle-ci, une race de luxe dont il faudrait éviter avec le plus grand soin l'emploi dans un système d'amélioration d'une race ordinaire, particulière à une localité, d'une race naturelle, comme celle de Normandie, par exemple; car chaque goutte de sang introduite dans cette race doit nécessairement ac-

croître son exigence pour l'alimentation et les soins... Enfin
le principal mérite de la race anglaise consiste dans son aptitude à fournir des courses à courtes distances dans une vitesse exagérée que ne réclame aucun service. Eh bien! les
formes extérieures qui se rapprochent le plus de nos besoins,
étant diamétralement opposées à celles qui procurent l'extrême vitesse, il en résulte que l'on n'obtient cette dernière
qu'au détriment de qualités infiniment plus précieuses toutes
les fois qu'il ne s'agit pas de la spécialité de l'hippodrome.
« Ainsi cette race artificielle, d'un élevage si dispendieux,
« et qui ne peut même produire de bons chevaux de selle
« pour d'autres usages que pour la course, voilà ce que
« l'anglomanie nous offre pour améliorer nos races fran-
« çaises, destinées à tous les besoins de la société. C'est par
« des provocations à adopter cette race que l'on détourne
« l'attention des producteurs des véritables moyens de régé-
« nération de toutes les races de chevaux : l'amélioration
« du régime par le perfectionnement de l'agriculture, des
« soins d'élevage plus judicieux, et un choix attentif des
« étalons dans la race elle-même (1). »

II.

Mathieu de Dombasle donne une haute importance à tout
ce qu'il discute; aussi les faits se pressent dans cette rapide
analyse de son opinion sur la question du pur sang. Avouons
bien vite qu'il faut l'étudier à fond pour n'être pas quelquefois de son avis, tant la forme est toujours spécieuse, tant il
se montre habile et lucide dans l'exposition de ses idées.
L'homme spécial qui le lira trouvera toujours facilement le
défaut de la cuirasse et verra certainement clair au fond de
cette argumentation nette et serrée; mais l'homme du monde,
mais le simple amateur, mais ceux qui, sans y rien com-

(1) Math. de Dombasle.

prendre, croient devoir s'occuper de ces questions ardues, tous se laisseront prendre à ces phrases qui coulent, à ces idées qui se succèdent, à ces déductions qui s'enchaînent... Mathieu de Dombasle doit être réfuté.

Pour lui, j'ai pu déjà le faire remarquer, il n'y a pas de supériorité de race; il n'y a qu'un régime bon ou mauvais, une alimentation riche ou pauvre. Les questions de climats sont même complétement effacées. Seule la nourriture est une raison d'élévation ou d'abaissement des races. Il n'y a rien au delà, — rien en deçà..... Pourquoi donc alors, sous l'influence d'une hygiène parfaitement identique, observe-t-on de si grandes différences chez des individus de même race soumis aux mêmes soins, à la même main?

Le sang ne se transmet pas des auteurs aux produits. De toutes les parties de l'organisme, le sang est la plus prompte à se modifier sous l'influence changeante du régime alimentaire. Il en résulte que le sang varie et dans sa composition matérielle, et dans sa nature, et dans son essence, selon les variations mêmes de la nourriture; qu'en passant d'une génération à une autre il ne conserve aucune trace de sa composition élémentaire; qu'il n'a même plus avec sa nature intime (transmissible pourtant) aucune affinité quelconque. La puissance reproductive, si forte en théorie, est à peu près nulle en pratique. En supposant qu'elle s'exerce encore quelque peu, faiblement toutefois, au moment de la conception, elle s'efface bientôt sous l'influence de l'alimentation de la mère, à moins, pourtant, que le régime, cause première et essentielle de la nature même des ascendants, ne change pas pendant la gestation et soit invariablement le même pendant toute la vie du produit.

Mais poursuivons.

Modifié par des influences nouvelles, le sang modifie à son tour la fibre musculaire, puis les tendons, et plus tard encore les os. Les parties dures, solides de l'organisation se modifient plus lentement et restent ainsi plus directe-

ment placées sous l'influence de l'hérédité que sous celle des
nourritures diverses. Toutefois, par l'effet d'un régime substantiel, abondant, l'os est lui-même susceptible de s'accroître beaucoup en volume dans la période d'une seule génération ; mais ses formes ne s'altèrent pas encore. C'est le
même moule, paraît-il, qui s'est accru en proportions égales dans toutes ses dimensions. « Ainsi la charpente osseuse,
« qui résulte de la forme de chaque os en particulier et de
« leurs rapports entre eux, présente dans les animaux le
« caractère qui se transmet le plus éminemment par l'hé-
« rédité. C'est pour cela que les tares qui affectent les os
« sont reconnues pour celles qui sont le plus constamment
« héréditaires. C'est pour cela aussi que, lorsqu'une race a
« été propagée pendant une longue suite de siècles sous
« l'influence d'un régime invariable, la charpente osseuse
« prend des formes très-tranchées et profondément carac-
« térisées dans la race, en sorte que, si l'on croise cette
« dernière avec d'autres races, les formes des animaux qui
« dépendent le plus essentiellement de la charpente osseuse
« résistent pendant plus longtemps aux influences du nou-
« veau régime, et tendent à se perpétuer dans un grand
« nombre de générations, comme on l'a souvent remarqué
« dans les croisements que l'on opère avec les races orien-
« tales. »

Ne semble-t-il pas étrange que les transmissions héréditaires les plus promptes, les plus certaines soient celles qui
intéressent d'abord les parties dures, les os ; — qu'un père
lègue plus facilement et d'une manière plus complète à son
fils son système squelettaire que son sang ; — que le germe
enfin recèle tous les éléments des parties solides sans contenir leur principe générateur? Mais, s'il en était ainsi, une
race se trouverait confirmée à la première génération ;
point ne serait besoin de revenir à d'autres croisements
pour obtenir le gros et l'ampleur si fortement désirés. Le
choix du reproducteur n'offrirait aucune difficulté; le pro-

blème de l'amélioration des races chevalines obtiendrait bientôt une solution prompte et satisfaisante. Il consisterait uniquement à rechercher les individus dont les os seraient le plus volumineux, à les allier constamment ensemble, et à trouver une combinaison alimentaire susceptible de pousser toujours au développement du système osseux. Malheureusement la pratique est en opposition flagrante avec cette idée, que rien n'étaye, et les os ne grossissent pas toujours chez un animal en raison de l'abondance des matériaux de nutrition qu'il assimile à sa propre substance. Très-souvent, au contraire, le résultat inverse se produit, et le squelette se réduit à chaque génération nouvelle dans une proportion correspondant à l'augmentation des parties charnues. Ce fait est fréquemment observé dans la production des races d'engraissement; il est même le point capital de leur amélioration, la base du système d'éducation sous l'influence duquel elles sont façonnées. Et, pour ne pas sortir de la spécialité de ces études, est-ce que la plupart des races équestres les plus volumineuses et les plus corpulentes ne montrent pas à l'anatomiste un système squelettaire moins considérable et moins massif que celui des races fines, comme on dit?

Ajoutons un mot à ce simple exposé de la question. Un producteur donne-t-il sûrement à sa descendance, au moment de la conception et sous la forme d'os, la tare osseuse qui le déshonore? — Le produit échappe-t-il bien souvent aux affections qui ont leur source dans une altération du sang lorsque le père en avait reçu lui-même le principe de son procréateur?

Pas plus que l'os, assurément, le sang ne passe entier, avec sa composition moléculaire exacte, du père et de la mère aux produits; mais la partie dure et solide de l'organisation animale est d'autant plus parfaite dans ses conditions de solidité et d'agencement que la source d'où elle émane a été plus épurée. Avant d'être une trame solide,

avant de devenir os, la matière vivante a traversé toute l'é-
conomie sous forme liquide, mêlée avec le sang, dont elle a
fait partie.

Dans toute cette discussion, il ne faut pas l'oublier, Mathieu de Dombasle envisage le sujet au point de vue du
croisement, c'est-à-dire de l'alliance entre races différentes,
dont l'une, — supérieure, — intervient pour régénérer ou
pour améliorer l'autre, de beaucoup inférieure. En raisonnant d'après ses idées, le sang de la première n'aura aucune
action, ou à peu près, dans l'acte générateur; mais la
charpente osseuse, qui résiste aux influences du régime, ou
qui, si elle se modifie, ne fait que se développer également
dans tous les sens sans autre altération de son moule primitif, la charpente osseuse, répétons-nous, apparaîtra dans le
produit avec tout le mérite d'un heureux agencement ou
avec toutes les défectuosités qui lui sont propres.

Ici naît un peu de confusion.

En effet, lequel des deux individus accouplés l'emportera?
Le père, qui appartient, je le suppose, à la race supérieure,
— a pour lui au moins la force que donne l'influence longtemps prolongée d'un régime toujours le même. D'un autre
côté, la femelle n'a pas moins de puissance. Chez elle aussi
le squelette est un résultat du régime, et d'un régime qui
n'a pas varié depuis nombre de générations. Donc le squelette tiendra bon chez l'un et l'autre reproducteur..... Je ne
vois pas dès lors comment s'opérera la transmission héréditaire des parties solides dans un accouplement de ce genre (1).

(1) Dans tout accouplement il y a lutte entre deux puissances ; la
plus ancienne et la mieux fondée l'emporte. Ceci est au moins élémentaire aujourd'hui. Mais supposons qu'il y ait de part et d'autre des
forces égales, et que, dans leur opposition, elles agissent avec une
même intensité ; qu'adviendra-t-il, en n'admettant, avec Mathieu de
Dombasle, qu'un acte matériel, en soumettant ce qu'il dit être tous les
phénomènes de la vie aux lois toutes physiques qui régissent les corps
inertes ?... Il n'en est point ainsi.

Il y a chez le mâle une grande perfection de la forme du squelette et de la nature même de l'os, dont le grain se montre fin, compacte, serré. Chez la femelle, au contraire, il est désirable de changer certains rapports des os entre eux : les uns sont trop courts, les autres ont une mauvaise direction ; il est en qui sont défectueux, tous manquent de poids, de densité, malgré leur volume ; leur contexture est lâche. Le régime ne saurait être changé d'une manière appréciable pour la masse des individus soumis aux mêmes conditions que la femelle, et cependant les besoins de la société exigent que cette nature molle soit fortifiée. Si elle n'est que de fer peu flexible et grossier, elle peut être épurée et devenir un fin acier ; mais c'est à la condition d'être trempée avec art... Néanmoins, comment procéder, puisque l'hérédité ne pourra rien dans ce cas ?

Les idées de Mathieu de Dombasle, on le voit bien, ne sont point acceptables quant aux faits des transmissions héréditaires. Nous ne saurions, par conséquent, penser, avec lui, que le sang n'est pas directement placé sous l'influence de l'hérédité. Nous continuerons à voir dans ce fluide, qui donne naissance à la machine animale tout entière, le principe de toutes les qualités extérieures et intérieures, le germe de toutes les dispositions bonnes ou mauvaises, ou tout au moins en sera-t-il le véhicule bien connu. L'expérience est jusqu'ici pour cette opinion, suffisamment développée, d'ailleurs, dans le premier chapitre de ces études. Mais d'où vient qu'un esprit aussi judicieux a pu faire fausse route à ce point ? Il en est toujours aiusi quand on rapporte tout à une seule et même idée. Mathieu de Dombasle était agriculteur habile bien plus qu'éducateur de bestiaux et physiologiste. Il connaissait les heureux effets d'un régime alimentaire succulent et riche sur la matière animale, même quand elle a été éprouvée par mille souffrances, même lorsqu'elle a été profondément dégradée par les privations de tous genres ; il savait l'efficacité de bons traitements pour relever des constitutions affaiblies par la misère. Puis, d'autre part, il avait observé que, sans l'aide du régime, l'emploi des reproducteurs les plus précieux ne menait à aucun résultat satisfaisant, appréciable. C'est qu'alors l'incurie et la cupidité, le défaut d'intelligence, le manque de savoir, la pénurie des aliments formaient obstacle au succès et enrayaient le développement des qualités dont le germe seul avait pu être déposé par le mâle au sein d'une organisation avortée, totalement réduite à l'impuissance. Et, sans fouiller au delà, il ne s'est attaché qu'à ce fait : avec le sang, rien ; — avec le régime convenable, tout.

La vérité n'est pas là, nous en avons déjà fourni la preuve; d'ailleurs elle ne sera jamais, en quoi que ce soit, dans l'exagération d'une seule idée, dans l'appréciation d'un fait isolé au-dessus de sa valeur réelle.

III.

Il était logique de nier la transmission héréditaire de la vigueur alors que le sang, véhicule de toutes les transmissions, était mis hors la loi de nature, qui confère à tout être vivant le pouvoir de léguer à d'autres, par voie de génération, tout ou partie de soi-même; « loi fatale qui veut que les qua-
« lités comme les défauts, les bonnes comme les mauvaises
« aptitudes, les prédispositions heureuses ou malheureuses,
« les habitudes, quelle que soit leur nature, les formes, la
« couleur, jusqu'aux attitudes, jusqu'aux dispositions actuel-
« les et passagères, jusqu'aux difformités accidentelles; que
« les instincts enfin et les nobles facultés de l'intelligence;
« qu'en un mot tous les caractères, à quelque ordre qu'ils
« appartiennent, qu'ils soient durables ou seulement passa-
« gers, soient susceptibles de se transmettre avec une
« constance qui dans les cas malheureux est réellement
« effrayante (1). »

(1) H. Bouley, *Recueil de médecine vétérinaire pratique*, année 1845, p. 661.

S'il ne l'a pas tout à fait méconnue, Mathieu de Dombasle a, du moins, fort amoindri cette loi de l'hérédité, si profitable à tout éducateur intelligent, si féconde en précieux enseignements, si riche en résultats utiles, malgré l'épais nuage qui recouvre l'acte de la génération, dont tous les mystères ne nous seront jamais dévoilés... Cependant, si la vigueur est un produit exclusif du régime, d'où vient qu'elle n'est pas toujours un attribut du cheval fortement et puissamment nourri, même quand il sort de noble race; car il arrive parfois aussi qu'elle ne passe pas des ascendants aux suites, qu'elle demeure enrayée au sein de l'organisme, chez un étalon, par exemple, dont tous les fils se produiront mous et lâches, sans énergie aucune, quoi qu'on fasse pourtant en vue de la développer? D'où vient surtout qu'on ne parvient pas à donner suffisante vigueur à certaines races corpulentes et massives dont les services ne sont nullement en rapport avec la force apparente, bien que les produits en soient alimentés aussi convenablement que possible à toutes les époques de la vie individuelle, comme dans tous les âges de la race elle-même? — Oui, certes, la vigueur est l'un des caractères propres à l'espèce du cheval; mais tous les chevaux ne possèdent pas ce caractère à un même degré; mais toutes les races, à conditions de régime égales, ne le présentent pas en mêmes proportions. Et, si parmi les familles de chevaux de pur sang on trouve quelques individus privés de cette qualité si essentielle, ce n'est pourtant là qu'une exception qui n'infirme pas la règle.

Disons donc: les races équestres sont d'autant plus richement douées sous le rapport de l'énergie qu'il coule dans leurs veines une dose plus élevée du sang généreux et chaud qui s'est conservé pur dans un petit nombre de familles vraiment privilégiées, à la faveur de mille attentions qui n'avaient pas d'autre but.

Le cheval de pur sang est vigoureux entre tous, comme en témoignent l'intensité de son action, l'énergie de ses efforts dans les épreuves difficiles auxquelles on le soumet; il est fort plus que tout autre, puisque ses membres résistent à un travail excessif, ruineux s'il y en a; il est robuste enfin autant qu'on le puisse désirer par la solide structure de toutes les parties de son organisme : car sans cette solidité éprouvée il ne pourrait pas suffire aux déperditions considérables des courses impétueuses, des efforts véhéments qu'on lui demande. Chez lui existe entre tous les viscères et entre tous les tissus cette corrélation nécessaire hors laquelle il n'y a ni équilibre ni véritable force, sans laquelle il n'y a pas de perfection. Tel est le cheval de pur sang lorsqu'il est digne de concourir à la conservation pleine et entière de sa race. Se pourrait-il donc qu'ainsi doué il ne donnât pas à ses fils assez de vigueur pour que la descendance de ceux-ci n'en reçût pas quelque peu à son tour?

Mais, répond Mathieu de Dombasle, si la vigueur dépendait plus de l'hérédité que du régime, les produits d'une race étrangère, d'une race pure, mêlée à une race locale inférieure, hériteraient de l'énergie paternelle, et ne resteraient pas, sous ce rapport, au niveau de la race indigène lorsqu'on ne leur donne pas les nourritures excitantes et généreuses qui ont mis en relief ce caractère chez l'étalon. Si la vigueur n'était pas sous l'influence immédiate du régime, accuserait-on les éleveurs de parcimonie, de routine ou d'incurie, et les blâmerait-on si amèrement de ce qu'ils ne consacrent pas à l'éducation de leurs produits une alimentation suffisamment riche et convenablement choisie?

Singulier argument! il faut en convenir. Comment! on pourrait obtenir des races supérieures avec moins de soins, moins d'efforts, moins de nourriture, moins de dépenses que n'en réclame Mathieu de Dombasle lui-même pour les races déchues lorsqu'il veut les relever! Eh quoi! il serait logique de conseiller l'emploi d'étalons de pur sang en vue d'améliorer une race affaiblie, et l'on négligerait de recommander l'usage des moyens propres à assurer le succès du croisement !... Comment! le cheval régénérateur, le cheval père, dont la production est entourée de si grandes difficultés, entravée par des obstacles si nombreux, ne s'obtiendrait qu'à la faveur des soins les mieux entendus, des sacrifices les plus larges, et ses fils deviendraient ses égaux en valeur sans attention aucune et sans frais pour ainsi dire !... Mais quelles ont donc été les causes de l'abaissement et de l'infériorité actuels de la race indigène, de celle que l'on sent la nécessité de régénérer? Si les conditions d'existence qu'on lui a imposées sont contraires à sa nature au point d'affaiblir ses bonnes qualités, d'amoindrir considérablement sa valeur, comment ne seraient-elles point nuisibles au développement heureux des bonnes qualités dont l'étalon, encore une fois, ne peut être que la cause, dont le mâle ne saurait apporter que le principe, dont le père ne saurait que déposer le germe?

Mathieu de Dombasle aurait confirmé une opinion fausse et consacré une erreur. Elles ont assez nui jusqu'ici à l'amélioration des races en France, au développement des bons effets qu'on pouvait attendre de certains croisements arrêtés trop tôt. Et en effet, combien d'éducateurs encore dont le savoir ne va pas au delà de cette pensée : Pour obtenir bon, il ne s'agit que de bien choisir l'étalon, et surtout de le choisir pour lui-même! Au père est ainsi dévolue toute influence dans l'acte de la génération : la mère n'y prend aucune part; c'est un moule inerte, rien de plus. Et cette influence du mâle doit s'étendre et se prolonger au delà de l'incubation, bien au delà de la vie utérine. Il faut qu'elle répète chez les produits tous les mérites, toutes les qualités réelles ou de fantaisie qui avaient plu chez l'étalon, et qui avaient, à tort ou à travers, décidé de son choix bon ou mauvais, mais toujours fort peu ou fort mal raisonné. Voilà où conduirait la théorie du célèbre agronome, quand il éta-

blit qu'il n'y aurait aucun effort à tenter au delà de l'introduction des chevaux de sang, si cette expression avait quelque valeur, si les qualités du cheval de noble race pouvaient
se transmettre à ses fils, si elles étaient vraiment une dépendance de la loi d'hérédité, au lieu de n'être qu'un résultat prochain, immédiat, inévitable d'un régime alimentaire donné.
La génération des êtres est-elle donc un fait tout matériel, ou
bien un acte de la vie soumis à mille conditions différentes, à
mille combinaisons diverses, fugitives, insaisissables, igno-
rées, à mille actions mystérieuses, à mille formes divergentes?
Pourrait-elle donc refléter sur le fils le moule exact du père
et de la mère, comme le ferait une plaque de cristal étamée
pour l'objet quelconque placé en regard? S'étonner de ce que
toutes les belles qualités d'un reproducteur ne passent pas
à la fois, dans leur développement même affaibli, chez ses
descendants, c'est ne pouvoir se rendre compte qu'un liquide
porté à 100 degrés de chaleur, je suppose, par son approche d'un corps en combustion, ne puisse perdre une partie
du calorique interposé et accumulé entre ses molécules,
par son mélange avec un autre liquide à la température de
zéro, ou bien encore par le seul fait de son éloignement
du foyer. Est-il donc bien étrange que le cheval de pur
sang, produit d'un climat brûlant, résultat difficile de mille
soins attentifs, ou combinaison heureuse d'influences puissantes en tout favorables à sa nature primitive, à sa culture fructueuse, puisse se refroidir ou même s'éteindre sous
l'action forte et non contrariée d'agents défavorables et destructeurs? Est-il bien étonnant qu'il soit nécessaire, dans
des conditions d'existence opposées, de combattre les influences nuisibles et de faire de l'art pour conserver une
conquête précieuse? Mais de quelle manière procède donc
l'agriculteur intelligent lorsqu'il introduit sur ses terres une
semence nouvelle? s'avise-t-il de la confier au sol le plus
maigre et le moins bien préparé de la ferme? l'abandonne-
t-il ensuite au hasard, lorsque mille plantes sans valeur,

parasites avides et dangereux, viennent lui disputer les sucs de la terre et détourner l'aliment indispensable à sa réussite? L'oublie-t-il lorsqu'elle est menacée par un ennemi plus fort, quand elle pourrait être envahie, étouffée, noyée, empoisonnée, que sais-je? Eh! non, sans doute. Il l'observe et la surveille sans cesse; il la secourt à propos, il la protége dans toutes les phases de sa croissance; il la soigne toujours avec une sollicitude égale, parce qu'il n'ignore pas que l'incurie et l'abandon la feraient promptement déchoir et rendraient complétement inutiles ses premiers efforts, parce qu'il sait fort bien qu'en pareille occurrence sa parcimonie est un faux calcul et devient plus onéreuse qu'une dépense judicieuse convenablement faite, car elle est indispensable au succès qu'il poursuit.

La culture d'une espèce animale n'est ni moins compliquée ni plus facile que la culture d'une plante; d'où vient que les agriculteurs en renom ne prescrivent pas pour l'une et pour l'autre les mêmes soins et les mêmes attentions, les mêmes peines et les mêmes sacrifices? Mathieu de Dombasle a partagé cette faute avec beaucoup d'autres.

IV.

Est-il plus heureux lorsque, pour le nier, il s'attaque au principe de la constance ou de l'antiquité des races, principe toujours étroitement lié au fait de l'homogénéité de tous leurs caractères distinctifs? Et sur quel fondement a-t-il posé sa négation? — Si l'antiquité d'une race était de quelque importance dans la certitude et la fixité de ses qualités essentielles, le cheval arabe ne serait pas sujet à se modifier lui-même, et on le retrouverait également doué au moins dans toutes les parties de l'Orient que peuple la race arabe... Eh quoi! le cheval mal nourri, placé dans les conditions matérielles les plus défavorables, le cheval maltraité à tous égards, accablé, excédé de toutes manières, se conserverait complet,

fort, puissant et beau, comme celui auquel on a voué une
sorte de culte et que l'on entoure de toute la sollicitude
imaginable, d'affectueuses caresses, de ménagements somp-
tueux, si je puis dire, comme celui qui vit au sein de l'abondance et de la richesse! Mais en quel ordre de choses se
produit un pareil miracle? Le principe de la constance d'une
race homogène et bien fondée, je le vois écrit partout : « On
« pourrait appliquer au *kocklani* de nos jours la description
« sublime du cheval belliqueux que Job a tracée avant l'é-
« rection des pyramides (1). » — « La race anglaise de pur
« sang est une race universelle (2). »

Ces deux faits appuyés de mille autres ne suffisent-ils pas
pour la démonstration du principe? Au temps de Job tous les
chevaux étaient-ils donc nobles, riches, brillants? Non ; car
la misère est encore plus ancienne. Regrettons qu'elle ne
soit pas moins constante, et qu'elle se transmette ainsi, toujours vivace et dévorante, d'âge en âge, avec sa triste livrée
et son hideux cortége. Le Créateur ne pouvait nous livrer
sans force et sans puissance à un tel ennemi ; il a mis en
nous le pouvoir de le combattre et de lui résister. Le bien
est partout côte à côte du mal. C'est aux efforts intelligents
de l'homme à faire triompher le premier, s'il ne veut pas
succomber sous le poids avilissant de son antagoniste.

La permanence des espèces n'est pas révoquée en doute.
La force qui les créa, dit M. H. Bouley, n'agit plus aujour-
d'hui, et elles sont immuables. D'autres influences toujours
actives, d'autres forces que l'intelligence peut toujours
féconder, créent, fondent, constituent les races. Et ces influences, que ne sont-elles pas? « C'est le soleil, c'est la cha-
« leur, c'est l'air, c'est la terre, c'est le penchant d'une
« colline, le courant d'un fleuve, le passage d'un torrent;

(1) Grognier, *Précis d'un cours de multiplication des animaux*, etc.
(2) Mathieu de Dombasle.

IV.   14

« ce sont les lieux, c'est le hasard, ce sont nos soins, c'est
« notre volonté enfin, qu'elle ait pour mobile la raison, ou
« ce qu'on appelle la fantaisie, la mode.

« L'art consiste à s'emparer de toutes ces forces actives
« ou en puissance, à les diriger ensemble ou isolées vers
« un but arrêté d'avance, et, une fois obtenu le résultat
« qu'on se propose, *à le rendre fixe ou durable* en écartant
« les influences qui tendent à le détruire, et faisant con-
« spirer, au contraire, à sa conservation celles qui lui sont
« favorables.

« Ainsi, pour imprimer à une race un *caractère constant,*
« *durable*, il calcule s'il n'y aura pas, de la part des cir-
« constances extérieures au milieu desquelles il doit vivre,
« un antagonisme par trop énergique, par trop obstiné.
« Puis, cette première question résolue, il choisit comme
« type de la race nouvelle, et aussi comme instrument pour
« la faire sortir du néant, les individus de l'espèce, ou
« d'une race déjà conquise, qui présentent le plus en relief
« les caractères nouveaux dont la race à venir doit porter le
« signe distinctif.

« Par la loi des transmissions héréditaires, ces pre-
« miers caractères apparaissent dans les produits; mais leur
« image, fugitive comme celle que dessine un rayon de
« soleil sur une plaque daguerrienne, disparaîtrait bientôt,
« si l'art ne veillait, tout d'abord, à n'assurer qu'à une
« seule famille la possession et l'héritage de cette pro-
« priété.

« Ce n'est qu'à la longue, lorsque le germe, comme une
« monnaie qui aurait passé plusieurs fois sous le frappe-
« ment du même coin, a reçu l'incrustation définitive du
« caractère propre à la race, qu'alors la famille qu'il en-
« gendre peut se répandre par la voie des alliances et faire
« participer à ses priviléges, dont l'héritage lui est acquis,
« un plus grand nombre de produits (1). »

(1) H. Bouley, *loco citato.*

Ainsi deux sortes de caractères chez les animaux domestiques remaniés par l'homme : — ceux-ci, selon l'expression de M. Bouley, creusent sur les germes une éternelle empreinte et mettent l'espèce en dehors de nos atteintes ; — ceux-là, d'une nature plus fugace et moins stable, ne sont plus de l'essence du type, mais se fixent à l'aide des générations et pour une durée de temps indéterminée, sous l'influence de causes agissant toujours de la même manière. Ces derniers passent avec la même certitude que les autres des ascendants aux produits, pour peu que des forces identiques en favorisent la transmission ou que des influences opposées n'en contrarient pas trop violemment la répétition.

Le cheval arabe a conservé dans toute sa vérité et dans toute sa beauté primitive le type des caractères spécifiques de l'espèce ; — le cheval anglais offre un exemple frappant de la constance des races maintenues homogènes par un système général de reproduction et d'élevage uniforme.

Le principe de l'ancienneté des races a donc son fondement et sa vérité. La théorie et la pratique l'appuient également. Ceux-là feraient certainement fausse route qui se refuseraient à compter avec lui. Ce ne peut être que par suite d'une préoccupation étrange que Mathieu de Dombasle a été conduit à nier l'une des forces actives de la matière animale, l'une des résistances occultes contre lesquelles peut échouer une tentative de croisement. Il y a de si épaisses ténèbres dans l'acte de la génération, que l'on ne saurait être trop attentif à diriger, dans les vues qu'on se propose, et les faits et les circonstances appréciables ; il restera encore tant au hasard et à l'imprévu Ici, quoi qu'on fasse et découvre, il y aura toujours un inconnu à la recherche duquel l'esprit s'userait en vain. Raison de plus pour ne rien négliger de ce que l'étude et l'observation peuvent nous donner de vérité et de lumière.

Quant à l'objection tirée de l'impossibilité d'amener en

Europe, en France un nombre d'étalons de pur sang capables, non-seulement libres de toutes tares, mais doués du privilége si rare de marquer leur passage par des caractères de valeur, par les qualités éminentes attachées à l'ancienneté de la race et à la pureté du sang, quant à cette objection, disons-nous, elle n'est pas plus sérieuse.

Et d'abord elle ne prouverait absolûment rien contre le principe du pur sang; elle ajouterait seulement aux difficultés matérielles de l'application; mais elle tombe d'elle-même devant les faits et l'expérience de chaque jour.

Tout le monde sait aujourd'hui combien peu il a fallu aux Anglais de chevaux et juments de bon choix pour s'approprier la race la plus pure de l'Orient, et pour la faire servir ensuite, et de proche en proche, à l'amélioration de toute la population équestre de leur île, à son appropriation heureuse aux divers genres d'emplois réclamés par leurs besoins. Personne n'ignore plus le bien que fait, dans une circonscription même étendue, un seul étalon qui *race,*—le mal presque irréparable que produit un mauvais cheval employé dans les mêmes conditions. Aux pays de production, aux contrées d'élève ces faits sont bien connus. L'étalon qui fait époque vit un demi-siècle et plus dans la mémoire des éducateurs; mais trop souvent le mérite vrai d'un bon père ne se révèle que peu avant le moment de sa prochaine dissolution. Il en est de même du mauvais reproducteur, auquel on reste trop ordinairement fidèle jusqu'à la fin. Pourquoi cette recherche partiale du dernier, cette faveur imméritée qui l'entoure? Pourquoi ce quasi-éloignement pour le premier, cette mésestime générale qui le frappe? Ah! pourquoi?..... Chacun peut répondre, car les raisons abondent.

V.

Mathieu de Dombasle devait s'occuper du pur sang anglais comme il s'était occupé du pur sang arabe; il avait trop de

logique pour conseiller le premier lorsqu'il avait repoussé le
second. Son système enveloppait tout aussi bien le rejet de
l'un que l'expulsion de l'autre. Pour lui, comme pour nous,
la race anglaise est bien issue de la race arabe. Celle-ci n'a
pas été reproduite avec tous ses caractères; les fils n'ont pas
été servilement calqués sur le moule uniforme des pères. La
race primitive revit dans la race nouvelle, mais modifiée avec
art et appropriée à un ordre de choses bien différent, à une
destination tout autre. L'illustre agronome étudie ce produit et l'admire; c'est une magnifique création, une sorte
de tour de force, une œuvre immense qui montre tout le
pouvoir de l'homme sur la matière vivante; bien plus encore, sa force dans les luttes qu'il livre à la nature, puisqu'il
a su la dompter, et, comme le dit M. Bouley, conquérir sur
elle le premier rôle.

Cela seul indique que ce n'est pas une race naturelle, mais
une race factice, créée, soutenue à très-grands frais, acces-
sible au riche seul et nuisible aux masses par les exigences
nombreuses de sa constitution; exigences telles, qu'elles
s'imposent au succès dans toute introduction de cette race
dans une autre race; car, en dehors du régime alimentaire
exceptionnel et dispendieux qui la maintient sans dégénération à la hauteur où elle a été successivement amenée, il n'y
a rien à en attendre. C'est toujours, on le voit, la même argumentation contre l'emploi de tout autre moyen d'amélioration que celui que l'on peut tirer de la manière de faire
vivre les animaux.

Cependant une autre objection, fondée sur le fait des exigences plus grandes, des besoins plus pressants de cette
race, est encore produite ici. Ce qui est fort remarquable,
reprend Mathieu de Dombasle, c'est qu'on n'ait même pas
cherché à résoudre d'une manière positive la question de
savoir si le mélange de la race anglaise, en supposant qu'il
fût puissant à créer une sous-race, ne produirait pas celle-ci
moins bonne que ne serait la race indigène par un système

d'amélioration en dedans soutenu par une hygiène puissante, par un mode d'élevage plus riche, plus judicieux et plus rationnel.

Et d'abord ces exigences de la race ne sont point aussi excessives, il faut bien le dire. Professer de pareilles idées, répandre de telles énormités, c'est bonnement semer l'erreur à pleines mains (1). Autre chose, encore un coup, est

---

(1) On croit communément que le cheval arabe a moins d'exigences que le cheval anglais. J'ai déjà dit que je n'oserais me prononcer sur ce fait... En étudiant de près la production de l'un et de l'autre, on les voit également difficiles sous tous les rapports, sous ceux de la nourriture et des soins. On ne les voit pas sortir complets de l'indifférence et de l'incurie ; pas plus l'un que l'autre, ils ne poussent avec la facilité proverbiale du champignon, — celui-ci dans les parties les plus favorisées de l'Arabie, — celui-là sous la main intelligente du plus habile éducateur européen. Et nous qui sommes aux prises avec le cheval arabe, nous qui voyons élever et qui élevons aussi des chevaux anglais, nous ne trouvons pas, dans les conditions où nous sommes placé, que le premier réclame moins de soins ou de nourriture que le second ; loin de là même, nous tenons pour plus faciles et moins dispendieux peut-être aujourd'hui la production et l'élevage du bon cheval anglais que la production et l'élevage du bon cheval arabe. Toutefois nous partagerons l'opinion générale, si le fait est exclusivement observé en bas. Entre les mains de celui qui ne peut offrir à ses animaux ni abri commode, ni aliments suffisants, ni soins quelconques, entre les mains de celui qui végète misérablement sur un sol peu fertile par lui-même, le cheval anglais sera moins à l'aise encore que le cheval d'Orient. La petite taille de ce dernier, sa nature plus concentrée le sauveront ; mais sa supériorité n'aura pas d'autres causes : c'est une erreur que de la chercher dans un autre ordre de faits.

Le comice hippique, qui a étudié si consciencieusement la question chevaline et qui en a produit un examen si remarquable et si impartial, nie que la race anglaise soit délicate et plus exigeante en nourriture que les races communes. « Nous ne le pensons point, dit-il ; nous « admettrons une plus grande sensibilité, une plus grande irritabilité « dans une race où le système nerveux est plus fortement développé ; « mais cette sensibilité n'est elle-même que l'exagération de la vigueur, « et cette vigueur n'a pas besoin d'être surexcitée par une nourriture « échauffante et particulière plus qu'il ne serait nécessaire de le faire

de songer à maintenir une race dans toute sa perfection actuelle, de diriger toutes ses forces et toutes ses ressources de façon à l'empêcher de descendre, autre chose de la faire servir à des améliorations utiles. Que les types proposés à la conservation soient onéreusement produits, dispendieusement entretenus, cela est et ne saurait être autrement; mais il n'en résulte pas que les fils des bons étalons de cette race, employés à une amélioration par croisement, aient des appétits aussi coûteux à satisfaire, des exigences telles qu'il y ait intérêt à ne les pas produire. Non, ces métis ne sont pas d'une production si chère ni d'un mérite si mince; l'estime plus grande qu'en fait le consommateur, l'élévation du prix qu'en obtient l'éleveur témoignent de l'amélioration obtenue et du succès réel de l'opération.

Maintenant, et ceci me paraît incontestable, il ne faut avoir recours à l'introduction du sang étranger que lorsqu'on a déjà relevé une race indigène, avilie, par un régime convenable et par des soins appropriés; mais j'ai dit aussi toute l'inefficacité de ce mode au delà d'une certaine limite, et la nécessité d'aller plus loin ou plus haut dès qu'il y a impuissance réelle bien et dûment constatée, même sous l'influence si féconde d'un régime alimentaire généreux et substantiel.

« Toutes les fois que l'on veut mettre en lumière l'excel-
« lence de la race anglaise, dit encore Mathieu de Dombasle,
« c'est toujours l'hippodrome que l'on appelle en témoi-

« pour le tempérament calme et froid de nos espèces communes; le
« contraire est dans l'ordre logique, et nous en avons eu des preuves
« personnelles et pratiques.
« En effet, nous avons vu des éleveurs, amateurs du pur sang, mais
« non moins amateurs d'économie, nourrir fort mal leurs poulains, et
« cependant obtenir sur des bruyères (et sans avoine) des produits
« presque toujours *manqués*, souvent *tarés*, mais constamment vigou-
« reux et énergiques. » (*Au pays et aux chambres, le comice
hippique*, p. 50.)

« gnage, parce que dans ces épreuves, pour lesquelles elle
« a été spécialement créée, cette race défie réellement toute
« concurrence. »

Ceci n'est point exact. Que le mode d'épreuves adopté,
entraînant après soi un mode d'exercices constant, détermine
toujours l'emploi des mêmes forces et décide à la longue certaines formes particulières, cela est vrai, indubitable, et l'on
peut avancer avec vérité que la spécialité des exercices du
training a fait le cheval anglais ce qu'il est; mais soutenir
que l'entraînement à l'anglaise a été inventé pour modifier
le cheval arabe et en faire sortir le cheval anglais avec toutes
ces différences de formes qui le distinguent, ce n'est plus être
vrai, ce n'est plus être judicieux (1).

(1) Le comice hippique avait déjà dit : « Ce qui nuit le plus à la
« popularité du pur sang parmi nous, c'est la forme sous laquelle
« il nous apparaît, et le cortège inévitable de jockeys qui l'accompa-
« gne.

« Bien que le nombre des chevaux de cette noble race soit très-
« augmenté en France depuis quelques années, il est cependant encore
« fort restreint. C'est dans de rares occasions, aux époques des cour-
« ses, qu'il est donné au public d'en voir quelques individus, après
« qu'ils ont été soumis au régime d'entraînement, régime dont le résul-
« tat nécessaire est de réduire leur volume d'une manière peu satis-
« faisante pour l'œil.

« Lorsqu'ils arrivent sur le terrain des courses, tout leur embonpoint
« a disparu, leurs formes, mises à nu, paraissent frêles et moins gra-
« cieuses; ce sont des *ficelles*, disent les ignorants, qui, frappés uni-
« quement de la masse, ne savent point distinguer la force de ces os,
« l'ampleur de ces muscles, la vigueur de ces nerfs (tendons) dégagés
« de toutes les parties charnues, ni reconnaître dans ce corps élégant
« et svelte la mère énergique ou le producteur vigoureux.

« Ces courses, excellentes pour constater la supériorité du *pur sang*,
« pour fixer sur ce point l'opinion du spectateur, ont souvent aussi
« l'inconvénient de l'égarer.

« Le public, peu éclairé, prend l'épreuve pour le résultat, le moyen
« pour le but; il pense que les chevaux ont été faits pour les courses,
« et non les courses pour les chevaux; car il croit ces derniers impro-
« pres à tout autre service. » (*Loco citato*, p. 46.)

L'épreuve était une nécessité. Sans elle on ne serait arrivé à aucune donnée exacte sur le mérite positif, sur la valeur intrinsèque des reproducteurs d'élite. La carrière était le seul moyen de ne pas s'en laisser imposer par une beauté de convention, par un modèle idéal de perfection; sans elle on se serait trop arrêté à la surface, on n'aurait point assez pénétré sous les apparences extérieures. Le jugement qu'une lutte publique et sérieuse permettait de porter étant basé sur la vigueur de tous les organes, — superficiels ou profonds, — il était certain, à l'abri de toute erreur, de toute prévention, de toute partialité enfin; il pouvait, il devait inspirer confiance; on s'y arrêta, on fit prudemment. D'ailleurs la fin a pleinemet justifié les moyens. Supprimez les courses en Angleterre pendant quinze ou vingt ans seulement, et vous verrez ce que deviendra sa population chevaline tout entière, malgré l'état de prospérité incontestable où l'ont élevée deux cents ans et plus d'efforts intelligents, de sacrifices soutenus. Supprimez en Arabie toutes les attentions, le soin religieux que l'on y met à la conservation parfaite des familles de sang pur, noble, et vous les verrez bientôt décroître avec la même promptitude, malgré l'heureux concours de circonstances favorables au milieu desquelles elles se reproduisent toujours identiques depuis tant de siècles.

Beaucoup sont ennemis de l'hippodrome; prétendent-ils juger plus sainement un cheval dans un parfait repos ou pour l'avoir vu sautiller à la main d'un palefrenier bien stylé en allant et revenant sur ses pas pendant cinq ou six minutes? Ils ont raison peut-être lorsqu'ils ne cherchent à se procurer qu'un cheval de fantaisie, mais tort, assurément, s'ils veulent plus, s'ils ont besoin de découvrir la valeur réelle du sujet.

Dans ce cas, n'est-il pas logique de l'étudier plus à fond, de le soumettre à un examen plus sévère et plus sérieux? En se conduisant ainsi, fait-on autrement que ce que l'on pratique chaque jour pour des choses beaucoup moins importantes? Qui donc, dans l'acquisition d'un objet de quelque prix, s'en rapporte exclusivement à la forme de cet objet, à son aspect extérieur ? Avant d'acheter une montre, par exemple, est-ce que l'on ne s'informe pas si le mouvement, si les ressorts, seules parties qui intéressent dans l'emploi, ne sont pas le travail habile d'un bon ouvrier ? C'est qu'il en est de grossièrement faites à l'intérieur qui sont admirablement parées au dehors. Pendant un mois peut-être elles marcheront aussi bien qu'une bréguet; mais attendez, pour la juger, qu'elle ait subi une suffisante épreuve; bientôt, en effet, elle sera détruite, tandis que, si, comme la bréguet, elle eût été montée sur le diamant, elle eût duré autant que ses supports.

Le système des courses, l'hippodrome mettent en relief et les qualités réelles du cheval et leur principe; ils font que le reproducteur de mérite est connu, apprécié de tous; que le cheval indigne tombe dans l'oubli. Dès lors, plus de ces erreurs qui perdent et détruisent les races. Sans l'hippodrome, que de *Godolphin-Arabian* eussent été ignorés, et combien de *Hobgoblin* eussent détérioré et empoisonné les plus nobles familles !

Le cheval n'a pas été fait pour l'hippodrome, ainsi que Mathieu de Dombasle le prétend ; mais bien l'hippodrome pour la conservation de la race dans ses hautes qualités. Le cheval de pur sang, c'est l'or massif; c'est un objet de grande valeur avec lequel il est toujours facile de réaliser des valeurs moindres, mais non moins utiles. Les races de demi-sang ne sont-elles pas en quelque sorte la monnaie de cette grosse pièce ? Le fait est que le cheval noble et pur les contient toutes dans sa nature concentrée, et que ses émanations, depuis celles qui végètent tristes et pauvres à la surface du sol jusqu'à celles qui ont conservé le plus d'affinité avec leur brillante origine, en sont toutes sorties, et n'ont de valeur réelle qu'autant qu'elles participent encore de la chaleur primitive, qu'autant qu'elles conservent au moins une étincelle de ce feu sacré qui anime encore le cheval père, le prototype de l'espèce.

Ceci est un autre côté de la question. Mathieu de Dombasle ne s'est occupé de l'introduction du pur sang qu'au point de vue du croisement, dont il n'admet en aucune façon l'efficacité ni l'utilité même. Nous verrons, plus tard, comment, sans chercher à rapprocher par les formes une race inférieure des caractères distinctifs du cheval de pur sang (ce qui est le but du croisement), il est possible, néanmoins, d'introduire dans ses veines une dose de sang pur telle que les qualités morales ou internes en soient de beaucoup relevées. La difficulté dans cette opération consiste à ne pas atteindre d'une manière regrettable le moule extérieur de la race indigène quand sa conformation et son gros modèle sont bons à conserver. Il est des services que rempliraient moins bien des chevaux de moindre stature et de mince corpulence ; n'oublions jamais que la production des races n'est intelligente et utile qu'autant qu'elle sert à les approprier de plus en plus à toutes les destinations, à tous les services.

VI.

On n'a pas seulement fait au principe du pur sang des objections de fonds ; il en est aussi qui atteignent la forme. Ces dernières n'ont pas plus épargné le cheval arabe que le cheval anglais. Les partisans respectifs de ces deux races sœurs les ont bien vengées des faux portraits qui en ont été tracés.

Cependant au cheval arabe on ne reproche guère que ses petites dimensions et ses lignes raccourcies. On ne pardonne pas au cheval anglais une seule de ses formes. Ceux qui le critiquent, ceux qui n'en veulent à aucun prix le trouvent défectueux et mauvais depuis la pointe des oreilles jusqu'au bout écourté de son fouet.

A ce point de vue, c'est le mérite comparatif de l'un et de l'autre qui est en jeu. Il s'agit d'une question de préférence,

et chacun doue son dada de prédilection de toutes les perfections imaginables, en même temps qu'il réunit sur le cheval qui lui est antipathique tout le cortége des vices et des
défauts connus chez l'espèce entière.

Dans ce duel, les opinions s'égarent et ne s'éclairent pas.
Le cheval anglais est beaucoup trop exclusivement considéré
sous le rapport de sa vitesse, le cheval arabe trop exclusivement représenté sous les dehors de la grâce et de la gentil-
lesse; mais là n'est l'utilité vraie, sérieuse ni de l'un ni de
l'autre : elle est dans les services qu'ils peuvent rendre tous
deux, non comme moteurs — aimables ou rapides, — non
comme spécialités de travail, comme application — utile ou
agréable — aux besoins divers de l'époque, mais comme
pères, comme germes féconds de toutes les aptitudes, selon
qu'on les emploie dans des circonstances différentes, pour
les faire concourir à des résultats prévus, pour en faire sortir
ces combinaisons variées dont ils sont la cause nécessaire,
principale, essentielle. Leur utilité réelle est dans le sang,
unique source des qualités morales, véhicule de tous les éléments de force, principe générateur de toute trame organique.

C'est avec le sang que les Anglais créent à volonté le cheval de course, de chasse, d'attelage..., un cheval particulier
pour une destination spéciale. L'art vient en aide et diversifie
les moyens ; mais le principe est un, invariable. C'est la
même source qui fournit à toutes les exigences ; c'est du
même tronc que partent tous ces rameaux ; leur commune
origine est dans une même essence.

C'est qu'en effet les qualités fondamentales, chez toutes
les espèces de chevaux, sont et doivent être toujours et partout identiques. Il n'est pas un service qui ne veuille une
constitution vigoureuse, un tempérament robuste, qui ne
réclame le courage et la force, une grande puissance musculaire, la résistance de l'appareil tendineux, la solidité du
système osseux, un ensemble énergique résultant de bonnes

attaches, — toutes conditions générales d'aptitude au travail, d'utilité vraie et de durée certaine. Où donc aller puiser ces qualités, sinon dans le pur sang ? La science apprend à en développer les germes, le principe, puis à en fixer le développement dans une série de générations aussi longue que besoin est.

La reproduction du cheval, envisagée dans toutes les variétés utiles réclamées par les services divers , n'a pas le même point de départ que la production des différentes variétés également utiles dans les autres espèces animales. — Ce n'est pas au taureau si énergique de la Camargue que l'on s'adresse pour obtenir des veaux aptes à un engraissement rapide ; ce n'est pas au taureau de la race de Durham que l'on demande des produits propres au travail et bons marcheurs. — Ce n'est pas non plus dans les troupeaux de la Flandre que l'on va choisir le bélier qui convient à la brebis mérinos ; nul ne songe à faire des longues laines avec les fils de celle-ci. — Il y a des voies plus sûres et plus courtes. — Dans ces espèces domestiques, il a été créé des races tellement différentes des premiers types, qu'elles ne les rappellent plus en aucune façon. Elles ont été revêtues de caractères nouveaux, d'aptitudes nouvelles, et l'exagération des uns et des autres a creusé des empreintes si profondes, qu'elles se répètent maintenant d'une manière fixe et durable par la loi d'hérédité. Mais ici le but à poursuivre consistait à s'éloigner complétement du moule primitif, à s'en éloigner même à tel point que les races créées ne ressemblassent plus en rien, ni quant aux formes ni quant aux aptitudes, aux premiers individus de l'espèce, à ceux déposés près de l'homme par le Créateur lui-même. Il les a refondus en entier, pétris et remaniés à sa guise ; il en est arrivé à tailler dans l'organisme vivant comme dans la matière morte et à mouler ses modèles sur des types complétement ignorés. Il a répudié le bœuf et le mouton de la nature pour s'approprier des êtres nouveaux qui s'adaptent mieux à ses besoins.

A-t-il fait ainsi de l'espèce du cheval? a-t-il pu renoncer aussi complétement aux formes et aux qualités primitives? Non, très-certainement. Le cheval arabe de nos jours, s'il n'est plus la copie exacte et fidèle du premier moule, comme d'aucuns le prétendent, en est-il au moins bien éloigné? Cela n'est pas supposable. Le cheval d'Orient un peu abandonné, et le cheval à demi sauvage que nous connaissons tous, se tiennent par des caractères si étroits, qu'il y a tout lieu de les croire très-voisins l'un de l'autre. Le cheval arabe le plus noble, celui que l'on fait descendre en ligne droite des haras de Salomon, et le cheval anglais de pur sang, sa descendance directe, sont-ils bien différents l'un de l'autre? C'est M. de Lancosme-Brèves qui répondra : « Si vous prenez en Angleterre un cheval à la poitrine large et profonde, aux naseaux enflammés, aux yeux de feu et aux jarrets d'acier, aux flancs pleins, mais soutenus par de belles hanches, que reconnaîtrez-vous dans le modèle? Vous reconnaîtrez un nedji dispos, impatient, frappant du pied la terre, hennissant avec force, s'agitant, se tourmentant, etc. ; et vous trouverez, de plus, une taille majestueuse et un digne rival du nedji véritable, qui sera fier, je vous en réponds, de reconnaître pour son fils l'animal que je viens de dépeindre..... et de l'admettre pour concourir avec lui à la régénération des races (1). »

Le cheval de sang est un, homogène dans toutes ses familles. Ce qui fait la supériorité du cheval arabe, c'est la richesse de sa nature, c'est l'antiquité de sa race, l'illustration de ses aïeux, les soins dont on l'a entouré pour l'empêcher de déchoir, les attentions soutenues qui l'ont conservé dans toute sa noblesse. — Ce qui donne une valeur incontestable au cheval anglais, ce qui le rend le digne et puissant émule du cheval arabe, ce qui le rend également apte à transmettre aux races inférieures les autres qualités du cheval père, c'est

(1) *La vérité à cheval*, p. 155.

qu'il a conservé avec lui une affinité grande, c'est que la pureté du sang n'a point été altérée dans ses veines, et que le système général de production et d'élevage d'où il sort le maintient toujours égal, toujours complet, et tend à prévenir, en la combattant sans relâche, toute souillure dans sa descendance; c'est qu'en le formant on ne cherche pas à l'éloigner de ses pères, et que, loin de là, on avise toujours à le soutenir au même point d'élévation.

Dans les autres espèces, nous l'avons dit, on oublie complétement le père lorsque dans son fils surgit un caractère nouveau qui semble devoir être d'une plus grande utilité que ce qui est; on s'attache dès lors exclusivement à reproduire ce caractère insolite, accidentel, et à le fixer, jusqu'à ce qu'une nouvelle modification, souvent inattendue, apparaisse, éveille l'attention de l'éducateur, et fasse adopter un modèle nouveau.

On ne trouve pas dans l'espèce du cheval ces types si tranchés que l'on connaît dans les espèces bovine et ovine, types de formation vraiment artificielle, de création exclusivement humaine. Le bœuf de Durham n'est pas dans la nature. La vache primitive ne donnait pas 30, 40 et 50 litres de lait par jour. C'est une faculté développée par l'art que celle qui détermine et fixe une sécrétion normale aussi considérable de ce liquide chez certaines races domestiques devenues des types de production ou d'amélioration. — Les races du mouton n'offrent pas des variétés moins admirables ni moins productives relativement, et elles se montrent tout aussi éloignées du type primitif que les principales races de l'espèce du bœuf. Toutes ont été accidentellement obtenues ou savamment produites; toutes se soutiennent par les combinaisons judicieuses de l'art, qui laisse bien loin par derrière l'état de nature, les conditions premières d'existence de ces espèces. Chez le cheval, au contraire, c'est le sang primitif qui se conserve, qui passe des père et mère aux produits, avec la pensée bien arrêtée que ceux-ci, à leur tour, le transmettront intact à leurs suites. On remonte sans cesse à la source, et l'on fait effort pour qu'elle ne tarisse jamais.

Évidemment, si on les observe au point de vue des différences qu'ils ont entre eux, le cheval arabe et le cheval anglais se montreront fort dissemblables; mais aussi que de caractères communs les tiennent unis, si on les considère au point de vue des rapprochements! Il n'en est plus de même pour les autres espèces chez lesquelles l'étude des rapprochements ne conduit qu'à cette conclusion : toutes les races sont étrangères les unes aux autres. C'est qu'elles proviennent toutes d'une souche différente; c'est que presque toutes sont sorties d'un accident heureux que l'art a su mettre à profit, développer et fixer. De l'alliance du cheval noble et pur, au contraire, avec les races si variées de l'espèce, résultent toutes les aptitudes utiles et recherchées. En mêlant entre elles les spécialités si distinctes de produits chez le bœuf et chez le mouton, on altérerait incontestablement chacune d'elles, dont le grand développement se trouverait ainsi plus ou moins affaibli chez les descendants; chacune d'elles veut être reproduite en dedans, indépendamment d'une autre, sous peine de génération rapide. Chez le cheval, au contraire, la théorie de l'amélioration des races par elles-mêmes est impraticable, à moins que, pour maintenir une race donnée à son point de perfection, on n'ait recours à un système d'épuration logique et certain, fondé sur des épreuves qui ne permettent pas d'erreur dans le fait de la reproduction, et rendent facile un choix toujours convenable des sujets les plus complets, les plus heureusement doués. Hors ce cas, toute race non renouvelée finit par s'entacher de vices et par s'avilir. « C'est par le cheval oriental, ou son « dérivé, le cheval de pur sang anglais, dit M. Houël, que « l'on doit améliorer toutes les races de chevaux, depuis les « plus massives jusqu'aux plus légères. Il est reconnu par « des expériences multipliées, tant en Angleterre qu'en « France et en Allemagne, que de judicieux croisements

« du cheval de pur sang avec les plus fortes races ne leur
« ôtent rien en force, en taille, en masse, mais leur don-
« nent la vigueur, l'action, la vitesse qui leur manquent.
« Un ouvrage (*The horse*) très-estimé en Angleterre s'ex-
« prime ainsi : *En admettant une proportion convenable de*
« *pur sang par le moyen du croisement et du métissage,*
« *nous sommes parvenus à rendre nos chevaux de chasse,*
« *nos chevaux de promenade et de guerre, nos chevaux de*
« *voiture, et même nos chevaux de trait, plus forts, plus*
« *actifs, plus légers et plus propres à endurer la fatigue,*
« *qu'ils ne l'étaient avant l'introduction du cheval de course*
« *ou de pur sang* (1). »

« Par les croisements avec le pur sang, dit le comice
« hippique, vous introduirez toutes les qualités qui man-
« quent à vos races dégénérées; vous leur donnerez le
« fonds, l'intelligence, la vigueur, la docilité, et aussi la
« longévité. »

A une certaine hauteur de vue, et lorsqu'il s'agit d'un
système d'amélioration générale, il ne faut pas trop s'arrêter aux points de détail, donner aux questions secondaires
une importance hors de proportion avec elles-mêmes. Les
principes dominent ; c'est donc aux principes qu'il convient
de s'attacher (2).

(1) *Des différentes espèces de chevaux en France*, etc.

(2) Nous ne qualifions pas de *principes* toutes ces assertions contradictoires qui fourmillent dans les écrits de nos hippologues anciens
ou modernes, toutes ces idées irréfléchies, tous ces préceptes faux
édifiés sur les lumières du temps, toutes ces propositions erronées
desquelles il n'est sorti que de fâcheuses conséquences et des résultats
désastreux pendant qu'elles ont régné en souveraines. Il faut bien se
garder de confondre de telles maximes avec les vérités bien assises et
bien fondées, avec cet ensemble de règles premières d'une science
qu'il faut appeler du nom de *principes* parce qu'elles s'appuient sur la
logique et qu'elles ont obtenu la sanction de l'expérience.

Principe veut dire *origine*, *source*, *première cause*. Nous nom-
merons ainsi seulement les vérités capitales, essentielles qui sont le

Dans cette étude toute spéciale, celui du sang est incontestable. On le retrouve partout dans sa force et dans sa vérité. Il n'y a pas dans le passé une race célèbre qui n'ait dû sa réputation au pur sang. Qu'importe donc la forme dans laquelle on a enveloppé ce dernier aux différentes phases de la civilisation du monde? Celle-ci, par bonheur, est susceptible d'être modifiée de mille manières, transformée suivant les vues et les intérêts de chaque époque. Elle peut revêtir des caractères extérieurs superficiels très-variés, et se montrer limousine, auvergnate ou navarrine dans un coin; — normande ou bretonne dans un autre; — plus loin andalouse et napolitaine; — ailleurs encore, mecklenbourgeoise, anglaise....., que sais-je? Qu'importe encore un coup, puisque cette forme est souple, malléable, entièrement soumise à la volonté de l'éducateur? L'essentiel, c'est que le fonds persiste, c'est que rien ne l'altère; c'est qu'il demeure toujours entier, toujours homogène, toujours doué des mêmes propriétés et de la même puissance que par le passé, puisque dans tous les temps les exigences de toutes sortes ont toujours pu être remplies.

flambeau d'une science : car aucun fait général ou particulier ne vient jamais affaiblir leur force propre; loin de là, en s'y rattachant tous, ils la corroborent et ajoutent toujours à leur autorité déjà confirmée.

ENCORE LE PUR SANG.

—

Sommaire.

I.

Nous avons consacré quelques pages à réfuter les objections faites par Mathieu de Dombasle au principe même du pur sang. Nous avons cherché à combattre l'opinion défavorable qu'il avait voulu donner du cheval anglais en dehors même de la question du sang ; notre tâche n'est pas encore remplie. D'autres critiques ont repoussé l'emploi du cheval de pur sang né en Angleterre. Voyons si parmi les arguments dont ils se sont servis et que nous n'aurions point examinés jusqu'ici il en est de mieux fondés ; recherchons avec sincérité, avec bonne foi, si parmi les faits colligés contre l'introduction de ce sang dans une des races du continent il s'en trouvera de nature à prouver l'inefficacité de ce moyen d'amélioration.

M. de Burgsdorff, l'un des éleveurs et des hippologues les plus considérables de l'Allemagne, est assurément aussi l'un des plus grands antagonistes du cheval anglais. Il préfère le cheval arabe. Cependant ce n'est pas le principe du pur sang qu'il conteste chez le premier, ce n'est même pas sa forme qu'il repousse, mais seulement les défectuosités, les vices qu'il découvre dans cette forme, et dont il voit l'unique source, la cause nécessaire et immédiate dans l'organisation actuelle des courses en Angleterre. Or il ne veut pas que sur le continent on accepte comme régénérateur un cheval profondément altéré dans sa constitution, prématurément épuisé par les exercices violents, exagérés du *training*. Il repousse comme type conservateur un animal sur lequel pèse une dégénération inévitable, précipitée comme à plaisir par un mode de reproduction et d'éducation contre nature. Il ne veut pas qu'on adopte comme moyen d'encouragement ou d'amélioration un système de courses qui a complétement perdu le cheval anglais. Toute son argumentation est là ; il l'a resserrée dans ce cercle, d'où nul n'a pu le faire encore sortir : — Le cheval anglais est en pleine décadence, et sa déchéance doit être exclusivement attribuée au système des courses à l'anglaise.

M. de Burgsdorff donnerait à penser qu'il fait partie de ce public dont parle le comice hippique, de ce public qui prend l'épreuve pour le résultat, le moyen pour le but. En effet, on le voit faisant fausse route du point de départ à celui d'arrivée. Il prend un soin particulier à réunir contre l'hippodrome des faits sans valeur, sans signification réelle ; car il serait tout aussi facile d'opposer à ceux-ci d'autres faits complétement différents, et de détruire ainsi les conclusions qu'il a cru pouvoir tirer des premiers. En pareille matière, le pour et le contre ne sauraient manquer à la discussion. Ce n'est pas sur ce terrain que la question peut être solidement assise et sérieusement résolue.

Que conclure, en effet, de ce que le favori de la moitié des sportsmen de l'Angleterre trompe, dans une grande course, l'attente générale, et fait perdre à nombre de parieurs les grosses sommes engagées contre des joueurs ou plus heureux ou plus habiles ? Est-ce une preuve bien considérable contre le système des courses ? Mais cela pourrait être, au contraire, un fait très-important à l'appui de l'opinion de ceux qui voient la conservation de la race anglaise de pur sang dans un mode d'épuration rationnel dès qu'il est à l'abri de l'erreur.

L'histoire de *Belzoni* (1), complaisamment racontée et si peu logiquement commentée, ne prouve en aucune manière contre l'utilité d'une épreuve sérieuse ; elle la confirme, et démontrerait parfaitement, au besoin, combien est fragile le jugement qui ne repose que sur l'examen superficiel des formes, combien il faut être en garde contre l'engouement général ; combien de fautes sont prévenues par un mode de reproduction qui s'appuie sur une base plus solide que la connaissance incomplète et trompeuse de l'animal extérieur.

Oui, *Belzoni,* « le seul poulain de trois ans qui fut réellement hors ligne, » *Belzoni*, le favori du *Saint-Léger*, l'un de ces produits qui tiennent la tête, qui se distinguent entre tous par une supériorité en quelque sorte incontestée, l'un de ces athlètes qui réunissent tous les suffrages avant la lutte, l'un de ces chevaux d'espérance qui font commettre mille extravagances et déplacent en quelques minutes maintes et maintes fortunes, *Belzoni*, la huitième merveille du monde, que l'on refuse de livrer moyennant 10,000 guinées avant la course, — *Belzoni* est battu..., puis vendu comme un cheval méprisable...

Telle est l'histoire de *Belzoni*.

Voyons les commentaires.

Malgré la faveur dont il jouissait sur le *turf,* et que la réunion de toutes les qualités extérieures qui font le cheval rare semblait devoir prolonger fort avant dans l'avenir, *Belzoni* avait néanmoins deux choses contre lui : — sa tête était d'un volume disproportionné, peu gracieuse, *choquante* même ; — il provenait d'*Hambletonian*, le cheval

(1) *Belzoni,* né, en 1823, de *Blacklock* et de *Manuella* ; *Blacklock* par *Whitelock ,* et celui-ci par *Hambletonian.*

aux éparvins, péché capital, tache héréditaire qu'il avait trop fidèlement transmise à la plupart de ses descendants.

C'est la conformation de *Belzoni*, si athlétique et si vigoureuse dans ses signes apparents, qui faisait préjuger de ses hautes qualités dans l'action ; mais de tous ses admirateurs, « j'étais peut-être le seul alors, dit M. de Burgs-« dorff, qui vît en lui un producteur assez éminent pour « améliorer sa noble espèce ; » les autres ne s'en occupaient qu'au point de vue de la spéculation, que sous le rapport des chances qu'il pouvait leur offrir dans la partie de jeu engagée sur sa vitesse.

Enfin l'heure sonne..., l'arc se détend, la flèche part ; elle siffle et fend l'air... : les rangs s'éclaircissent, les coursiers s'échelonnent ; tous les parieurs sont inquiets, haletants. Cependant la fortune se décide ; déjà le juge a proclamé le vainqueur : celui-là n'était pas le favori ; *Belzoni* est derrière...

Sa défaite le faisait rentrer immédiatement dans la foule ; elle diminuait étrangement sa valeur aux yeux de tout bon sportman, qui n'attache d'importance qu'à un seul mérite, — la vitesse. Quant à M. de Burgsdorff, il ne pouvait mettre un si haut prix à l'exagération de cette qualité, et *Belzoni* conservait encore pour lui une valeur réelle et considérable, malgré la mauvaise conformation de sa tête. Ce qui lui importait, — à lui, — c'était l'état actuel des membres, c'était leur ruine ou leur conservation ; mais, au premier examen qu'il en fit, il découvrit au jarret gauche un éparvin bien conditionné, double et triste héritage, sans doute, de son père et de son bisaïeul. Dès lors, il n'eut plus aucune valeur pour lui ; il n'en eût pas offert une obole.

Eh bien ! quelle différence, en définitive, entre le jugement porté par les Anglais et celui de M. de Burgsdorff ? Lequel, en outre, est le plus certain ?

Belzoni se déshonore en fournissant une mauvaise course,

et personne ne s'occupe plus de *Belzoni*. — *Belzoni* est
mort et enterré. Il ne sera pas l'étalon de haut prix, le producteur précieux sur lequel, avant la consécration de ses
qualités, on avait cru pouvoir fonder pourtant un brillant
avenir.

Belzoni a été, — *Belzoni* n'est plus.

Qu'importe maintenant à l'éducateur qu'il soit taré? Est-
il besoin qu'il prenne la peine de s'en assurer? *Belzoni* n'a
point fait preuve d'un mérite suffisamment élevé pour demeurer hors ligne, pour être jugé digne de concourir à la
conservation de sa race; donc il tombe en oubli, on le dé-
laisse, et l'on cherche ailleurs l'étalon capable, la célébrité
à qui confier la transmission des qualités de premier ordre
qu'il ne faut pas laisser déchoir et dont il ne paraît pas avoir
reçu l'héritage complet.

M. de Burgsdorff, lui, procède différemment. Il tient
moins au cheval intérieur qu'au cheval extérieur, aux qualités morales qu'aux perfections physiques. La défaite de
Belzoni ne l'arrêterait pas dans sa préférence. Qu'importe,
après tout, qu'il se soit montré peu vaillant, moins énergique qu'on n'eût pu le supposer, si sa conformation semble
heureuse et bonne, si l'enveloppe paraît lisse, polie, irréprochable? Il compte avec raison sur son savoir; il a, d'ailleurs, une grande expérience. Il s'y connaît donc, et aucune
tare, aucune défectuosité n'échapperont à son œil exercé.
Aussi l'examen des formes extérieures, un examen très-
superficiel même lui suffit au rejet absolu de *Belzoni*. Il
porte un vice qui ne pardonne pas; il le tient de son père et
de son arrière-grand-père. Cette souillure est grave; cette
tache s'est comme incrustée dans la famille et menace d'être
indélébile. Elle justifie pleinement l'exclusion absolue de
Belzoni comme reproducteur. Jusque-là, rien à dire. Ce
jugement est parfaitement fondé; il est logique, conforme
aux idées les plus saines, appuyé sur l'observation judicieuse des faits. — Tout le monde est d'accord; **personne**

ne poursuit systématiquement la transmission des tares, et il n'y a point de théorie qui la recommande, quoi qu'on en dise.

Mais continuons.

« Si *Belzoni*, ajoute M. de Burgsdorff, avait été vain-
« queur dans cette course si importante pour les chevaux
« de trois ans, il eût alors assuré pour toujours la réputa-
« tion de sa famille ; la saillie de son père *Blacklock* eût été
« augmentée de 10 guinées, et *Belzoni* lui-même, bien
« qu'entièrement ruiné, selon toute apparence, par les
« efforts prodigieux de ses jarrets et de ses paturons, au-
« rait certainement sailli aussi au prix de 25 guinées. Il
« aurait sans doute communiqué de forts os et une taille
« élevée, mais il aurait donné en même temps son éparvin,
« ceux de son père et de son bisaïeul, par suite de leur na-
« ture héréditaire (1). »

Ce raisonnement n'a plus le même fondement, la même solidité ; il est purement hypothétique. *Si* Belzoni *avait été vainqueur...*, d'accord. Mais s'il avait été le cheval hors ligne, l'athlète puissant, l'étalon modèle et en tout digne de sa race, il n'eût pas porté la tache originelle qui lui est reprochée avec justice ; on n'eût sans doute point craint alors de la voir passer à ses fils, et nous ne voyons pas pourquoi, vainqueur dans cette course, il en fût sorti estropié, entièrement ruiné. Nous pourrions, tout aussi bien que le savant directeur des haras de Trakehnen, nous livrer à une série de suppositions et dire :

Si *Belzoni*, vainqueur du *Saint-Léger*, vainqueur éner-gique et brillant dans dix, quinze ou vingt autres courses fameuses, était sorti de ces épreuves difficiles sans atteinte notable dans sa constitution, sans perte appréciable ou tout au moins importante de ses avantages extérieurs, *Belzoni*

_____

(1) *Journal des haras*, t. II, p. 35. (Extrait du *Journal des amateurs de chevaux de Hambourg*.)

eût alors fondé sa réputation sur une base certaine qui eût
infailliblement remonté à ses auteurs; *Manuella* en fût
devenue plus précieuse, et la saillie de *Blacklock* plus chère
en raison de l'importance des succès nouveaux ajoutés à sa
première victoire. Plus tard, et si lui-même, après avoir
donné quelques bons produits vainqueurs à leur tour sur
l'hippodrome, avait ainsi offert la dernière et plus éclatante
preuve de son mérite comme père, comme type, il est hors
de doute que le prix attaché à sa saillie ne se fût élevé à un
taux très-considérable et n'eût apporté de gros bénéfices à
son heureux possesseur.

Que si néanmoins des courses très-nombreuses, un entraînement très-longtemps prolongé avaient déterminé une
certaine fatigue des membres, une déviation d'aplomb purement accidentelle, par exemple, cette circonstance n'eût
retiré aucune valeur à *Belzoni*, elle n'eût en rien nui à sa
recherche judicieuse et raisonnée. Mieux vaut, en effet, passer par-dessus des altérations exclusivement dues au travail
que fermer complaisamment les yeux sur une nature de défectuosité plus essentielle, et que M. de Burgsdorff pourtant
ne jugeait pas être assez grave pour l'arrêter dans l'acquisition d'un cheval supérieur à tous autres égards. Certes,
il n'y a point à hésiter, à mérite égal d'ailleurs, entre un
cheval fortement arqué, par exemple, des suites de courses
nombreuses, et un cheval à tête disproportionnée et de
mauvaise conformation. L'hippologue prussien ne partage
pas ce sentiment; il donne la préférence au premier. Nous
croirions être beaucoup plus près de la perfection avec le
second. Une imperfection accidentelle se reproduit moins
sûrement, est plus aisément corrigée qu'une défectuosité
congéniale.

Dans cette course où *Belzoni* venait de perdre la faveur
de tous les sportsmen, de ceux qui avaient gagné tout aussi
bien que de ceux qui avaient perdu par lui, un cheval moins
connu, moins estimé s'était, paraît-il, inopinément révélé

par une victoire brillamment disputée sur vingt-huit concurrents. Ce cheval était TARRARE, fils de *Catton* et d'*Henrietta*. Voici en quels termes s'est exprimé M. de Burgsdorff à son sujet :

« Comme *Tarrare* est devenu le vainqueur du *grand*
« *Saint-Léger*, nous verrons sans doute de ce coursier des
« descendants qui, comme lui, auront aussi le dos élevé du
« lévrier et des *jambes fortement arquées*. Il joint à ces dé-
« fauts un mauvais pied, et l'on put facilement observer qu'un
« sol amolli par la pluie avait seul pu rendre sa course pos-
« sible; il eût été, sans nul doute, vaincu, si l'arène se fût
« trouvée sèche et dure (1). »

Dans les idées de M. de Burgsdorff, *Tarrare*, vainqueur, devait servir à la reproduction, quoique et quand même; sa victoire devait l'élever au-dessus du niveau commun, lui tenir lieu de tous les mérites, fermer les yeux à la lumière, et précipiter encore la dégénération déjà si rapide de cette race que naguère il avait vue si forte et si puissante. Voilà donc *Tarrare* en possession du privilége d'empoisonner sa race..... Mais les choses ne se passent pas tout à fait ainsi. Malgré les avantages d'une constitution développée, énergique, malgré la valeur que lui donne la victoire de cette *course des courses*, ainsi qu'on nomme le *grand Saint-Léger* en Angleterre, *Tarrare* n'est point encore proclamé le cheval incomparable, il s'en faut. Vaincu, on ne se fût plus occupé de lui comme type de conservation de sa race : vainqueur inopiné, inattendu, on ne le repoussera pas systématiquement; il sera essayé et jugé en parfaite connaissance de cause. Donc on le laissera vieillir jusqu'à l'âge d'étalon, et alors il fréquentera quelques juments de race pure, mais en petit nombre. Si ses premiers produits réussissent, si l'épreuve constate chez eux une supériorité marquée, il s'élèvera dans l'opinion publique, et sera recherché d'année en

(1) *Journal des haras*, loc. cit.

année avec un empressement plus grand et d'autant plus vif que ses descendants l'auront mieux signalé à l'attention et à l'intérêt de tous. Mais qu'il en soit autrement, que ses fils ne réalisent que de minces succès, et, tout vainqueur du Saint-Léger qu'il aura été, il demeurera inconnu, ignoré, dédaigné, au point de vue de la conservation de sa race.

Ces quelques mots disent précisément toute l'histoire de *Tarrare*. Né en 1823, il a commencé à faire la monte en 1828, au prix de 10 guinées seulement. Ses premiers poulains promettant peu, on cessa de lui donner des juments de pur sang; il servit les poulinières d'un ordre moins élevé et devint un étalon de croisement. Il paraît avoir eu plus de succès dans la production du demi-sang ; sa taille et sa force pouvaient le recommander tout particulièrement à ce point de vue. En 1839, c'est-à-dire seulement après dix ans d'essai, *Tarrare* a été exporté d'Angleterre. Il est venu en France augmenter le nombre des chevaux nécessaires à l'amélioration de nos races indigènes. Il n'y a guère été plus appliqué à un autre genre de production qu'au delà de la Manche, et il n'y a pas moins bien réussi (1).

(1) Cependant quelques accouplements heureux dans sa race ont prouvé que cet étalon n'était pas si complétement dépourvu de qualités; il a produit *M. d'Ecoville* et *Cavatine*, — deux illustrations de ce temps-ci. Mais *Princess Edwis* est d'une famille si distinguée et d'un sang si riche! Mais l'éleveur, — M. Calenge, — a donné des soins si judicieux, si intelligents; administré une alimentation si puissante; et tout ce qui est du ressort de l'entraîneur a été si habilement combiné!... Mais *Destiny*, c'est la mère de *Royal-Georges*, de *Plover*, de *Prédestinée*... D'autres noms viendront s'ajouter à ceux-ci. Quant à l'élevage, il a eu lieu sur un sol si riche! Et l'entraîneur capable, c'est le même que pour *M. d'Ecoville*.

Tarrare a produit encore *William*, fils d'*Ida*; — *Sophiste*, par miss *Sophia*; — *Victoria* et miss *Tarrare*, l'une et l'autre par *Harriet*; — *Décision*, par *Ketty*; — *Partisan*, fils de *Syrène*, — et *Comtesse*, par *Sylvie*. Le stud-Book français n'en mentionne pas d'autres jusqu'ici. Des six derniers, *William* au moins promet un

L'histoire de *Tarrare* est celle de bien d'autres. Nous ne l'avons pas racontée par une préférence de notre fait et parce qu'elle s'accommodait mieux à nos idées; elle avait été entamée par M. de Burgsdorff lui-même. Il était convenable de la compléter, afin de lui prouver qu'il n'avait pas prédit avec certitude après l'épreuve, qu'il avait conclu à faux en écrivant cette phrase : « *La vitesse dans le premier « âge, telle est, comme on le voit, la seule qualité que l'on « continue d'exiger* (1). »

M. de Burgsdorff aurait raison, grandement raison de s'élever avec force contre l'abus que l'on fait du cheval prématurément soumis à la discipline sévère du *training* et conduit au poteau avant un degré de maturité satisfaisant. Tout ce qu'il dit à ce sujet est de la plus grande justesse, a son fondement dans les lois mêmes du développement des êtres, et ne saurait trouver de contradicteurs sérieux, surtout lorsqu'il applique ses idées au continent, beaucoup moins riche en chevaux de pur sang que l'Angleterre. Cependant ar-

cheval de mérite; *Sophiste* habite la province, et a gagné trois courses en 1845 sur les hippodromes de Saint-Brieuc et de Nantes. Les autres n'appartiennent pas par les mères à des familles dont le sang se soit révélé haut en valeur. Nous connaissons les trois premiers produits de *Tarrare*, et nous ne leur avons pas découvert les défauts reprochés au père par M. de Burgsdorff. Nous croyons pouvoir dire que le célèbre hippologue allemand s'est montré d'une sévérité excessive dans le jugement qu'il a porté sur le vainqueur du Saint-Léger en 1826. Quant à ses produits de demi-sang, beaucoup de ceux que nous connaissons se recommandent à tous égards.

(1) Loin d'employer systématiquement à la reproduction les chevaux les plus vites et même ceux qui ont remporté le plus grand nombre de courses, les Anglais s'en défont souvent au contraire. Après *Tarrare*, nous pouvons bien citer *Mameluke*, *Napoléon*, *Cadland* qui sont venus en France, *Rockingham* qui a passé en Allemagne, et tant d'autres dont les succès nombreux et brillants donnaient, certes, satisfaction pleine et entière au point de vue de la vitesse, car tous étaient des vainqueurs des grandes courses et des poules, qui élèvent le plus la réputation des chevaux déjà fameux.

guer de l'excès, de l'abus, non pour obtenir une réforme
judicieuse dans le système d'éducation du cheval de pur sang,
mais en vue de faire changer radicalement le mode de reproduction le plus logique, en vue de faire renoncer complétement à des doctrines éprouvées et de détourner la production de ses principes les mieux établis, c'est faire fausses
voiles et conduire la race à une perte certaine. Le système
de M. de Burgsdorff ne s'arrête pas à la ruine d'un nombre
quelconque d'individualités plus ou moins regrettables; il
s'attaquerait à la race tout entière. Il ne jette pas à la mer
la portion la moins utile de la cargaison du navire, afin d'en
sauver la partie la plus précieuse; il laisse périr, corps et
biens, le vaisseau tout entier. La fureur des paris est dans
le caractère anglais. Quel remède à cela? L'impatience du
jeu fait devancer l'heure et précipiter la partie; c'est chose
fâcheuse, à n'en pas douter. L'abus, ce mauvais usage inhérent à toute chose, s'est glissé là comme ailleurs; mais
s'ensuit-il qu'il faille renoncer au bénéfice même du jeu?
Eh! non; ceux qui résistent à la violence du choc n'en ont
que plus de mérite et n'en sont que plus précieux (1).

(1) Ce fait, nous l'avons déjà plusieurs fois exprimé. Cependant,
au risque de nous répéter, nous cédons au désir d'extraire le passage
ci-après du *Traité complet des haras*, par M. Demoussy :

« Les détracteurs des courses affirment qu'elles ne sont bonnes qu'à
« ruiner les chevaux et à faire naître des tares dont ils auraient été
« exempts s'ils n'avaient pas été soumis à cette épreuve pénible. J'ad-
« mets leur assertion, et je suis persuadé, comme eux, que les courses
« ne peuvent qu'accélérer leur ruine, s'ils n'ont pas reçu de la nature
« cette force organique, cette puissance musculaire qui peuvent seules
« résister au travail violent des courses et à leur préparation fatigante.
« C'est précisément ce motif qui doit les faire admettre, puisque, sem-
« blables à la pierre de touche qui sépare l'or des métaux moins pré-
« cieux, elles nous mettent à même de distinguer les chevaux d'élite
« des chevaux que la faiblesse de leur organisation doit faire repousser
« de la reproduction.

« Eprouvés par cette lutte solennelle, sortis vainqueurs de l'arène

D'où vient que les animaux indépendants, ceux qui s'é-
lèvent et vivent à l'état de nature ou de sauvagerie se montrent si robustes et si résistants? N'est-ce pas que les plus

« qu'ils ont parcourue avec une vélocité remarquable, ils sont empreints
« du sceau de la perfection lorsque leurs articulations, leurs pieds, leur
« poitrine, leur colonne vertébrale n'ont éprouvé aucune atteinte et
« ont conservé toute leur vigueur originelle, qu'a encore accrue le mode
« de leur éducation.

« Ces chevaux, consacrés à la génération, ne peuvent former que des
« étalons supérieurs ; ils transmettent à leurs enfants cette force orga-
« nique, cette puissance des facultés vitales dont la brûlante éner-
« gie a su braver toutes les fatigues et surmonter tous les obstacles.....

« Les chevaux de course supérieurs sont les athlètes de leur espèce.
« Leurs élans ne peuvent être aussi rapides et aussi longtemps soute-
« nus que par la vigueur inépuisable de leurs organes, dont l'action
« réciproque se développe avec énergie, quand les agents musculaires
« réclament une innervation abondante, et que le cerveau, le cœur et le
« poumon remplissent leurs fonctions d'une manière si parfaite,
« qu'ils peuvent suffire à cette énorme déperdition du principe ner-
« veux.

« Dans ces courses rapides, tous les ressorts de la machine animale
« sont tendus au plus haut degré; si aucun ne se rompt sous les vibra-
« tions répétées qu'il éprouve, c'est qu'ils jouissent tous de la plus
« grande force vitale, et que la perfection de leur jeu permet cette
« motilité extraordinaire, qui briserait des organes moins robustes.

« Lorsque je considère la mollesse de la pulpe cérébrale, la faiblesse
« du parenchyme pulmonaire, la ténuité des membranes vasculaires,
« le peu d'épaisseur des parois du cœur, dont les contractions répé-
« tées lancent le sang avec tant de vigueur dans les gros vaisseaux
« chargés de le distribuer dans tous les points de la machine vivante,
« je ne puis concevoir comment de si faibles barrières peuvent servir
« de digues au flot sanguin qui les inonde et comment elles peuvent
« résister à la pression qu'il exerce sur elles, quand les efforts prodi-
« gieux du cheval dans cette course désordonnée accélèrent tellement
« la circulation et la respiration, que la fièvre la plus violente ne peut
« offrir des pulsations aussi répétées et une anhélation aussi profonde.
« Quelles machines parfaites que celles du corps de l'homme et des
« animaux, pour qu'elles puissent braver si souvent avec impunité les
« causes de destruction qui tendent à les dissoudre !... »

(P. 207 et 209.)

puissamment doués, que les plus énergiques ont seuls le
privilége de traverser sans encombre toutes les influences
défavorables? Sait-on bien toutes les pertes qu'éprouve l'espèce? On voit bien quels individus ont survécu; mais nul ne
s'occupe de ceux qui sont restés en chemin. « Il y a, dans
« toutes les espèces, des individus qui sont vraiment les élus
« de la nature, et chez lesquels les forces vitales et organi-
« ques reçoivent tout le développement dont elles sont sus-
« ceptibles par le concours heureux de toutes les causes qui
« en favorisent l'évolution; tandis que, dans le plus grand
« nombre, elles sont arrêtées dans leur essor par des causes
« contraires qui en restreignent la puissance (1). »

Eh bien! souvent rien ne trahit au dehors cet amoindris-
sement de la valeur, cet affaiblissement des forces vitales,
qu'un système d'épreuve bien entendu peut seul constater
d'une manière évidente, impartiale. Protestez tant qu'il
vous plaira contre l'excès (et où l'excès n'est-il pas en ce
monde?); mais rappelez-vous bien aussi que tout ce qui a
l'apparence d'être bon ne l'est pas, *que tout ce qui reluit
n'est pas or*, que, le moyen de ne pas accepter un autre métal
moins précieux au lieu et place de ce dernier étant positif,
sûr, absolu, il n'y a pas moins d'inconvénients à le négliger
que d'avantages certains à l'employer.

II.

M. de Burgsdorff a vu courir *Lottery* à l'âge de six ans, en
1826. C'était le seul cheval de cet âge que présentât la réunion d'automne à Duncaster, sur un total de 125 chevaux;
par contre, il y en avait 30 de deux ans et 63 de trois ans,
tandis qu'on n'y en comptait que 24 de quatre ans et 7 de
cinq. Sur 100 chevaux qui coururent quelques jours plus
tard à New-Market, il ne figurait que 2 chevaux de cinq ans

(1) Demoussy, *loc. cit.*

et 1 cheval de six. Ainsi que *Lottery*, ces derniers furent vaincus, honteusement battus.

Cette petite statistique a été dressée par l'auteur allemand « *pour donner une idée de la sinistre dégénérescence* » qu'il signale parmi les chevaux de pur sang anglais. « *Lottery*, « auparavant si renommé, courut deux fois, et deux fois il « se trouva *le dernier ; il était déjà épuisé.* »

L'épuisement profond, inévitable pour tous, même pour les plus fameux, telles sont la suite nécessaire, la conséquence logique et forcée du mode d'éducation actuellement suivi en Angleterre : il fait qu'on sacrifie de bonne heure toutes les forces du jeune animal, qu'on tarit en lui toutes les sources de la vie, dans l'intérêt d'une passion qui ne connaît pas de frein ; il fait qu'on met tout en œuvre pour exciter une énergie factice et momentanée, qu'on ne néglige rien, en un mot, pour déformer et vieillir prématurément les organisations les plus robustes ; il est si désastreux enfin et par la ruine précoce et par les tares dont il est l'occasion, qu'il « rend même sans valeur pour nous le petit nombre « d'anciennes souches où l'on retrouve encore de justes pro-« portions, des membres musculeux, et conséquemment la « force nécessaire pour porter de gros poids. »

On voit avec quelle prévention, avec quelle exagération M. de Burgsdorff juge la question des courses. Nous le voudrions plus froid et plus calme sur un pareil sujet ; nous le voudrions moins partial dans l'expression de son sentiment, et plus heureux dans le choix des noms qui lui inspirent de pareilles sorties. A l'entendre, ne croirait-on pas que tous les chevaux de l'Angleterre sont soumis à ce mode d'élevage qu'il blâme avec tant d'amertume, en termes si absolus et d'une manière si générale, au lieu de ne s'en prendre qu'à l'abus? Cependant, en dehors des chevaux de pur sang, il n'entre pas un seul cheval dans une écurie d'entraînement ; à part ceux qui peuvent lutter avec avantage, avec chances de succès sur l'hippodrome, il n'est pas un seul cheval prématurément soumis aux exercices violents de la traîne. Les chevaux de chasse ou tous autres appliqués à un genre de service exigeant l'emploi de forces considérables, beaucoup de résistance et de durée sont attendus et convenablement préparés suivant la nature d'action qu'ils auront à dépenser. L'abus, l'excès ne sauraient atteindre que des chevaux de pur sang parmi lesquels, encore une fois, il s'agit de découvrir les quelques-uns qui deviendront utiles, nécessaires au renouvellement de la race, à la conservation du type.

Toutefois ceux-ci seront-ils appauvris, épuisés, pour avoir subi de nombreuses courses? Seront-ils sans valeur aucune pour la reproduction alors même qu'ils ne seraient point tarés extérieurement, ainsi que M. de Burgsdorff en est convaincu?

Il semblera superflu peut-être de chercher à démontrer le peu de fondement de cette assertion. En effet, une race qui depuis quatre-vingts ans environ se maintient par elle-même et sans le secours d'aucune alliance étrangère dans toute l'intégrité de son mérite propre doit être à l'abri de tout reproche de dégénération. Cependant, M. de Burgsdorff édifiant un système sur quelques faits incomplétement observés ou mal interprétés, ou quelquefois même singulièrement hasardés, il est bon de le suivre sur ce terrain, et de lui montrer que, puisqu'il n'a point été, lui, exempt d'erreur, malgré son grand fonds d'expérience, d'autres ne seraient pas plus heureux, et dès lors que, dût-on voir périr à la peine la moitié et plus de la race, il serait encore utile d'employer un moyen sûr de constater, chez les reproducteurs destinés à la conserver haute en valeur, les qualités élevées qui la rendent si précieuse pour l'amélioration de l'espèce tout entière.

Lottery, le célèbre *Lottery*, arrivant *deux fois dernier*, à Duncaster, à l'âge de six ans, est atteint et convaincu d'épuisement à l'époque de la vie où il aurait dû, au contraire, commencer à se montrer dans toute la plénitude de ses moyens.

dans toute la richesse des puissances organiques, dans toute
l'énergie de son action. Ce ne sont pas les tares qui le dépré-
cient : un accouplement bien fait, un appareillement judicieux, savant, parfaitement combiné, rend parfois raison
d'une tache qui peut être lavée par la pureté et la netteté
irréprochable de celui des deux reproducteurs qui en est
exempt; mais il s'agit d'un fait bien autrement grave. *Lottery* est épuisé, c'est-à-dire qu'il a perdu la plus grande
partie des riches matériaux de son organisation constitutive;
sa sensibilité et ses forces sont éteintes; il est ruiné, excédé,
énervé; il offre à l'observateur la réunion des tristes symp-
tômes qui caractérisent un animal sans énergie ni valeur;
une *rosse* enfin, écrivons le gros mot.

Voyons ce qu'avait été *Lottery* avant d'être ainsi disqualifié
par M. Burgsdorff, et ce que depuis il a été dans sa descendance.

Comme origine, rien à désirer. Il tient aux plus illustres
familles de la race; le sang le plus riche et le plus distingué
coule dans ses veines. Dans sa double ascendance, du côté du
père tout aussi bien que du côté de la mère, les célébrités
ne font défaut ni sur l'hippodrome ni dans le fait d'une
reproduction heureuse.

Comme individu, *Lottery* a toujours dû être grand, fort,
développé, énergique. Toutefois la prédominance du système
nerveux est telle dans sa constitution, qu'elle a dû rendre
son éducation plus laborieuse après un élevage moins facile
et moins précoce dans ses résultats.

Cette observation est-elle suffisamment justifiée par le fait
que *Lottery* ne figure pas au *Racing calendar* en 1823, bien
qu'à cette époque il eût atteint sa troisième année? Au moins
ne voit-on pas dans les listes de 1823 qu'il soit entré en
lice contre les chevaux de son âge.

En 1824,—à quatre ans par conséquent,—il est cinq fois
vainqueur. Il gagne à Newcastle — *the King's plate* — et
250 guinées; — à York, — *the gold cup;* — et à Duncaster

deux nouveaux prix, — l'un de 200, — l'autre de 110 guinées. Il est, en outre, placé second et troisième dans plusieurs
autres courses.

En 1825 il remporte à York — *the gold cup* — et deux
prix de 210 livres ensemble; à Preston, — *the gold cup*; —
et à Duncaster, — *the Fitz-William stakes* — et *the gold cup*.
Comme l'année précédente, il arrive bien dans d'autres
courses importantes.

En 1826 il est battu à Duncaster, ainsi que le constate
M. de Burgsdorff; mais il gagne—*the gold cup*—à Preston.

Somme toute : cheval bien né et parfaitement racé, —
tempérament énergique, — conformation régulière et développée; — vainqueur dans douze grandes courses, — bien
placé dans plusieurs autres, tel était *Lottery* en 1826, lorsque M. de Burgsdorff le jugea incapable dans l'avenir et le
déclara *déjà épuisé*.

Voyons ce qui dans la suite le recommanda bien plus que
ses succès d'hippodrome.

En 1831 — 8 de ses produits gagnent 26 prix. Au nombre des vainqueurs figurent *Tetotum* et *Crispin*, vendus plus
tard à la France.

En 1832—23 prix sont gagnés par 12 de ses descendants,
et parmi ces derniers étaient des chevaux du mérite de *Con-
sol, Speculator, Lot*, et encore *Tetotum* et *Crispin*.

En 1833 — il donne 19 vainqueurs de 50 prix. Parmi
eux il en est un qui en remporte 14, d'autres 4, d'autres
3, etc.

En 1834 — 24 produits gagnent 48 prix et demi.

En 1835 — on compte 62 prix partagés encore entre 24
de ses fils.

En 1836 — 17 seulement prennent part aux courses, et
remportent 41 prix d'une valeur de 4,260 souverains, paris
particuliers non compris, bien entendu.

En 1837 — il en figure 12 pour 39 prix ;

En 1838 — 8 pour 22 prix ;

En 1839 — 4 pour 15 ;
En 1840 — 5 pour 6 ;
En 1841 — 1 pour 1 ;
En 1842 — 1 pour 8.

Ce dernier est *the Tiger*. Importé en France, il y a également obtenu des succès de course, comme plusieurs de ses frères qui ont passé en Allemagne, où ils ont porté à M. de Burgsdorff lui-même des preuves irrécusables du mérite de leur père.

Après une liste aussi brillante, qui donc oserait dire que *Lottery* est sorti épuisé des épreuves auxquelles il a été soumis pendant trois années consécutives ? qui donc oserait avancer que sa descendance eût été meilleure, s'il n'avait point été entraîné et s'il n'avait point couru (1) ?

Maintenant qu'a fait *Lottery* en France ? Cette question peut être posée sans que la solution défavorable altère en rien la

(1) Les annales du *sport* ont enregistré d'autres succès. *Lottery* n'a pas seulement été employé à la reproduction de la race pure, il a produit aussi avec la jument de demi-sang, et ses fils ne se sont pas montrés moins dignes de lui. Pour ne citer qu'un exemple, qu'un fait, nous rappellerons le grand *steeple-chase* national qui s'est couru, le 26 février 1839, dans les environs de Liverpool. Dix-huit chevaux de chasse, — et des meilleurs, — prirent part à cette lutte, dont les difficultés étaient sérieuses, et qui, par cela même, « avait attiré une foule « de *sporting-characters* telle, qu'on n'avait jamais rien vu de sem-« blable, même dans le voisinage de Londres. » Le vainqueur de ce brillant *steeple-chase* fut un fils de *Lottery*, désigné sous le même nom, et dont le dernier bond, au saut du dernier obstacle, mesura 33 pieds de long ! (*Journal des haras*, t. XXXIII, p. 34.)

Lottery a été fort regretté en Angleterre. Des propositions avaient été faites à l'administration des haras, qui la sollicitaient d'échanger cet étalon contre deux ou trois producteurs en réputation. On comprend que la nature même de ces offres devait les faire rejeter ; que la France devait attacher à la possession de *Lottery* un prix d'autant plus élevé que les regrets des éleveurs anglais se manifestaient plus nombreux et plus vifs. *Lottery* ne pouvait pas être renvoyé en Angleterre ; *Lottery* est resté en France.

valeur de ce cheval jugé comme étalon, comme type de force et d'énergie.

Nous avons dit la constitution nerveuse de *Lottery*. Tous ceux qui l'ont connu savent combien il était impressionnable, combien sa nature était susceptible. Il devait, plus qu'un autre, être fortement influencé par les circonstances extérieures et se faire plus difficilement aux changements divers qu'il a forcément éprouvés à la suite de sa sortie d'Angleterre. Son importation date de la fin de 1833. Il a commencé le service d'étalon en France dès 1834. De cette première monte à celle de 1842, dont les derniers résultats connus sont consignés au IIIe volume du *Stud-Book français*, il a donné cent dix produits de pur sang.

Tous à beaucoup près n'ont pas paru sur le *turf*, mais tous ceux qui vivent encore sont employés à la reproduction. Les mâles, nous le croyons, seront fort utiles comme chevaux de croisement. *Lottery* donnait à ses fils le caractère qui dominait en lui, cette force nerveuse qu'il avait en excès et qui rendait tous les siens d'un élevage difficile. Mêlé à un sang moins riche, moins chaud, moins pétulant, le sang de *Lottery* donnera au premier des éléments de force qui lui manquent; il lui communiquera un principe de vitalité plus grand, et relèvera cette action nerveuse si faible aujourd'hui chez nos races inférieures. Tel aura été le genre d'utilité propre à *Lottery*, dont on attendait davantage, il faut bien l'avouer. Au surplus, d'autres produits sont encore inconnus, plusieurs viendront peut-être modifier les faits que nous avons cherché à expliquer; peut-être aussi, qui sait? jetteront-ils un nouvel éclat sur la valeur déjà si bien confirmée de ce cheval par les succès nombreux et brillants de ses fils en Angleterre.

Toutefois, même en France, quelques-uns de ses produits ont pu être remarqués. Copions ce qu'en a publié le *Journal des haras* à la page 194 de son XXXIXe volume.

« *Lottery*, qui jouissait d'une grande célébrité en Angle-

« terre, tant par ses propres courses que par celles de ses
« nombreux descendants, n'a pas aussi bien produit en
« France. Nous citerons cependant, parmi ceux-là, *Quine*,
« qui, après s'être distingué dans les courses, fut envoyé
« comme étalon à Arles, où il s'est tué ; — *Angora*, qu'on
« a vu figurer sur l'hippodrome avec plus ou moins de succès,
« et qui est employé aujourd'hui à la reproduction dans la
« circonscription du dépôt de Braisne ; — *Roulette*, qui
« n'a pas couru sans profit pendant plusieurs années ; — *In-*
« *sulaire*, dont les débuts avaient été des plus brillants,
« mais qui n'a pas tenu ce qu'il promettait ; — *Romanesca*,
« qui donnait des espérances peu réalisées ; — *Tertullia*,
« qui s'est assez bien montré, cette année, dans les courses
« du printemps ; — *Maria*, qui n'a pas mal couru en 1844 ;
« — *Tomate*, deuxième, cette année, dans le prix de Diane
« et dans le Saint-Léger, etc. »

Faut-il parler maintenant des œuvres de quelques-uns de
ses fils ?

Tetotum n'a pas mal produit, et peut-être n'a-t-il manqué
à la réputation de ce cheval, considéré sous le mérite de sa
reproduction, qu'un service fait, pour celle-ci, par des poulinières d'un ordre plus relevé et dont les fils aient pu se produire sur le *turf* avec tous les avantages que donnent à l'amateur la fortune et la passion des courses. Cette dernière ne
compte pas, elle est prodigue de soins et de sacrifices ; elle a au
moins ce bon côté qu'elle ne laisse pas dans l'obscurité, faute
de moyens, le cheval qui peut la satisfaire. Tous ces calculs,
ou d'intérêts ou d'amour-propre, la poussent à ne rien négliger de ce qui peut aider au développement d'une nature
riche ou généreuse, dont l'incurie et la misère sont incontestablement les plus dangereux ennemis.

Alteruter, s'il est véritablement fils de Lottery, comme il
y a tout lieu de le croire, *Alteruter* n'est pas sans mérite, à
coup sûr.

Et *Paillasse*, fils de *Chance*, petit-fils de *Lottery* ; un accident en quelque sorte, résultat d'un accouplement que nul n'aurait conseillé, que nul surtout n'aurait voulu recommencer ; *Paillasse* est incontestablement le meilleur cheval français né de *Lottery*, et, mieux que cela, l'un des bons chevaux qui aient couru sur nos hippodromes, soit comme vitesse, soit comme conformation, *Paillasse* était, par sa mère, d'un sang si peu fashionable, qu'on ne s'est même pas donné la peine de le juger, qu'on l'a jeté sur l'hippodrome sans le connaître, sans savoir ce qu'il pouvait, ce qu'il avait de fonds et d'énergie...; et puis il brille au grand ébahissement de tous ; son début l'élève sans transition au niveau des plus hautes illustrations ; il fait des prodiges, et on en abuse...; il finit par se briser un phalangien.

Certes *Lottery* était un cheval de tête, un reproducteur capable et digne de sa race. *Lottery* n'avait pas été *épuisé* par les courses ; mais il était irascible et fantasque, et ne courait pas toujours. Personne n'ignore que ce nom n'est devenu le sien qu'en raison même de ce fait bien connu, résultat d'un vice de caractère qui a passé à quelques-uns de ses produits.

III.

Est-ce à dire que *tous* les chevaux de course que des épreuves nombreuses, exagérées même n'ont point épuisés, soient des producteurs d'élite aptes à transmettre avec certitude leur descendance, leurs qualités brillantes, leur énergie native, encore rehaussée par un mode d'éducation rationnel? Non, certes ; mille faits épars dans les annales des courses, dans l'histoire physiologique de la race orientale, naturalisée anglaise, témoignent du contraire. Mais qui pourrait dire qu'un cheval célèbre par ses victoires sur l'hippodrome, et qui, plus tard, s'est démenti dans sa décadence, eût été un bon producteur, si, au préalable, on ne l'avait point fait passer par un système d'épreuves qui pût mesurer et sa force d'innervation et sa vigueur musculaire, offrir le gage le plus

solide de sa valeur intrinsèque, donner enfin une signification précise aux qualités intérieures, indépendamment du caprice qui s'attache à la forme? On aurait tort de croire que
l'hippodrome désigne toujours à coup sûr le meilleur père,
l'étalon le plus capable de *racer*. Non, il met en relief le cheval le plus énergique; il révèle l'athlète de la race, le cheval
valeureux. Il ne faut pas lui demander plus qu'il ne peut en-
seigner; il établit un fait matériel, il ne donne pas un brevet de transmission; il ne dit pas, il ne peut pas dire si le
fait héréditaire sera puissant ou enrayé chez ce bon cheval
de course dès qu'il aura passé à la condition d'étalon.

Et de même, qui voudrait assurer que tel cheval toujours vaincu, jamais vainqueur, malgré la perfection des caractères saisissables de la figure, de l'enveloppe, deviendra
l'étalon modèle, le père précieux, le cheval qui, avec le type
extérieur, reproduira fidèlement, sûrement, sans altération
des qualités qui n'ont point été constatées, des forces sup-
posées, des facultés occultes, des dispositions toutes morales?
Personne, assurément; et pourtant le fait n'est pas sans exemple. Est-ce que l'on n'a pas vu souvent, est-ce que l'on ne
voit pas tous les jours des anomalies encore plus frappantes?
Est-il bien rare que, dans la plus proche parenté même, il y
ait de ces différences qu'on ne saurait expliquer? Elles sortent de la règle commune; elles s'écartent violemment des
lois connues et des faits généraux les plus constants; il faut
bien s'avouer impuissant.

« *Old-England* et *Blanck* étaient frères dans toute l'éten-
« due du mot, puisque l'un et l'autre devaient le jour à l'a-
« rabe *Godolphin* et à la jument *Little-Hartley*, et cepen-
« dant *Old-England*, coureur du premier mérite, ne fut
« qu'un médiocre étalon; tandis que *Blanck*, coursier insi-
« gnifiant, se montra étalon de la plus haute distinc-
« tion (1). »

(1) Hankey Smith, *Remarques sur l'élève du cheval de course.*
(*Journal des haras*, tom. II.)

Trois fois mère avec *Marske*, *Spiletta* a-t-elle produit
Eclipse deux fois? De combien, au contraire, n'a pas été inférieur à ce dernier *Garrick*, autrefois *Hypérion*, son propre
frère, soit comme cheval de course, soit comme étalon de
grande valeur? *Matchem* et *Changeling*, l'un et l'autre par
Cade et *Partner mare*, offrent la même dissemblance; autant le premier fut à la fois supérieur dans la double condition de son existence, autant son puîné fut au-dessous de lui,
médiocre à tous égards, et comme coursier, et comme producteur. C'est que la nature, qui ne se répète qu'à de longs
intervalles, n'aime pas à prodiguer ses dons. En douant
l'homme des hautes facultés de l'intelligence qui le rapprochent
de l'essence même du Créateur et qui l'élèvent jusqu'à son
image, elle lui a imposé le travail et la difficulté. Et pour ne
pas rendre inutiles peines et labeur, pour ne pas rendre insurmontables tous les obstacles qui entravent la marche de
l'homme, pour ne pas laisser déchoir l'œuvre sortie de ses
mains, Dieu veut bien la reproduire de loin en loin dans
toute sa force et dans toute sa perfection premières en réunissant chez un seul les qualités éparses dans la famille entière. Tel est peut-être le secret de la production de ces célébrités si rares, de ces individus hors ligne, dont le souvenir
ne s'efface plus, de ces types fortement accusés, hardiment
charpentés, dont la puissance exceptionnelle, presque phé-
noménale fait époque, passe traditionnellement aux générations successives et demeure comme un fait extrême vers
lequel on essaye toujours de remonter pour le reproduire.
Mais seuls, le hasard, un accident heureux semblent le ramener. Le plus ordinairement, en effet, il sort d'une combinaison qui n'a pas coûté de grands efforts et d'une famille sur
laquelle on ne fondait pas de hautes espérances, comme pour
attester qu'il n'en faut négliger aucune, que le germe est
toujours là dans toute sa plénitude, prêt à éclore, puissant
à se développer, riche de sa force d'expansion..... Le sang

ne se perd pas, avons-nous déjà dit. « Noblesse oblige, et bon sang ne peut mentir (1). »

En compulsant les livres du sang, — le *Stud-Book* et le *Racing calendar*, — il serait facile de relever toutes les exceptions du genre de celles que nous avons citées. A quoi bon? Loin d'affaiblir ou d'infirmer la règle, elles ne font que mieux ressortir notre insuffisance d'une part, et d'autre part la nécessité de ne négliger aucune donnée parmi celles qui peuvent nous éclairer. Quelles que soient la science du producteur et l'habileté pratique de l'éducateur, non-seulement ils auront toujours à observer et apprendre, mais ils seront encore et souvent trompés dans leur attente et dans leurs combinaisons les plus judicieuses, *Experientia fallax*, *judicium difficile*, voici un principe de doctrine également applicable à toute opération, à tout art s'attaquant à l'organisation vivante, à l'être moral.

Les questions hippiques ont eu, depuis quelque temps, le privilége de soulever mille discussions qui ne sont point encore éteintes, il s'en faut. Leur source est dans l'isolement où se renferment les opinions absolues, et dans l'exagération fâcheuse des faits contingents. Nous sortirons du chaos, mais seulement après un examen tout philosophique des choses, lorsque nous aurons reconnu à chacune leur utilité propre, leur importance réelle, lorsque nous serons assez éclairés pour nous détacher de tout esprit de système et pour voir sainement de près et de loin. Jusque-là il n'y aura rien de vrai, il n'y aura pas de science, et l'hippologie demeurera impuissante dans les langes qui l'étreignent.

A l'appui des idées qu'il s'est formées sur les suites fâcheuses de l'entraînement et des courses, M. DE BURGSDORFF renvoie ses lecteurs à l'ouvrage publié sur l'élève des che-

---

(1) *Bulletin hippologique de la Société d'encouragement de Pompadour*, 2ᵉ numéro, 1845.

vaux de course par M. Hankey Smith. Mais l'auteur anglais ne se montre ni aussi absolu ni aussi exclusif que l'hippologue prussien. Il s'est livré à de nombreuses recherches, il a cité grand nombre de faits à l'avantage de cette opinion que les juments non entraînées, que celles qui n'ont point couru ont pourtant, dans un laps de temps égal, donné plus de coureurs célèbres que les descendants des juments employées dans les courses ; et encore que, parmi ces juments, celles qui se sont trouvées douées d'une belle figure ont produit un plus grand nombre de coursiers en renom que celles qui, bien que célèbres elles-mêmes pour leur vitesse, étaient néanmoins d'une conformation défectueuse.

« Ce n'est pas que je veuille dire, ajoute-t-il, qu'il ne
« puisse exister de juments douées d'une conformation as-
« sez forte pour supporter les épreuves les plus rudes sans
« que les moyens en soient altérés ; mais des moyens aussi
« énergiques sont si rares, que je n'hésiterais jamais à pré-
« férer la poulinière douée d'une bonne conformation, sor-
« tant d'une bonne souche, et qui n'aura jamais été entraî-
« née, à la jument qui, présentant des qualités égales, se
« serait épuisée dans des courses trop fréquentes. J'ajoute-
« rai cependant que l'étalon ou la jument dont le tempé-
« rament et la force auraient été convenablement éprouvés
« me paraîtraient toujours mériter la préférence sur ceux
« qui n'auraient subi aucune espèce d'épreuves.

« On se tromperait toutefois, si l'on concluait des réflexions
« que je viens de faire que toutes les juments qui se sont
« montrées supérieures pour la course, sans cependant pro-
« duire un cheval distingué, auraient été d'excellentes pou-
« linières, si jamais elles n'avaient été employées comme
« chevaux de course, et que celles, au contraire, qui, sans
« avoir jamais paru sur la lice, ont donné le jour à des pro-
« ductions souvent victorieuses, se seraient montrées cou-
« reurs distingués, si elles avaient été mises à l'épreuve.

« *Je suis loin de vouloir établir des maximes aussi abso-*
« *lues* (1). »

En lisant avec attention ce qu'a écrit M. Hankey Smith,
on voit que l'examen plus réfléchi de la question qu'il cherchait à élucider dans son esprit l'a conduit à une conclusion
parfaitement opposée à ses prémisses. Il ne rejette pas les
épreuves, il les demande. On voit seulement qu'il ne voudrait pas les conséquences extrêmes, fâcheuses d'un système
exagéré, poussé jusqu'à sa dernière limite, c'est-à-dire jusqu'à l'abus. Cependant voyez la faiblesse de son raisonnement : il n'hésitera jamais entre la poulinière bien confor-
mée, *sortant d'une bonne souche*, qui n'aura point été
soumise à l'entraînement, et celle qui, non moins belle,
non moins heureusement constituée, aurait été *épuisée* dans
des courses à outrance. Mais que faut-il entendre par ces
mots : *sortant d'une bonne souche?* Le voilà retombé malgré lui, à son insu, dans le système des épreuves. Aussi pré-
férera-t-il toujours aux animaux non connus, non éprouvés
ceux qui auront donné suffisantes preuves de leur mérite, de
la solidité de leur tempérament, de la force et de l'énergie
qui sont en eux.

Il ne raisonne pas, d'ailleurs, autrement que nous; il ne
force pas les faits au point de leur donner une valeur qu'ils
n'ont pas, une signification qu'on ne saurait leur prêter.
Cette voie est obscure pour tous ceux qui jugent avec im-
partialité, et qui n'ont pas la prétention d'y voir en pleine
nuit avec la même facilité que par une lumière vive et
pure.

M. Hankey Smith a pris à tâche de prouver que la production du cheval, que son élevage même n'étaient point
soumis à des *règles fixes*, *absolues*, mais qu'ils ne pouvaient
pas non plus *être entièrement abandonnés au hasard.* « Loin
« de là, dit-il, je crois qu'on ne saurait jamais donner assez

(1) *Loco citato.*

« de soins à l'examen approfondi de tous les éléments qui
« concourent à la reproduction du cheval, et je suis con-
« vaincu que le producteur qui dans ses accouplements
« apportera une grande attention à la généalogie, à la sy-
« métrie, au tempérament, à la constitution des individus
« dont il voudra se servir, et qui saura convenablement
« apprécier les principes de force et de vitesse qui peuvent
« appartenir à chacun d'eux, je suis persuadé, dis-je, que
« celui-là arrivera à des résultats que n'obtiendra jamais le
« propriétaire qui dédaignera les mêmes investigations, qui
« négligera les mêmes précautions (1). »

Voilà qui est fort explicite; nous ne dirons jamais autre
chose; nous ne voulons pas de système édifié sur un fait isolé,
sur une idée menteuse parce qu'elle est exclusive, sur un
raisonnement spécieux, sur une pratique exagérée. Nous
voulons aller au delà de ces observations incomplètes·qui
jusqu'ici ont constitué tout le domaine de la science hippique.
Le temps est venu pour nous de dépasser des limites qui ne
sont point infranchissables, d'élargir le cercle de nos études,
de remonter aux causes, et de rattacher logiquement les
effets aux principes.

La vitesse n'est pas le seul mérite que nous cherchions à
développer par le mode d'élevage et de reproduction suivi
à l'égard de la race de pur sang; mais elle nous sert à constater la force de tous les organes, la solidité de leur trame,
l'énergie morale, tout ce qui constitue la bonté en un mot,
et nous regrettons toujours que ce mot ne soit que très-
rarement synonyme de perfection. Pour nous les courses ne
sont point un système, un résultat, le but à atteindre; mais
un moyen, un élément, une condition, un fait, quelque
chose enfin, une partie essentielle du tout, sans laquelle nous
ne sommes pas suffisamment édifié.

(1) *Loco citato.*

IV.

M. Person, l'un des hommes de cheval le plus foncière-
ment instruits de notre époque, s'est aussi occupé de la
question du pur sang. Il va sans dire qu'il en admet le
principe. Ses idées le rapprochent beaucoup de la théorie
de Préseau de Dompierre. Nous marchons longtemps parallèlement avec lui.

Ainsi le cheval n'existe plus à l'état de nature. Mais sa
forme et ses qualités primitives ont été moins profondément
atteintes dans sa patrie originaire que partout ailleurs. Mille
soins intelligents, une longue persévérance du mode de reproduction adopté, des habitudes qui ne changent pas, une
existence séculaire l'ont protégé contre toutes modifications
extérieures fâcheuses et maintenu au même point de perfection extérieure.

En l'exposant à des climats divers, à des nourritures
changeantes, à des emplois nouveaux; à des travaux pénibles, à une existence bien différente, les migrations lui ont
fait éprouver des modifications nombreuses et profondes.
L'homme a pu développer la forme, agrandir le moule,
grossir le modèle, afin de les approprier mieux à des besoins nouveaux, à des exigences remplies ailleurs par d'autres espèces qui ne se retrouvent pas partout. Mais, en les
changeant de la sorte, il a modifié la nature même du cheval, et n'a pu lui conserver toute sa perfection native.
Aussi faut-il retourner de temps à autre à « la source
« chercher du sang originel pour retremper ce sang dé-
« généré. »

C'est la loi de dégénération appliquée à l'espèce du cheval
suivant les idées de tous les hippologues d'autrefois.

D'après ce système, appuyé, d'ailleurs, par le fait de la
formation successive des différentes races célèbres en Espagne, en Allemagne, en France et en Angleterre, il est

toujours facile à une population industrieuse d'obtenir chez le cheval, sous des influences calculées, l'assemblage des qualités naturelles et acquises que réclame un état de civilisation donné. A ce point de vue les races ne sont point le produit spontané de la contrée dont elles prennent le nom, mais un résultat des combinaisons plus ou moins justes, plus ou moins heureuses de l'art. C'est ainsi qu'a été obtenue et confirmée la race anglaise de pur sang, uniquement créée pour satisfaire au goût si général des courses en Angleterre. — Nous avons déjà réfuté cette dernière assertion et prouvé qu'elle était de tous points erronée.

En poursuivant son raisonnement, M. Person attribue logiquement à la pensée dominante des courses une recherche soigneuse et toute spéciale des formes les plus appropriées au développement extrême d'une seule qualité, — la vitesse, — et il rapporte au mode particulier d'éducation cette foule d'inconvénients qu'ont signalés avec raison, dit-il, les détracteurs du pur sang (1). Il partage leur sentiment à cet égard, et repousse le cheval anglais, dont la forme, si précieuse pour la spécialité de l'hippodrome, pour le déploiement d'une vitesse qui n'est dans aucun de nos besoins, est si défectueuse pourtant au point de vue de l'emploi usuel de ce moteur dans les conditions présentes de notre civilisation. Il repousse le cheval de pur sang anglais, mais il reconnaît que les qualités primitives qui se retrouvent entières dans le cheval arabe pur ne se présentent pas néanmoins sous une forme heureuse quant à la satisfaction des exigences de notre époque. Il admet enfin qu'au début de tout essai de croisement on n'obtient pas tout d'abord des résultats très-louables, et qu'il faut savoir persévérer pour obtenir le succès.

Il serait logique, dit-il, pour améliorer les races, d'aller en Barbarie, en Arabie ou en Perse, chercher les sujets les

---

(1) F. Person, *Les chevaux français en* 1840.

plus parfaits de l'espèce, « si le cheval entre les mains de
« l'homme n'était devenu un animal factice, et si nous n'a-
« vions besoin que de ses qualités primitives. Mais, comme
« elles sont toujours en raison inverse de la taille et de la
« grosseur dont nous ne pouvons nous passer, il en résulte
« évidemment qu'elles nous font perdre d'un côté en nous
« donnant de l'autre, et que nous nous trouvons ainsi placés
« entre des écueils (1). »

M. Person ne veut donc, comme reproducteurs, ni du cheval
anglais ni du cheval arabe, tels qu'ils sont aujourd'hui. Abstraction faite de ses défauts de conformation, le premier a
une structure, une organisation diamétralement opposées à
celles que réclament nos services ; le second ne s'éloigne pas
moins de ce que nous devons rechercher par l'exiguïté de
toutes ses proportions. Ils pèchent l'un et l'autre par la forme.
Donc c'est la forme qu'il faut changer, et cela n'est pas difficile avec un peu d'intelligence et de suite.

Le pur sang est toujours le point de départ, l'élément générateur, la source féconde. Si l'Angleterre est la seule
nation de l'Europe qui le possède en ce moment, « il n'en
« fut pas toujours ainsi. Un autre l'a possédé avant elle, et
« conservé sans interruption pendant plus de huit siècles.
« Eh bien ! ce pur sang était en tout l'opposé du sang an-
« glais. Il avait du corps, des membres, du tride, de la
« liberté, du liant, une belle position ; et, comme si ces deux
« races avaient été créées pour être en tout l'antipode l'une
« de l'autre, les qualités les plus remarquables de l'anglais
« étaient précisément celles qui manquaient à l'espagnol (2).

---

(1) *Loco jam citato.*

(2) « L'Espagne, autrefois si renommée pour les belles espèces de
chevaux qu'élevaient plusieurs de ses provinces, a vu presque entièrement disparaître de son sol cette race parfaite de chevaux de parade et
de manége que venaient chercher chez elle les cavaliers de presque
toute l'Europe. *Vingt-cinq ans* ont suffi pour opérer cette révolution ;
son action a été si profonde, au dire de tous les étrangers qui ont visité

« De telle sorte que la perfection devait se rencontrer au
« point intermédiaire entre les deux races; et, si nous con-
« sidérons la position de la France, il semble que ce soit à
« elle de résoudre le problème. » (*Loco citato.*)

Il ne s'agit de rien moins, on le voit, que de créer sur
nouveaux frais et de toutes pièces une race nouvelle qui réponde, et par ses qualités et par ses formes, aux exigences
de tous les services, une race qui ne soit plus la race arabe
(qui en fournira tous les éléments de production), mais qui,
rappelant par une combinaison heureuse de formes et de
qualités l'ancien cheval pur de l'Andalousie et le pur sang
anglais de notre époque, sans être ni l'un ni l'autre, réu-
nisse en proportions judicieuses les conditions de force, de
taille, de gros, de résistance, de liant et de souplesse utiles
au temps présent, conditions incompatibles avec le développement exclusif d'une seule faculté. Il s'agit, en un mot,
d'opérer dans le sens de la satisfaction des besoins les plus
étendus, de produire des chevaux qu'il y ait avantage réel
à appliquer à l'amélioration des masses. Or les courses ne
conduisent point à ce résultat; elles créent des chevaux d'une
vitesse exceptionnelle, et cette vitesse extrême est dans
l'exagération des formes complétement opposées à la conformation qui nous est devenue nécessaire, indispensable.

Nous reviendrons sur l'idée de former une race française
pure, une race type dont les produits puissent servir à la régénération de la population entière ; nous y reviendrons en

la Péninsule, et des nationaux même, qui se sont occupés de quelques
recherches à cet égard, que c'est à peine si de loin en loin on trouve
encore quelques individus doués des formes et des qualités qui firent
autrefois la réputation des chevaux espagnols. Malheureusement le type
des anciennes races n'a point seul disparu, et tel est l'abâtardissement
qu'elles ont subi, que les chevaux que l'on élève aujourd'hui paraissent
ne posséder ni les qualités qui font les bons chevaux de trait ou d'attelage, ni le fonds, les formes et la vigueur que l'on recherche dans les
chevaux de luxe et de guerre. » (*Journal des haras*, tome VI,
année 1831.)

IV.   17

la faisant remonter à un autre hippologue avec qui s'est rencontré M. Person. Mais nous viderons tout de suite ce point
d'interrogation : le cheval de pur sang anglais, produit exceptionnel créé pour la spécialité de l'hippodrome, a-t-il
une conformation opposée aux formes qui s'adaptent le
mieux à nos besoins?

Quelque solution qu'on donne à cette thèse, la question
n'avancera pas. Elle attribuerait tout à la forme en effet, et,
s'il en était ainsi, que de temps ne faudrait-il pas pour donner au cheval arabe la taille, le développement musculaire,
la configuration, l'aptitude recherchés? Serait-on jamais assuré d'obtenir le modèle arrêté? Ne faudrait-il pas en créer
plusieurs pour poursuivre à la fois la réalisation de plusieurs
types? Si l'hérédité n'intéressait que la forme, le principe du
pur sang ne dominerait pas tout système de reproduction,
et le cheval de pur sang, comme dit M. Person lui-même,
ne serait pas « indispensable à toute nation qui veut régé-
« nérer, conserver ou améliorer ses chevaux. » On a beau
vouloir tracer des voies nouvelles, l'expérience ramène impitoyablement à la vérité. M. Person veut du pur sang avant
tout; c'est son point d'appui, la base sur laquelle il veut
édifier une race mère propre à l'amélioration de notre population chevaline. Mais comment l'obtiendra-t-il, modelée à
sa guise, si la forme se répète avec une constance telle qu'il
y ait toujours à craindre de la voir se reproduire ce qu'elle
était dans les ascendants? Il nous accordera ce fait incontestable que, si l'art peut modifier la structure, la disposition
et la forme anatomique des parties chez le cheval d'Orient,
au point de le transformer tantôt en un cheval de parade dé-
licieux, tantôt en un coursier incomparable, plus tard en
un animal d'un usage universel (et c'est aussi celui qu'il voudrait former), il nous accordera, disons-nous, que l'intelligence de l'homme ne serait point inhabile non plus à poursuivre un but bien défini avec le cheval pur autre que celui
qui serait né en Orient. Tous les chevaux orientaux ne se-

raient pas aptes à la solution du problème proposé; — tous les chevaux anglais de pur sang ne sauraient davantage être appelés en concours absolu. Mais, à mérite égal, d'aucuns pencheront à croire que l'on arriverait plus vite au terme, que l'on atteindrait plus promptement le point cherché avec le pur sang anglais qu'on ne le ferait avec le pur sang arabe. Et ceux-ci pourront étayer leur sentiment sur ce qui se passe en Angleterre, où la population chevaline tout entière, vile et méprisable autrefois, a été régénérée et portée à un degré d'amélioration que nul ne conteste, et que tous les peuples envient. Ne soyons donc point exclusifs; tâchons de réformer ce qui ne va pas à notre position particulière, à nos goûts, à nos besoins; faisons en sorte de modifier une empreinte, des formes qui n'auraient pas une perfection relative conforme à ce que nous pouvons désirer; mais abstenons-nous de rejeter, sous de spécieux prétextes, les éléments les plus propres à nous conduire à un résultat heureux, à une réussite certaine.

M. Person a tracé de la situation chevaline de la France plus d'un tableau ressemblant. Il s'est montré observateur judicieux, critique mordant, et parfois un peu sévère. Mais, bien que son opuscule ne remonte qu'à six ou sept ans, il le jugera comme nous déjà fort loin de l'actualité. Il a, en effet, beaucoup perdu de son exactitude, et le premier il se félicitera des progrès qui l'ont vieilli. Cependant qu'il nous permette une observation. Nous n'avons pas la prétention de faire accroire qu'un laps de temps aussi court a suffi à changer en bien une situation qu'il a dépeinte sous des couleurs aussi sombres. Il a écrit sous l'impression fâcheuse qui s'est produite si générale et si vive en Normandie, à la suite de l'emploi un peu plus usuel du cheval de pur sang anglais... Que de préventions ont retardé son adoption par les producteurs!... Les juments médiocres se rendirent les premières. L'appât d'une prime fit qu'on les risqua. Mais les poulinières les plus estimées furent soigneusement tenues à l'é-

cart pendant plusieurs années encore. D'un pareil début
pouvait-il sortir une amélioration bien considérable? Les
suites de ces premiers croisements pouvaient-elles offrir un
résultat bien satisfaisant, quand les premières générations
d'un croisement quelconque ne montrent d'ordinaire que
confusion et désordre? L'introduction du pur sang anglais
dans la *race normande*, comme on appelait la population
chevaline de la Normandie, devait jeter une perturbation
profonde dans les caractères propres à *cette race*, la transformer de fond en comble, la refondre en entier. C'était
un résultat prévu; sans cela, à quoi bon, je vous prie, l'in-
fusion d'un sang nouveau et surtout d'un sang étranger?

Mais ce n'est pas tout. A part le changement de forme à
provoquer chez ces bêtes volumineuses et stupides, chez ces
gros éléphants indisciplinés et à peu près indisciplinables,
il s'agissait encore de modifier toutes les habitudes d'élevage,
afin que les nouveaux venus ne demeurassent pas complétement abandonnés, afin qu'on les entourât de soins ignorés et d'une sollicitude trop généralement incomprise encore. Les difficultés ne furent pas moins considérables. Dieu
sait ce qu'elles ont valu d'imprécations, ce qu'elles ont attiré de malédictions sur ceux dont l'influence active forçait
la révolution à se produire..... C'est au plus haut période de
cette mauvaise humeur, c'est au dernier terme de cette irri-
tation des esprits, que M. Person a pris la plume et dénoncé
la situation toute transitoire du moment, sans pouvoir se
garantir complétement des idées et des impressions prises
au dehors. Elles lui ont fait mal juger le cheval anglais de
pur sang, à l'emploi duquel la Normandie est en grande
partie redevable aujourd'hui d'une amélioration qui ne saurait plus être contestée sans mauvaise foi. Que l'on s'élève
aussi haut qu'on voudra contre l'étalon de pur sang défectueux et taré, aussi haut qu'on voudra contre le *cheval* pur
ni défectueux ni taré, mais qui n'est pas *étalon* dans sa construction, aussi haut qu'on voudra contre ceux qui ne voient

que la vitesse chez le reproducteur destiné au croisement, ou qui ne demandent rien à l'étalon après son inscription au *Stud-Book*..., et nous ferons chorus, car l'expérience nous a appris à nous montrer moins facile dans le choix du père. Mais que l'on ne rejette pas ainsi par système, préventivement, quand même, une race qui nous a déjà rendu d'immenses services, et dont l'emploi persévérant peut contribuer à ramener une prospérité que tout le monde appelle de ses vœux sans donner à ceux qui la poursuivent le temps matériellement nécessaire pour la faire sortir du chaos.

Ce qui s'est passé en Normandie à l'endroit du pur sang anglais s'est renouvelé à peu près partout en France lorsque fut résolue l'introduction plus générale dans les établissements hippiques de l'état du cheval de pur sang qu'à tort on s'obstine à considérer comme cheval de course exclusivement. Il a été l'objet d'une répulsion à peu près unanime. Paris et l'Anjou exceptés, nous ne sachions pas qu'il lui ait été fait tout d'abord bon accueil nulle part. La France lui a été peu hospitalière, elle qui pour sa consommation intérieure a fait importer à poids d'or tant d'étrangers sans valeur. Ce n'est pas avoir à un degré suffisant l'instinct de sa propre conservation. Aujourd'hui on a fait retour à des idées moins exclusives. Partout le cheval de pur sang anglais, mieux connu, mieux apprécié, est ou prisé à l'égal de tout autre, ou même plus estimé lorsqu'une tache ne le déshonore pas. Allez en Normandie, en Bretagne, en Anjou, dans les Pyrénées, en Limousin même, et comparez les produits divers... Tout bon cheval anglais y a précieusement produit; tout bon cheval arabe s'y est fait un nom. — Choisissez bien l'étalon, *surtout quand il appartient à une noble famille*, et ayez confiance. Les résultats ne vous tromperont pas.

V.

Comme principe, il n'y a aucun doute dans l'esprit de

M. Robineau de Bougon (1). En ce qui touche la supériorité du pur sang dans l'œuvre de l'amélioration des races, il pense qu'il faut, à l'exemple des Anglais, savoir se l'approprier; car il ne serait pas tolérable de se retrouver toujours en face des mêmes difficultés pour se le procurer à la véritable source, de même qu'il ne serait pas logique d'aller le chercher toujours en Angleterre, où il ne conserve sa pureté, sa chaleur et sa puissance qu'à la faveur de soins exceptionnels, d'attentions incessantes dont il nous croit incapables, qu'à l'aide d'un régime stimulant combiné de manière à combattre avec succès le germe du vice lymphatique inhérent au climat humide de la Grande-Bretagne. Tels sont les motifs qui lui font repousser les reproducteurs insulaires, lesquels doivent forcément dégénérer en nos mains; telles sont les raisons qui nous font une loi de songer à édifier nous-mêmes une race française de pur sang.

« En effet, n'est-il pas de notre intérêt d'avoir toujours « chez nous, en paix comme en guerre, les producteurs « nécessaires pour améliorer les races communes indigènes, « pour en élever la taille, pour leur donner l'énergie néces- « saire, afin de supporter un travail assidu et de longues « fatigues, sans être exposé à aller chercher ces producteurs « à l'étranger, à les payer très-cher, et même à en man- « quer? »

M. ROBINEAU DE BOUGON ne veut pas du cheval de pur sang anglais : il doit dégénérer en France. M. PERSON le rejette en raison de la spécialité de forme et de structure que lui ont donnée le but de sa production et le genre d'élevage

(1) *Projet de création d'une race française*, présenté en 1838 à la Société académique de Nantes, et recommandé par cette Société à M. le ministre de l'agriculture sur la proposition de la commission spéciale à l'examen de laquelle avait été renvoyé ce consciencieux travail. Il avait provoqué un rapport non moins consciencieux et fort remarquable de M. Camille Mellinet, le seul hippologue assez érudit peut-être pour écrire sur la question telle que l'avait posée l'auteur.

qui en est la conséquence. L'un et l'autre recommandent la création d'une race française de pur sang ; ni l'un ni l'autre n'admettent à la former le pur sang d'Angleterre. Tous deux passent condamnation sur les reproches fondés que l'on adresse aux races orientales trop petites et trop éloignées, par leurs formes, de la conformation la mieux appropriée aux divers genres d'emplois auxquels nous soumettons nos chevaux. M. PERSON n'ignore pas qu'en fait de production équestre les résultats sont lents à se produire ; il prend même le soin d'avertir que les premières générations sont à peu près perdues pour le but que l'on poursuit, mais il n'y peut rien. M. ROBINEAU DE BOUGON, lui, comprend qu'il faut courir au-devant de la lassitude qui naît de notre impatience française ; il cherche, il cherche..., et découvre à la fin l'existence d'une race aussi pure que la plus noble race d'Arabie, point capital, et douée, en outre, de la plus haute taille du cheval anglais, des fortes proportions qui sont devenues une nécessité pour la France en face des exigences de services qu'y doit remplir le cheval (1). Mais arrivés au terme de leurs désirs, cette race française créée, ni l'un ni l'autre de ces hippologues ne s'occupent sérieusement de la

_____

(1) « Appuyé sur des autorités imposantes, M. Robineau de Bougon « indique l'existence de cette race dans une portion de la Perse et « l'immense portion de l'Asie à laquelle nos géographes modernes ont « donné le nom de *Turkestan* ou *Tartarie indépendante*, située entre « la mer Caspienne, le lac d'Aral, le Khorassan, province de Perse, et « le Khôckan, dans ces vastes contrées où, suivant les assertions ré- « centes de M. de Besse, qui vient de les visiter, les hommes et les « animaux *sont plus sains, plus robustes, plus en état de supporter* « *la faim et la soif et de plus longues fatigues que tout autre peu-* « *ple sur la surface du globe.*

« Là se trouvent des chevaux d'une race pure en réputation depuis « des siècles, ayant une taille de près de 5 pieds, forte et robuste, « *à la chair de marbre, à l'os d'ivoire, qui meurent, mais ne vieil-* « *lissent pas*, suivant les expressions orientales, supportent les fati- « gues plus qu'aucun autre cheval du monde, même à côté des che-

question de conservation (1). Quel sera le mode à employer
pour la maintenir entière, pour l'assurer contre toute dé-

« vaux arabes du plus pur sang, font jusqu'à 50 lieues par jour,
« et soutiennent des courses journalières de 40 à 45 lieues pendant
« près d'une semaine. » (Extrait du *Rapport* déjà cité de M. Camille
Mellinet.)

(1) M. Person ne trouve pourtant pas que, pour faire choix d'un
reproducteur, il suffise de constater la pureté de son origine. Il sait
mieux que personne la nécessité et l'autorité d'une autre garantie ; mais il
ne comprend pas que « la course soit le seul moyen de fournir au che-
« val l'occasion de développer ses qualités et de prouver qu'il est digne
« de procréer les chevaux que réclament nos différents services. »
C'est retomber tout d'un coup dans le domaine des discussions sans fin,
et vouloir toujours se résigner à marcher à tâtons. Cependant, répétons-le (car il nous semble que déjà nous avons cherché à éclairer ce
point, le système des courses, tel qu'il est constitué, ne sert qu'occa-
sionnellement au choix de l'étalon *améliorateur*, du cheval pur qui
peut être destiné à la production du demi-sang ou du trois quarts sang ;
il est surtout utile, nécessaire, indispensable pour faire découvrir avec
autant de certitude que possible les sujets de haute capacité, les natures d'élite, auxquels il doit être seulement permis de concourir à la
conservation de la race pure.

Les épreuves conseillées par M. Person seraient d'un secours puissant, efficace pour le choix judicieux et raisonné des étalons, de pur
sang ou non, destinés à l'*amélioration* des races inférieures ; mais
elles seraient insuffisantes, c'est notre conviction, au point de vue du
choix à faire pour *conserver* sans perte, sans déchéance, à la race
mère, les hautes qualités qui la distinguent.

Une disposition fort sage du règlement général des courses défend
l'approche de l'hippodrome aux chevaux non tracés, quand il s'agit de
disputer les prix nationaux. Est-ce donc par crainte que cette défense
a été faite ? Assurément, non, mais pour empêcher que beaucoup de
chevaux, excellents d'ailleurs, viennent s'user et se perdre dans des
luttes inutiles et contre des chevaux beaucoup plus puissants. Il n'en a
pas été toujours ainsi ; le demi-sang a longtemps été admis en concours
avec le pur sang. Dès que ce dernier a eu des représentants plus nombreux ; l'autre a dû céder la place. Les éleveurs qui comprennent les
courses ne risqueront jamais un cheval de valeur non tracé contre des
chevaux de pur sang. L'expérience a maintes fois prouvé l'impuissance
du premier contre le second dans cette joute inégale.

chéance? A quelles épreuves seront soumis les reproducteurs? Quel examen leur fera-t-on subir avant de leur délivrer un certificat d'aptitude, un brevet de capacité?

M. PERSON explique fort bien comment s'est conservée avec de grandes qualités et pendant plusieurs siècles la race andalouse, autrefois si précieuse et si renommée. Sous les rois maures, pas plus que sous les rois espagnols qui les remplacèrent, il n'existait un système de course régulièrement organisé et tel que nous le voyons en Angleterre ; mais on courait cependant. « On courait chacun sur son cheval « ordinaire de chasse ou de bataille ; de sorte qu'on s'atta- « chait, dans la production, aux qualités qui pouvaient rendre « de bons services soit à l'armée, soit dans les tournois, « carrousels ou manéges, soit enfin en voyage ou à la chas- « se. Or, pour ces divers usages, il fallait de l'ensemble, du « corps, du dessous, de la souplesse ; et tout producteur « d'une conformation, nous ne dirons pas semblable, mais « même légèrement en rapport avec celle du pur sang d'au- « jourd'hui, eût été repoussé sans hésitation. »

N'est-ce donc pas à cause de cela que l'on repousserait de même aujourd'hui tout reproducteur d'une conformation analogue à celle de l'andalou ? Est-ce que cette conformation est plus dans les besoins de ce temps-ci que la forme donnée au cheval de pur sang élevé en Angleterre eût été appropriée aux exigences de l'autre époque? Vous croyez toujours que c'est la vitesse, la vitesse seule que nous cherchons à déve- lopper dans les diverses familles de la race pure ; c'est par trop rétrécir le cercle de nos efforts. Nous acceptons la vi- tesse comme preuve de force et d'énergie ; c'est l'un des élé- ments sur lesquels vient se former et s'étayer notre juge- ment ; mais ce n'est pas notre raison dernière, encore une fois.

Et d'ailleurs, quelle différence n'y a-t-il pas entre ces deux chevaux, l'anglais et l'andalou?

Celui-ci n'a jamais été qu'une spécialité brillante se reproduisant par lui-même et pour lui-même, se conservant dans son mérite propre tant qu'il est dans les besoins, qu'il satisfait à certaines exigences, qu'il a une destination particulière; aussi le voit-on, plus tard, s'effacer et disparaître sans retour comme tout ce qui a vieilli, comme tout ce qui est remplacé sous le développement d'exigences nouvelles toutes différentes.

Le cheval anglais, au contraire, comme l'arabe, son père, est en quelque sorte le cheval universel. Il est le point de départ de toutes les qualités et de toutes les aptitudes. Avec l'andalou, vous n'eussiez point produit, autour de lui, au-dessous de lui, l'amélioration dont il faut bien faire, bon gré, mal gré, les honneurs au cheval de pur sang anglais. Celui-ci contient le germe de toutes les spécialités de services; l'autre ne possédait qu'une force, qu'un pouvoir, qu'une aptitude: hors de là, il tombait dans le néant. Ce n'est point une supposition; c'est un fait.

Non, mille fois non, ce n'est pas la vitesse que l'on cherche systématiquement à développer chez le cheval pur que s'est approprié l'Angleterre, mais la vigueur, mais l'énergie, mais cette action nerveuse, cette force morale qu'aucun signe extérieur ne désigne d'une manière assez certaine. Aussi, croyez-le bien, du jour où les courses ne produiraient plus, comme vous le dites, qu'un cheval exceptionnel, un cheval *courant comme si le diable l'emportait*, c'en serait fait du cheval anglais; il n'améliorerait plus au-dessous de lui et disparaîtrait à son tour pour faire place à un autre, à l'arabe lui-même, ou bien à un nouveau représentant, issu de lui en Europe.

Quant à M. ROBINEAU DE BOUGON, on ne peut attribuer qu'à l'oubli l'absence de tous moyens de jauger le mérite réel des reproducteurs qu'il faudrait choisir dans la race nouvelle, afin de la perpétuer toujours précieuse, toujours entière. En effet, c'est particulièrement sur des épreuves non équivoques de sa valeur, de sa durée, de sa résistance aux courses les plus fatigantes qu'il s'appuie pour recommander l'importation du cheval turcoman en France ; c'est en comparant sa force et sa puissance à celles du cheval arabe qu'il le proclame l'égal de ce dernier ; la logique veut qu'il ne renonce pas, en Europe, au bénéfice des épreuves qui, dans la mère patrie, désignent les reproducteurs les plus capables à l'intelligence de l'homme. Sans cette mesure complémentaire, l'édifice ne s'élèverait même pas, et les animaux introduits tomberaient eux-mêmes sans avoir été d'aucune utilité quelconque.

TRANSMISSION DU SANG PAR L'ACTE GÉNÉRATEUR.

—

Sommaire.

I.

L'usage a consacré l'expression — sang, — nous l'avons déjà fait remarquer, pour désigner une force, une puissance, quelque chose d'ignoré qui ne peut être défini avec précision, que l'on ne parvient même pas à nommer d'une manière satisfaisante, mais dont la signification convenue ne laisse pourtant aucun doute sur les choses, aucune obscurité dans l'esprit. Avec un peu de bonne volonté, on saisit aisément le sens figuré, la véritable acception de ce mot, dont l'emploi est devenu général et tout aussi familier maintenant aux hippologues qu'aux amateurs du sport.

Cela posé, nous n'aurons point à rendre compte à la critique du fait de la transmission directe du sang par l'acte générateur. Il n'a jamais été établi, personne ne l'a jamais ainsi exprimé. Ceux qui l'ont découvert dans le langage hippique se sont donné trop facile carrière en prêtant gratuitement à d'autres une idée parfaitement absurde qu'aucun d'eux n'a très-certainement jamais mise en circulation.

A cet égard, nous sommes fort de l'avis d'un savant professeur de l'école vétérinaire de Lyon, à qui cette idée paraît si étrange, qu'il ne lui semble pas qu'on puisse avoir à la combattre. Et en effet il suffirait, dit-il, « de l'émettre « pour que, sans aller plus loin, elle trouvât dans ses pro- « pres termes une réfutation suffisante. Il y a donc autre « chose dans l'amélioration obtenue par voie de généra- « tion (1)... »

Eh bien ! cette autre chose, il ne la nomme pas. « L'être « qui vient d'être appelé à la vie obéit à *l'impulsion d'une* « *force* dont il est le produit, et qui exprime la moyenne « de l'énergie dont sont doués ses parents. Procréé *sous* « *cette influence,* c'est sous elle qu'il se développe et gran- « dit ; c'est par elle que se forment ses organes ; c'est elle « qui les anime. Nous trouvons dans *cette puissance* la rai- « son du mouvement de la machine ; mais elle n'est encore « qu'une des conditions de la perfection de ses rouages. Le « *sang* conservera ses caractères de similitude à celui de « l'ascendant le plus noble, si les organes peuvent le former « de matériaux assez purs. Dans le cas contraire, il perdra « de ses qualités et n'aura plus à la noblesse qu'un droit « nominal et sans valeur.

« Le croisement, en effet, n'a pas donné le sang, mais « il a doté l'organisme d'une puissance dont l'action ner- « veuse est le titre, et de laquelle peuvent dériver un sang « riche et généreux, aussi bien que des muscles énergi- « ques, des sens plus parfaits et une intelligence plus per- « fectible. *Ce bienfait* d'une noble origine est à l'animal « ce qu'un pur métal est au travail d'une savante et ingé- « nieuse machine. Quelque perfection que l'on ait pu réu- « nir dans les conditions premières de l'un ou de l'autre, « des matériaux imparfaits ne pourront jamais donner

---

(1) M. PRINCE, *Discours prononcé à la distribution des prix de l'école vétérinaire de Lyon en* 1845.

« qu'une trame débile et sans résistance. Les organes,
« comme les mobiles du mécanisme, ne sont que les instru-
« ments de la *force élaboratrice*, et leur produit aura
« toujours pour raison plus élevée que celle du mécanisme
« lui-même la qualité des matériaux dont il aura été
« formé (1). »

Voilà donc une chose sans nom. Pourquoi dès lors inter-
préter à faux une expression que tout le monde comprend, et
détourner la signification d'un mot dont le sens convenu est
si précis, dont l'emploi ordinaire n'apporte aucune confusion
ni dans la langue ni dans les faits?

Si l'on tenait compte des objections présentées contre
cette expression — le sang, il faudrait en inventer une
autre, et, dans tous les cas, trouver son équivalent dans
l'acception figurée qu'il faudrait forcément donner au mot
nouveau. La chose existe; elle a reçu une dénomination
à laquelle personne ne se trompe et ne peut se tromper
que volontairement : à quoi servirait donc d'en rejeter le
nom?

S'il est permis de faire des mots nouveaux, si même cela
devient une nécessité pour les sciences qui se développent
et s'enrichissent d'idées nouvelles, s'il y a enfin une néologie
louable et utile, il ne faut pas non plus méconnaître la première de ses lois. Elle recommande de n'ajouter à la langue
que ce qui lui manque et de ne pas la surcharger d'une abondance stérile.

Nous conserverons donc l'expression — *sang,* — et, en
l'employant, nous serons intelligible pour tout le monde.

Parmi les écrivains qui se sont spécialement occupés de
l'amélioration des races équestres par l'introduction d'un
sang qui leur fût étranger, plusieurs ont cherché à exprimer
soit en chiffres, soit par des comparaisons frappantes les

(1) M. Prince, *Discours prononcé à la distribution des prix de
l'école vétérinaire de Lyon en* 1845.

résultats du croisement et du métissage, les suites du mélange de deux races différentes.

Préseau de Dompierre, qui écrivait en 1788, a dressé un tableau « généalogique et proportionnel du degré d'influence « simultanée du climat, de l'étalon et de la jument. » Ses calculs s'arrêtent à la sixième génération.

Après lui viennent — un ancien directeur des haras, M. le marquis de Royère, qui, dans un travail hippologique publié en 1821, a traité ce sujet sous un point de vue original et piquant; — un ancien agent spécial de dépôt d'étalons, M. de Houpiac, qui a écrit en 1828, et a procédé, lui aussi, par colonnes de chiffres; — M. le duc de Guiche, dont le raisonnement a préféré s'engager dans la voie ouverte par M. de Royère; — et enfin nous-même, qui avons écrit sur cette question un article publié en 1837 dans le *Journal des haras*, tome XX.

On comprend que le sujet ait été différemment abordé par chacun de ces auteurs; nous résumerons leur pensée, qui ne diffère pas quant au fond.

II.

Préseau de Dompierre est parti de ce principe, admis sans conteste et parfaitement vrai : — quand on accouple des individus de races différentes, le produit tient moitié du père, moitié de la mère.

Dans ses calculs, il a supposé que le mâle était de la race la plus parfaite, que la femelle appartenait, au contraire, à l'espèce la plus défectueuse; il a séparé leur valeur réciproque par une différence de 100 degrés. L'étalon représentant la totalité de cette valeur, celle de la jument ne pouvait être exprimée que par 0. Le produit, prenant à chacun la moitié de sa propre valeur, atteignait ainsi au chiffre 50. « Mais, « le climat venant aussi influer pour une portion quelcon- « que, de 10 degrés par exemple, ce premier produit, au

« lieu de n'être séparé de son père et de sa mère que de
« 50 degrés, le sera de 60 ; » en d'autres termes, sa valeur sera exprimée par 40, et non plus par 50.

Et continuant ainsi, accouplant le produit obtenu, une
femelle déjà améliorée, par conséquent, avec un étalon de
même valeur que le premier, et tenant toujours compte de
la perte égale de 10 degrés occasionnée par l'action destructive du climat, on obtient à la seconde génération un sujet
dont la valeur propre est portée à 60 degrés. — A la septième génération, le produit n'est plus séparé de ses ascendants que par 22 degrés environ.

« Pour lors, ajoute Préseau de Dompierre, il est vrai-
« semblable que la race ne s'améliorera presque plus, parce
« que, l'influence du climat ne pouvant être entièrement
« détruite, elle restera toujours sensible dans la proportion
« de la distance ou de la proximité de la patrie du cheval
« importé ; mais on aura une race aussi parfaite qu'il soit
« possible dans le climat sous l'influence duquel on aura
« travaillé. »

Il résulte évidemment de cette dernière observation, et lui-
même le fait remarquer, que les races s'améliorent davantage et approchent plus rapidement de la perfection dans un
climat favorable que sous l'action d'un climat contraire, et
que, par conséquent, le degré de son influence en dégénération est moindre.

En suivant la méthode inverse, en procédant au rebours
de ce qui vient d'être expliqué, on arriverait « au plus bas
« degré de la détérioration à la quatrième génération, parce
« que le climat influe pour accélérer la dégénération dans
« la même proportion que pour retarder la perfection. »

La race ainsi formée, si elle est soigneusement reproduite en dedans, ne se soutiendra pas au point d'amélioration ou de perfection relative acquis par sept générations
successives ; l'influence du climat la fera revenir sur elle-
même, mais elle pourra se maintenir entre les degrés pro-

près aux cinquième et sixième générations. C'est que la forme et les caractères inhérents aux circonstances particulières du lieu où l'on opère se seront affermis et consolidés au point de former une sorte d'indigénat que de nouveaux soins pourront porter au plus haut degré d'amélioration absolue qu'il soit possible d'obtenir dans le milieu où l'on se trouve.

Telle est la théorie de Préseau de Dompierre; elle embrasse la question dans toutes les phases de la formation des races par croisement; elle en suit le développement successif, dépasse le but, et y revient tout naturellement par suite d'une dégénération nécessaire, prévue et calculée à l'avance. Ce système a son côté séduisant. Mais ce n'est pas le moment de discuter les questions diverses qu'il soulève. Nous n'avons à étudier dans ce chapitre qu'un seul point de doctrine et à nous fixer théoriquement sur la quantité proportionnelle de force, de puissance, d'influence ou de sang transmise au produit par le mâle et par la femelle dans leur union et dans une suite non interrompue de croisements. On sent bien que, sur ce point, il faut s'arrêter à la spéculation, qu'on ne saurait aller au delà du simple raisonnement; la solution de cette difficulté n'est pas ou tout au moins n'est que très-peu du domaine de la pratique.

Quoi qu'il en soit, voici le tableau dressé par Préseau de Dompierre; nous le copions textuellement à la page 16 de son livre (1).

(1) *Traité de l'éducation du cheval en Europe.*

IV.   18

Tableau généalogique et proportionnel du degré d'influence
simultanée du climat, de l'étalon et de la jument.

ÉTALONS.	DEGRÉS qui séparent la jument de l'étalon.	JUMENTS.
A.	100	1.
B.	60	2. Product. de la jument n. 1 et de l'étalon A.
C.	40	3. Prod. de la jument n. 2 et de l'étalon B.
D.	30	4. Prod. de la jument n. 3 et de l'étalon C.
E.	25	5. Prod. de la jument n. 4 et de l'étalon D.
F.	22.5	6. Prod. de la jument n. 5 et de l'étalon E.
		7. Prod. de la jument n. 6 et de l'étalon F.

Nous reproduirons plus loin ce tableau sous une autre forme, afin d'en rendre l'intelligence plus facile lorsque nous résumerons les idées de ceux qui ont écrit sur le même sujet.

En renversant les résultats, on doit arriver au plus bas échelon en quatre générations seulement. Préseau de Dompierre n'en a pas offert la démonstration comme pour la marche ascendante; nous le ferons d'après ses idées et en nous bornant à remplir le même cadre.

Tableau proportionnel de la dégénération résultant de l'emploi d'une femelle détériorée et des produits mâles d'une jument améliorée par les six croisements du tableau ci-dessus.

JUMENTS.	DEGRÉS qui séparent l'étalon de la jument.	ÉTALONS.
A.	77 1/2	7.
B.	38 3/4	6. Production de la jument A et de l'ét. n. 7.
C.	19 3/5	5. Prod. de la jument B et de l'étalon n. 6.
D.	9 5/6	4. Prod. de la jument C et de l'étalon n° 5.
	4 5/6	3. Prod. de la jument D et de l'étalon n° 4.

Il n'est pas douteux, suivant Préseau de Dompierre, que l'action du climat précipite encore cette progression décroissante et la favorise en raison même de l'affaiblissement de l'influence du sang étranger, d'autant moins puissant, sans doute, que la quantité s'en trouve plus réduite à chaque génération nouvelle; mais, tout en tenant compte de cette circonstance, comme il convient de le faire dans les idées de l'auteur, il y aurait encore, contrairement à son opinion, quelques traces de sang au delà de la quatrième génération. Nous établirons bientôt le fait d'une manière plus péremptoire.

III.

M. de Royère a vu le fait de la transmission du sang à travers le même ordre d'idées; il a développé le même système, mais sous une forme de langage bien différente. Il a plus compté sur l'originalité d'une supposition toute gratuite que sur le tour un peu abstrait adopté par Préseau de Dompierre pour l'exposition d'une théorie généralement admise.

Pour M. de Royère, le produit emprunte toujours à chacun de ses auteurs la moitié des caractères qui leur sont propres; tous se fondent en lui et le constituent nécessairement d'après la valeur des éléments qui sont en eux. Pour simplifier la question, selon toute apparence au moins, il fait abstraction de l'influence simultanée du climat; il n'en tient pas compte, mais il ne la dénie pas : elle pourrait l'embarrasser, il ne s'en préoccupe pas. Aussi ne fixe-t-il aucune limite aux croisements. Dans la supposition à laquelle il se livre, le fait de l'amélioration poursuivie étant ramené à la constatation d'un résultat exclusivement matériel, tout extérieur, il n'y avait pas lieu à déterminer à l'avance, par un chiffre absolu, même dans une position donnée, le moment où la race nouvelle pouvait se passer du secours de la race étrangère, se maintenir par elle-même au point de perfectionnement obtenu, sans l'aide de la toute-puissance, de l'influence efficace du pur sang, du sang améliorateur.

Au surplus, voici comment il s'exprime :

« Je suppose que Mahomet ait accordé à un musulman
« une jeunesse inaltérable et immortelle pendant trois ou
« quatre siècles, sous les conditions ci-après :

« Je suppose que, d'un coup de sa baguette, Mahomet ait
« fait sortir du milieu de la mer Noire une île bordée de
« rochers, comme Malte et Gibraltar ; que cette île soit inabordable pour tout autre vaisseau que pour le paquebot
« du sultan, et qu'à sa création elle se soit trouvée peuplée
« de quatre cents jeunes et belles négresses, comme celles
« de la Nubie ou celles de la Guinée. Je suppose toujours
« que Mahomet, pour prix de ses faveurs, ait exigé du sul-

« tan la condition de tirer le plus promptement possible
« une race blanche comme du lait des quatre cents négres-
« ses dont il avait peuplé son île ; qu'il lui ait promis toutes
« les joies de son paradis, s'il réussissait dans son entre-
« prise sans avoir commis une seule faute qui l'éloignerait
« visiblement de son but ; que, dans le cas contraire, lui,
« Mahomet, lui ôterait sa protection, et que de ce moment
« le pauvre sultan se trouverait accablé par le poids de tou-
« tes les années qu'il aurait vécu de trop, et mourrait de
« caducité et d'infirmités. Il n'y a pas de doute que, après
« s'être bien consulté, le sultan, pour exécuter les ordres
« de son protecteur, ne fît venir de suite une recrue de
« beaux Circassiens, comme nous envoyons en Arabie
« chercher nos étalons.

« *Je prie le lecteur de remarquer ici que, comme la re-*
« *ligion de tous ces peuples permet la pluralité des femmes,*
« *il n'y a rien contre les règles ni d'indécent dans cette sup-*
« *position ou comparaison.*

« Il est bien clair que de cette première génération il pro-
« viendrait des mulâtres, garçons et filles ; certainement le
« sultan aurait trop peur de vieillir pour conserver dans l'île
« un seul des petits mulâtres : ils seraient tous transportés
« à Constantinople, où on les enrégimenterait dans le corps
« des eunuques, de peur que, étant grands, la maladie du
« pays natal ne vînt à leur prendre.

« Une nouvelle recrue de Circassiens avec les mulâtresses
« donnera des quarterons, dont les garçons seraient en-
« régimentés au sérail comme les mulâtres.

« Enfin, en ôtant toujours, tous les ans, les enfants
« mâles qui naîtraient dans l'île, et y envoyant toujours des
« recrues de jeunes et beaux Circassiens, le sultan parvien-
« drait, avant l'expiration de son bail, à avoir peuplé son
« île de beaux Circassiens.

« Pour régénérer nos chevaux, il nous faut imiter le sul-
« tan. Nos juments sont les négresses de l'île, qu'il faut

« blanchir; les étalons arabes sont, pour le midi de la
« France, les Circassiens. . . . .
. . . .

« Il est bien clair que, si le sultan avait laissé élever dans
« son île les mulâtres et les quarterons, il ne serait jamais
« parvenu à blanchir sa race, malgré les recrues successives
« de Circassiens; les mulâtres et les quarterons, plus vi-
« cieux que les bonnes races, auraient continuellement em-
« pêché l'amélioration et mis le sultan à deux doigts de sa
« perte.

« Ainsi, depuis cent ans, nous recevons des remontes de
« chevaux arabes, et nos races ne s'améliorent pas, parce
« que nous n'imitons pas le sultan, parce que nous ne fai-
« sons pas châtrer tous les mâles mulâtres, quarterons, etc.,
« jusqu'à la sixième, huitième et dixième génération, enfin
« jusqu'à ce que les descendants de huit ou dix pères arabes
« successifs aient perdu tout ce qui leur reste de l'origine
« de leur première mère, et qu'ils soient parvenus à valoir
« autant que leurs pères arabes (1). »

Nous laisserons encore de côté les questions de science
qui se trouvent mêlées au point exclusivement théorique par
nous mis à l'étude; elles trouveront place ailleurs; nous
n'entendons pas les déserter. Nous ferons seulement remarquer que la théorie développée par M. de Royère ne diffère
absolument en rien de celle traduite en chiffres par Préseau
de Dompierre.

Et, en effet, qu'est-ce qu'un *mulâtre?* — le premier-né
d'un blanc et d'une négresse, ou d'un noir et d'une femme
blanche; c'est le demi-sang qui résulte du mariage de l'étalon A, — séparé par 100 degrés de la femelle n° 1, abstraction faite de la perte d'un certain nombre de degrés déterminée par l'action du climat.

(1) *Essai sur l'amélioration des races*, par M. le marquis de
Royère, 1821.

Le *quarteron* est le fruit de l'union d'un blanc et d'une mulâtresse, ou d'un mulâtre et d'une blanche. N'est-ce pas notre produit du trois quarts sang, issu d'un étalon de pur sang ou de noble race, de l'étalon B et de la jument de demi-sang née du premier croisement dont nous avons déjà parlé? Ce mot — quarteron — indique que dans ce tout, dans cet ensemble d'individus de sangs mêlés il n'y en a plus que le quart appartenant à l'une des deux natures, à celle dont on poursuit la modification. L'expression — trois quarts de sang — ne dit pas autre chose; seulement elle s'applique à la plus forte dose de sang qui domine chez le sujet ainsi qualifié, chez l'animal nouveau, au lieu de s'appliquer à celui qui s'en va, à celui auquel il ne reste plus que le quart de ses caractères primitifs.

IV.

Au fond, M. de Houpiac (1) a envisagé la question sous le même point de vue que Préseau de Dompierre. Il s'était proposé de démontrer, ou plutôt de rappeler à ceux qui s'occupent pratiquement d'industrie chevaline, que la reproduction des espèces animales est soumise à des lois d'amélioration et de dégradation qu'il faut connaître et ne jamais oublier, sous peine d'insuccès.

M. de Houpiac est de ceux qui croient au principe remis en honneur par Cuvier : — l'amélioration procède du Midi au Nord, et jamais en sens inverse; — il est donc opposé au système faux de Buffon et de Bourgelat.

Il en résulte que tout cheval extrait du point du globe que beaucoup regardent comme sa patrie originaire perd une partie de ses mérites, et s'altère d'autant plus profondément dans tout son organisme qu'il s'éloigne davantage du berceau de ses tribus naissantes. Une fois atteint par la dégéné-

(1) *Journal des haras*, tome Ier, page 225, année 1828.

ration, le cheval ne peut plus se relever que par le contact
du cheval primitif, « qu'à l'aide du véritable cheval arabe,
« le seul qui mérite la qualification de pur sang, — créé par
« les Anglais pour les productions qu'ils en ont obtenues et
« qu'ils ont si bien exploitées depuis. »

Cependant, et à l'imitation de Préseau de Dompierre, il
admet jusqu'à un certain point, dans une certaine mesure,
l'emploi des métis à la reproduction ; mais il veut que cinq
générations non interrompues aient auparavant confirmé
chez le descendant les qualités fondamentales du prototype
de l'espèce, et l'aptitude à les transmettre lui-même à ses
fils. Nous ne voulons pas nous arrêter à cette fixation ; nous
l'avons déjà dit : *non est hic locus*. Passons donc et arrivons
au système.

« Mon système, écrit M. de Houpiac, consisterait à ne se
« servir des *métis* comme *étalons* que pour les produits amé-
« liorés obtenus, à la sixième génération, de femelles tou-
« jours saillies, depuis la première génération jusqu'à la
« cinquième génération, par des chevaux de race pure, ou
« du moins par des chevaux déjà parvenus eux-mêmes à un
« degré d'amélioration.

« Pour rendre ma pensée plus facile encore à saisir, j'at-
« tribuerai un certain nombre de degrés de perfection à
« l'étalon, un autre nombre de degrés de perfection à la
« poulinière. Supposant ensuite, d'après l'opinion de la
« plupart des naturalistes, que la production participe éga-
« lément du père et de la mère, et déduisant de l'améliora-
« tion obtenue par les accouplements un certain nombre de
« degrés pour l'influence exercée par le climat, j'indiquerai
« le point d'amélioration à peu près le plus élevé où l'on
« puisse arriver en France en suivant le système que je pro-
« pose.

« En suite de ce tableau, je mettrai celui des degrés de
« dégénération qui résulteraient de l'emploi des métis,
« comme principe d'amélioration. »

*Tableau des degrés d'amélioration obtenus par l'accouple-
ment de la jument métisse améliorée avec l'étalon de race
pure.*

NOMBRE de générations.	DEGRÉS présumés du cheval de race pure.	DEGRÉS présumés de la jument métisse.	DEGRÉS du produit sans l'in-fluence du climat.	DEGRÉS à déduire pour l'in-fluence du climat.	DEGRÉS d'amélioration.	DEGRÉS de la production femelle améliorée.
1	100	50	75	5	20	70
2	100	70	85	5	30	80
3	100	80	90	5	35	85
4	100	85	92	5	37	87
5	100	87	93	5	38	88

Les degrés déduits pour l'influence du climat ont été cal-
culés pour une position géographique donnée, — entre le
42° et le 51° degré de latitude. Toutefois l'auteur a soin de
faire observer que ces calculs n'ont rien d'absolu, qu'ils
sont nécessairement soumis, au contraire, « aux modifica-
« tions qui peuvent naître de l'influence du climat et de la
« qualité des éléments de production avec lesquels on se
« trouverait agir. »

Il ajoute : « On voit, par ce tableau, qu'à la cinquième gé-
« nération la production obtenue par le système que j'in-
« dique possède 58 degrés d'amélioration au-dessus de la
« mère métisse et 12 degrés seulement de dégénération au-
« dessous du cheval de race pure. »

Ce premier tableau est suivi d'un autre portant démonstration de la décroissance rapide du perfectionnement obte-

nu par le croisement avec une race d'élite, lorsque ce croisement est trop vite interrompu, et de la promptitude avec laquelle on est ramené à des résultats négatifs quand il n'est pas continué dans une suite nécessaire de générations.

Voici ce second tableau.

Tableau des degrés de dégénération où l'on arrivera en cherchant l'amélioration par l'accouplement de la jument métisse avec l'étalon métis de première ou deuxième génération.

NOMBRE de générations.	DEGRÉS présumés du cheval de race pure ou du métis.	DEGRÉS présumés de la jument métisse.	DEGRÉS du produit sans l'influence du climat.	DEGRÉS à déduire pour l'influence du climat.	DEGRÉS		DEGRÉS de la production mâle améliorée ou dégén.
					réels d'améliorat.	réels de dégénér.	
1	100	50	75	5	20	»	70
2	70	50	60	5	5	»	55
3	55	50	52	5	»	3	47
4	47	50	48	5	»	7	43
5	40	50	46	5	»	9	41

« On voit également, par ce tableau, dit en terminant « M. de Houpiac, que par l'emploi des *étalons métis* la dé- « génération des productions obtenues sera telle, que cel- « les-ci, à la cinquième génération, se trouveront à 9 de- « grés au-dessous de la mère et à 41 degrés au-dessous du « cheval de race pure. »

Ce dernier résultat est impossible; il provient d'un manque d'intelligence de la théorie elle-même. M. de Houpiac avait promis de développer sa pensée et de faire connaître la base de son système ; il n'a pas tenu parole. Se serait-il aperçu, en allant au fond de la question, qu'il avait émis dans son second tableau une proposition insoutenable, qu'il avait posé des chiffres qui ne peuvent être justifiés, établi des calculs évidemment erronés ? Nous les referons plus loin, et il nous sera sans doute bien facile de prouver qu'une race indigène représentée par une valeur égale à 50 degrés ne saurait descendre au-dessous de cette valeur par l'introduction, en quelque quantité que ce soit, d'ailleurs, d'un sang étranger estimé au double de la valeur du sang indigène.

V.

Pour M. le duc de Guiche (1) il s'agissait de prouver que l'espèce du cheval n'a pas plus de tendance à dégénérer en France qu'ailleurs ; et, loin de là, que la variété de notre sol et de notre climat, avec des soins convenables, influait avantageusement, au contraire, sur les différentes races, et les poussait vers un état de perfectionnement fort appréciable.

A son point de vue, et d'après son expérience personnelle, le cheval père, le cheval arabe de haute distinction et de noblesse incontestable, dégénérait dans ses fils nés en France jusqu'à parfait acclimatement ; tandis qu'il était susceptible de s'y améliorer encore lorsque, né en Angleterre, par exemple, et acclimaté aux divers milieux de l'Europe, on l'importait sur notre sol pour le reproduire dans toute la pureté de son sang ; — livré à la jument indigène enfin, il en sortait des produits d'une haute valeur.

M. le duc de Guiche avait donc posé et résolu une question de préférence immédiate entre le pur sang arabe et le pur sang anglais : le premier perdrait tout d'abord, par le

(1) *Rapport sur les haras de St.-Cloud et de Meudon, Journal des haras*, tome III, page 8, année 1849.

seul fait de sa transplantation, une partie de ses avantages ;
mais cette perte n'était que temporaire ; elle ne devait pas
être profonde, puisque l'acclimatatiou rendait au cheval
tous ses mérites, ainsi que le prouve la supériorité du cheval
de pur sang anglais. Ce dernier, importé en France et introduit dans nos races indigènes, y demeurait entier, et
pouvait même y acquérir encore quelques avantages lorsqu'on le reproduisait en dedans ; ou bien il élevait de beaucoup nos races sur l'échelle du perfectionnement lorsqu'on
l'employait à ces fins. La conclusion était celle-ci : « ..... En
« France comme en Angleterre la race arabe ne peut être
« utilisée avant d'avoir été naturalisée, et d'avoir subi entre
« elle plusieurs croisements sans aucune espèce d'alliage... »

Ceci, pour n'être pas tout à fait la question posée, y tient
de très-près néanmoins, et correspond à la perte de sang,
au degré d'influence usé par le climat, signalé et déduit par
Préseau de Dompierre et M. de Houpiac, quand ils ont voulu
assigner une valeur au produit d'un croisement.

Revenons à la question elle-même.

Ce n'est plus une supposition qui a été faite par M. le duc
de Guiche, mais une comparaison pour rendre plus sensible
la vérité de son assertion « tant sur les croisements dans
« l'espèce chevaline que sur l'excellence du cheval de pur
« sang. »

« Je prendrai cet exemple, ajoute-t-il, entre l'homme
« blanc, qui est le type parfait de son espèce, et l'homme
« noir, qui lui est de beaucoup inférieur sous le rapport
« moral et physique.

« D'abord personne n'ignore que l'homme blanc possède
« un degré d'intelligence auquel l'homme noir ne saurait
« jamais atteindre, et que le système nerveux et musculaire
« est, en général, plus faible dans l'espèce blanche. Mais,
« en continuant, la comparaison deviendra peut-être plus
« frappante.

« L'union d'un blanc avec une négresse produit un *mu-*

« *lâtre* ; celle d'une mulâtresse à un blanc, un *quarteron* ;
« celle d'une quarteronne à un blanc, un *métis* ; et enfin
« cette dernière espèce unie à un blanc produit un *mame-*
« *luk* ; et, par un examen attentif, on pourrait encore
« découvrir l'abâtardissement de la race blanche occasionné
« par la tache originelle dans une plus grande suite de
« générations.

« Il n'en est pas de même de l'union de deux individus
« blancs. Quoique placés sous un ciel brûlant, ils perpé-
« tueront une race blanche, sauf quelques modifications
« que le temps et des influences locales pourraient amener,
« mais qui disparaîtraient aisément par une nouvelle union
« avec le type parfait, c'est-à-dire la race blanche sans mé-
« lange ; et, même sans ce secours, elle resterait en supério-
« rité toujours distincte des indigènes. Il en est de même
« des chevaux ; et c'est ainsi que le cheval sauvage de l'A-
« mérique du Sud conserve encore tout le caractère de la
« race espagnole ; s'il eût été, dans son origine, croisé avec
« une espèce indigène, il est à croire qu'il aurait subi les
« mêmes changements ou la dégénération que nous obser-
« vons dans les espèces croisées avec le pur sang.

« La dégénération de la race chevaline, en partant du
« cheval pur sang, suit exactement la même marche, et
« avec des effets qui s'éloignent plus rapidement encore du
« principe qui est le germe de toutes les qualités : il est
« donc facile, dans les pays qui abondent en races indi-
« gènes, d'obtenir ces chevaux dégénérés de demi-sang,
« trois quarts de sang, et ainsi de suite ; mais c'est la race
« pure, ou le résultat de l'union répétée et assortie du che-
« val arabe avec la jument de son espèce, qu'il importe de
« naturaliser en France, pour y former cette race de che-
« vaux qui doit servir (moins celle de gros trait) à retrem-
« per toutes nos espèces. L'Angleterre la possède depuis
« près de deux siècles... »

L'homme blanc de M. le duc de Guiche, c'est l'étalon de

pur sang, le cheval type, auquel Préseau de Dompierre et M. de Houpiac accordent, dans le croisement, une influence représentée par 100 degrés ; la négresse, c'est la jument indigène, la femelle dégénérée, que M. de Houpiac élève encore au chiffre de 50, et que Préseau de Dompierre abaisse au chiffre de 0 ; enfin nous savons maintenant à quels degrés de croisement du blanc et de la négresse correspondent le demi-sang, le trois quarts de sang, le sept-huitième de sang, etc.

Nous devons faire ressortir la seule différence qui existe dans l'opinion de ces trois hippologues quant à la question d'importation de la race pure, et de sa conservation hors du pays natal, dans un état d'intégrité parfait.

Préseau de Dompierre acclimate le cheval de pur sang sans transition aucune ; mais il ne dépasse pas certaines limites de territoire. Il le retient vers les parties méridionales, hors desquelles il ne suppose pas qu'il puisse se conserver sans déchoir ; il le fait remonter plus tard vers le nord, mais dans ses fils seulement, de manière à ne donner aux parties septentrionales que des métis dont le sang a été graduellement refroidi ou régénéré, suivant qu'on les fait descendre du père, du cheval pur, ou bien remonter à la mère, à l'espèce déjà affaiblie par les influences climatériques. En résumé, Préseau de Dompierre, quand il sort d'une certaine ligne, admet une action incessante du climat, une force à laquelle il ne peut se soustraire, et qui use une quantité variable et proportionnelle de la force régénératrice du pur sang.

M. de Houpiac, qu'il faut deviner bien plutôt qu'expliquer, semble appartenir à une opinion beaucoup plus absolue. Le cheval pur, celui dont la valeur reste invariable, est celui-là seul qui arrive directement d'Arabie. On ne le retrouve jamais entier dans son fils. Ce dernier a, quoi qu'il arrive, dégénéré nécessairement et fatalement, sans pouvoir jamais revenir à son niveau primitif.

M. le duc de Guiche, lui, reconnaît une action climatérique, et, dès qu'elle est appréciable, il va sans dire qu'elle porte atteinte aux qualités primitives, qu'elle affaiblit toujours un peu la puissance du sang. Mais il n'admet pas que cet affaiblissement ne puisse être combattu, et qu'on ne puisse pas rendre au sang, quelque peu refroidi tout d'abord, le degré de chaleur qu'il avait en quittant la patrie originaire de l'espèce. Les premières générations ne valent pas la souche ; mais elles se relèvent promptement après l'acclimatation, et elles se relèvent pour ne plus déchoir, si les règles d'un accouplement judicieux ne sont point mises en oubli.

Cette divergence est complétement étrangère au fait même de la transmission du sang par l'acte générateur. Mais il y a concordance parfaite sur ce point : — le produit tient moitié du père, moitié de la mère.

VI.

Un homme de valeur, et dont le nom fait à bon droit autorité parmi les hippologues, m'écrivait, il y a quelques jours : « Malgré les bonnes idées qui commencent à germer « autour de nous, malgré les saines paroles qui retentissent « de toutes parts et les bons exemples qui se multiplient « dans notre France, il faut bien l'avouer, nous ne sommes « que des enfants en fait de science hippique. » Cela est incontestable. Il y aurait pourtant flagrante injustice à ne pas reconnaître les progrès qui ont été faits dans ces dernières années ; tous ces exemples, toutes ces paroles, toutes ces idées n'ont pas été jetés en si mauvais terrain qu'il n'en soit resté quelque chose d'utile et que le pays n'en éprouve quelques bons effets. Il n'est pas douteux que l'on parle plus exactement et plus sensément aujourd'hui de l'amélioration du cheval qu'on n'en parlait il y a seulement quinze ans ; il est bien vrai aussi que notre population équestre s'est fort relevée depuis 1850 ; il est incontestable enfin que le consommateur a plus d'exigences qu'il n'en a jamais eu, et que nos chevaux y satisfont plus complétement que par le passé. La lumière a déjà percé à travers d'épaisses ténèbres; ne désespérons pas de l'avenir, puisque chaque jour apporte son contingent à la masse.

Quoi qu'il en soit, beaucoup de producteurs ignorent encore comment on parvient à déterminer en théorie le degré de sang qui résulte d'un croisement, c'est-à-dire de l'alliance entre individus de races différentes. Ils comprennent jusqu'à un certain point que de l'accouplement du cheval de pur sang avec une jument ordinaire ou indigène on obtienne un demi-sang; puis, de ce métis femelle avec un étalon de la même race de pur sang, un second produit de trois quarts de sang. Ils comprennent moins bien qu'en poursuivant le même mode de génération il ne sorte pas un produit de pur sang d'un troisième accouplement (1). Aussi ne leur parlez pas de chevaux de sept-huitième, de quinze-seizième de sang, etc... A ce degré, le fait passe leur intelligence, et pour d'aucuns il n'est plus qu'une mauvaise plaisanterie ou l'expression d'un grossier charlatanisme employé pour rehausser aux yeux du vulgaire certains chevaux auxquels, sans cela, il n'attacherait pas une valeur proportionnelle.

Le fait est que dans le langage usuel on ne désigne guère que le demi-sang, le trois quarts sang et le pur sang. Mais il ne s'agit pas ici d'introduire des locutions neuves, inusitées, une façon de parler qui, pour être exacte, n'en paraîtrait pas moins étrange et forcée. Il s'agit tout simplement de déterminer, au point de vue théorique, en quelles pro-

---

(1) « En les accouplant (les juments normandes) avec le *pur sang*, nous obtiendrons aussitôt le demi-sang, qui, accouplé lui-même avec d'autre *pur sang*, nous donnera complétement le *pur sang*, et cela en très-peu de générations. Seulement il faut ne pas manquer de faire toutes ces alliances successives avec l'étalon de *pur sang*, autrement on rétrograderait au lieu d'avancer. » (COMTE DE ROCHEFORT D'ALLY. — *De l'emploi de l'étalon de pur sang dans la Normandie...* 1836.)

portions est transmise à une race indigène, à chaque génération nouvelle, l'amélioration qu'on se propose en l'alliant
à une race étrangère, et aussi de prouver qu'on ne fait pas
des animaux de pur sang avec les races qui en ont perdu le
caractère, quelque faible, d'ailleurs, que soit la dose du sang
indigène altéré dans les veines de la race obtenue par une
longue suite de croisements.

La transmission du sang s'opère à tous les âges d'un croisement d'après le même principe. La puissance, la force, le
sang de la race étrangère passent aux produits dans une
quantité proportionnelle égale pour chaque génération. Le
croît qui résulte de l'alliance du père et de la mère représente toujours, comme caractère fondamental, — la moitié
du mâle et la moitié de la femelle. La quatrième génération
est donc plus avancée que la troisième vers l'amélioration
poursuivie, la cinquième l'est moins que la sixième, et ainsi
des autres.

Il y a donc lieu, en théorie, à distinguer la quantité proportionnelle de sang améliorateur dont se trouve enrichie une
race formée par croisement, et cette connaissance a son utilité quand on parvient à déterminer par l'expérience à quel
degré il peut convenir, par exemple, d'arrêter un croisement donné. Dans ce cas, en effet, ou la nouvelle race, la
race métisse, peut être abandonnée à ses propres forces, à
sa seule puissance reproductive, pendant une longue suite
de générations, sans perdre manifestement des qualités qu'on
lui a communiquées, sans descendre d'une manière notable
au-dessous du niveau auquel elle a été judicieusement élevée,
sans devenir moins apte, en un mot, au but de sa création ;
ou bien la capacité donnée, si elle est sortie d'un nombre
d'accouplements fort restreint, s'altère promptement, et nécessite de revenir toujours à la race mère, au cheval type,
à l'étalon créateur.

Quand les règles de la formation des races seront mieux

connues, cette théorie, si peu comprise aujourd'hui, sera d'une application générale et usuelle.

Nous n'en sommes pas là. Chez nous la reproduction est moins savamment combinée, moins certaine, moins logique. Très-généralement on produit pour produire, et vaille que vaille. On ne raisonne pas encore l'opération; on livre tout au hasard. On ne sait pas ce que l'on cherche, et l'on n'essaye guère de déterminer par prévision comment il faudrait s'y prendre pour obtenir un animal connu, tout formé d'avance dans l'esprit du producteur. On produit; on ne spécule pas. La différence est grande entre ces deux mots; ils contiennent toute notre pensée.

Abandonnons cet ordre d'idées et arrivons à dresser l'échelle des pertes et des acquisitions du pur sang par l'acte générateur. Nous donnerons ainsi les moyens de peser, si l'on peut dire, la quantité, la dose proportionnelle des deux espèces de sang qui coulent dans les veines d'un produit provenant de races différentes et dont la généalogie est bien connue.

Avec le secours des chiffres nous exprimerons clairement le fait de la transmission, et, pour être plus facilement compris, nous laisserons en dehors toutes les questions de climat et de supériorité des races indigènes les unes par rapport aux autres. Ces questions viendraient inutilement compliquer nos calculs, et d'ailleurs elles sont d'une difficulté à peu près insoluble. Il serait vraiment oiseux de s'arrêter à des considérations de ce genre. Allons droit au fait.

Nous donnerons au caractère du mâle de la race RÉGÉNÉ-RATRICE une valeur égale à 1; nous désignons par O le caractère de la race DÉGÉNÉRÉE, et nous admettons avec tous les naturalistes que le produit AMÉLIORÉ qui en résulte représente une valeur égale à la moitié du caractère du père et à la moitié de celui de la mère.

Soit, par conséquent, l'union de R $= 1$ avec D $= 0$, le caractère de A sera égal à la moitié du caractère du père

$= 0.50$, et à la moitié de celui de la mère $= 0$: il sera donc de 0.50 ou demi-sang.

Soit encore l'alliance de R $= 1$ avec la femelle *métisse* $= 0.50$, le caractère de A, deuxième génération, sera $\dfrac{1 + 0.50}{2} = 0.75$ ou trois quarts de sang, ou trois quarts du caractère de R, son père.

A la troisième génération, le caractère de R étant toujours 1 et celui de M devenant $= 0.75$, celui de A sera $\dfrac{1 + 0.75}{2} = 0.875$, ou sept huitièmes de sang.

A la quatrième génération, on obtient R$=1+$M$=0.875$ et R $= 0.9375$ ou quinze seizièmes de sang.

Et continuant ainsi, on a :

A la 10ᵉ génération, $\dfrac{R=1+M=0.998016875}{2}$, A$=0.9990234375$;

A la 20ᵉ génération, $\dfrac{R+M}{2}$, A$=0.9999996713006859375$;

A la 30ᵉ génération, $\dfrac{R+M}{2}$, A$=0.999999999679001450485864847733$.

On approchera ainsi de plus en plus de l'unité qui représente la valeur du père, mais sans pouvoir arriver jamais au pur sang. C'est donc une erreur de penser que l'on puisse, par un certain nombre de métissages, reproduire la race pure. Cette erreur a été partagée par quelques écrivains de mérite, par Grognier entre autres (1).

Au surplus, on rend la proposition plus sensible par une comparaison qui, pour être triviale, n'en est pas moins juste. En effet, si l'on introduit une goutte d'eau dans un vase rempli de vin, soit une bouteille, quelque grande qu'on la suppose d'ailleurs, on aurait beau transvaser ensuite le liquide, jamais on ne parviendrait à en faire sortir la goutte d'eau. L'é-

(1) *Précis d'un cours de multiplication des animaux domestiques*, p. 191.

trangère aurait altéré la pureté de la liqueur à tout jamais. Mais aussi le fait seul de la transfusion, si l'on peut s'exprimer de la sorte, n'ajouterait rien à l'altération produite; elle ne changerait en rien la proportion respective des deux liquides.

De ce principe découlent des conséquences d'une haute portée et des règles de reproduction dont l'oubli ou l'application heureuse peuvent ou décider le succès d'efforts intelligents ou donner l'explication bien nette de grands mécomptes. Mais nous avons déjà dit que nous voulions réserver cette étude pour un autre chapitre, afin de ne pas tout mêler et de ne rien confondre.

Voyons maintenant la progression décroissante des améliorations obtenues lorsqu'on suivra une marche opposée à celle que nous venons d'exposer. Il ne saurait plus être douteux que la perte des qualités acquises soit d'autant plus considérable qu'on s'éloignera davantage de la génération par laquelle aura commencé le retour vers le point de départ.

Et donc que donnera l'accouplement d'un MÉTIS avec une femelle DÉGÉNÉRÉE? Que sortira-t-il de l'union d'un mâle ayant beaucoup de sang, très-voisin de la race RÉGÉNÉRATRICE, avec une femelle indigène, commune, plus ou moins dépourvue de sang?

Soit $\dfrac{\text{M de la 30}^e \text{ génér. (1)} = 0.9999 + D = 0}{2}$, le PRODUIT sera $= 0.49995$;

$\dfrac{M = 0.49995 \;+ D = 0}{2}$, $P = 0.249925$;

$\dfrac{M = 0.249925 \;+ D = 0}{2}$, $P = 0.1249625$;

$\dfrac{M = 0.1249625 + D = 0}{2}$, $P = 0.06248125$. Etc.

On voit avec quelle effrayante rapidité a lieu la progression descendante, comme une race péniblement édifiée est vite

(1) Pour simplifier, nous ne prendrons que les quatre premiers chiffres; le résultat est parfaitement identique.

précipitée vers les plus bas échelons ! Mais pourtant il faudrait longues années encore pour éteindre entièrement l'influence du sang versé sur elle.

VII

Si maintenant nous exprimons dans les mêmes termes la théorie développée par Préseau de Dompierre et M. de Houpiac, nous arriverons absolument aux mêmes résultats.

Soit l'étalon $A = 100 +$ la jument n° $1 = 0$, le produit serait $= 0.50$ sans la perte d'influence occasionnée par le climat $= 10$ et réduisant le P à 0.40.

Soit encore $\dfrac{\text{l'étalon B}=100+\text{la jum. n° }2 = 0.40}{2}$, $P = 0.70$, et seulement 0.60, à cause de la perte toujours uniforme déterminée par l'action du climat dans une circonstance donnée ;

Puis $\dfrac{\text{l'étalon C}=100+\text{ la jument n° }3=0.60}{2}$, $P=0.80$ et seulement 0.70;

$\dfrac{\text{l'étalon D}=100+\text{ la jument n° }4=0.70}{2}$, $P=0.85$ et seulement 0.75;

$\dfrac{\text{l'étalon E}=100+\text{ la jument n° }5=0.75}{2}$, $P=0.875$ et seulem. 0.775;

Enfin $\dfrac{\text{l'étalon F}=100+\text{ la jum. n° }6 =0.775}{2}$, $P=0.8875$ et seul. 0.7875.

Entre ces résultats et les nôtres il n'y a que l'épaisseur d'une fiction ; mais cette fiction est représentée par un chiffre de 10 degrés. Or cela est inadmissible. Et en effet, en supposant à l'action du climat cette puissance de destruction au début de l'opération, alors que le croisement commence, quand les influences créatrices de la race indigène pèsent encore de tout leur poids sur la race nouvelle, il est évident que cette force qui use va s'affaiblissant toujours en raison directe de l'accroissement de l'influence étrangère dans la même proportion que le sang nouveau domine chez les métis. Donc la perte d'influence du père va s'amoindrissant de génération en génération. Avec son système Préseau de Dompierre conduit à des pertes bien autrement considérables qu'il ne suppose; car, si la première pèse seule sur la seconde, les deux premières se réunissent pour comprimer la troisième, puis ces trois ensemble oppriment, dominent la suivante, et ainsi de suite.

Cette théorie n'est pas soutenable.

Ce qu'elle a d'exagéré ressortira bien mieux encore en descendant l'échelle de la détérioration de la race, selon l'expression de Préseau de Dompierre lui-même.

Soit donc $\dfrac{\text{la jument n° 6} = 0.7875 + \text{l'étalon} = 0}{2}$, le produit sera $= 0.39375$, et seulement 0.29375, défalcation faite de 10 autres degrés usés par l'influence active du climat.

Poursuivons :

$\dfrac{J=0.29375 \quad +E=0}{2}$, P$=0.146875$ ou seulement 0.046875;

$\dfrac{J=0.046875 \quad +E=0}{2}$, P$=0.0234375$ ou seulement 0.0134375,

$\dfrac{J=0.0134375+E=0}{2}$, P$=0.00171875$ ou seulement 0.00071875.

Il est bien vrai que cette décroissance est d'une vitesse étrange; elle marche avec une rapidité qui n'est pas dans les lois de la nature, puisque l'influence contraire du climat supposée ici est doublement comptée, — comptée dans la période ascendante, comptée dans la marche opposée. — Eh bien! nonobstant cela, il faudrait encore un nombre de générations assez considérable pour effacer toute trace d'amélioration, pour éteindre jusqu'à la dernière étincelle de ce feu sacré qui est indestructible chez les races nobles et pures, et qu'elles ont pouvoir de transmettre, au moins en partie, à celles qui les approchent.

Nous retrouverons les mêmes données théoriques chez

M. de Houpiac en faisant passer ses idées et ses chiffres par la même formule.

1° $\dfrac{\text{Étalon} = 1 + \text{Femelle} = 0.50}{2}$, P = 0.75 et seulement 0.70 en raison de la perte de 5 degrés occasionnée toujours par l'action incessante du climat, dont il fait, à l'imitation de Préseau de Dompierre, une sorte de lime bien trempée ou de rouille épaisse qui ronge profondément;

2° $\dfrac{E = 1 + F = 0.70}{2}$, P = 0.85, c'est-à-dire = 0.80 ;

3° $\dfrac{E = 1 + F = 0.80}{2}$, P = 0.90 ou seulement 0.85 ;

4° $\dfrac{E = 1 + F = 0.85}{2}$, P = 0.925 et seulement = 0.875;

5° $\dfrac{E = 1 + F = 0.875}{2}$, P = 0.9375 et seulement = 0.8875;

6° $\dfrac{E = 1 + F = 0.8875}{2}$, P = 0.94375 et seulement = 0.89375.

Nous ne répéterons pas ce que nous avons écrit après avoir reproduit les calculs établis par Préseau de Dompierre. Entre cet écrivain et M. de Houpiac il n'y a pas d'autre différence que celle de 5 à 10 degrés attribués à la force destructive des circonstances climatériques. Or cette différence cesse d'en être une, puisque l'un et l'autre n'attachent qu'une importance en quelque sorte arbitraire à ce chiffre nécessairement variable suivant la position géographique où se trouve le producteur. Il y a parfaite similitude quant à l'opinion ; il n'en est pas tout à fait de même quant au système ; nous y reviendrons bientôt.

En effet, en comparant les idées de chacun d'eux en ce qui touche la dégénération que l'on atteint forcément en cessant l'emploi des étalons RÉGÉNÉRATEURS, et en les remplaçant pour la reproduction par des chevaux MÉTIS, on découvre une divergence profonde. Nous avons traduit en chiffres la pensée de Préseau de Dompierre; nous n'avons à donner à celle de M. de Houpiac qu'une forme différente de celle employée par lui pour mettre à nu le peu de fondement de son système. En ramenant ainsi toutes ces données diverses à une seule et même formule, nous facilitons beaucoup l'intelligence de la théorie que nous cherchons à faire prévaloir.

Ainsi 1° $\dfrac{E=1+F=0.50}{2}$, P=0.75 et seulement =0.70;

2° $\dfrac{E=0.70+F=0.50}{2}$, P=0.66 et seulement =0.61;

3° $\dfrac{E=0.61+F=0.50}{2}$, P=0.555 et seulement =0.505;

4° $\dfrac{E=0.505+F=0.50}{2}$, P=0.5025 et seulement =0.4525;

5° $\dfrac{E=0.4525+F=0.50}{2}$, P=0.47625 et seulement =0.42625.

Nous nous bornerons ici à signaler le même vice que nous avons déjà fait ressortir plus haut à propos de cet affaiblissement deux fois compté de l'influence du père dans l'acte générateur, par suite de la force dégradante des conditions diverses dont la réunion forme ce que l'on est convenu d'appeler *climat*. Mais nous reviendrons sur cette proposition étrange : « Par l'emploi des *étalons métis*, la dégénération « des productions obtenues sera telle, que celles-ci, à la cin- « quième génération, se trouveront à 9 degrés au-dessous « de la mère et à 41 degrés au-dessous du cheval de race « pure. »

Très-certainement ce résultat erroné tient à un point de départ faux, à une combinaison tout à fait irréfléchie. Préseau de Dompierre a évité l'écueil en ne donnant qu'une valeur négative à la jument indigène livrée au croisement. M. de Houpiac a voulu peser l'influence de la femelle et en tenir compte. Il en résulte que la perte fixe est toujours renouvelée aussi forte à chaque génération nouvelle, et plus considérable encore à 5 degrés dans ce système que dans celui de Préseau de Dompierre, bien qu'elle y soit représentée par un chiffre double. Et puis, d'ailleurs, ce dernier s'arrête à temps. En fait d'amélioration il ne va pas au delà de la

septième génération, qui lui donne une race nouvelle dis-
tante de 22 degrés environ de celle qui a servi à la
former.

Il pourrait continuer la production dans le même système,
augmenter le nombre des générations; mais, fidèle à sa
théorie, il ne pousse pas au delà cette tentative de perfectionnement, il la suppose inutile. Il ne poursuit plus le progrès dès qu'il se croit arrivé au plus haut point d'amélioration que comporte l'influence du climat.

Il est dans le faux assurément. L'expérience détruit cette
opinion de fond en comble; mais elle est au moins logique
dans toutes ses conséquences. En effet, s'il est un point de
régénération qui ne puisse être dépassé, il en est un autre
au-dessous duquel aussi la dégradation ne saurait plus s'ap-
pesantir.

Eh bien! M. de Houpiac ne pense pas ainsi, et il établit
son système sur un tel fondement, que dès la quatrième génération un trois quarts sang se reproduisant avec une femelle dont la valeur est égale à 0.50 peut descendre au-dessous de ce caractère et n'avoir plus que 45 degrés 25, c'est-
à-dire 4 degrés 75 de moins que la race indigène.

Il nous suffit d'avoir montré la donnée fausse du système
irréfléchi de M. de Houpiac. Nous l'avons fait dans un but
d'utilité, et non pour nous livrer à une critique facile. Le
lecteur nous saura gré lui-même de ne pas prolonger davantage l'examen d'une proposition que rien n'étaye.

On peut voir combien de questions soulève le fait seul de
l'importation d'une race étrangère et de l'introduction de
ses caractères propres dans ceux de la race indigène... Toutes
seront examinées avec soin et sous le même point de vue.
Dans ce chapitre nous nous sommes proposé l'étude d'un
point isolé qui est celui-ci : déterminer le degré de transmission des caractères du mâle et de la femelle à leurs produits, abstraction faite de leur valeur réciproque et de toutes
autres considérations; nous avons été conduit à admettre,

avec tous ceux que ces questions ont arrêtés, que de l'accouplement de deux individus celui qui en résulte tient moitié
du père, moitié de la mère. Chemin faisant, nous avons
montré comment, par une fausse interprétation du principe
le plus solide, on peut arriver droit, et par une voie fort
courte, aux erreurs les plus graves.

DE LA DÉGÉNÉRATION.

—

Sommaire.

I.

Comme beaucoup d'autres questions hippiques, celle-ci est double, présente deux faces bien différentes. Elles ont été l'une et l'autre, mais tour à tour, un thème de prédilection pour grand nombre d'écrivains amateurs, toujours épris du *bon vieux temps*, toujours disposés à critiquer le présent en faveur du passé. « Les plaintes sur la dégénéra-
« tion de l'espèce chevaline sont aussi vieilles que les décla-
« mations contre la dégénération de l'espèce humaine et la
« corruption de la société (1). »

Ce n'est pas sur ce terrain que nous établirons l'examen de cette question. Elle se produit sous deux aspects opposés qui doivent être séparément étudiés. Il y a ici un côté tout scientifique et un autre purement économique. Nous remettons à une autre partie de nos *Études* l'examen de ce dernier. Les points de doctrine passent en premier lieu ; nous

(1) *Journal des haras*, t. XV, p. 87.

ne voulons pas les mêler aux questions économiques : celles-ci viendront plus tard (1).

Quoi qu'il en soit, on ne parle plus aujourd'hui de la dégénération des races au même point de vue qu'on en parlait autrefois. Le sujet s'est transformé sous la plume des hippologues modernes. Ils ont, il faut le reconnaître, une tendance très-marquée à déserter les questions scientifiques et à rapporter toutes leurs idées à un fait exclusivement industriel. Certes, la production du cheval est une industrie, un art ; mais c'est aussi une science. Or qui dit science dit, selon l'expression d'un savant, expérience systématisée, amas d'expériences mises en ordre et accompagnées d'analyses qui dévoilent leurs causes et leurs résultats.

Toute industrie repose sur une donnée scientifique; qu'est-ce autre chose que la science appliquée?

Tous les producteurs de chevaux n'ont certainement aucun besoin d'être fort instruits en histoire naturelle, ni d'être des habiles en science hippique ; mais, si les connaissances qui constituent celles-ci n'existaient pas, si la découverte des lois qui les ont fondées était encore à faire, nul n'en trouverait l'application certaine, et l'industrie serait encore plus négligée et moins prospère. L'industrie sans la science n'est plus qu'un art grossier, une routine aveugle et impuissante. Les bonnes théories, en expliquant les faits, mènent tout logiquement à la connaissance des lois de la nature ; elles font que les méthodes se perfectionnent sans cesse, car elles sont perpétuellement rectifiées par les principes qui les appuient, par les vérités essentielles qui les dominent. C'est par la méditation que les sciences progressent, c'est par une étude patiente et assidue que le cercle des connaissances acquises s'élargit de jour en jour. Or chaque découverte

(1) Postérieurement à la première publication de ces études, nous avons traité le sujet dont il s'agit avec tous les développements qu'il comporte. (*Voir* le tome Ier de la 1re partie de cet ouvrage.)

nouvelle provoque d'autres découvertes utiles, et agrandit
ainsi la domination de l'homme sur la nature. « L'empire
« de l'homme sur les choses, dit Bacon, a pour base unique
« les sciences et les arts ; car ce n'est qu'en étudiant les
« lois de la nature qu'on peut parvenir à s'en rendre
« maître. »

La nature est toujours bienfaisante, mais en tant qu'on
lui arrache ses bienfaits.

Revenons à notre thèse, et, avant d'aller plus loin, pré-
cisons bien la signification à donner au mot *dégénération*.
Il n'a pas le même sens, il n'a pas une valeur égale pour
tous ; il faut s'entendre.

Pour le naturaliste, un animal dégénère dès qu'il s'éloigne
du type primitif de l'espèce à laquelle il appartient, dès qu'il
offre un affaiblissement, une détérioration, ou seulement
une modification de ses qualités natives, primordiales. Tout
changement de forme ou d'aptitude devient ainsi une dégénération de l'œuvre du Créateur, et c'est de celle-là seulement que s'occupe le naturaliste.

Pour l'éducateur, au contraire, un animal s'améliore dès
qu'il remplit plus complétement la destination pour laquelle
il est spécialement produit et entretenu. Or cette destination
est essentiellement variable ; elle change suivant les exigences diverses, elle suit les transformations que subissent toutes
choses sous l'influence d'une civilisation qui ne laisse rien
à l'état d'immobilité complète; elle veut, par conséquent, que
la forme, l'aptitude, le tempérament, la nature de l'animal
extérieur, et, jusqu'à un certain point, de l'animal intérieur soient modifiés selon la marche des temps, et répondent toujours aux besoins réels comme aux simples caprices
du moment. Eh bien ! pourtant, ce genre d'amélioration
est une véritable dégénération pour le naturaliste.

On conçoit qu'un perfectionnement ainsi réalisé puisse
éprouver aussi quelque atteinte ; que l'animal créé à force
de soins et d'intelligence soit exposé à perdre tout ou partie

des facultés dont il a été doté. Cela se comprend même d'autant mieux que l'on s'est habitué à ne considérer le développement de ces facultés que comme une conquête temporaire, un résultat factice et contre nature en quelque sorte, au moins dans certaines espèces, chez lesquelles elles forment avec les qualités natives une opposition, un contraste frappant.

En soi donc, le fait est constant, la dégénération est toujours une détérioration organique, une perte réelle des qualités préexistantes, que ces qualités, d'ailleurs, soient celles dont la nature a primitivement doué chaque espèce, ou celles que l'action de l'homme, que la domestication ont successivement grandies, exaltées chez les animaux soumis à son empire.

Il était utile d'établir cette distinction ; nous la rendrons plus sensible par un exemple.

Aux yeux du naturaliste, le cheval arabe est incontestablement le type le plus parfait de l'espèce ; c'est le premier cheval du monde, et comme beauté extérieure, et comme qualités intimes ; c'est le cheval tel qu'il est sorti des mains de la nature, tandis que le cheval anglais de pur sang n'en est qu'une émanation dégénérée (1).

Pour beaucoup d'hippologues, au contraire, ce dernier offre le même type et n'a rien perdu de sa valeur morale. Loin de là, les soins intelligents de l'homme n'ont modifié sa structure et son enveloppe que pour les perfectionner au point de vue des exigences du temps, et développer des fa-

_____

(1) Cette opinion a ses contradicteurs. Le plus explicite de tous, Pichard, s'exprime ainsi : « La race arabe elle-même, comme il est « facile de le conjecturer, a dû avoir des commencements faibles. Elle « semble depuis longtemps être arrivée à un degré de perfection au « delà duquel il serait vraisemblablement impossible d'avancer. Les « Anglais, qui ont imité les Arabes, ont atteint le même but. Imitons « les uns et les autres, et nous nous mettrons à leur niveau. »

(*Manuel des haras*, p. 39.)

cultés qui n'étaient en lui qu'à l'état de germe. L'accroissement de ces facultés, cela est incontestable, le rend plus
apte à remplir les besoins plus pressés d'une civilisation
différente. Ainsi cette taille plus élevée, cet allongement
de toutes les lignes, ce grossissement du système musculaire, cette extension et ce plus grand volume donnés à la
charpente osseuse, cette faculté de dépenser, dans un temps
fort court, une immense quantité d'action, tous ces mérites,
considérés par le naturaliste comme des dégénérations réelles
des qualités primitives, ne sauraient passer pour telles aux
yeux de celui qui use le cheval et en tire des services qui
satisfont aux plus grandes exigences.

Ces quelques mots font bien sentir la différence de signification que présente le mot *dégénération*, suivant qu'il appartient au langage de ceux qui étudient l'histoire naturelle
ou qu'on le tire de la langue propre à l'économie de bétail
en général et à la science hippique en particulier.

Le cheval de la nature, comme l'entendent les vieux auteurs, est sujet à dégénération (nous verrons dans quelles
circonstances); c'est un fait. Le naturaliste n'admettra jamais qu'il puisse être amélioré. Il le voit se conservant toujours pur, toujours intact, pour répéter à travers les siècles
le prototype général de l'espèce, qui, elle, ne peut dégénérer, et dont la durée est indéterminée. L'arabe le plus beau,
l'arabe doué des qualités les plus remarquables, et quelque
supérieur qu'on le rêve, ne présentera à l'homme occupé
des sciences naturelles que la copie la plus exacte du premier modèle extérieur et du premier moule intérieur ; il ne
lui offrira que l'empreinte originaire, rien de plus, rien de
moins : ce sera le cheval père reproduit dans toute la perfection native.

Le cheval domestique, émanation dégénérée ou perfectionnée, comme on voudra, de celui de la nature, n'est pas
moins exposé à déchoir, à perdre du mérite dont on l'a doué,
à s'altérer et à s'affaiblir dans les qualités heureusement

développées en lui. Et, alors même que l'on tente de lui conserver entière la somme des perfectionnements partiels qu'il présente, il doit encore, et nécessairement, et forcément, recevoir dans sa forme, dans sa structure, dans tout son organisme, des modifications nouvelles, fort variables suivant les temps, qui le maintiennent toujours à la hauteur des besoins pour la satisfaction complète desquels il a été mis sur la terre.

Le cheval de la nature, c'est le type de l'espèce, type invariable dans sa cause première, dans son essence. Le cheval domestique n'est qu'une forme changeante et mobile, diversement arrangée, moulée, proportionnée. Le cheval de la nature, c'est comme l'alphabet d'une langue, qui contient tous les signes dont les combinaisons nombreuses représentent les sons divers des mots qui la composent. Il offre de même la réunion en germes de tous les mérites, de toutes les facultés, de toutes les perfections. Une idée quelconque se produit sous un assemblage de mots plus ou moins heureusement choisis et réunis : des phrases bien différentes peuvent s'exprimer ; mais leur origine commune, c'est l'alphabet. La source de toutes les émotions produites par la musique est dans la gamme, c'est-à-dire dans une échelle de sept notes dont la disposition et l'arrangement n'ont point de bornes..... C'est ainsi que le cheval de la nature contient toutes les formes et toutes les aptitudes : c'est à l'artiste qu'il convient de les mouler à sa guise ; c'est au producteur à tailler dans cette large étoffe et à s'en approprier tous les éléments utiles pour une destination prévue, pour une spécialité donnée de services ou de produits.

II.

L'opinion des naturalistes sur la dégénération du cheval est toute métaphysique; c'est une idée plus abstraite que bien démontrée. Fondée quand on examine la question dans la généralité des circonstances, elle cesse d'être vraie quand on l'exprime d'une manière aussi absolue. La vérité a ses droits, nous cherchons à les faire prévaloir.

Chaque espèce organique suppose un type primitif et une patrie originaire, un point central et unique de création ; mais, de la supposition à la preuve, il y a loin : il y a l'intervalle de bien des siècles. Aussi, et quelque effort que l'on fasse pour dissiper les ténèbres, on est obligé de revenir au point où ont commencé les recherches, et de s'avouer qu'il n'est pas plus facile aujourd'hui de retrouver l'origine des premiers chevaux que celle des hommes. Remonter à quarante siècles et dire que, durant ce court espace, le vaste bassin de l'Euphrate, où, depuis lors, errent les enfants d'Ismaël, est le foyer de la race équestre arabe, ce n'est pas avoir trouvé le siége de l'espèce, c'est montrer tout simplement l'existence sur ce point de son démembrement le plus précieux et le plus pur, puisqu'il s'y maintient sans dégénération dans les familles nobles judicieusement cultivées ; c'est donner à penser que, de toutes les émanations de l'espèce, celle-ci est bien — ou la moins éloignée de la souche primitive — ou la plus riche en valeur par suite du développement de quelques-unes des qualités natives dont le dépôt avait été mis par le Créateur au sein du premier couple qui a vécu..... Mais ce n'est pas prouver le fait d'une manière bien satisfaisante. Cependant allez en avant, éloignez-vous davantage, plongez profondément dans le passé, séparez-vous du présent par trois mille ans d'intervalle, vous dépasserez Moïse, qui fut contemporain des premiers civilisateurs de la Grèce, et vous arriverez, sans en savoir plus, au patriarche de la terre des Hus, dont la sublime description, avons-nous répété après d'autres, convient encore au coursier *kocklani*, que monte de nos jours l'émir du désert.

Quoi qu'il en soit d'ailleurs, une autre question se présente. Le cheval est-il né sauvage ? Celui vivant dans la dépendance de la nature doit-il être considéré comme type de l'espèce, ou bien plutôt comme un animal dégénéré, déchu?

L'instinct de la domesticité est tellement inhérent à la nature du cheval, on le voit partout tellement soumis à l'autorité légitime de l'homme, son penchant à revenir à celui-ci est si fortement prononcé, quand, abandonné à la vie sauvage pendant plusieurs générations, on cherche à le ramener de nouveau à l'état d'esclavage, que l'on s'est demandé, avec quelque apparence de raison peut-être, si ce n'était pas gratuitement que l'on cherchait dans les déserts le type spécifique du cheval aussi bien que de quelques autres animaux domestiques. Toujours est-il que, nulle part, on ne trouve plus aujourd'hui de chevaux réellement sauvages, et que tous ceux que l'on voit errer librement en Amérique et dans la grande Tartarie même, le berceau de l'espèce, dit-on, proviennent d'individus qui ont échappé à la domesticité. Il y a plus même; on constate ce fait que, sous les lois de la nature, les chevaux andalous abandonnés en toute liberté en diverses contrées du nouvel hémisphère ont dégénéré de leurs aïeux; qu'ils ont perdu en beauté, en force, en souplesse, en agilité. Les troupes de chevaux sauvages qui peuplent les steppes arrosées par le Jaïk et le Don, dans les régions ouraliennes, et qui proviennent des chevaux kirghiz et kalmouks échappés à l'empire de l'homme, ont tellement perdu de leurs qualités, au rapport de Pallas, en vivant dans toute l'indépendance de la nature, qu'ils ont plus de rapport avec l'âne domestique qu'avec le coursier de l'Arabie.

Tel est le premier argument en faveur de cette opinion; deux autres viennent le fortifier puissamment.

Et d'abord tous les chevaux devenus sauvages après avoir été civilisés ne se ressemblent point. Ceux qui vivent dans les plaines de la Sibérie sont loin d'offrir à l'hippologue les caractères propres à ceux répandus, au même état de liberté, soit dans l'Amérique du Sud, soit en Afrique; et les mêmes disparates s'observent sur des points moins éloignés et dans des conditions moins différentes, plus prochaines. Le cheval camargue, entièrement abandonné, pour ainsi dire, dans le delta du Rhône, a-t-il beaucoup de rapports de conformation avec celui qui naît au milieu des dunes de la Gascogne? Si l'état sauvage était le type de la nature pour l'espèce chevaline, ce type serait sans doute le même partout, un petit nombre de générations le reproduirait sûrement, et après plusieurs il est à croire qu'on ne retrouverait plus à l'état de nature de ces caractères qu'on appelle factices et que l'on regarde comme des résultats de l'éducation et de la domestication.

Enfin n'y a-t-il pas une grande différence à faire entre le cheval et les animaux que le Créateur a réellement voués à la vie sauvage? Quoique assez difficile à saisir quand il a vécu indépendant, on parvient pourtant, sans trop d'efforts, à dompter le cheval, à le dresser et à le soumettre complétement, sans risques ou périls imminents pour l'éducateur ; tandis que l'homme assez adroit, assez fort et assez intelligent pour subjuguer un animal sauvage, une bête féroce devient très-ordinairement la victime de son audace. Celui-là, d'ailleurs, n'est plus redoutable pour personne quand il s'est une fois rendu; il est alors maniable et souple pour tous. L'autre, au contraire, ne se range guère que sous l'autorité de celui qui l'a dompté. Le premier, on le rend domestique, il fait partie de la maison, on le civilise pour la vie jusque dans sa descendance. Le second, on l'apprivoise, on le soumet par l'art, avec le regard, au moyen de charmes en quelque sorte, on le fascine pour un laps de temps indéterminé; mais on évite bien rarement un retour à la nature, à l'état de sauvagerie primitive (1).

(1) Nous avions déjà déposé une partie de ces observations dans le XXᵉ volume du *Journal des horas*, p. 220.

Qu'est-ce donc que le cheval de la nature? qu'est-ce donc que le cheval étudié par le naturaliste? C'est évidemment un être de raison, ou plutôt un être multiple doué, par la pensée, de toutes les qualités et de toutes les perfections propres inhérentes à l'espèce. Le naturaliste individualise cette dernière ; c'est donc à elle qu'il faut rapporter tous les mérites qu'il accorde au cheval père, et notamment la faculté, le pouvoir de résister à toute déchéance. A ce point de vue, nous partageons l'idée de la non-dégénération attachée au cheval primitif, être collectif représentant l'espèce entière dans toute la richesse de sa nature, dans toute la puissance d'une organisation constante et immutable. Nous admettons sans difficulté aucune, par conviction, que le cheval arabe de noble extraction résume plus que tout autre cet être collectif que nous venons de nommer, et qu'il offre, à qui étudie avec bonne foi le type le plus heureux de l'espèce, son démembrement le plus pur et le plus rapproché du haut état de civilisation auquel puisse atteindre l'espèce. Nous admettons enfin, avec beaucoup d'hippologues, qu'il a conservé, comme un dépôt sacré, le germe de tous les perfectionnements utiles et désirables, qu'il est la source féconde de toutes les modifications que peut rendre nécessaires la nature essentiellement changeante des besoins de l'homme.

III.

On croit communément que l'état de nature est la condition la plus heureuse qui puisse être faite au cheval. Ce qui précède démontre le peu de fondement de cette opinion. L'erreur vient de ce que l'on s'est habitué à voir le cheval primitif dans le puissant coursier du désert. Nous l'avons dit déjà, le cheval arabe est l'expression de la civilisation arabe. Si jamais animal a été domestique et familier, c'est lui assurément. On le sait, il est en quelque sorte de la famille et s'élève sous la tente. Jamais animal n'a vécu moins indépen-

dant. Rien de ce qui le concerne n'est livré au hasard. Il ne
conserve aucune liberté pour se reproduire. Partout c'est
la volonté, l'influence de l'homme qui le dominent. Il ne vit
pas pour lui-même, mais pour le maître (1). Où donc ici

(1) « Je n'accuse pas l'esclavage de la dégénération du cheval, dit
« M. Perrier, de Bergerac, dans la supposition qu'il en avilit le moral.
« L'état le plus complet de servitude est le partage du cheval de l'Arabe
« du désert : il est toujours entravé de deux ou trois pieds pendant le
« repos, et, dans l'exercice, le plus dur de tous les mors connus et des
« étriers tranchants le châtient, s'il cesse d'obéir ; enfin il n'a de volonté
« que celle de son maître, et cependant, avec tout cela, il n'en est pas
« qui aient moins dégénéré.

« Non, la sujétion n'avilit pas le moral du cheval, car il se montre
« plein de noblesse et de fierté lorsque la main qui le guide veut
« réprimer son ardeur... » (*Des moyens d'avoir les meilleurs che-*
vaux, p. 243.)

« .....Il faut le dire, quelque pénible qu'il soit de détruire de tou-
« chantes illusions, l'amour de l'Arabe pour son coursier, les caresses
« qu'il lui prodigue, le logement qu'il partage avec lui, les pleurs qu'il
« répand quand il le voit mourir, tout cela sans doute figure d'une ad-
« mirable façon dans les ballades ; malheureusement c'est une de ces
« mille niaiseries dont il est temps que justice se fasse. *Humbug* n'est
« pas français ; c'est dommage.

« L'Arabe aime son coursier. Oui, sans doute, c'est un objet d'une
« immense utilité pour son service.—Il le loge dans sa tente. La raison
« en est simple, il n'a pas d'écurie où le mettre, et il craint, en le lais-
« sant dehors, qu'il ne se sauve, ou qu'on ne le lui vole, ou qu'il soit
« mangé par les bêtes. — Il le regrette vivement quand il meurt. C'est
« encore assez naturel : il forme une partie essentielle de son mobilier,
« et il est facile de comprendre qu'il n'ait guère envie de rire en per-
« dant un animal qui pouvait lui représenter une valeur de plusieurs
« milliers de francs ; il n'est pas besoin d'être Arabe pour cela, et c'est
« un genre de sensibilité qu'on pourrait trouver sans aller aussi loin.
« Quant à cette tendresse de cœur, à cet amour platonique dont on
« nous a bercés, c'est une autre affaire... Monté dès l'âge de dix-huit
« mois à deux ans, de ce moment la selle ne lui quitte plus, pour ainsi
« dire, le dos. Ses flancs déchirés par des étriers tranchants comme des
« lames de couteau, la bouche fendue par un mors dont les branches
« sont longues comme le bras, la pauvre bête parcourt journellement
« sous son maître des distances fabuleuses. Celui-ci reste-t-il au camp

voit-on l'état de nature? Il n'est pas dans l'ordre de faits où on le cherche, mais dans la réunion concentrée et généreuse des qualités applicables à tous les usages, jointe au pouvoir de les transmettre, dans une certaine mesure, à ses descendants.

Le cheval camargue est plus près que l'arabe de l'état de liberté absolue que l'on considère comme l'état de nature. De combien n'est-il pas inférieur au cheval père ? Entre eux il y a, et quant à la valeur et quant au service, la même différence qu'entre un arbre rabougri, végétant à peine faute de soins et de nourriture, ne donnant que des produits sauvages de mauvaise nature, et un autre qui, placé dans des circonstances plus favorables, entouré de soins intelligents, pousse avec force en bonne terre, se développe convenablement, et se charge de fleurs et de fruits succulents.

La supériorité du bon cheval arabe tient à plusieurs causes, mais principalement aux « soins sans exemple que les « Arabes ont toujours donnés à la conservation de cette « race dans toute sa pureté ; conservation telle, que quelques « personnes pensent qu'elle n'a souffert encore aucune « espèce de dégénération (1). » Ajoutons que cette opinion est celle de tous les partisans du cheval arabe ; on la trouve

« par hasard , qu'on n'aille pas croire que le cheval se repose ; mal-
« heur à lui, au contraire! Ce jour-là, c'est jour de *fantasia*. De toute
« la horde, c'est à qui fera le plus d'extravagances. Lancés à fond de
« train, ils vont, ils viennent, ils tournent, ils retournent, et semblent
« surtout se disputer à qui mettra le plus de brutalité dans l'emploi de
« la bride et des aides. Jamais de transitions , jamais de demi-temps.
« Veulent-ils arrêter, c'est à ce moment qu'ils appliquent le plus dure-
« ment les éperons, et qu'au milieu du nouvel élan de l'animal ils le
« clouent sur place par une saccade abominable qui le jette sur les
« jarrets et souvent l'estopie, si même elle ne lui rompt les reins. »
(*Question chevaline*, par M. F. Person, 1846.)

(1) Huzard père, *Instruction sur l'amélioration des chevaux en France.*

reproduite à chaque page des écrivains qui ont parlé de l'Arabie et de ses chevaux.

En général, on attribue trop exclusivement aux conditions avantageuses du climat cette puissance de race, cette résistance à toute cause d'infériorité. Le climat n'a qu'une part d'influence, et, quelque favorable qu'il soit en Arabie, il n'empêche pas de déchoir; il ne protége pas contre la dégénération les chevaux qui ne sont pas l'objet des mêmes attentions, ceux pour lesquels la sollicitude n'est pas constamment éveillée. Est-ce que, en Arabie même, on ne distingue pas plusieurs classes, plusieurs races de chevaux? Une seule, de l'aveu de tous les écrivains et de tous les voyageurs, est placée haut dans l'estime des Arabes; celle-là ils ne la mésallient pas; ils la reproduisent en dedans et par elle-même, évitant avec le plus grand soin toute cause de déchéance.

D'un autre côté, nous l'avons déjà vu, l'influence du mode d'alimentation, si étroitement liée à l'action des circonstances climatériques, ne peut donner raison de cette différence de valeur que l'on observe dans les diverses races arabes. Il y a donc autre chose. C'est que la nature seule ne pourvoit qu'à certains besoins indispensables : elle a créé toutes choses en suffisance; mais c'est à l'homme, à qui elle a donné la jouissance de toutes ses œuvres, à en user dans la limite de ses convenances, à les disposer selon ses désirs, à les parfaire pour en retirer tout ce qu'elles peuvent lui donner de produits et de jouissances.

Le cheval livré à lui-même trouve bien dans la nature toute la quantité d'air respirable nécessaire à ses poumons, c'est là un de ces produits qui ne manquent jamais; mais il n'en est plus tout à fait de même pour d'autres produits qui n'ont point été dispensés avec la même libéralité. La nature n'a donc pas pourvu d'une manière égale à toutes les exigences de la vie. La semence portée par le hasard sur un mauvais sol et abandonnée aux seules ressources de la nature ne végète qu'imparfaitement et n'atteint pas à un degré de perfection bien enviable; est-elle donc dans des conditions véritablement naturelles? Le cheval arabe que l'influence de l'homme ne protège pas dégénère à côté de celui qui est l'objet de soins soutenus, et dont la reproduction est poursuivie en vue de la conservation de ses qualités propres ou d'un genre de mérite à développer dans ses fils. Il s'agit alors de s'éloigner graduellement de la forme et du père et de la mère, et de favoriser chez les descendants un développement nouveau.

Dans ce cas, on le comprend, une condition essentielle de succès consiste à rechercher les influences les plus favorables au but différent qu'on se propose. Ce but est-il donc opposé à l'état de nature? Loin de là, il est dans la nature même.

En effet, elle a permis à l'homme de poursuivre la réalisation de toutes ses idées; elle se montre même souple et docile à ses vues toutes les fois que la volonté humaine est d'accord avec les lois fondamentales qu'elle a posées elle-même, avec les vérités que l'on ne découvre qu'en l'interrogeant sans cesse. « L'impossibilité, a dit quelque « part M. de Lamartine, n'existe pas devant la science et « devant la volonté. Tant que l'homme travaille à tâtons, « tant qu'il cherche le sens des grands phénomènes na- « turels, il est vraiment incertain. Mais, une fois qu'il est « sûr d'avoir rencontré le vrai sens des éléments, bien loin « d'avoir contre soi les forces de la création, il a pour ainsi « dire, avec le temps, les forces de Dieu lui-même. »

L'état de nature est donc partout, et cette expression n'a plus toute sa signification lorsqu'on l'applique à un seul point du globe, lorsqu'on l'applique exclusivement à l'une des races nombreuses d'une même espèce; le véritable état de nature pour tous les êtres est le plus haut degré de perfectionnement où ils peuvent atteindre dans une position donnée. A ce point de vue, le cheval noble d'Arabie représente bien le type de l'espèce; mais ceux-là tombent dans l'erreur qui ne croient pas possible, dans une autre partie du monde, l'existence du cheval aussi fortement trempé que peut l'être celui de l'Orient. C'est le développement d'une faculté d'un ordre élevé, immense dans ses résultats, c'est le développement de l'intelligence, qui place l'homme civilisé à la tête de la création, et qui le rend très-supérieur à lui-même, lorsqu'il n'est point encore sorti de l'état sauvage, que je ne voudrais plus appeler l'état de nature. C'est la perfection de certaines qualités, c'est le développement aussi élevé que possible de certains mérites, eu égard à certaines spécialités de services, qui donnent à quelques races de chevaux une valeur plus grande, une supériorité marquée sur d'autres moins bonnes, plus incultes, plus sauvages, moins civilisées.

Il n'y a donc aucun fondement dans cette pensée que le cheval de la nature ne saurait être transporté entier et conservé dans son état de pureté hors du lieu où on le fait naître. La civilisation, la culture vont à toutes les positions et à tous les lieux; mais elles procèdent de certaines règles qu'il faut connaître, et qu'il ne faut pas enfreindre sous peine d'insuccès. La non-réussite n'est pas dans la lutte qu'on peut établir avec la nature, car cette lutte n'est impuissante qu'autant qu'on n'entre pas dans le sens des phénomènes naturels.

Lutter avec la nature, dit encore M. de Lamartine, mais c'est étudier pour arriver à la connaissance exacte de ce qui la constitue. Cette lutte est noble, cette lutte est imposée à l'homme par Dieu lui-même; c'est l'intelligence assistée de son premier ministre, la science, appliquant la volonté, la persévérance humaines à dompter la création.

Quand on travaille dans le sens de la nature, on a le temps et la création elle-même pour auxiliaires de ses travaux.

IV.

Si les considérations qui précèdent ont quelque fondement, il n'est pas douteux que l'on puisse importer avec avantage de la mère patrie dans une autre contrée, pour en tirer race, le cheval que de bons soins ont maintenu sans dégénération à son véritable état de nature, abstraction faite de l'état de civilisation auquel il a pu être amené par une éducation privilégiée, par un système général de reproduction et d'élevage, en vue d'un emploi donné entraînant après soi une conformation toute spéciale. Or, ce qu'il sera intéressant de conserver de ce cheval, ce n'est pas sa forme précisément, mais bien les qualités fondamentales, essentielles dont elle contient le généreux principe. La forme se modifiera diversement sous des influences variables; mais ces dernières n'atteindront pas la source même des mérites du cheval, si l'éducateur est intelligent dans son intervention, s'il ne méconnaît pas les lois naturelles de la reproduction, s'il appuie ses efforts sur les données positives de la science, si sa volonté éclairée ne prend pas au rebours les éléments qui lui sont utiles, au lieu de suivre le sens même de la nature.

Eh bien! en supposant le succès, un succès complet, n'est-il pas hors de doute aussi que la race ainsi conquise, ainsi reproduite deviendra apte elle-même à transporter ailleurs et à propager sur un autre point que celui où elle a été assise le principe qu'elle aura continué, qu'on aura soigneusement conservé en elle, tout en l'enveloppant dans des formes nouvelles? Les agents extérieurs s'appesantiront encore sur ces formes, cela est incontestable; mais le germe des qualités restera indestructible et passera toujours entier aux générations successives dans les conditions que nous avons indiquées; il ne perdra rien de sa valeur, rien de sa puissance, si des moyens rationnels de conservation ne lui font pas défaut.

Ceci n'explique-t-il pas d'une manière satisfaisante la reproduction du pur sang arabe en Angleterre, puis la reproduction, en France, en Allemagne et dans les autres États

d'Europe, du pur sang anglais, ainsi qu'on a pris l'habitude
de le qualifier? Pour nous, et déjà nous l'avons exprimé, le
cheval noble d'Arabie et le cheval pur né en Angleterre sont
une seule et même race, différant quant à la forme, mais
parfaitement homogène dans son principe; ce sont les deux
branches d'un seul et même tronc, deux familles de commune origine.

Cette manière de voir, complétement opposée à celle des
naturalistes, nous paraît plus large dans sa base et plus vraie
au fond. Il répugne d'admettre, en effet, que les seules influences climatériques soient puissantes à détruire de fond
en comble l'œuvre de Dieu, que la nature s'applique à défaire elle-même ce qu'elle a pris soin d'édifier; cette croyance
serait impie et sacrilége.

Cela nous conduit à examiner la question de savoir si,
comme d'aucuns le prétendent, la race de pur sang anglais
a cessé d'être pure, si elle s'est affaiblie dans son principe,
si enfin elle a dégénéré. Cette question vidée, nous en vien-
drons à l'étude plus spéciale des causes et des effets de la
dégénération comme les ont compris et expliqués jusqu'ici
les auteurs que ce sujet a occupés (1).

(1) Tout est si vague dans cette science que nous étudions, que l'on
se sent arrêté à chaque pas. Avant de discuter le fait de la non-dégénération du cheval de pur sang anglais, il aurait fallu établir, contrairement à l'opinion de quelques hippologues, que ce cheval constitue bien
une race. Ce que nous venons d'en dire rend le fait incontestable, et
nous ne le discuterons pas en ce moment, car nous ne pouvons embrasser toutes les questions à la fois. Cependant on voudra bien se rappeler
que, n'ayant pas détaché ce rameau du tronc, il est évident pour nous
que le cheval anglais de pur sang tient, par tous les pores, par toutes
les molécules de son organisation, à l'unique race noble et pure de
l'espèce équestre. Il en est, si l'on veut, ou la branche aînée ou la
branche cadette, suivant que l'on considère le cheval noble d'Arabie
comme la souche même de l'espèce, ou seulement comme la continuation forte et puissante, entière et non déchue de l'œuvre du Créateur.
Dans tous les cas, le cheval anglais de pur sang est pour nous un mem-

Quant au cheval de pur sang anglais, il y a plusieurs opinions en présence.

Mettons bien vite hors de cause ceux qui le font descendre d'un métissage fort ancien, ceux qui le créent par le mélange très-fréquemment renouvelé, très-savamment combiné du sang régénérateur des races orientales avec le sang des races anglaises indigènes.

Pour ceux-là même, le fait de la dégénération est obscur.

Les uns supposent qu'une série de métissages non interrompue, et dont les effets ont été confirmés, d'ailleurs, par plusieurs générations successives reproduites sans altérations, donne à une race un caractère de fixité et de permanence égal à celui des races primitives. Il ne s'agit, pour les maintenir toujours au même niveau, pour prévenir toute dégénération, que de persévérer dans les mêmes soins, que de continuer à la race créée les mêmes attentions que celles d'où elle est sortie, de ne faire concourir à sa reproduction que les sujets des deux sexes réunissant, au plus haut degré, les qualités essentielles morales et physiques qui en constituent la valeur, qui en fondent la perfection relative.

Les autres, dont l'opinion repose sur une base plus certaine, ne croient pas à la durée indéfinie, à cette fixité des caractères nouveaux chez les métis. Ils se refusent à admettre une imprégnation suffisante, à reconnaître que l'empreinte du principe de la race mère puisse jamais être assez parfaite ni passer d'une façon assez indélébile chez un sujet dont la première origine offre des éléments hétérogènes,

bre de la race mère; c'est un fils non dégénéré du cheval père, mais en différant quant à la forme, par suite de la culture plus spéciale et plus étendue donnée à un certain ordre de qualités préférablement à d'autres dont le développement, s'il était plus spécialement poursuivi à son tour, amènerait de nouvelles modifications extérieures qui n'entraîneraient pas forcément la perte de la pureté du sang, qui n'entameraient en rien la force du principe même de la permanence de l'espèce.

chez un produit qui porte dans le sang un germe d'ignobilité
maternelle indestructible, lequel, tendant à se développer
peu à peu quand le métissage est interrompu et sous l'action
des influences qui lui sont favorables, doit amener insensiblement dans les races l'altération des formes, l'affaiblissement des qualités morales, l'effacement du type paternel,
et, sûrement à la longue, la reproduction de la race mère
avec tous ses caractères d'infériorité.

La conservation, par elle-même, d'une race améliorée ou
créée par voie de métisation est donc encore une sorte de
problème; elle offre tout au moins beaucoup d'incertitude
et d'immenses difficultés pratiques. Que serait-ce alors, s'il
s'agissait d'en utiliser les produits comme type de reproduction et d'amélioration, s'il s'agissait surtout de l'enlever au
siége de sa formation pour le transporter au loin sous des influences très-différentes, pour lui faire une position toute
nouvelle, et pour essayer pourtant de la reproduire avec ses
qualités et ses mérites? Elle dégénérerait à coup sûr, et c'est
le fait de cette détérioration certaine qui est le meilleur argument en faveur du principe du pur sang, améliorateur par
essence dans toutes les positions et sous les influences les
plus diverses.

Si le cheval anglais qualifié de pur sang n'était pas réellement pur dans son origine, dans son principe, il ne se conserverait pas toujours le même, toujours aussi haut en valeur depuis près d'un siècle, sans le concours du sang arabe
d'où il est sorti. Ce fait est plus fort que les raisonnements.
En effet, le principe est absolu, inflexible; en quelque faible proportion qu'un sang moins riche, moins chaud, moins
généreux soit mêlé au pur sang, la force conservatrice et la
puissance régénératrice de ce dernier sont atteintes : il ne
combat plus avec avantage les influences contraires; il ne
résiste plus avec succès aux causes d'appauvrissement qui
l'entourent et qui parviennent à l'éteindre en un petit nombre de générations.

Le sang qui coule dans les veines du cheval anglais est donc tout aussi pur dans son principe que celui du cheval le plus noble de l'Arabie.

Comme le cheval arabe pur, le cheval anglais de pur sang jouit d'une noblesse d'extraction. Pour retrouver l'origine de celui-ci tout aussi bien que l'origine de celui-là, il faut remonter jusqu'à l'œuvre même de Dieu. C'est pour cela qu'ils sont de pur sang l'un et l'autre.

A tout prendre, le pur sang est l'élément primaire de la création. C'est le principe même de la conservation de l'espèce, ce qui donne à celle-ci une force propre inhérente à sa nature; force active, puissante, intense, indestructible, résumant toutes les qualités et toutes les aptitudes. C'est la somme entière de toutes les facultés, et non une fraction de celle-ci; c'est la pièce d'or et non pas la monnaie.

Pas plus que le cheval arabe, le cheval de pur sang anglais n'est susceptible d'amélioration dans sa nature intime, dans son essence; mais, tout aussi bien que lui, il est apte à recevoir de nouvelles modifications dans sa forme, dans son modèle, apte à recevoir un développement encore plus large des qualités spéciales qui le distinguent.

Reste à savoir si, comme quelques hippologues l'affirment, et comme Mathieu de Dombasle, fort de leur assertion, le prétend, il est vrai que la race anglaise, ainsi qu'on la nomme, « commence à dégénérer depuis assez long- « temps. »

Laissons à M. le duc de Schleswig-Holstein le soin de combattre cette accusation. A ce sujet, il s'exprime en ces termes :

« Il s'agit, avant tout, d'indiquer l'époque où l'on croit que « la dégénération a commencé. L'expression *depuis assez* « *longtemps* est trop vague pour qu'elle puisse servir de point « de départ à un raisonnement appuyé sur des faits. Mais, « quelque peine que je me sois donnée pour savoir à quelle « époque on fixe le commencement de la décadence de la

« race anglaise, je n'ai pu y parvenir, ce qui me fait penser
« que les adversaires des chevaux anglais ne sont pas trop
« d'accord avec eux-mêmes sur ce point. Tant qu'on ne se
« prononcera pas à ce sujet avec précision, tant que l'un
« fera commencer la dégénération à la mort d'*Eclipse*, l'au-
« tre à celle de *Rubens* ou d'un troisième étalon célèbre,
« autant vaudrait s'escrimer contre des ombres que de dé-
« battre cette question d'époque.

« Quant à la prétendue décadence de la race anglaise
« même, je n'ai jamais pu apprendre en quoi on veut qu'elle
« consiste. En général, *dégénérer*, en parlant d'animaux,
« veut dire *se détériorer, perdre à chaque génération une*
« *partie des qualités distinctives de la race*. Ainsi les bêtes
« à cornes dégénèrent, si la qualité de leur lait diminue; les
« moutons dégénèrent, s'ils perdent de la quantité et de la
« finesse de leur laine, etc. En appliquant ce principe à la
« race chevaline, nous dirons qu'elle dégénère, si ses quali-
« tés caractéristiques, soit toutes, soit en partie, vont en
« diminuant. Il s'agit donc pour nous de savoir si, dans l'o-
« pinion de nos adversaires, *toutes* les qualités qui distin-
« guent la race anglaise, ou seulement *une partie*, et, dans
« ce dernier cas, *lesquelles* de ces qualités vont en dimi-
« nuant.

« Les qualités des chevaux anglais forment deux catégo-
« ries principales, dont la première comprend toutes les
« qualités intérieures qui sont l'effet du noble sang, et l'au-
« tre les qualités de l'extérieur, produites par un système
« bien combiné d'accouplement et de traitement suivi du-
« rant plusieurs siècles. Les principales qualités intérieures
« sont la vélocité, la force, la durée, une grande fécondité,
« une solide santé et, par suite de celle-ci, la longévité; les
« principales qualités extérieures sont un corps fortement
« constitué, une conformation et une taille telles que nos
« besoins les exigent.

« Maintenant, lesquelles de ces qualités vont en dimi-
« nuant ?

« Sont-ce la vélocité, la force, la fécondité, la santé, la
« longévité, ou bien les qualités extérieures ?

« Tout *observateur consciencieux* qui s'est lui-même oc-
« cupé de l'éducation des chevaux et qui connaît l'histoire
« de la race anglaise, tout observateur dont l'opinion s'ap-
« puie sur des faits, et non sur des théories creuses et sur
« une vaine érudition puisée dans les livres, avouera qu'*au-*
« *cune des qualités en question des chevaux anglais ne va*
« *en diminuant, et que bien moins encore toute la race a*
« *commencé à dégénérer.* Quelle est donc la base de l'asser-
« tion du contraire, qui, du reste, n'a jamais été prononcé
« par aucun éleveur rationnel du pur sang ? A ce que j'ai
« pu apprendre, cette assertion s'appuie sur quelques voix
« isolées qui, en Angleterre, se sont fait entendre à ce sujet ;
« mais nous n'attacherons d'importance à ces voix que quand
« il sera prouvé qu'elles appartiennent à des éleveurs de
« chevaux pratiques et rationnels, et non pas à des théori-
« ciens et scribes fantastiques ou pseudonymes. Jusqu'à
« présent rien n'est moins prouvé. Presque tous ceux qui
« attestent la dégénération de la race de pur sang sont des
« hommes tout à fait inconnus, dont on n'a jamais lu ni en-
« tendu les noms. Quelle autorité voulez-vous qu'on attribue
« aux noms de telles gens ? Et d'ailleurs de quel poids peu-
« vent être quelques voix isolées dans la balance de l'opinion
« publique en Angleterre ? Qu'est-ce qu'elles prouvent con-
« tre l'avis de l'immense majorité des éleveurs anglais et
« contre l'évidence des faits ? Cette majorité est unanime à
« dire que la race anglaise, loin de dégénérer, s'améliore
« continuellement, et que les chevaux de pur sang d'au-
« jourd'hui surpassent de beaucoup ceux d'autrefois sous tous
« les rapports. L'expérience a confirmé tous les jours cette
« opinion en prouvant que ce ne sont que les chevaux de
« pur sang qui peuvent suffire aux exigences toujours crois-

« santes du public anglais. Les chevaux de pur sang d'aujour-
« d'hui font des choses qu'autrefois on n'aurait jamais crues
« possibles. Il va sans dire qu'il y a parmi les chevaux anglais
« des individus mauvais et entachés de défauts; mais on en
« trouve aussi parmi les races arabes et orientales en général,
« et même dans toutes les espèces d'animaux domestiques.
« Qui est-ce qui, en voyant chez nous quelques mauvais
« troupeaux, dirait que l'élève des moutons en Allemagne
« a commencé à dégénérer? Quelle est la personne qui,
« appuyée sur de telles observations isolées, conseillerait à
« nos éleveurs de moutons de faire venir des béliers d'Es-
« pagne pour en améliorer nos races? Ce qu'il y a de cer-
« tain, c'est qu'aucun éleveur ne suivrait ce conseil. Il en
« est des chevaux comme des moutons.

« Ces deux espèces d'animaux ont originairement hérité
« de leurs ancêtres des qualités distinctives de leurs races;
« mais ces qualités ont été tellement perfectionnées par l'ap-
« plication de sains principes à l'éducation des animaux, que
« nos chevaux et nos moutons d'aujourd'hui surpassent de
« beaucoup les races dont ils descendent. Ce serait donc
« marcher en arrière que de remonter aux races mères
« pour en croiser nos races actuelles, ce serait s'exposer à
« détruire toutes celles de leurs qualités qui ne sont point
« originaires, mais le fruit de bonnes combinaisons d'accou-
« plement et de traitement suivies pendant très-longtemps.

« Je pense que ces raisons empêcheront tout éleveur ra-
« tionnel de chevaux et de moutons d'employer des étalons
« arabes et des béliers espagnols, et que tous les hippologues
« pratiques s'accorderont avec moi à dire que la dégénéra-
« tion des chevaux de pur sang anglais appartient au nom-
« bre des fables (1). »

Nous aurions pu abréger cette citation, mais nous aurions
craint de lui ôter de sa force. C'est d'ailleurs un point de doc-

_____

(1) *Journal des haras*, t. XXIV, p. 91 et suivantes.

trine assez important pour qu'on s'y arrête, et les détracteurs les plus violents et les plus acharnés de pur sang anglais n'osent pas toujours soutenir cette question de dégénération avec tout l'absolutisme qu'ils portent dans les autres points contestés. C'est ainsi que Mathieu de Dombasle, par exemple, après s'être emparé de cette accusation pour la faire tourner à l'avantage de son opposition au pur sang, et, mieux que cela, à l'avantage de la négation même du principe, finit par écrire : « Il est bien certain du moins que la race an-« glaise ne fait plus de progrès ; et tout ce que l'on peut at-« tendre des soins dispendieux avec lesquels on l'entretient, « c'est qu'elle ne dégénère pas (1). » Il y a loin de ce tempérament à l'assertion tranchante d'écrivains moins sérieux et moins instruits.

Une race importée dégénère-t-elle? se demande à son tour M. F. Villeroy, auteur estimé parmi ceux qui approfondissent toutes les questions relatives à la bonne production des animaux ; et il répond :

« Une erreur généralement répandue, c'est de croire qu'une race importée est sujette à une dégénérescence à laquelle on doit remédier en renouvelant, comme on dit, le sang au moyen de mâles pris dans la souche primitive. Les animaux peuvent prendre un caractère dépendant du sol, des aliments, d'un régime bien ou mal entendu ; l'influence du sol, du climat, du pâturage surtout peut être telle, que le même poulain qui serait devenu cheval de selle près d'Alençon devient carrossier dans la plaine de Caen ; mais, hormis ces cas faciles à apprécier, il n'existe pas de cause préexistante de dégénérescence. N'avons-nous pas vu les mérinos prospérer depuis les plaines de l'Estramadure jusqu'à Moscou, et les Saxons ne sont-ils pas parvenus à leur faire porter une laine plus fine qu'ils n'en ont jamais produit en

---

(1) Mathieu de Dombasle, *De la reproduction des chevaux*, etc., p. 356.

Espagne ? On élève de beaux et bons chevaux dans toutes les parties du monde, et, si les Arabes possèdent les plus beaux et les meilleurs, ils en sont redevables aux soins, à l'éducation, et surtout à l'attention extrême qu'ils mettent à conserver la pureté de leur race. Si l'on conservait à cet égard quelque doute, il suffirait d'observer qu'à côté de ces chevaux parfaits que produit l'Arabie elle a aussi beaucoup de chevaux de sang mêlé, des chevaux médiocres et de mauvais chevaux. Les Anglais ont formé leur race de chevaux par l'étalon arabe et la jument orientale ; mais aujourd'hui, au point de perfection où ils sont arrivés, ils se garderont bien de faire usage d'animaux de cette race. Ils sont parvenus à créer des chevaux plus grands, plus forts, plus propres aux services auxquels ils sont destinés ; revenir au cheval arabe, ce serait un pas rétrograde.....

« Deux grands exemples sont offerts aux éleveurs par l'Angleterre et la Saxe. Les Anglais possèdent les premiers chevaux de l'Europe, comme les Saxons possèdent les bêtes à laine les plus fines, parce que les uns et les autres, lorsqu'une fois ils ont eu de bonnes souches, ont eu la sagesse de les conserver *pures*, de les *améliorer par elles-mêmes*, en choisissant toujours pour la reproduction les animaux les plus parfaits, et en évitant avec le plus grand soin le mélange de tout sang étranger.

« Les autres pays de l'Europe ont suivi une route différente ; ils ont *croisé* les races, et les résultats de part et d'autre sont des faits parlants. »

Le cheval anglais n'est pas exempt de dégénération ; il peut perdre et déchoir comme a perdu, comme est tombée l'immense majorité des fils du cheval père ; mais là n'est pas la question. Elle est dans le fait même de la pureté de son principe, abstraction faite de la forme qui le contient ; elle est dans le fait même de la conservation de ce principe, dans toute sa vertu primitive, loin du siége que l'on assigne à la création de la race, en dépit de tout ce monde d'influences contraires et de causes destructives que l'imagination a créé, fatalement posé en tous lieux, sans s'apercevoir qu'il n'est que dans l'ignorance des lois de la nature et dans l'incurie si ordinaire à l'homme.

Oui, M. le duc de Schleswig-Holstein est dans le vrai lorsqu'il distingue chez le cheval de pur sang né en Angleterre deux ordres de qualités : — les unes intérieures, qui sont l'effet du noble sang ; — les autres extérieures, qui sont produites par un système bien combiné d'accouplement et de bons traitements, suivi durant des siècles. Tous les faits accumulés contre le principe conservateur du pur sang n'ont pas la signification que leur prêtent l'ignorance, l'irréflexion ou l'entêtement ; — les nobles races qu'on regrette aujourd'hui, qui ont appartenu à toutes les contrées d'Europe, ont disparu parce qu'elles n'ont point été maintenues saines et entières dans leur nature intime par ce système judicieux et persévérant suivi pendant des siècles par les Anglais à l'imitation des Arabes, leurs premiers maîtres. — Et les races métisses, les races créées par le croisement, lorsqu'elles ont été extraites du milieu particulier où elles avaient été produites, n'ont réussi nulle part ni à se maintenir à leur hauteur ni à perfectionner aucune autre race d'une manière durable (1). C'est qu'elles n'avaient point en elles la puissance du pur sang. Améliorées par ce dernier, elles brillaient au premier rang, et leur réputation les faisait rechercher. Importées en d'autres pays et employées à la régénération d'autres races, elles ne produisaient rien de bon et tombaient elles-mêmes. N'est-ce pas l'histoire parfaitement vraie de toutes les importations des reproducteurs d'élite empruntés aux races étrangères pour le perfectionnement de nos races fran-

(1) Nous ne parlons que des races équestres. Ce que nous disons ici, nous n'entendons pas l'appliquer aux autres espèces domestiques. Outre que cela nous entraînerait dans des discussions par trop longues, il n'y a suffisante analogie ni dans la destination respective des unes et des autres ni dans les conditions diverses où on les tient, pour ne pas les séparer souvent dans les études dont elles deviennent le sujet.

çaises, à diverses époques, et notamment sous le règne de
·Louis XIV?

Si quelques hippologues ne voient dans le cheval de pur
sang anglais de nos jours qu'une émanation affaiblie du cheval
père, qu'un résultat, et non un régénérateur, un continuateur
d'espèces, — d'autres, plus nombreux, le considèrent sous un
point de vue bien différent et le disent supérieur au cheval
arabe lui-même. C'est par des accouplements en dedans habilement combinés, dit M. le duc de Guiche, et par des importations renouvelées des plus nobles chevaux et juments
d'Arabie, que la race anglaise « est enfin devenue *supérieure*
« *à la race* dont elle tirait son origine (1). Le sol fécond de
« l'Angleterre, en fournissant aux chevaux arabes une abon-
« dante et succulente nourriture, ne tarda pas à élever leur
« taille, et les soins apportés dans les alliances contribuèrent
« à leur conserver cette symétrie de formes qui est l'heureux
« apanage du cheval d'Orient. En acquérant plus de forces et
« de taille, *sans perdre aucune de ses qualités primitives*, l'é-
« talon de *pur sang* s'est mis en rapport avec les besoins du
« pays; et, à l'exception du cheval de *gros trait*, il est devenu
« aujourd'hui le plus apte à régénérer toutes les races; aussi
« les naturels du pays lui donnent-ils la préférence sur le
« cheval arabe lui-même (2). »

Les améliorations dont parle ici M. le duc de Guiche
n'intéressent évidemment que la forme, que les qualités
extérieures, comme le dit M. le duc de Schleswig-Holstein ;

(1) Picard avait déjà exprimé le même sentiment à la page 87 de son
Manuel des haras : « ... Les Anglais, par des croisements bien en-
« tendus, sont parvenus, dans ce qu'ils appellent leurs chevaux de pur
« sang, à un degré de perfection tel, qu'il n'y a peut-être pas dans
« toute l'Arabie un seul cheval en état de se mesurer en force et en
« vitesse avec les chevaux ordinaires de cette classe. »
Nous pourrions multiplier les citations à l'infini ; mais à quoi bon ?
(2) *De l'amélioration des chevaux en France*, par M. le duc de
Guiche, p. 8 et 9.

les facultés intimes, elles, ne changent pas; elles se perpétuent dans toute leur puissance, elles ne perdent rien de leur valeur primitive; c'est là le point culminant de la question qui domine dans la reproduction, en Angleterre, du cheval père, du prototype de l'espèce, et dans un établissement heureux, fécond, sur un autre point de la terre que celui d'où il n'avait pas encore été arraché, sans éprouver bientôt de profondes atteintes intérieures, sans perdre une partie de sa puissance, sans s'affaiblir d'une manière notable jusque dans son principe.

V.

La dégénération n'est pas un état qui se manifeste subitement ni violemment sur les races. Elle résulte d'une action multiple et d'intensité variable qui frappe à la fois les qualités intimes et les formes extérieures au point de leur faire perdre graduellement tout ou partie de la valeur qu'on y attache. Toute modification de la forme qui se réalise sans atteinte des facultés morales n'est point une dégénération. Elle devient utile dans beaucoup de circonstances, et l'éducateur habile sait profiter de cette élasticité, de cette souplesse de la matière, de sa malléabilité, si je puis dire, pour varier la conformation extérieure des produits, et leur donner le mode de structure qui convient le mieux à ses vues, qui satisfait le plus complétement à ses besoins. En maintenant entier le principe de l'espèce, il en pétrit et façonne à sa guise le bloc; en permettant qu'il s'affaiblisse, il ne réussit plus à rien, car l'élément essentiel lui manque.

On ne tire rien de rien; il n'y a que Dieu qui puisse faire sortir un monde du néant.

La dégénération admet plusieurs degrés. Elle est ou légère ou profonde, suivant l'atteinte portée par les causes productrices au mérite même d'une race, à ce qui en constitue l'utilité. Elle sort d'une loi de nature fort bien étudiée et définie par Buffon en ces termes :

« Il y a dans la nature un prototype général dans cha-
« que espèce, sur lequel chaque individu est modelé, mais
« qui semble, en se réalisant, s'altérer ou se perfectionner
« par les circonstances ; en sorte que, relativement à de
« certaines qualités, il y a une variation bizarre, en appa-
« rence, dans la succession des individus, et en même temps
« une constance qui paraît admirable dans l'espèce en-
« tière (1). Le premier animal, le premier cheval, par
« exemple, a été le modèle extérieur et le moule intérieur
« sur lequel tous les chevaux qui sont nés, tous ceux qui
« existent et tous ceux qui naîtront ont été formés. Mais ce
« modèle, dont nous ne connaissons que les copies, semble
« s'altérer ou se perfectionner en communiquant sa forme
« et se multipliant : l'empreinte originaire subsiste en son
« entier dans chaque individu ; mais, quoiqu'il y en ait des
« millions, aucun de ces individus n'est cependant sembla-
« ble à un autre individu, ni par conséquent au modèle
« dont il porte l'empreinte. Cette différence, qui prouve
« combien la nature est éloignée de rien faire d'absolu et
« combien elle sait nuancer ses ouvrages, se trouve dans
« l'espèce humaine, dans celle de tous les animaux, de tous
« les végétaux, de tous les êtres, en un mot, qui se repro-
« duisent. »

Ainsi chaque animal apporte, en naissant, une tendance à
s'éloigner des caractères spécifiques extérieurs de l'espèce
d'où il sort, et à prendre, au contraire, des caractères individuels extrêmement variés. Or ces caractères peuvent
constituer une perte ou un accident heureux, être une détérioration organique ou un perfectionnement utile, selon

(1) Cette observation ne confirme-t-elle pas la distinction que nous
avons établie entre le principe même de l'espèce et la variété infinie de
la forme, la distinction admise par un illustre hippologue entre les qualités intérieures, qui tiennent à la richesse du sang et qui sont invariables, — et les qualités extérieures, changeantes au gré du caprice, des
désirs ou des besoins de l'homme, qui règne en maître ?

qu'ils affaiblissent les qualités du produit ou qu'ils développent davantage quelques-unes de ses facultés dans le sens d'une aptitude plus grande à remplir telle ou telle exigence particulière. Il suit de là que toute amélioration, tout développement nouveau d'une qualité, comme toute atteinte notable, toute dégénération, commence de même par l'éloignement des formes des premiers modèles; c'est ce qu'on pourrait appeler du nom de *dégénérescence*.

La dégénérescence donc est inévitable; c'est une loi de nature, une loi immuable et nécessaire. C'est un don de Dieu. Nous lui sommes redevables d'un véritable pouvoir, d'une puissance de création nouvelle, puisqu'il nous permet de commander à la matière et de produire dans les caractères physiques des espèces animales une foule de déviations vraiment surprenantes. C'est par les dissemblances individuelles, c'est-à-dire par les déviations naturelles, suites nécessaires de la dégénérescence, que sont nées d'abord les variétés, ou individus s'éloignant du type de chaque espèce par un caractère nouveau tranché, par une particularité frappante. En se reproduisant par l'acte générateur, cette particularité, ce caractère nouveau, bientôt fortifiés par de nouvelles modifications dues à diverses causes, dont la plus déterminante a même pu être la première déviation, les variétés ou les dissemblances héréditaires se sont plus fortement prononcées, et ont à la fin constitué des races, des agglomérations d'individus plus profondément modifiés, et se reproduisant toujours avec les mêmes caractères tant que des causes de dégénérescence plus actives ne déterminent pas de nouveaux changements, d'autres déviations que celles purement individuelles, lesquelles n'amènent pas des différences assez grandes pour défigurer la nouvelle famille, changer son empreinte, son cachet, et détruire son homogénéité.

Nous savons maintenant ce que c'est que la *dégénération*; ce n'est plus une simple tendance à l'altération organique

congéniale des individus, un effort de la nature à s'éloigner
du prototype général de l'espèce, effort impuissant qui a ses
bornes et des limites infranchissables dans lesquelles il est
maintenu par cette puissance désignée sous le nom de force
inhérente, « par la force conservatrice des caractères et des
« formes premières dont la machine animale est pourvue; »
c'est quelque autre chose encore, un degré plus avancé vers
la dégradation, qui, sans pouvoir atteindre l'espèce elle-
même, s'appesantit assez fortement, à moins de soins spéciaux, sur ses émanations, pour en affaiblir le mérite, la
valeur, et en réduire de beaucoup l'utilité propre; — c'est
la manière d'être d'un individu, ou plutôt d'une famille,
d'une race, résultant de la coexistence de ses modifications
successives mauvaises avec ses qualités particulières, mais
s'affaiblissant toujours par l'effet de la reproduction successive; — c'est enfin l'état d'altération même où se trouvent
des animaux devenus moins parfaits, moins beaux, moins
bons que ceux du même genre qui les ont précédés, et dont
ils tirent leur origine.

Cette définition, nette et rigide, n'admet pas au nombre
des dégénérations, comme le veulent les naturalistes, les
changements ou variations obtenus à grand'peine dans les
individus et dans les races, à l'effet de donner une grande
prédominance sur les autres à certaines qualités dont le développement proportionnel est bien moindre dans les types
primitifs, afin de les rendre plus immédiatement et plus
complétement utiles à l'homme. A ces dernières modifications appartient le nom de perfectionnements, et ceux-ci,
absolus ou relatifs, ne seront jamais considérés comme des
dégénérations par l'éducateur industrieux dont tous les efforts tendent précisément à exagérer dans des races spéciales
un ordre de qualités et de mérites qui, dans les premiers
types, n'existent en quelque sorte qu'à l'état rudimentaire.

La dégénération conduit à l'*abâtardissement*. Celui-ci
n'en est que le dernier degré, le plus bas échelon. L'abâ-

tardissement suppose déjà une extraction inférieure, plus basse. Une bête abâtardie provient elle-même de sujets dégénérés. Ceux-ci étaient plus ou moins affaiblis dans les profondeurs de la constitution, plus ou moins altérés dans leurs formes; leur produit sera complétement difformé, complétement dégradé, complétement vicié jusque dans son sang; il ne pourra plus déchoir.

En l'état d'indépendance, la nature seule soutient à leur hauteur respective les espèces créées pour vivre dans les conditions d'une liberté éternelle en quelque sorte, en dehors des influences de l'homme. Elles trouvent en suffisance les produits indispensables à leur entretien. Les maladies, les accidents, mille causes de fatigue et de destruction, éprouvent les individus. Les plus faibles meurent à la peine, tandis que les plus forts et les privilégiés résistent et font sentir à tous leur supériorité. Plus tard, à l'époque du rut, les mâles se disputent le droit de régner en despotes sur les troupeaux de femelles. Celles-ci n'appartiennent qu'aux vainqueurs dans des combats acharnés. L'espèce ne se renouvelle que par le concours des individus les plus courageux, les plus forts et les plus solidement trempés.

Dans les liens d'une domesticité honorable et soigneuse, les races appauvries, dégénérées sont susceptibles d'être améliorées; par un système convenable, elles peuvent être modifiées de diverses manières, recevoir des perfectionnements dus à des prédominances spéciales, être civilisées suivant une direction donnée; enfin le type même de l'espèce peut être transporté loin de la terre de promission où il se maintient depuis des siècles et établi de façon à s'y reproduire entier, sans altération dans son principe, si la lutte contre les causes destructives est incessante et bien entendue.

Dans les cas, au contraire, d'un servage avilissant, les races s'affaiblissent, se détériorent, se dégradent, s'abâtardissent et s'éteignent peu à peu, si bien qu'à la fin il ne reste plus que des individus sans caractères de races ni valeur, des animaux de basse extraction, chétifs et misérables avortons de ruineux entretien, auxquels d'ailleurs on se croit dispensé d'accorder des soins, car ils ne provoquent ni l'affection de l'éleveur ni les attentions qui en sont la conséquence.

Ainsi les races dégénèrent lorsqu'elles éprouvent, dans le genre de la conformation qui les distingue et leur donne une aptitude plus grande pour un emploi plus spécial, des altérations qui les rendent successivement moins bonnes et moins profitables. Elles sont abâtardies lorsque ces altérations se sont exagérées au point de rendre inutile ou onéreux l'entretien des races.

Mais elles se relèvent, elles s'améliorent, lorsque leur conformation, sous l'influence de causes favorables et de traitements bien entendus, se modifie ou se développe dans le sens d'une aptitude nouvelle, alors même que cette modification ne constituerait qu'un perfectionnement partiel. Et de fait, l'utilité d'une race, en thèse générale, n'est pas dans la quantité ou dans le nombre des améliorations qu'elle présente, mais bien dans la valeur même du perfectionnement obtenu, dans la quantité de produit ou de service que procure le développement de la qualité qui le constitue.

C'est dans cette voie nouvelle que doit être engagée l'industrie du bétail dans tout pays civilisé et industrieux, sous peine de rester en arrière, de devenir le tributaire de tous les autres, et de ressembler à ce marcheur paresseux ou maladroit dont parle J. B. Say, qui, clochant au milieu d'une troupe en mouvement, se trouve bientôt devancé et froissé par tout le monde.

Mais revenons à ce qui touche de plus près l'espèce du cheval dans cette question de la dégénération.

VI.

Le fait de la dégénération des races équestres a été diversement expliqué. Il y a la théorie du climat, c'est la plus généralemeut admise; et la théorie de la fatalité, si je puis ainsi la nommer , c'est celle de Bourgelat.

En assignant au cheval un point central et unique de création, on le voit s'en éloigner peu à peu à mesure que ses rejetons se multiplient, et se disséminer tout naturellement dans les diverses contrées du monde où on le trouve aujourd'hui.

Mais , en même temps que ces migrations s'étendent, on observe des modifications nombreuses dans les caractères extérieurs comme dans les qualités intimes. Ces modifications, en se fixant sur un certain nombre d'individus placés dans des conditions absolumeut semblables, distinguent profondément entre elles des populations importantes et constituent ce que l'on a appelé des *races*.

L'opinion générale est que « toutes ces races , en s'éloi-
« gnant de la souche, ont perdu. Aucune n'a conservé pur
« le type de cette souche; aucune n'y a remonté , et encore
« moins n'a été au delà : toutes sont constamment restées
« en deçà.

« Quelle est la cause de cette dégénération ou de ce mode
« particulier de conformation que prend la race de l'indi-
« vidu transplanté? Est-elle due à l'influence du climat et
« de la nourriture, comme l'ont dit tous ceux qui jusqu'à
« présent se sont occupés de cet objet, et comme le résultat
« de toutes les expériences qu'on a tentées et de toutes les
« observations qu'on a faites pourrait donner lieu de le croire?
« ou bien est-elle seulement due à la manière insuffisante et
« incomplète dont toutes les expériences et les observations
« ont été suivies, comme on pourrait le présumer d'après
« celles qui ont été faites depuis près d'un siècle sur d'autres

« espèces d'animaux domestiques dont on est parvenu à
« conserver les races pures (1)? »

Tel était l'état de la science hippique au temps où écrivait Huzard père, l'un des hommes les plus judicieux qui en
aient traité. Il avait senti que les influences extérieures,
causes si puissantes de modifications, ne donnaient pourtant
pas satisfaction pleine et entière à l'endroit de la dégénération constante des races; il n'admettait pas la nécessité des
croisements pratiqués d'après les idées de Buffon et de Bourgelat. Pour les combattre avec avantage il n'avait qu'à montrer du doigt les résultats fâcheux qui en étaient sortis, et il
y a si parfaitement réussi, que cette malencontreuse théorie
en a été ruinée pour toujours.

Huzard père avait donc compris qu'il y avait quelque
chose au delà de l'action incessamment contraire du climat
et des effets des nourritures diverses; il voyait autour de lui
une ignorance si profonde, une incurie si générale, qu'il
soupçonnait bien un peu l'homme d'avoir été au-dessous de
sa tâche. Il pensait qu'avec plus d'intelligence et de savoir il
ne serait pas impossible d'arrêter cette dégénération toujours
progressive des races; il supposait qu'en cherchant le sens
des éléments on prendrait des routes plus sûres, on arriverait à des résultats plus satisfaisants. Cependant il s'abstint
de prononcer entre les deux opinions, et demanda seulement
que la science fût encore interrogée, que la question fût remise
à l'étude, que l'on en poursuivît avec soin la solution dans
des haras d'expériences. Un décret d'organisation suivit de
près ce vœu; mais les haras d'expériences ne furent jamais
établis.

Aujourd'hui la science n'est plus aussi obscure; l'expérience a levé bien des doutes. Huzard père, plus instruit
qu'aucun hippologue de l'époque, ne connaissait pourtant

---

(1) Huzard père, *Instruction sur l'amélioration des chevaux en
France*, p. 72.

pas l'histoire physiologique de la race de pur sang, importée et établie en Angleterre, reproduite entière et sans altération aucune loin de la souche. Or n'était-ce pas le résultat qu'il avait entrevu lui-même? Et cette conquête sur l'influence combinée du climat et de la nourriture n'est-elle pas ce fait connu et positif dont il regrettait l'absence, qui aurait si puissamment étayé son opinion sur les fautes commises, sur l'insuffisance des observations connues, sur le décousu des expériences tentées jusqu'alors?

Il ne serait donc plus exact de dire : « Toutes les races, en « s'éloignant de la souche, ont perdu. Aucune n'a conservé « pur le type de cette souche; aucune n'y a remonté, et « encore moins n'a été au delà : toutes sont constamment « restées en deçà. » En effet, le principe de conservation du type est entier dans le cheval de pur sang anglais. Ce dernier n'a pas été au delà de la souche; ce fait est de toute impossibilité.

Déjà, dans le premier chapitre de ces études, nous avons abordé sous un point de vue général la grande question de l'influence du climat ; elle est revenue par son petit côté dans l'examen du fait de la transmission du sang par l'acte générateur ; nous y avons touché à l'occasion d'autres sujets, et nous la reprendrons bientôt lorsque nous pourrons nous occuper spécialement du fait de l'acclimatation.

Dans l'opinion de ceux qui ne voient que dégénération de l'individu, que destruction de la race mère hors du climat de prédilection qui a servi de berceau à l'espèce, celle-ci au moins se conserve pure dans son principe, se maintient sans altération aucune, se continue toujours une et homogène, toujours puissante, toujours armée contre les causes de dépérissement ; sa force de conservation est en elle, inhérente à sa nature, et l'individu, toujours protégé, résiste de par la volonté même du Créateur à l'appauvrissement, à la dégénération, auxquels rien ne saurait le soustraire quand il a été extrait de la patrie originaire.

La théorie de Bourgelat est bien moins consolante; ce n'est plus seulement hors du sol natal que le cheval s'affaiblit et dégénère : cette loi fatale qui le poursuit et le dégrade nécessairement sous tous les climats où on le transporte est une condition même de son existence, et s'appesantit sur lui de tout son poids jusque dans la mère patrie.

« Mais, si tel est l'ordre de la nature que les dégénérations
« du cheval, transplanté ou non, sont inévitables, ne dégé-
« nérera-t-il pas aussi dans ses productions? Celles-ci ne
« participeront-elles pas des influences de la nouvelle nour-
« riture et du nouveau climat? Le développement de la
« forme ne changera-t-il pas peu à peu dans les générations?
« Si l'empreinte en est pure dès la première, et qu'il n'y ait
« aucun vice de souche au moment de la naissance, le
« climat ne fera-t-il pas diverses impressions sur le poulain
« dans l'âge tendre, et la nourriture sur les parties organi-
« ques dans le moment de l'accroissement? Enfin des germes
« de défectuosités ne se manifesteront-ils pas plus sensible-
« ment dans la seconde? Et dès la troisième et la quatrième
« les productions ne seront-elles pas purement françaises et
« n'auront-elles pas la teinture absolue de notre climat? Il
« est certain que toutes ces dégradations sont infaillibles;
« mais il ne s'ensuit pas de ce que les caractères de la pre-
« mière souche seront effacés dans les petits-fils ou arrière-
« petits-fils et de ce que ceux-ci n'auront plus rien de sem-
« blable avec les animaux du pays, qu'on doive exclure les
« étalons étrangers, parce que des chevaux français con-
« stamment privés de toute alliance étrangère s'abâtardi-
« raient eux-mêmes, de manière qu'il ne leur resterait rien
« des chevaux de la nation, et qu'ils pécheraient entièrement
« par des vices et par des difformités aussi essentielles que
« monstrueuses. Il faut donc, ainsi que par le passé et à
« l'exemple de toutes les autres nations existantes, *venir de*
« *toute nécessité au secours de la nature, qui se dégraderait*
« *à l'infini*, et donner à nos cavales des étalons étrangers,

« et à nos chevaux , s'il est possible , des juments étrangè-
« res.

« Que si , comme il arrivera indubitablement , leurs en-
« fants dégénèrent , il ne s'agira de notre part que de renou-
« veler les races par l'acquisition de nouveaux mâles et de
« nouvelles femelles : telle est la marche qui doit être
« suivie et qui est généralement adoptée par tous les peu-
« ples (1). »

L'expérience a fait complète justice de cette théorie, qui
n'a plus, à vrai dire, besoin de réfutation aujourd'hui. Il est
bien de faire observer néanmoins que par le mot *souche*
Bourgelat n'entendait pas, ainsi qu'on l'entendrait maintenant, le type primitif de l'espèce, le cheval père, le principe
même du pur sang, mais seulement l'auteur quelconque de
la génération dont il parle, abstraction faite de sa propre
origine. On se rappellera qu'il recommandait de prendre les
types d'amélioration dans toutes les races répandues sur la
snrface de la terre, et que l'animal de la conformation la plus
belle, la plus parfaite devenait ainsi le reproducteur le plus
capable, la souche la plus précieuse. Or, en renouvelant
incessamment cette dernière, en ajoutant aux qualités dont
elle avait pu être la cause les qualités que l'on devrait à d'autres reproducteurs d'élite tirés de races bien différentes, il en
devait sortir à la fin de grands perfectionnements faciles à
reproduire par un même système de croisements toujours
renouvelés dans les mêmes vues.

Personne n'admet plus ces idées de régénération des races ;
on en a subi assez longtemps les funestes effets pour n'être
pas tenté d'y revenir jamais.

Le passage que nous venons d'extraire d'un des ouvrages
de Bourgelat soulève d'autres questions auxquelles nous
reviendrons en temps et lieu. Nous resterons fidèle à cette

(1) Bourgelat, *Traité de la conformation extérieure des chevaux*, p. 365.

règle que nous nous sommes tracée : mettre autant que possible chaque sujet à sa place, ce qui suppose une place pour chacun.

Mais, en ce qui touche celui qui nous retient en ce moment, il reste bien démontré, sans doute, que, avant d'écrire sur le thème de l'amélioration des races de chevaux en France, Bourgelat n'avait pas remonté bien haut dans l'histoire des migrations de l'espèce, qu'il ne les avait pas suivies de génération en génération jusqu'à leur origine première, et qu'il n'avait pas cherché à se rendre compte de la valeur, de l'intensité des influences diverses qui avaient provoqué toutes ces modifications du type primitif.

A force de patience, de recherches, de critique, il aurait certainement découvert dans le passé physiologique des races les causes mêmes de leur condition physiologique au moment où il s'en occupait ; il aurait retrouvé dans un ordre de faits plus réel et mieux fondé, dans maintes influences fixes ou changeantes, dans une série indéfinie de causes actives, les points de départ, les éléments de leur constitution, et en un mot leur raison d'être ce qu'elles étaient alors.

Par cette étude rationnelle des faits, il n'aurait point estimé à rebours les rapports de causes à effet ; il n'aurait point arrêté dans son essor le développement de la science hippique ; il n'aurait pas précipité l'industrie chevaline dans une série de revers qui a étrangement nui à la fortune publique.

VII.

Les causes de la dégénération sont tellement nombreuses, que l'on pourrait se demander où elles ne sont pas. Elles ne résultent pas seulement, nous l'avons dit, du déplacement d'une race et de son transport loin des lieux où elle s'est développée sous des climats fort divers, elles existent aussi et se montrent également actives sur le sol natal et dans la pa-

trie adoptive. Elles naissent elles-mêmes d'influences fort variables et sont dans l'activité incessante des agents extérieurs.
Ainsi l'air, l'eau, les aliments, la liberté absolue, une dépendance fort étroite, les habitations, le système de reproduction, le mode d'élevage, l'aptitude, le genre d'emplois,
l'usage rationnel ou l'abus de toutes choses, la volonté de
l'homme, sa sollicitude ou son incurie, combinés de mille
et mille manières, impriment à l'organisation animale des
formes et des caractères très-mobiles et fort différents.

Ce n'est pas ici le lieu de déterminer les effets spécifiques
en quelque sorte de ces causes diverses. C'est un sujet qui
revient à chaque page de ces études, dont il forme le fond.
Qu'est-ce, en effet, que la science hippique, sinon la connaissance des altérations qui atteignent les forces, la vitalité, la constitution du cheval, dans toutes les conditions de
son existence universelle, pour ainsi parler, et des moyens
ou de les prévenir ou de les combattre avec efficacité, de
manière à maintenir toujours les races en l'état de civilisation le plus élevé; de manière, voulons-nous dire, à les approprier le plus possible, dans tous les temps et dans tous les
lieux, aux besoins nombreux et variés de la société? De
quelle utilité, d'ailleurs, serait ici l'histoire détaillée de toutes
les dégénérations particulières? Elles ne seraient point à leur
place dans un chapitre qui n'embrasse encore que des géné-
ralités.

Cependant il est une influence si active et si puissante, que
nous ne résistons pas au désir de la signaler toutes les fois
que l'occasion s'en présente; c'est celle de la domesticité:
aussi bien la mettrons-nous toujours au premier rang parmi
celles dont les effets sont les plus heureux ou les plus funestes suivant l'occurrence.

La domesticité, en effet, qui a déjà réalisé tant de mer-
veilles, devient une cause d'avilissement des races lorsqu'elle
se change en un dur et pénible esclavage, lorsqu'elle s'appesantit sans mesure sur les êtres qu'elle a mission de protéger

au contraire. C'est la brutalité, l'ignorance, l'incurie et la cupidité du maître, qui sont la source de la plupart des détériorations organiques que subissent les animaux soumis à l'empire de l'homme, dont l'action est forte, dont le pouvoir est pour ainsi dire sans limites.

Cette sorte d'influence a longtemps été méconnue. De toutes les causes de modifications de l'économie, c'est pourtant la plus puissante, la plus saisissable dans ses effets, car elle ne se manifeste pas moins sur l'animal extérieur que sur l'animal intérieur. Elle est bien plus facilement constatée par l'altération de la forme générale des individus que par l'affaiblissement des qualités intimes, par l'irrégularité d'arrangement proportionnel de toutes les régions du corps, dont la bonne harmonie constitue la *beauté*, que par l'appauvrissement du sang, source de toutes les atteintes morales, cause d'une foule de maladies que l'on n'observe pas chez les races puissantes. Et n'est-ce pas pour s'être trop exclusivement arrêté à cette constatation des pertes extérieures, à cette étude exclusive des défectuosités de la forme, que le principe même d'une bonne et véritable amélioration est resté si longtemps inconnu, que les lois naturelles d'une régénération solide et durable sont restées si longtemps incomprises?

Parmi les amateurs qui cherchent à s'instruire, beaucoup se contentent de la connaissance toute superficielle de l'extérieur. Combien vont au delà? combien soulèvent la peau, étudient l'animal intérieur, et se rendent compte de la nature et du mérite de tous les instruments de la vie? Ils n'en soupçonnent ni le nombre, ni la forme, ni les rapports, ni le jeu, ni l'importance; et cependant ils raisonnent, ils dissertent avec un aplomb incroyable. Ils savent le cheval comme saurait la géographie un homme qui passerait son temps à se reconnaître sur une carte descriptive des différentes parties du globe; ils ne savent du cheval que sa topographie en quelque sorte, qu'on nous passe le mot.

Une fable de notre bon la Fontaine explique très-bien la différence qu'apportent chez les animaux une domesticité soigneuse et une servitude avilissante; elle a pour titre *L'Éducation*, et met en scène deux chiens :

> Laridon et César, frères dont l'origine
> Venait de chiens fameux, beaux, bien faits et hardis,
> A deux maîtres divers échus au temps jadis...
> . . . .

De là une fortune très-diverse. A l'un des attentions de toute espèce, excellente nourriture, nobles occupations, bon gîte, caresses du maître; rien ne lui manquait, et même

> On eut soin d'empêcher qu'une indigne maîtresse
> Ne fît en ses enfants dégénérer son sang.

Quant à l'autre, il vécut de hasards, misérablement, chez le cloutier peut-être, dont il animait le soufflet de forge. Plus de soins ici; mais le travail pénible, le châtiment qui punit la paresse ou l'inexactitude à l'heure, le châtiment qui exige souvent aussi au delà des forces..... Bientôt il est mal en point; il devient laid, pleutre et raffalé....., *cancre, hère et pauvre diable*, autant que son frère était poli, luisant, fier, heureux, puissant. Hélas !

> On ne suit pas toujours ses aïeux ni son père;
> Le peu de soins, le temps, tout fait qu'on dégénère.
> Faute de cultiver la nature et ses dons,
> Oh ! combien de Césars deviendront Laridons !

Telle est, n'est-ce pas? mais telle ne devrait pas être, l'action de l'homme sur les animaux qu'il réunit autour de lui. Elle devrait avoir pour but unique, constant d'améliorer chaque espèce par la culture et le développement de celles de ses facultés qui lui sont le plus immédiatement utiles ou agréables; c'est à cette seule condition qu'il en amènera les races au plus haut degré de civilisation ou de perfectionnement.

Il faudrait rendre cette opinion vulgaire que la dégénération des races a été partout et toujours en raison directe de l'indifférence, de l'incurie et des mauvais traitements dont elles ont été l'objet ; — que leur amélioration, au contraire, est d'autant plus facile qu'on leur accorde des soins plus intelligents et plus doux.

C'est l'homme qui a fait les animaux difficiles, fantasques, intraitables, vindicatifs ; sa brutalité, sa déraison rendent le cheval de sang indocile, violent, parfois dangereux. La stupidité du maître, son mauvais naturel ont fait de l'âne, — ce cheval du pauvre, qui naît sobre, patient, laborieux, — un animal abject, têtu, rancuneux, opiniâtre. Et qu'on ne croie pas, dit Grognier (1), qu'une douleur physique soit le seul effet d'une brutalité : l'animal qui en est victime n'exprime pas la souffrance qu'il éprouve ; mais il digère mal, on le voit maigrir, ses forces diminuent, sa souplesse et son élasticité s'évanouissent, et si à cette cause se joignent l'excès de travail et l'insuffisance de nourriture, l'animal, jeune encore, est usé, décrépit ; il appartient à l'équarrisseur.

(1) *Précis d'un cours d'hygiène.*

ACCLIMATATION.

—

Sommaire.

I. Considérations générales. — II. L'acclimatation ne produit pas nécessairement l'appauvrissement du sang. — III. Quel trouble l'acclimatation apporte dans l'économie. — IV. Effets de l'acclimatement étudiés sur Godolphin-Arabian. — V. Réelle importance de l'action du climat sur la nature du cheval. — VI. Etudes sur les climats. — VII. Des erreurs accréditées par les hippologues sur les influences climatériques. — VIII. Le climat ne nuit au cheval et n'altère sa nature qu'autant qu'on ne sait pas vaincre son influence.

I.

Dans un temps donné, la science hippique, — justifiant l'application de ce mot dans sa magnifique ampleur, — sera la science des lois qui dévoilent le principe même de la vitalité du cheval, qui apprennent à conserver ce principe dans toute sa pureté et dans toute sa puissance, règlent le développement progressif des germes de force et d'utilité déposés dans la nature équestre, et donnent la connaissance exacte des causes susceptibles d'accélérer ou de retarder ce développement.

Aujourd'hui la science hippique est encore dans son enfance. Elle a à peine hasardé quelques pas timides, et cependant elle a déjà rendu de grands services. Il faut en attendre de plus importants — lorsqu'elle aura complété l'étude de toutes les influences, ou naturelles ou combinées par l'art, qui peuvent exercer leur action prochaine ou éloignée sur l'espèce entière, considérée dans les principales conditions

de son existence,—lorsqu'elle aura fait connaître les moyens
à employer pour faire tourner ces influences au profit des
différentes races et à l'avantage même de celui qui en poursuit la culture rationnelle, — lorsqu'elle aura bien démontré comment on peut écarter ou modifier celles qui doivent
être nuisibles, comment on peut favoriser celles qui assurent le succès. Elle contribuera ainsi, pour sa part, à la réalisation de la loi divine, qui est le progrès, qui est l'amélioration, par l'homme lui-même, de toutes les choses créées
pour son usage.

En envisageant le sujet à ce point de vue, l'hippologue
sent son rôle grandir. Les matériaux élaborés par lui, simple
manœuvre de la science, sont un pas de plus vers le but. Un
jour viendra où, fortifiés par des travaux plus nombreux et
plus importants, ces matériaux serviront sans doute à l'édification d'une œuvre solidement appuyée sur sa base. Il ou-
vre ainsi l'une des portes par lesquelles la science de la production du cheval doit entrer dans un brillant avenir.

C'est qu'en effet une science ne sort pas d'approximations,
d'à peu près, de suppositions plus ou moins voisines de la
réalité, mais de faits certains, nombreux, généraux et individuels, de données positives, de rapports que l'on voit, des
rapprochements que l'on établit entre eux, des lois que l'on
peut en déduire et que d'autres faits viennent confirmer à
leur tour.

Tout cela n'est donc pas l'œuvre d'un seul jour. Il faut que
les données s'accumulent, que les travaux de détails se multiplient..... Les lois ne sauraient être déduites que des faits;
les préceptes généraux ne peuvent être puisés qu'à la source
féconde des observations particulières. C'est du chaos que
naissent l'ordre et la régularisation.

D'une question d'hygiène générale et médicale on a fait
une question de science hippique. Il est vrai que sur ce
point, comme sur beaucoup d'autres, ces deux sciences se
tiennent de si près, qu'elles arrivent même à se fondre l'une

dans l'autre. Mais qu'aurions-nous besoin de chercher à justifier le titre et l'objet de ce chapitre? Tous les auteurs en ont fait une question hippique pure et même d'une très-haute importance. Ce n'est donc pas un empiétement, une excursion oiseuse et condamnable sur un domaine étranger; la question est bien à sa place sur le terrain des études hippologiques.

Qu'est-ce alors que l'acclimatement ou l'acclimatation?

II.

Ni l'un ni l'autre de ces mots n'a encore figuré au dictionnaire de l'Académie, bien que tous deux soient d'un emploi usuel et déjà fort ancien parmi les naturalistes, les agriculteurs et les médecins.

Ils désignent un état passager, une époque, un âge de transition, une condition latente, un travail obscur et profond de l'économie soumise à des influences nouvelles dont l'action — d'intensité variable — peut aller du malaise léger, insensible, occulte, jusqu'au mal le plus violent.

Autant que dure cette crise, c'est-à-dire pendant tout le temps nécessaire à l'économie pour s'habituer à l'action des nouveaux agents qui la dominent et la travaillent, l'animal est sous l'influence de l'acclimatation.

Cette influence produit, à ce que l'on prétend, de profonds changements dans l'organisme des sujets amenés de loin et tout à coup plongés dans les circonstances très-différentes d'un climat opposé à celui auquel ils étaient accoutumés. Ces changements ont pour effet de rapprocher, sous beaucoup de rapports, les nouveaux venus des indigènes.

La révolution une fois complète, l'animal est dit *acclimaté*, et l'on suppose qu'il s'est appauvri dans son sang, dans le principe même de son organisation, de sa puissance, de sa vitalité, dans sa nature en un mot.

Cette sorte d'appauvrissement est plus qu'une modifica-

tion légère de l'organisme, elle constituerait une dégénération profonde. En effet, elle atteindrait, pour l'altérer,
jusqu'au principe de l'espèce ; elle amoindrirait sa force
propre pour la vouer à un affaiblissement progressif au bout
duquel on finirait, sans aucun doute, par rencontrer l'extinction même de l'espèce.

Si elle était fondée, cette opinion serait l'expression d'un
fait bien malheureux. Elle n'est que l'exagération d'une idée
toute matérialiste.

L'abus d'une science provoque toujours le scepticisme sur
la science elle-même.

Or voyez où mène cette assertion érigée en principe que
la *dégénération* est une loi inévitable de la nature. Elle
conduit à recommencer, toujours sur nouveaux frais, ce
que l'on a déjà nombre de fois inutilement entrepris sans
pouvoir arriver jamais à un résultat satisfaisant, à une conclusion définitive. Toute tentative d'amélioration doit être
ainsi constamment interrompue ; la chaîne des faits est incessamment brisée, et si, par cas fortuit, le type de l'espèce allait disparaître du point circonscrit où il se maintient, grâce aux soins intelligents et aux efforts bien
combinés de l'homme, c'est l'espèce entière qui disparaîtrait.

Il n'en est pas ainsi. On ne saurait faire si complétement
abstraction de la force interne, propre, que possède tout
animal créé, pour l'exposer, sans défense aucune, en face
de la nature et des agents extérieurs, attribuant à ceux-ci
je ne sais quelle puissance sourde, occulte, destructive,
contre laquelle il n'y aurait point de résistance efficace.
Aussi recommande-t-on de remonter toujours à la source,
d'aller toujours en Orient chercher les régénérateurs de
toutes les races de la terre. Et cette recommandation s'applique à la race anglaise de pur sang comme à toutes les
autres, car la puissance reproductive diminue en raison de
la dégénération occasionnée par l'influence du climat, quelle

que soit, d'ailleurs, la pureté de l'origine : —témoin la race
des chevaux anglais de pur sang (1).

Cette opinion est si peu celle des éleveurs anglais et des
partisans de leur cheval noble, sur le continent, que les
premiers se garderaient bien de mêler le sang arabe à celui
de leur propre race, et que, parmi les autres, beaucoup
regardent la race anglaise comme supérieure à celle qui lui
a donné naissance. Les plus modérés conseillent l'emploi
du cheval pur, né en Angleterre, parce qu'il est plus près
de nos exigences que son père; d'autres, plus exclusifs et
plus absolus, repoussent complétement le cheval arabe,
parce qu'il n'offrirait plus aujourd'hui la même certitude,
quant à son état de conservation comme cheval d'une haute
noblesse, comme cheval d'une pureté irréprochable. Avec
lui, d'ailleurs, c'est revenir sur ses pas ; c'est imiter tout
simplement Pénélope, et, après un certain espace parcouru
avec plus ou moins de succès, retourner systématiquement
au point de départ avec la volonté bien arrêtée de n'avancer
jamais au delà d'une certaine limite.

Nous rentrons toujours, et comme à notre insu, dans
cette grande question du pur sang. C'est que sa solution
dépend étroitement de la solution que reçoivent toutes les
autres. Elle reviendra donc bien souvent encore, car nous
ne sommes pas au terme de notre course. Elle ne saurait
entraver nos efforts pour nous porter en avant, puisque
nous ne marchons, au contraire, que pour bien éclairer le
fonds même de la science, que pour dégager son principe
le plus certain de toutes les idées fausses qui en rendent si
souvent l'application infructueuse.

En définissant l'acclimatation, nous nous sommes plus
rapproché d'un fait hygiénique, d'une cause de perturba-

(1) M. de Burgsdorff, *Journal des haras*, tome IV, page 218
(*De la puissance productive du sang arabe*), et beaucoup d'autres
hippologues.

tion temporaire, de trouble momentané dans les organes, que d'une sorte de réaction de la nature morte, ou des circonstances climatologiques contre la nature animée, contre la vie. Poursuivons cette étude en nous mettant au point de vue des physiologistes qui voient l'appauvrissement du sang dans le fait de l'acclimatation.

Ils disent : Cette altération du sang, très-réelle, sans doute, quoique exprimée d'une manière assez impropre, n'est pourtant pas la seule qui se soit effectuée dans l'économie ; les autres liquides ont également subi de grandes modifications dans leur composition intime. Or les liquides et les solides dont est fournie la machine animale s'y trouvent en proportion bien différente. Les neuf dixièmes de la masse du corps appartiennent à la première classe, et le dixième restant en a été composé de toutes pièces.

N'est-ce pas à l'aide d'un liquide, — le chyle, — que tous les organes se nourrissent, se développent, réparent incessamment leurs pertes? Au commencement de son existence, l'animal n'est formé que de liquides, et les solides qui en sont nés, lorsqu'ils ont assez longtemps fait partie de l'individu, quand ils ne sont plus utiles à la vie, sont décomposés par le mouvement nutritif et reprennent leur premier état pour être éliminés du corps.

C'est un cercle invariable. Toute matière, toute molécule introduite dans les organes pour la nutrition, le développement et l'entretien, passe inévitablement à l'état de liquide, et, lorsqu'elle a donné naissance à un solide, revient certainement à cet état primitif avant d'être chassée de l'organisme dont elle ne saurait faire partie à toujours. L'état solide n'est donc qu'un état passager, un véritable accident de la matière organisée et vivante.

Ainsi raisonne le physiologiste, et il nous fait toucher du doigt sa démonstration. Nous assistons bien à la composition, à la décomposition et à la recomposition entière de toutes les parties de l'animal. Nous voyons ce dernier se

faire et se défaire pièce à pièce ; chacune des molécules
qu'il s'approprie ou qui se détache de lui-même s'ajoute ou
est séparée sous l'influence d'un mouvement qui ne cesse
pas et que nous sentons avec la même certitude que s'il
tombait sous nos sens ; mais, dans ce tableau, le physiologiste ne s'en prend qu'à la matière. Or nous sentons aussi
que la force ne s'use pas qui commande à cette action profonde, intime, moléculaire, que le principe même du mouvement vital ne se détruit pas dans ce travail énergique de
la vie, dans ce jeu puissant de toutes les fonctions animales ; nous sentons enfin que, lorsqu'il s'arrête dans une
existence, mille autres l'ont reçu pour le transmettre à leur
tour.

Non, le cheval n'est pas un être absolument passif, soumis fatalement à des influences invincibles. Il a été richement doté au contraire. Il contient en lui toute la force
utile à sa conservation lorsque l'homme, au lieu d'amoindrir cette force, au lieu de chercher à éteindre l'étincelle
sacrée qui l'anime, sait le placer dans des conditions favorables à sa nature.

III.

L'acclimatement est si bien un fait hygiénique, une circonstance pathologique, que, si on l'étudie dans des circonstances extrêmes, on le voit rarement, malgré la flexibilité
de l'organisation animale, s'effectuer sans quelque danger
pour les individus que l'on transporte dans des climats fort
différents de ceux où ils sont nés, et particulièrement aussi
lorsque ce transport a lieu du nord au midi. Il n'y a aucun
risque, au contraire, lorsque les migrations, s'opérant en
sens inverse, n'exposent pas les individus à des influences
climatologiques fort éloignées de la patrie originaire. Ne di-
rait-on pas que l'on cherche à expliquer la différence d'action et de résultat d'un coup de bâton ne produisant qu'une

contusion sur une partie peu essentielle du corps, et d'un coup de massue fortement appliqué sur la tête et qui assomme? Dans le premier cas, c'est un effet peu durable, une trace légère et superficielle ; dans le second, le fait est d'une immense gravité : tout le mal possible a été produit.

Ainsi posée, la question n'est pas résolue. L'animal transporté loin du climat natal devient malade. Sa maladie est ou légère ou sérieuse ; elle passera vite ou lentement, ou bien elle tuera. Dans la position la moins défavorable, faut-il n'admettre qu'un appauvrissement anodin du sang, une usure insignifiante de la force interne, propre, inhérente ; une perte quelconque d'influence, quelque chose comme cinq degrés (*Théorie de Préseau de Dompierre*), ou comme dix degrés (*calculs de M. de Houpiac*), ou comme quinze, vingt, trente degrés, ainsi que pourraient l'établir d'autres hippologues avec tout autant de raison et tout aussi peu de fondement pour d'autres climats? Quelle sera la perte dans une position moyenne? quelle autre dans une situation extrême? quelle autre enfin dans un second ou dans un troisième acclimatement?

En effet, un cheval arabe importé en Angleterre et acclimaté aux conditions naturelles, aux circonstances générales de cette contrée n'est point à l'abri d'une acclimatation lorsqu'on l'amène plus tard en France, et que, de là, après un séjour de plusieurs années, il est encore envoyé ailleurs, en Allemagne par exemple. Dans ce cas, disons-nous, à quel degré d'appauvrissement serait-il successivement descendu (1) ?

(1) Bourgelat s'était préoccupé de ce fait et l'avait nécessairement interprété dans le sens de sa théorie sur la dégénération. Cette théorie nous est bien connue maintenant ; elle nous a déjà plusieurs fois arrêté.

... « Supposons à présent, a-t-il écrit dans le *Journal d'agriculture* « (septembre 1778), que le même cheval arabe qui a donné des che-

Les maladies sont de tous les lieux ; elles varient de forme,
d'intensité, de nature ; mais elles se tiennent toutes par un
fait commun, par un même trait caractéristique ; elles sont
une altération de l'état de santé. Ce qu'on ignore de la maladie, c'est son essence. On n'est pas plus instruit à l'égard de
la santé, de la vie. La maladie altère la santé pour un temps
plus ou moins long ; elle peut détruire la vie ; en d'autres
termes, elle dérange l'équilibre des actions vitales. Or le
trouble porté au sein de l'organisme peut être tel que toute
action organique cesse, que la vie soit anéantie. Mais lorsque

« vaux en Angleterre fût conduit en France, et destiné à y servir des
« cavales ; il n'est pas douteux que cette nouvelle transplantation lui
« sera encore plus sensiblement nuisible que la première, et que ses
« résultats pourront se sentir fortement de la double épreuve par
« laquelle on l'aurait fait passer. L'arabe, transporté en droiture chez
« nous, participerait inévitablement aussi d'une impression ; mais cette
« impression serait de notre climat et moins défavorable que celle
« d'Angleterre.

« Supposons encore que les premières productions anglaises qu'il a
« données nous soient transmises : certainement elles seront soumises
« aux mêmes effets, à leur arrivée en France, que le père lors de son
« arrivée en Angleterre, et si l'on ajoute aux altérations visibles ou
« marquées, aperçues en elles dès leur naissance, celles qu'elles éprou-
« veraient incontestablement de leur transport sous un ciel nouveau,
« comment se persuader que la dégénération qu'elles produiront ne
« sera pas d'une promptitude extrême ? Ainsi, quand, après en avoir
« tiré quelques fruits, les Anglais nous céderaient un cheval, déjà
« frappé d'un changement chez eux, quand même ils nous en remet-
« traient les premières productions, ce qu'ils ne font et ne feront
« jamais, à moins qu'ils soient indignes de leur origine, nous n'en rece-
« vrions qu'un faible secours. C'est donc une folie de chercher à se
« procurer des étalons de race pure en Angleterre et un aveuglement
« volontaire d'espérer en avoir. »

Ce passage n'a pas plus besoin de commentaires que d'explications ;
tout le monde en sentira le vide tout aussi bien que nous-même. La théorie
de la dégénération établie par Bourgelat est aussi fondée que l'était sa
prédiction sur l'impossibilité absolue et matérielle de se procurer jamais,
en Angleterre, un étalon ou une jument purs de valeur.

l'équilibre, momentanément rompu, est rétabli, lorsque l'état de la maladie a cédé, lorsque toutes les fonctions ont été rendues à leur liberté première et à la régularité normale qui constituent la santé, est-ce que celle-ci a été atteinte dans son essence? Et la vie, ce tourbillon indéfinissable, ce point de départ, ce centre commun, cet éclair passager, ce grand problème, en quoi a-t-elle donc souffert?

Pour dire qu'elle a souffert, ne faudrait-il pas pénétrer au delà de ce qu'on en sait, connaître son essence, qui est absolument ignorée, et pouvoir mieux apprécier son principe qui passe tout entier avec la molécule séminale des ascendants à ceux qui leur succèdent, sans éprouver aucune altération? Cependant quelles transformations n'éprouve pas cette molécule elle-même sous l'influence combinée du mâle et de la femelle? L'essence de la vie, cette force propre, indestructible, qui soutient toutes les espèces, ce feu qui réchauffe, qui anime tout ce qui est en son pouvoir, c'est là un fait que l'on constate et que l'on ne saurait expliquer; c'est un de ces secrets que la nature n'a pas voulu que nous pussions jamais pénétrer.

Le plus ordinairement l'acclimatation, ne s'effectuant pas sur des points aussi extrêmes, se complète sans secousse, sans maladie appréciable; mais l'organisation n'en est pas moins travaillée sourdement, et la condition physiologique des individus, leur état de santé en sont temporairement atteints, affectés.

On concevra facilement que, sous l'influence de cette disposition, la machine puisse éprouver une impression fâcheuse, si une bonne hygiène, par exemple, ne vient pas combattre efficacement toutes les causes de maladie ou d'affaiblissement qui peuvent étreindre l'animal.

L'acclimatement s'acquiert, disent encore les physiologistes modernes; il doit, par conséquent, se perdre. Il en résulte que des animaux extraits de la terre natale et acclimatés à d'autres influences auraient à subir une nouvelle

acclimatation, à leur retour au premier lieu de leur existence, comme s'ils ne lui avaient jamais appartenu. Cette
opinion nous paraît parfaitement logique. On n'est pas à
l'abri d'une maladie par cela seul qu'on en a déjà éprouvé
les effets. Mais voudrait-on nous dire si l'appauvrissement
du sang, suite nécessaire, inévitable de la première acclimatation, s'aggravera ou s'effacera, au contraire, sous l'influence du second acclimatement, et jusqu'où cette altération
pourra aller, au cas d'un troisième ou d'un quatrième déplacement du même individu?

La question a son importance au point de vue hippique;
les faits nous aideront à la résoudre.

Tous ceux qui ont attribué la dégénération du cheval aux
effets dissolvants des climats moins chauds et plus humides
que le climat d'Arabie ont au moins donné des raisons spé-
cieuses, une explication telle qu'elle du fait même de la
dégénération.

Ils raisonnent ainsi :

Originaire des pays chauds, le cheval n'est susceptible
d'acquérir son maximum de valeur, son plus haut degré de
perfection, et ne saurait se conserver dans toute sa pureté
native, que sous l'influence de son climat naturel ou de prédilection. Partout ailleurs, il subit des atteintes notables et
profondes. Les impressions de la terre natale ne peuvent le
suivre, ni l'armer suffisamment contre toutes les causes de
dégradation qui l'enveloppent et le pénètrent de toutes
parts. Les qualités énergiques luttent victorieusement d'a-
bord contre les principes dissolvants du nouveau climat, et
il y résiste bien plus qu'aucun autre; mais, à mesure que sa
descendance s'éloigne, l'énergie diminue, le feu s'éteint et
le climat l'emporte. Plus les diverses parties des contrées où
on le transplante diffèrent de la nature de son propre pays,
plus sont rapides dans sa progéniture les dégénérations de
son type primitif, plus est prompt le triomphe des influences
climatériques.

De là l'obligation pour tous les peuples de puiser éternellement à cette source d'un sang toujours pur et toujours généreux, afin d'entretenir dans leurs races équestres la force et la vitalité dont il est l'unique dispensateur.

Par son contact donc, le cheval noble et pur d'Arabie imprègne d'un nouveau feu les vieilles émanations de sa race; mais en les réchauffant, en leur imprimant une énergie nouvelle, en les régénérant, en les rapprochant un peu de lui-même, il tombe à la fin, perd peu à peu de sa force et de sa richesse, de sa beauté, de sa puissance; il s'affaiblit, dégénère et s'éteint dans ses fils, qui réclameront à leur tour le bienfait d'une imprégnation nouvelle.

C'est bien là l'effet permanent d'une influence climatérique invincible. La dégénération est incessante; il faut la combattre sans relâche. Le moyen est, d'ailleurs, indiqué par l'expérience. Dans tous les temps, en effet, les migrations de chevaux ont eu lieu du Midi au Nord, et les races les plus renommées ont toujours été celles qui ont montré le plus d'affinité avec le cheval arabe, qui est le cheval père. Il est donc impossible de nier son ascendant sur toutes les autres races, puisqu'il n'est pas contestable que toutes ont dégénéré en s'éloignant de la mère patrie, et que la valeur de celles qui ont encore quelque réputation est d'autant plus élevée qu'elles tiennent de plus près au sang arabe. Aucune preuve ne manque à cette assertion; car elle se trouve encore appuyée par l'histoire des revers qu'ont éprouvés toutes les races sans exception, lorsqu'on a voulu procéder à leur amélioration par une marche inverse, en faisant venir des chevaux du Nord pour régénérer ceux du Midi.

Il y a dans cette exposition plus d'un point de doctrine; un seul nous intéresse en ce moment, celui de l'appauvrissement du sang par suite de l'acclimatation.

Le cheval arabe, tiré des conditions générales les plus heureuses à l'entière évolution de sa nature, et, quoi qu'on fasse, nécessairement exposé à des influences moins favora-

bles partout ailleurs, subit une dégénération inévitable,
cela se comprend. La raison, qui n'est pas précisément la
science, peut au moins admettre ce fait sans répugnance aucune. Supérieure à toutes les races, la race arabe est le foyer
commun auquel toutes viennent se réchauffer, se retremper,
se régénérer; c'est un fait dont on peut se rendre compte
avec un peu de bonne volonté. Mais d'où vient que, au lieu
d'appauvrir encore le sang, l'acclimatation pratiquée en
sens inverse de celle qui affaiblit le cheval arabe, par exemple, n'arrête pas les effets de la dégénération chez le cheval
du Nord que plusieurs migrations rapprocheraient du point
central de la création de l'espèce?

La théorie n'a jamais soulevé cette question; c'est donc
qu'elle ne suppose pas qu'on puisse relever de la dégénération un individu qui en est atteint. Cependant, si l'acclimatation se perd, il n'est pas douteux qu'elle s'acquiert, ainsi
que nous l'avons vu.

Il n'y a donc aucune analogie, aucune identité entre
l'acclimatement et la dégénération. Ce sont choses parfaitement différentes en soi, et la chaîne non interrompue des
faits pratiques observés depuis des siècles dépose, contrairement à l'opinion des médecins, que l'acclimatation
n'implique en aucune manière le fait de l'appauvrissement
du sang. Mais, en raisonnant dans le sens même de l'opinion
qu'ils professent, cet appauvrissement prétendu du sang est
une absurdité. En effet, que disent-ils encore? L'acclimatement présente un avantage qui compense tous les inconvénients, car il assure l'existence. Si tel est son résultat, comment y aurait-il dégénération de l'individu, appauvrissement du sang? Il y a tout simplement habitude prise de
vivre sous des influences qui ne sont plus tout à fait les
mêmes que les précédentes; et tandis que la machine animale, que tous les organes se ploient au mode d'action du
nouveau milieu, elle éprouve un trouble temporaire plus ou
moins profond, mais dont triomphe toujours aisément une

hygiène rationnelle. Ce trouble passé, la machine revient à toutes les conditions de la santé sans que l'organisation en ait éprouvé aucune atteinte. Elle reste donc entière, dans toute son intégrité propre, à moins que l'incurie et toutes les causes de dégradation ne s'attachent à elle et ne la précipitent vers la chute.

IV.

Tout le monde connaît l'histoire de *Godolphin-Arabian*, cette grande célébrité, cette haute illustration chevaline, qui fut l'un des fondateurs de la prospérité hippique de l'Angleterre et le type le plus précieux de l'aristocratie équine des trois royaumes (1). Godolphin-Arabian est une gloire, une gloire impérissable! Sa valeur comme type en avait fait le premier de sa race; il est depuis longtemps un ancêtre. Il a donné tant de qualités essentielles à tous ses descendants immédiats ou éloignés, qu'on s'est toujours montré soigneux, en Angleterre, de propager son sang et de le conserver précieusement dans les veines des familles les plus distinguées. Dieu, dit l'Écriture, promit à Abraham *une lignée aussi nombreuse que les étoiles du ciel;* Godolphin-Arabian eut, si le mot peut s'appliquer à un cheval, une postérité illustre et presque innombrable comme les étoiles du ciel.

Eh bien! étudions ce cheval célèbre au point de vue des effets de l'acclimatation. Godolphin-Arabian est mort en 1753, à l'âge de vingt-neuf ou trente ans. Dès 1731, il remplissait, au haras de Gog-Magog, l'office peu recommandable d'*agaceur*, expression charmante de M. Eugène Sue, traduction un peu adoucie du terme un peu cru employé par les hommes du métier, et qui aurait effarouché le public de choix auquel le spirituel romancier offrait sa jolie historiette de *Godolphin-Arabian*.

(1) M. le comte de Montendre, — *Des institutions hippiques*, tome III.

Avant son importation en Angleterre par un M. Coke, il traîna *longtemps*, dit-on, la charrette dans les rues de Paris. Il y avait été amené de Barbarie, on ne sait trop par qui ni comment; on soupçonna seulement qu'il avait pu être volé à son légitime possesseur.

Ces dates, 1731 et 1753, permettent de supposer qu'il n'avait pas plus de sept à huit ans lorsqu'il fut acheté, en France, du charretier qui avait assez préjugé de sa forte et robuste structure pour ne pas craindre de l'appliquer à l'un des services les plus pénibles de Paris, *cet enfer* des chevaux; or, s'il y était employé depuis *longtemps* déjà, cela fait supposer aussi que notre barbe était sorti fort jeune du pays natal. Si maintenant nous voyons en quelles mains il tombe, nous nous rendrons un compte facile de tous les mauvais jours qu'il a passés, de tous les mauvais traitements qu'il a dû supporter à partir du moment où il a été enlevé à ses premières habitudes, à sa première éducation, à toutes les influences qui l'avaient créé ce qu'il était, en un mot, jusqu'au moment où son mérite particulier, ses hautes qualités se révélant par suite du plus grand des hasards, il reçoit un traitement et des soins plus en rapport avec sa valeur intime, plus propres à conserver intact ce foyer de puissance qui était en lui, et dont il devait trnnsmettre si généreusement le principe indestructible à une longue suite de générations privilégiées.

Transporté de la Barbarie en France, à Paris, sans transition, il s'y trouva, certes, dans un milieu bien différent de celui d'où on l'avait tiré. Son organisation dut en éprouver une profonde secousse, et beaucoup des circonstances étrangères aux influences climatériques durent aggraver encore cette position si peu favorable à un acclimatement bénin. Le genre d'emploi qui lui échut en partage, tout en témoignant du peu d'estime qu'il avait tout d'abord donné de lui-même, n'accuse pas une condition bien brillante et ne laisse pas soupçonner davantage qu'il ait été l'objet ni de soins particuliers ni d'attentions bien délicates. Enfin son prix de vente s'éleva tout juste à la valeur d'un cheval de réforme (1), et son nouveau possesseur ne crut pas avoir fait un marché d'or, puisque, à peine arrivé en Angleterre, il le donna, dit la tradition, au propriétaire du café Saint-James. Celui-ci ne le conserva pas longtemps non plus, il le vendit bientôt à lord Godolphin, beaucoup mieux servi par le hasard qu'il n'y songeait.

« En effet, dit M. de Montendre d'après *the Horse*, ce « cheval vécut fort longtemps chez lord Godolphin avant « qu'on se doutât de ses immenses qualités. On dut cette « découverte à la grande réputation que sut acquérir sur « l'hippodrome *Lath*, l'un de ses premiers produits... Il « n'en fut pas moins la souche, au moins autant que *Dar-* « *ley-Arabian*, des meilleurs chevaux de course de son épo- « que jusqu'au temps actuel (2). »

Ici donc toutes les circonstances nuisibles, réunies comme à plaisir, se concentrent sur un seul, pour donner un démenti formel à la théorie de l'appauvrissement du sang par l'effet de l'acclimatation. Éloignement brusque du pays originaire, — transport dans une contrée dont le climat est complétement différent et peu favorable, dans les idées généralement admises, à la conservation de la vitalité propre aux races méridionales du cheval de charrette en France, en France et dans la grande ville! Les plus forts n'y tiennent pas longues années. Pourtant le barbe résiste; il serait mort à la peine, mais la réforme l'atteint assez tôt pour le sauver. Il passe donc en Angleterre, sous un climat bien plus malheureux, climat humide, froid, dissolvant, destructif de l'énergie vitale, favorable, au contraire, au développement du vice lymphatique. Enfin sa première destination au haras de Gog-

(1) Huzard père, — *Instructions sur l'amélioration des chevaux en France.*

(2) M. le comte de Montendre, — *Des institutions hippiques*, tome III.

Magog, tout en le mettant dans une position moins fâcheuse, ne laisse pas supposer qu'il y reçut tout d'abord ces soins judicieux qui lui furent prodigués plus tard avec un luxe vraiment peu ordinaire.

Eh bien ! malgré ces vicissitudes, malgré toutes ces influences destructives, qui donc oserait dire que *Godolphin-Arabian* ait éprouvé les effets de la dégénération, qu'il était appauvri dans sa richesse primitive, affaibli dans sa puissance et sa noblesse, refroidi dans son sang?

Il en est de l'appauvrissement du sang par l'acclimatation comme de l'épuisement de toutes les puissances organiques par le système des courses. Ceux-là résistent à toutes les causes défavorables, à l'abus même, qui sont énergiquement trempés, que la nature a dotés à ce point qu'ils sont armés d'une force contre laquelle toute chance contraire vient s'émousser. Il est des gens si heureusement organisés, que rien n'ébranle leur constitution ; il est des hommes qui se sentent si puissants et si forts, qu'ils disent d'eux-mêmes : « Nous mourrons, si l'on nous assomme. » Il est des chevaux de fer que rien ne brise, dont on n'a jamais eu le dernier mot, et que l'on use jusqu'à la corde sans les avoir jamais sentis faiblir. *Godolphin-Arabian* était, sans doute, l'une de ces natures privilégiées, inattaquables, si l'on peut dire ; il était demeuré intact. La lime du climat, cette force sourde, mais active, cette puissance occulte et vraie, mais que l'on établit trop grande, n'avait pu l'entamer par aucun côté.

Et ceci n'est pas une opinion sans fondement, une assertion hasardée ; c'est un fait positif, matériel, patent, appuyé sur les preuves les plus authentiques et les moins récusables. *Godolphin-Arabian* était le grand-père d'*Éclipse*; or tout bon sportman sait que celui-ci produisit entre trois et quatre cents vainqueurs.

Éclipse est mort en 1789, et l'on estime encore très-

haut aujourd'hui les chevaux dans la généalogie desquels
on finit par retrouver des traces de son sang.

Dans la pratique on ne remonte pas toujours jusqu'à
la souche même de la famille; il est bien plutôt d'usage
de s'arrêter, dans les recherches auxquelles on se livre,
à un nom illustre, à une individualité brillante. Pourquoi
cela? Parce que l'origine d'un cheval célèbre est toujours
assez connue pour qu'il n'y ait pas nécessité de la rappeler,
et parce que l'autorité, le grand nom auxquels on s'en tient
sont une garantie suffisante de la valeur des ascendants, de
la noblesse bien constatée de ceux que l'on retrouverait en
remontant plus haut sur l'arbre généalogique de la famille
entière. Un amateur un peu instruit n'a pas besoin de recommencer des études toujours nouvelles. Il a des points de
repère à l'aide desquels il se retrouve facilement. Certains
noms deviennent pour lui des indications nettes, sûres, précises; sans aller au delà, il sait parfaitement se reconnaître,
et, par exemple, en ce qui concerne *Godolphin-Arabian*, on
s'est pendant longtemps arrêté à son petit-fils *Éclipse*, mais
on ne va même plus jusqu'à ce dernier. Beaucoup s'arrêtent
à l'un de ses descendants les plus fameux, et le nombre en
est considérable. Il est évident que ce temps d'arrêt n'a pas
pour but d'effacer toutes les illustrations qui sont derrière
un nom très-connu; loin de là, ce dernier semble les résumer toutes en un seul fait, d'autant plus appréciable qu'il
est moins éloigné, qu'il est plus prochain, ou qu'il est même
contemporain.

Toutefois ces natures d'élite sont rares; elles ne forment
guère que des exceptions. Mais, à considérer les faits avec attention, de haut, de loin et de près, on ne voit guère non
plus que les grandes choses soient l'œuvre de la multitude;
elles procèdent bien plutôt du petit nombre, des exceptions.
Il n'a pas fallu aux Anglais beaucoup d'illustrations chevalines pour reproduire dans leur île, avec toutes ses qualités
essentielles, fondamentales, la race la meilleure et la plus

noble sur la terre. C'est par le très-petit nombre que les espèces sauvages se perpétuent et se maintiennent sans altération depuis leur création première. Les lois de la nature
sont une; les espèces domestiques restent soumises à leur
dépendance. D'ailleurs, et pour ce cas spécial, une remarque
importante appuie doublement les faits. Il est notoire que
ces animaux de haute valeur ont, en général, une durée beaucoup plus longue que l'existence moyenne de l'espèce ou
même de la race, et qu'ils remplissent ainsi plus complète-
ment, plus largement le but élevé pour lequel ils semblent
avoir été spécialement et exceptionnellement créés. Il n'est
pas douteux que cette longévité si remarquable, chez presque tous les reproducteurs de tête, n'ait son principe dans
la force de résistance dont nous avons parlé un peu
plus haut.

Il n'en est plus ainsi de l'être faible et valétudinaire, de
l'individu qui a mille petites incommodités, qui ne sort
guère d'une souffrance que pour en subir une autre, du
cheval en un mot, qui *a toujours quelque fer qui loche.*
Celui-là n'a jamais l'exercice libre, plein, régulier de ses
facultés vitales. Il est naturellement voué à toutes les mauvaises influences. Il n'a aucun moyen de réagir ou de résister, il est toujours vaincu. La vie n'est qu'une succession de
défaites; elle est toujours dominée, sans puissance par conséquent. — N'attendez rien d'une semblable organisation :
elle ne peut engendrer que faiblesse et misère, et donner
prise, quoi qu'on fasse, à l'action de toutes les causes d'altération; toute force s'est retirée d'elle.

Mais il est des organisations moyennes de naissance en
quelque sorte, et qui deviennent riches ou pauvres, puissantes ou débiles, suivant l'occurrence. Elles se rapprochent
de la supériorité ou de l'infériorité de celles dont nous venons de parler, selon qu'on les protège ou qu'on les abandonne. Celles-ci ne peuvent rien par elles-mêmes; elles
deviennent ce que l'homme veut qu'elles soient. Elles se

font ou se défont, elles s'élèvent ou s'abaissent, en raison des soins, des précautions d'hygiène et des bons traitements qu'elles reçoivent, ou de l'incurie dans laquelle on les laisse, de la négligence coupable ou de l'ignorance de l'éducateur. Dès lors elles cèdent ou résistent, demeurent entières ou se détériorent, et s'affaiblissent sous l'action fortifiée ou amoindrie des agents modificateurs de l'économie.

V.

L'acclimatation ne résulte pas de l'action isolée du climat, ainsi qu'on pourrait le croire ; ou bien il faudrait donner à ce mot une signification plus large et plus étendue que l'usage n'y invite ou n'y autorise. Pourtant c'est une de ces expressions dont l'élasticité se prête merveilleusement bien à tout ce que l'on veut. Les climats sont des régions, des contrées ayant une même température moyenne dans toute leur étendue, un égal degré d'humidité et de sécheresse, et que l'on suppose, d'ailleurs, agir d'une manière analogue sur les animaux qui les habitent, mais particulièrement sur tous les individus d'une même espèce.

Jusque dans ces derniers temps, l'action du climat a joué un rôle fort important dans toutes les questions de conservation et d'amélioration des races équestres. Tous ceux qui ont établi entre la France et l'Angleterre le parallèle des puissances auxiliaires et des forces opposantes dans toute production de ce genre n'ont pas manqué de signaler les avantages réels que les influences plus heureuses du climat donnaient aux diverses parties de la France sur la Grande-Bretagne, dont la population chevaline est pourtant si supérieure. C'est, pour le dire en passant, prétendre que les effets sont en opposition évidente avec les causes. La nature se prête-t-elle donc à des contradictions ou plutôt à des contre-sens de ce genre ?

Mais poursuivons.

Tous ceux qui ont vanté nos anciennes races en ont particulièrement fait honneur à la salubrité et à la douceur du climat. Les anciens auteurs ont vu dans ses effets plus qu'un élément de réussite ou d'insuccès, ils en ont fait la cause presque unique des qualités ou des vices intérieurs, comme des beautés ou des imperfections de la forme. Nous avons déjà rapporté l'opinion qui attribuait toute dégénération aux circonstances climatériques. Tous ceux qui repoussent le cheval anglais de pur sang le rejettent particulièrement parce qu'il n'a pu conserver (c'est leur opinion), sous l'influence défavorable du climat de l'Angleterre, les qualités précieuses, la noblesse d'extraction, la pureté du sang, que l'on ne retrouve que dans la nature du cheval produit sous le climat privilégié de l'Arabie. « Il est certain « et généralement reconnu, dit de Lafont-Pouloti, que le « climat est pour les animaux la cause fondamentale, phy- « sique et universelle de leur forme et de leur naturel (1). » Enfin le fait, si généralement observé, de la dégénération des races en France, malgré toutes les tentatives dirigées autrefois à la faveur du système des croisements dans le sens d'une amélioration progressive, a conduit tous les hippologues de l'époque à admettre en principe que, des divers animaux soumis au pouvoir de l'homme, le cheval est le plus impressionnable aux causes extérieures, c'est-à-dire à l'influence si variée des circonstances climatériques.

Cette opinion, qui règne encore aujourd'hui, n'est pas, au fond, mieux établie que celle d'une dégénération inévitable. L'espèce du cheval en masse, et particulièrement le cheval de sang, jouissent d'une sensibilité très-élevée. Le chien excepté, le cheval est d'une nature incontestablement plus impressionnable que ses autres compagnons de domesticité ; mais il n'est pas vrai, par exemple, qu'il résiste aux autres causes d'altération ni plus ni moins énergiquement qu'à

(1) De Lafont-Pouloti, *Nouveau régime pour les haras*, page 2.

celle du climat proprement dit. Il n'est pas exact, par exemple, que la main de l'homme s'appesantit d'une manière plus certaine et plus forte sur le mouton, que la nourriture exerce une influence plus directe sur le bœuf, que le climat modifie plus profondément le cheval. Les points de comparaison n'ont aucune analogie entre eux. Mais un fait incontestable, c'est que le cheval, ayant une organisation plus sensible et plus irritable, une vitalité de beaucoup supérieure, ne saurait être abandonné sans danger à l'impression généralement défavorable des agents non contrariés de la nature physique.

Mais déterminons exactement, une fois pour toutes, à quel ordre d'influences nous avons affaire, lorsque nous parlons des forces ou de l'action du climat.

Il est évident que l'on ne saurait attribuer cette puissance immense aux seules circonstances particulières des latitudes, aux seuls effets nécessairement moins étendus de l'élévation ou de l'abaissement de la température, combinés avec la présence en plus ou en moins des particules aqueuses qui se forment dans l'atmosphère sous l'influence de causes diverses. Ce serait aussi par trop rétrécir le cercle d'action des influences climatériques; son rayon est véritablement plus allongé! Il embrasse d'une manière absolument générale l'ensemble des circonstances physiques, — soit naturelles, soit modifiées par l'art, — attachées maintenant à chaque point du globe. Il est cet ensemble lui-même. L'idée que nous devons nous former du climat résulte donc à la fois de tous les traits caractéristiques par lesquels la nature a distingué les différents pays, et par lesquels l'homme, obéissant aux nécessités de toutes les positions où il peut se trouver, a modifié par son travail, aidé de son intelligence, les influences primitives en desséchant des marais, en défrichant des bois, en plantant des forêts pour abriter une contrée d'une certaine importance contre certains vents nuisibles, en détournant le cours des rivières, en élevant des digues pour se garantir contre les inondations, en fertilisant le sol par des cultures rationnelles et plus riches, en modifiant les vents, la température, les saisons même, et diminuant ainsi mille inconvénients pour augmenter la somme des avantages utiles à la conservation ou au perfectionnement de tout ce qui l'entoure, de tout ce qui est de son domaine.

Considéré sous ce point de vue, le climat n'est plus une influence simple, un agent isolé, mais une influence complexe ressortissant de tout ce qui est la région, la contrée elle-même, et les animaux ne reçoivent plus son action propre que combinée avec beaucoup d'autres, et notamment à travers le régime, la manière d'agir des éléments, qui eux-mêmes sont des produits combinés du sol, des circonstances climatériques et de la part que l'homme a prise à leur développement, à leur conservation, à leur mode, si varié, de préparation et d'administration.

On le voit, en avançant, en entrant plus spécialement dans les détails, nous restons fidèle aux premières idées que nous avons émises. Nous nous refusons à reconnaître à l'influence du climat une prédominance qu'elle n'a jamais eue sur les autres causes productrices du cheval, sur les autres agents modificateurs de l'économie ; mais nous en tenons compte cependant, et comme il convient. Si donc elle peut être amoindrie, profondément modifiée, il est néanmoins impossible de l'annuler entièrement. Il faut l'étudier, afin de s'en rendre maître et de la dominer dans les positions où elle pourrait entraver le succès d'une tentative judicieuse ; mais il ne faut pas plus en exagérer la force, la résultante que s'effrayer des obstacles imprévus qu'elle opposerait au but : l'homme sera toujours puissant à la détourner en partie.

Eh ! n'est-ce pas un noble spectacle que celui de ce travail incessant qui, après bien des tâtonnements, après bien des échecs, enfante des prodiges parallèlement aux œuvres de la nature? Mille fois vaincu dans cette lutte éternelle par une force gigantesque, le pygmée se relève toujours avec courage, pour tenter de nouveaux efforts et réussir. Créer, ç'a été un jeu pour la nature; mais, pour l'homme, il n'y a pas de conquête, si faible, si minime qu'elle soit, qu'il ne doive acheter par de pénibles labeurs, qu'il ne doive difficultueusement arracher, éternellement disputer aux forces contraires, aux éléments destructeurs. Mais l'activité de son génie suffit à tout : il dompte les puissances matérielles et les assouplit à ses besoins

Le cheval, création si parfaite et si riche, n'était pas, en sortant des mains de Dieu, ce qu'il est aujourd'hui. Il s'est modifié comme a été modifié tout ce que la civilisation a touché. C'est en quelque sorte un travail de seconde main, l'empreinte originaire y est toujours : elle est ineffaçable, indestructible; mais l'homme y a certainement aussi imprimé sa personnalité en lui donnant des formes différentes, choisissant parmi les germes d'utilité déposés au sein du cheval père ceux dont le développement allait le mieux à ses vues et aux exigences du temps.

Serait-il rationnel de supposer que la nature, si large dans toutes ses conceptions, si puissante dans l'immensité de ce qu'elle a créé pour le remettre à l'intelligence de l'homme, aurait resserré dans les limites étroites d'une forme unique toute la richesse d'aptitudes et de spécialités précieusement enfermée, puissamment concentrée et contenue dans une organisation si admirablement expansive?

Les formes si variées et si utiles que revêtent nos autres espèces domestiques sous la main heureuse d'un éducateur intelligent militent assez en faveur de cette opinion. Quels obstacles présente donc à celui-ci l'influence du climat? Ne s'est-il pas habitué à la vaincre, et même si complétement, que c'est à peine s'il s'en préoccupe aujourd'hui? — En effet, les races nouvelles sont presque toutes des races universelles; du moins justifient-elles cette qualification partout où les

mêmes soins et les mêmes habitudes générales de production et d'alimentation les poursuivent.

VI.

Quoique enchaînée à d'autres influences qui se modifient
réciproquement, l'influence propre des climats n'en doit
pas moins être étudiée dans ses résultats particuliers. En
prenant un extrême pour point de départ, les médecins ont
d'abord divisé les climats en — climats chauds et climats
froids ; — mais de cette distinction même est bientôt ré-
sultée une position moyenne, celle des climats tempérés.

Afin de mieux apprécier les effets de ces différents climats,
il faut nécessairement laisser en dehors une partie de cet
ensemble, défini plus haut, qui constitue une influence
composée, mais sans nom, et que, faute de mieux, il faut
bien continuer à appeler climat.

On sent toute l'influence de cette division ; elle est bien
plus marquée en allant au fond même du sujet. L'étude
alors n'offre plus rien de satisfaisant ; elle montre au moins
qu'elle n'est qu'un moyen pour arriver à la solution des
difficultés spéciales. En effet, sons les mêmes latitudes, on
trouve des climats bien divers, une action bien différente des
agents extérieurs sur l'économie. « La position des lieux, la
« nature du sol, le voisinage des eaux, etc., rendent certai-
« nes localités rapprochées de l'équateur plus froides, plus
« humides que d'autres qui en sont fort éloignées (1). »
Bien d'autres causes encore viendraient faire mentir la conclusion d'un travail consciencieux et vrai sur l'influence cli-
matologique d'un point donné.

C'est bien ici le cas de dire que les jours se suivent et ne
se ressemblent pas. Il en est de même des saisons et des
années. Dans cet ordre complexe de faits et d'idées, toutes les

(1) Magne, *Principes d'hygiène vétérinaire.*

autres conditions changent, voire l'exposition, selon que le soleil brille, échauffe, ou se tient caché et n'émet pas dans l'atmosphère une même quantité de calorique. Eh bien! la nature physique du sol n'éprouve-t-elle pas des changements semblables? L'humidité régnante, une sécheresse prolongée ne lui donnent-elles pas des propriétés différentes, complétement opposées? Et voilà l'influence de l'alimentation immédiatement différente aussi et produisant des effets, donnant des résultats tout autres. L'homme de pratique, l'observateur instruit connaissent de près ces difficultés, contre lesquelles il y a réellement peu à faire. Demandez à un éleveur de chevaux, à un engraisseur de bétail si le développement de ces animaux, toutes choses égales d'ailleurs, en apparence, marche toujours avec la même rapidité; si la qualité des mêmes herbages, des mêmes aliments, administrés sous la même forme, en même quantité et sous l'influence des mêmes circonstances hygiéniques particulières, donne toujours un produit égal, ne trompe pas fréquemment, au contraire, les espérances de l'éducateur, ne fausse pas souvent les calculs établis avec le plus de soin d'après les données antérieures de la comptabilité la plus sévère. En vérité, nous ne savons plus ce que peut être l'action des climats, isolément étudiée sur un point circonscrit, dans une contrée, si peu étendue qu'on la suppose.

« Ils tirent principalement les caractères qui les distin-« guent les uns des autres des fluides impondérés et surtout « du calorique (1). » Or quoi de moins constant et de moins égal que la température? quoi de plus variable que la proportion respective de toutes les substances qui prennent place dans l'atmosphère et la constituent en partie? Il n'y a d'uniforme, dans cette masse fluide qui enveloppe la terre de toutes parts et dans laquelle les animaux sont plongés, que la composition intime de l'air. Elle est la même « dans tous les

(1) M. Magne, *loco citato*.

« points accessibles de l'atmosphère, au-dessus des sommi-
« tés les plus élevées, comme au niveau des vallées les plus
« profondes; sur les sols arides, comme sur les lieux maré-
« cageux ; dans les localités réputées les plus salubres,
« comme dans celles où règnent des pestes et des typhus.
« Partout environ vingt et une parties d'oxygène, soixante-
« dix-neuf d'azote, et un millième ou une quantité inappré-
« ciable d'acide carbonique. » [GROGNIER, *Précis d'un
cours d'hygiène vétérinaire* (1).]

(1) Qu'on nous permette de comparer à cette uniformité constante
de la composition intime de l'air atmosphérique, dans tous les lieux et
à toutes les hauteurs où il a été permis d'en constater le fait, qu'on
nous permette de comparer l'identité du *pur sang* lorsqu'on a su lui
conserver toute sa chaleur et toute sa force, lorsque, en le tenant à
l'abri de toute cause d'appauvrissement, on l'a maintenu dans toute sa
puissance, dans toute sa noblesse, dans toute sa vertu primitive.

L'uniformité de l'air n'est pas une théorie insaisissable; c'est un
résultat matériel, expérimentalement prouvé par la chimie. Mais, si la
science n'avait pas été assez avancée pour la démonstration irrécusable
du fait, en serait-il moins vrai, moins existant? La chimie et la physiologie disent aussi la supériorité du sang qui coule dans les veines des
races nobles et pures. Cependant il y a ici un fait vital, quelque chose
de tout à fait insaisissable; c'est le principe même de la noblesse, ce
qui la constitue, son essence en un mot. Et parce que cette essence doit
nous être toujours inconnue, en résulte-t-il qu'il faille la nier? C'est
comme si l'on niait le principe même du calorique par cela seul qu'il
est une puissance incoercible. Nous voulons bien que cette prétendue
noblesse, que cette pureté du sang, que d'aucuns se refusent à admettre, ne soient autre chose qu'une supposition; il n'est pas moins constant que cette supposition représente la cause, inconnue dans sa nature,
d'une supériorité, d'une force qui, elles au moins, frappent tous les
sens.

Ce n'est pas dans la nature vivante seulement que l'homme rencontre
de ces secrets impénétrables. Est-ce qu'il est plus avancé, plus heureux
dans l'étude des corps qui composent la nature matérielle? Qu'est-ce
donc que ce que l'on nomme fluides impondérables, c'est-à-dire le calorique, la lumière, l'électricité, qu'est-ce autre chose que des suppositions représentant la cause, inconnue dans sa nature, de certains phénomènes? Eh bien! de même que l'existence supposée de ces corps

Voilà pour la composition intime de l'air. Elle est partout la même, et son mode d'agir serait nécessairement invariable, uniforme, si l'atmosphère n'était pas un composé de beaucoup d'autres substances, dont le nombre, l'état et les proportions changent, varient incessamment, par suite des mouvements divers qui les apportent et les déplacent, qui les mêlent et les séparent, sans qu'aucune loi préside, d'ailleurs, d'une manière fixe à tous ces phénomènes, à toutes ces oscillations capricieuses.

On voit bien que cette étude rentre tout à fait dans le domaine de l'hygiène, c'est-à-dire de cette branche des sciences médicales qui a pour but la conservation de la santé. On voit bien que l'acclimatation n'est pas un effet, mais une cause, —une cause d'affaiblissement lorsqu'elle n'est pas combattue avec convenance, — une cause dont l'action est inévitable, mais dont on est toujours certain d'écarter plus ou moins facilement les impressions nuisibles. Or ces impressions sont ou passagères ou durables, — suivant la condition et les traitements ultérieurs. Ce qui est bien certain, c'est que ce dérangement léger ou profond, momentané ou permanent de la manière d'être des sujets soumis à de nouvelles influences, n'atteint l'essence même de la vie, la source de la vitalité, la force inhérente, le principe du sang en un mot, qu'à la suite d'un concours longtemps prolongé de circonstances défavorables au maintien de la plénitude de toute l'énergie vitale, — que sous l'influence de tous les agents modificateurs de l'économie.

Ce n'est pas à dire que la pureté du sang, que la noblesse d'extraction se conservent avec la même facilité de soins sous toutes les latitudes ; ce n'est pas à dire, par exemple,

---

est nécessaire à la compréhension d'un certain ordre de phénomènes physiques, que l'on ne concevrait pas autrement, de même l'existence d'un principe, d'une force est indispensable à l'intelligence d'un certain ordre de phénomènes physiologiques dont aucune explication rationnelle n'a encore pu être donnée en dehors de ce principe même.

que, sous le climat tempéré, mais brumeux de l'Angleterre, la richesse du sang ne soit pas plus péniblement et plus chèrement achetée qu'en Arabie.

Loin de là, on sait tout ce qu'il en a coûté d'efforts aux Anglais pour s'approprier et perpétuer dans leur île le noble cheval de l'Orient ; on sait quel art et quelle vigilance soutenue, attentive et soigneuse le maintiennent avec toute sa noblesse primitive dans la forme nouvelle qui lui a été donnée ; on sait toutes les pertes individuelles qu'occasionne le système des courses, le seul *criterium* certain de la véritable valeur, le seul moyen assuré de pratiquer des accouplements convenables, de ne pas livrer à la reproduction de la race ou de la famille des individus incomplets dont l'emploi compromettrait — la conservation de la race, — l'intégrité de la famille.

On ne donne que ce qu'on a ; cet axiome de pratique condamne comme type de reproduction tout individu qui ne s'est pas révélé supérieur, richement pourvu, qui ne s'est pas montré doué de la plénitude des facultés propres à la race entière. Les animaux incomplets sont nombreux dans toutes les espèces ; les individualités puissantes, les organisations d'élite sont rares et ne forment que les exceptions. Or nous avons déjà vu que la perpétuité de l'espèce n'était pas confiée à tous par la nature, mais exclusivement réservée au petit nombre.

C'est à l'hygiène qu'il faut demander la connaissance de l'atmosphère ; c'est elle qui étudie la composition chimique et les propriétés physiques de cette masse composée que l'on nomme air atmosphérique, et qui fait l'application à l'organisme des influences qu'elles exercent en commun sous les différents états où peut se trouver l'atmosphère elle-même, par suite de la prédominance, sur les autres, de l'une des conditions qui lui sont propres. Nous pourrons aborder cette étude plus tard ; mais elle entraverait notre marche en ce moment.

Nous ajouterons seulement un fait qui prend le caractère d'une observation générale, et qui se rattache très-spécialement à la question des climats. Sa connaissance est nécessaire au producteur et à l'éducateur de chevaux. Elle fera ressortir la nécessité des précautions et des soins de toutes sortes que nécessite la tenue des animaux importés d'un climat chaud, par exemple, sous une constitution climatérique moins favorisée.

L'influence des climats méridionaux sur l'économie animale produit des effets bien distincts de ceux qu'exercent des climats diamétralement opposés, des climats septentrionaux, par conséquent.

Dans les régions méridionales, là où le climat est chaud, la vie est très-développée, plus complète au cerveau et dans le système nerveux, ainsi que le prouvent une grande intelligence et une extrême vivacité dans toutes les sensations. Les fonctions circulatoire et respiratoire s'exécutent avec une activité prodigieuse; les instruments de ces fonctions acquièrent un développement proportionnel à l'importance du travail organique qui leur est dévolu; et, comme conséquence forcée de cette prédominance même des propriétés vitales du cœur, des poumons et de toutes leurs dépendances immédiates, les excrétions et les exhalations s'opèrent avec une facilité correspondante. Abstraction faite de ce qui touche aux systèmes cérébral et nerveux, on ne saurait nier que la perfection avec laquelle s'exécutent les autres fonctions que nous avons énumérées tienne aux propriétés de l'air atmosphérique de ces climats. Il y est essentiellement plus vivifiant, et les effets qu'il détermine se reflètent sur la constitution tout entière, que l'on dirait plus vivante. Ainsi, indépendamment du feu qui échauffe et qui anime cette organisation, assez puissante pour ne pas céder, à part cette âme bien trempée qui donne tant de résistance et de ressort à toute la machine, on trouve une grande agilité dans la fibre musculaire; sa contraction n'est pas seulement énergique, intense : la force qui la produit est véritablement exaltée, c'est une force suprême. On reconnaît, à ces effets divers, l'action salutaire et pénétrante d'une température toujours élevée et d'une lumière toujours vive; on sent bien aussi que, sous l'influence continue de pareilles circonstances, le principe de la vie domine sur la matière et que la force vitale ne soit plus, en quelque sorte, à la merci de la puissance des lois physiques.

Dans les régions septentrionales, on ne trouve plus ni cette intensité de lumière ni cette abondance de calorique qui donnent aux productions des climats opposés un ton vif et chaud que n'ont pas les productions naturelles aux climats du Nord. Sous l'empire du froid, la chaleur s'éteint, les lois vitales sont moins puissantes; la matière reprend ses droits. C'est la force d'inertie qui domine sur les facultés actives, sur la force agissante.

Il y a donc, pour commencer, moins d'excitation, moins de stimulation intérieure et extérieure ; aussi les appareils d'organes que nous avons vus si développés, si vivants, sous les climats méridionaux, perdent ici de leur activité si grande, et par conséquent de leur volume. La nature ne fait pas de contre-sens ; elle ne développe chaque système organique qu'en raison des besoins mêmes de la vie. Par contre, d'autres appareils, qui n'ont pas, chez les animaux des climats chauds, une prédominance inutile, jouissent, chez les animaux des régions septentrionales, d'une activité correspondant aux besoins différents de la vitalité qui leur est propre.

Les fonctions digestives acquièrent, dans les climats froids, une importance que nous ne pouvions pas signaler plus haut; car elle n'y est pas une nécessité comme ici. Par une relation naturelle, l'animal du Nord a l'appétit plus fort; il lui faut une plus grande quantité de nourriture, et la faim veut être satisfaite à des intervalles beaucoup moins éloignés. Est-ce là seulement un effet dépendant de la nature même des principes nutritifs et de leur valeur plus élevée? Non , très-certainement. La capacité digestive n'est pas égale entre un cheval du Nord et un cheval du Midi soumis l'un et l'autre, dans les mêmes circonstances, au même mode d'alimentation. Nous reviendrons, en temps et lieu, sur cette remarque toute pratique. Quoi qu'il en soit, cette faculté d'absorber une plus grande masse de nourriture entraîne un développement considérable de tout l'appareil d'organes préposé aux fonctions digestives, et aussi la prédominance de cet appareil sur les autres. La circulation et la respiration, s'exécutant sous l'influence d'un air moins stimulant, moins vital, se montrent nécessairement moins actives. Il en résulte une sensibilité générale moindre, un très-grand affaiblissement dans les fonctions excrétoires, et un certain engourdissement musculaire qui rend les animaux plus lourds, moins vifs, moins alertes , moins pressés, moins ardents, moins vivants. Aussi l'accumulation des forces est facile dans cette machine, qui ne précipite aucun de ses mouvements, mais qui les exécute tous avec une égalité parfaite. Chez le cheval du Midi, au contraire, il y a un aiguillon toujours agissant, qui ne permet aucun repos et qui fait dépenser la vigueur acquise à mesure qu'elle se forme au sein des organes, sous l'influence de l'activité même de la vie. Celle-ci est plus intérieure, moins apparente, plus embarrassée et moins libre , si l'on peut dire, chez l'animal du Nord que chez celui des climats chauds.

L'action vitale est donc bien différente chez ces animaux. L'un vit davantage par le poumon et le cœur, — l'autre, au contraire, sous l'influence plus développée des forces digestives. Le premier subit des déperditions continuelles, considérables, et la source la plus élevée des réparations semble être bien plutôt dans la perfection et l'activité par lesquelles s'exécutent les phénomènes respiratoires. Chez le second, cet ordre de fonctions est rempli avec une lenteur remarquable ; mais les phénomènes digestifs ont une activité qui n'est pas en rapport avec les pertes, d'où suit une tendance à l'expansion des diverses parties du corps, à l'accroissement du volume, à moins, pourtant, que ces dispositions ne soient arrêtées par un climat tout à fait extrême; auquel cas les proportions s'amoindriraient, au contraire, au point de se réduire à l'état nain.

Mais nous n'avons pas étudié les climats du Midi et du Nord sous un point de vue aussi extrême; quoique située sous la zone torride, l'Arabie n'a pas un de ces climats exagérés; l'air est plus tempéré, même dans la partie méridionale, à cause du voisinage de la mer et des abondantes rosées qui tombent sur le sol à la fin de toutes les nuits. Or nous n'avons pas à nous occuper des positions tout à fait septentrionales, des contrées où le froid est excessif et sévit presque sans relâche.

Les climats tempérés offrent une position moyenne entre les deux termes que nous avons étudiés; mais cette position est fort variable elle-même. L'Angleterre et la France se trouvent toutes deux sous une latitude tempérée, moins âpre pourtant pour l'Angleterre, malgré qu'elle soit au nord de la France. Les chevaux limousins, ceux qui, sur notre sol, avaient conservé le plus d'affinité avec le cheval arabe, étaient les produits d'un climat qui certes n'est rien moins que méridional.

C'est donc que le cheval noble, que le cheval puissant par sa vitalité primitive est doué d'une force de résistance qui le soutient à sa hauteur hors des influences qui favorisent le plus la plénitude des actes de la vie, et que, transporté au loin, plongé dans un milieu dont l'action lui serait nuisible, il s'y fait néanmoins, s'y habitue, s'y acclimate parfaitement, au contraire, lorsque cette action défavorable est convenablement combattue, empêchée dans ses résultats.

L'acclimatement peut devenir une source de dégradation; mais la déchéance n'est pas une cause inévitable, invincible. Il n'entraîne pas forcément l'appauvrissement du sang, l'af-

faiblissement de la force propre inhérente au véritable type
de l'espèce.

La perte de force ou de résistance attribuée au fait de l'acclimatation résulte de la chute de l'animal importé au niveau plus bas naturel aux indigènes. C'est donc cette condition particulière de l'indigénéité qui, dans les idées reçues,
constitue l'acclimatement. Il y a certainement ici confusion
dans les mots et dans les idées qu'ils expriment.

Acclimatement et dégénération ne sont pas des expressions synonymes. Le cheval arabe, indigène à la contrée si
favorisée qui le produit, ne doit pas sa supériorité, la richesse
de sa nature, la chaleur de son sang, la puissance de son
organisation, sa vitalité si élevée, à cette condition seule
d'être né en Arabie et d'être un naturel de cette contrée.
L'indigénat n'est, par lui-même, une perfection sous aucune latitude quelconque. Dans les positions les plus heureuses, des imperfections, des vices apparaissent, qui dégradent les productions indigènes et, nous le savons déjà, le
cheval arabe n'est pas exempt de dégénération en Arabie, au
centre du climat de prédilection de l'espèce.

Ainsi tombe une opinion commune parmi les auteurs en
hippologie, que le véritable créateur des races, que le seul
conservateur de leurs qualités propres, caractéristiques est
dans les influences locales, dans le sol nourricier, dans la
condition puissante, exclusive d'être une production indigène. Les races, répétons-le, ne fondent pas leur autorité
sous l'influence d'un facteur unique; elles sont le résumé de
mille circonstances, dont l'action isolée est fort difficilement appréciable, puisque toutes se modifient diversement
et réciproquement en réagissant les unes sur les autres. Leur
dépendance est naturelle; elles sont inséparables dans leurs
effets combinés. Comment alors déterminer la part de chacune? Avouons notre impuissance et bornons-nous à apprendre, par l'observation et l'expérience, à interposer utilement notre influence propre dans le sens le plus favorable

à nos desseins et à nos besoins. Une étude d'ensemble suffit et conduira toujours directement au but.

VII.

Le fait de la dégénération par l'acclimatement a été scrupuleusement examiné par les auteurs à ses différents âges et dans les phases diverses de son développement. C'était un point capital, nous le savons; les observations se sont donc multipliées sur ce sujet.

De cette étude il était ressorti ceci, à savoir :

L'étalon est le type de l'espèce; il est moins impressionnable que la jument à l'action des influences extérieures; il souffre moins de l'acclimatation et rend ainsi plus de services avant d'être atteint par la dégénération. On explique le fait ainsi : « La jument ne marche qu'en seconde ligne; ses for- « mes sont moins robustes, son énergie moins puissante et « les caractères de sa race moins saillants. Restant presque « toujours en plein air, affaiblie par la gestation et l'allaite- « ment, elle est beaucoup plus sensible à l'impression des « agents modificateurs (1). » Ces quelques mots résument fort bien la question ; mais ils sont en désaccord violent avec la haute estime de l'Arabe pour sa jument.

Le principal reproche à faire à la plupart des hippologues, c'est de n'avoir pas déduit logiquement leurs idées. Presque tous les livres écrits sur la science hippique ne sont guère composés que d'erreurs, de préjugés et de contradictions. « On a cherché, continue M. Demoussy, à obtenir la race « pure par le transport simultané des juments arabes, bar- « bes, turques, espagnoles, anglaises, et des étalons des « mêmes climats. Ces essais ont été infructueux pour les « races dont la terre natale formait une opposition trop « tranchée avec les pays qu'elles allaient habiter. »

(1) M. Demoussy, *Traité complet des haras*, page 57.

C'est-à-dire qu'ils n'ont réussi nulle part, car M. Demoussy est de ceux qui admettent la théorie de la dégénération inévitable, de l'appauvrissement quand même du sang, par suite des influences climatériques. Seulement il est une remarque à faire, c'est que le transport simultané dont on parle n'avait qu'un but, celui du croisement entre elles de ces différentes races, afin de réunir, sur les produits qui en sortiraient, la plus grande somme possible des beautés et des perfections particulières que présente chacune des individualités conviées au perfectionnement. Ainsi les animaux venus en droiture, selon l'expression employée par Bourgelat, des climats de l'Orient n'étaient pas soigneusement unis entre eux; on ne faisait rien pour les conserver purs; ils étaient alliés, — celui-ci avec une jument espagnole, — celle-là avec un étalon napolitain, une autre avec un étalon anglais (et celui-ci n'était pas de pur sang), qui avec une jument danoise, qui avec un étalon de race polonaise, etc.; et ces croisements ne s'arrêtaient pas en si beau chemin, vraiment! ils étaient continués, suivant les mêmes idées et les mêmes principes, dans la descendance déjà si judicieusement obtenue des premiers mariages. Eh bien! on prétendait pourtant qu'il surgirait de tout ce désordre, de ce fouillis équestre, de cet incroyable *méli-mêla* de races bâtardes, d'individus impuissants par eux-mêmes une amélioration solide et durable, quelque chose comme la perfection, rien que ça! Sous l'influence du système adopté, la décadence ne se faisait pas longtemps attendre, on le comprend et de reste; de là, la théorie de la dégénération inévitable, cette théorie de la fatalité, qui a occasionné tant de mal, et dont l'industrie chevaline n'est pas encore remise.

Le même hippologue ajoute : « Ces migrations ne peuvent « être avantageuses que pour les chevaux nés dans une ré- « gion qui a de l'analogie avec celle dans laquelle ils sont « transplantés. La race anglaise, soumise en France au ré- « gime qui lui est imposé en Angleterre, doit y jouir à peu

« près des mêmes prérogatives ; elle s'y conservera pendant
« quelques générations, mais elle dégénérera insensible-
« ment, si elle n'est pas empreinte de nouveau du type
« améliorateur, c'est-à-dire si elle n'est pas vivifiée par de
« nouvelles alliances avec les chevaux des contrées orien-
« tales. »

Voyez sous quel point de vue la question est traitée. Le
transport simultané des mâles et des femelles d'une race
dans une région qui n'est pas la leur ne saurait donner à
cette région la possession entière de la race importée. Il y
aura avantage, mais pour quelques années seulement, à
cette introduction dans certaine position qui ne dépaysera
pas par trop les individus déplacés. Au bout de quelques générations, il faudra revenir à des importations nouvelles,
recommencer la première opération, supporter les mêmes
sacrifices ; car la dégénération est là qui précipite la race
nouvelle dans le gouffre béant des pertes, qui résultent inévitablement, quoi qu'on fasse, des influences climatériques.
L'indigénat est toujours la force invincible, la puissance à
laquelle rien ne résiste.

« La dégénération marche avec une promptitude remar-
« quable, lorsque les juments importées, qui ont à combat-
« tre l'influence du nouveau pays qu'elles habitent, sont
« saillies par des étalons d'une race inférieure, qui n'ont
« pas eu, comme elles, le temps de s'acclimater. »

Il y a ici double cause de détérioration, et l'on reconnaît,
en dehors de l'appauvrissement déterminé par l'acclimatation, une autre cause de déchéance qui résulterait de la condition physiologique particulière dans laquelle se trouveraient
des individus non encore habitués aux influences locales,
non encore acclimatés. Est-ce que cette condition particulière ne désigne pas cet état passager, cette époque critique
pendant lesquels l'économie est précisément en travail d'acclimatation, et que nous avons considérés comme étant l'acclimatement lui-même ? Cette pensée est bien noyée dans le

paragraphe qui précède; mais, en le serrant de près, il est facile de l'en faire sortir. En effet, d'où vient cet affaiblissement plus considérable des individus non encore habitués au nouveau climat, sinon du trouble occasionné dans l'économie par l'acclimatation? Et si, après avoir été ainsi éprouvés, les animaux importés ne ressentaient plus aucune gêne, aucun trouble des influences climatériques nouvelles à l'action desquelles ils sont maintenant accoutumés, d'où vient qu'on croirait à une perte que rien ne démontre, que rien ne constate assurément, à moins que les nouveaux venus soient abandonnés, sans soins et sans défense, à tout ce qui peut porter atteinte à leur intégrité?

Les juments étrangères appatronées aux étalons indigènes ne donnent que des poulains dégénérés; mais cette dégénération est plus lente, parce que la constitution de ces jeunes animaux, « modifiée par l'influence paternelle, est plus en « état de lutter contre les impressions des agents exté- « rieurs. »

Ceci est moins facile à comprendre. On explique très-bien qu'une jument supérieure, importée dans une contrée où la race est mauvaise, déchue, donne moins bon qu'elle-même lorsqu'elle a été mésalliée, lorsqu'on l'a mariée à un mâle de la race indigène; mais comprend-on comment le produit se trouve protégé par l'influence bienfaisante du père contre les impressions du climat, cause de la dégradation de la race indigène? Ce n'est plus une dégénération alors, mais bien une amélioration qui s'est réalisée dans le produit, et réalisée du fait de la mère; comment donc ce produit se trouve-t-il armé contre les circonstances physiques du fait de l'influence paternelle?..... Eh bien! plusieurs auteurs, Picard entre autres, nient l'utilité du transport des femelles dans un pays étranger; il n'en veut pas; il le défend comme sacrifice inutile, comme chose nuisible au progrès... Mais cette question viendra dans un chapitre spécial; n'anticipons pas.

Et, d'ailleurs, M. Demoussy partage, lui aussi, cette opinion, qu'il a formulée dans cet autre passage de son livre :

« Saillies dans leur pays même par un étalon de même
« race et transportées ensuite sur une terre étrangère qui
« reçoit leurs nouveau-nés, les femelles offrent des signes
« de décadence dans leur première génération, et cette dé-
« térioration s'accroît dans les générations subséquentes.
« Elles doivent donc être éliminées de nos haras, quand
« le climat où elles ont pris naissance diffère essentiellement
« de celui où elles sont importées.

« Dans la première année de leur vie, leurs poulains
« conservent l'empreinte de la noblesse de leur origine;
« mais, à mesure qu'ils avancent en âge, la beauté de leurs
« formes s'éloigne du type primitif, parce que leurs orga-
« nes naissants se modifient profondément par l'impression
« continuelle que l'air, les eaux, les aliments, la tempéra-
« ture, le sol exercent sur leur texture délicate et sensible.

« Ils sont beaucoup plus impressionnables que leurs
« mères, dont la constitution robuste, consolidée par l'âge,
« résiste davantage à l'action de ces agents extérieurs; mais,
« comme elle s'affaiblit par la continuité de leur influence,
« il en résulte nécessairement que les générations suivantes
« vont toujours en se dégradant, jusqu'à ce qu'elles soient
« arrivées au terme fixé par la nature du climat. »

C'est toujours la théorie fausse, erronée que nous connaissons et que nous avons longuement combattue déjà; il
faut bien y revenir.

VIII.

Elle a été le thème favori des anciens hippologues. Ils ne
voyaient partout que causes d'altération et d'abâtardissement. La bonne reproduction du cheval était chose absolument impossible, puisque le principe de toute force allait
toujours en s'amoindrissant, jusqu'à destruction à peu près
complète.

Écoutons encore ce qu'écrivait Huzard père dans son livre sur les haras (1) : « Que l'on transporte hors de leur pays,
« et à une certaine distance, un étalon et une jument ayant
« pris tout leur accroissement, le nouveau climat et la nour-
« riture pourront bien changer leur tempérament, mais ils
« ne pourront influer assez sur leur organisation pour en
« altérer les formes. La première production de ces ani-
« maux paraîtra n'avoir pas dégénéré, au moment de sa
« naissance ; l'empreinte des formes sera encore pure, et
« on n'apercevra aucun signe de dégénération ; mais le pou-
« lain éprouvera en grandissant, et dans un âge tendre,
« toutes les influences du climat et de la nourriture ; elles
« feront sur les organes, encore faibles, l'impression
« qu'elles n'ont pu faire sur ceux du père et de la mère, et
« développeront des germes de défectuosités ou de confor-
« mation particuliers au sol, qui se manifesteront bien plus
« sensiblement à la seconde génération, et avec tant de force
« à la troisième et à la quatrième, que les caractères de la
« souche originelle seront presque entièrement effacés, que
« ces animaux n'auront plus rien d'étranger, et qu'ils res-
« sembleront à peu près en tout à ceux du pays, s'ils ne
« sont pis encore.

« C'est ainsi que des étalons et des juments, tirés de la
« Normandie ou du Limousin et transportés en Bretagne,
« en Poitou, en Champagne, dans la Navarre, etc., ont
« donné des productions qui dégénéraient et devenaient
« des chevaux bretons, poitevins, champenois, navar-
« rois, etc. ; c'est ainsi que des chevaux et des juments de
« l'Arabie, de Barbarie, d'Espagne, etc., sont devenus, en
« France et ailleurs, des chevaux français ou autres, sou-
« vent dès la deuxième génération, et presque toujours à la
« troisième ; c'est ainsi que les Anglais, qui paraissent avoir

_____

(1) *Instruction sur l'amélioration des chevaux en France*, pages 75 et 76.

« fait de grands efforts pour conserver chez eux la race arabe,
« n'ont pu encore y parvenir. »

Arrêtons-nous sur ce passage que l'observation et l'expérience font mentir.

Avant M. Demoussy, Huzard père avait établi que les effets de l'acclimatement sont plus prononcés chez les produits que chez les ascendants, plus profondément imprimés dans l'organisme des poulains de la seconde que de la première génération, plus fortement empreints encore à la troisième, qui peut même ne plus rien présenter d'étranger. Il appuyait son sentiment sur des tentatives de reproduction d'animaux de races diverses dans des contrées fort différentes, et les faits étaient pour lui.

Examinons.

Et d'abord il n'est personne qui ne sache aujourd'hui que les effets de l'acclimatation ne sont pas les mêmes pour tous les individus qui ont à les subir; personne n'ignore non plus que ces effets ne durent pas autant que la vie, qu'ils passent, au contraire, et s'effacent après un laps de temps plus ou moins long. Cela revient à la définition que nous en avons donnée : l'acclimatation est une sorte de maladie, ou simplement une indisposition, dont on guérit. Ce n'est, le plus souvent, qu'un état intermédiaire entre la maladie et la santé, une condition physiologique à part, dont les caractères sont fort difficiles à saisir. Pendant son acclimatation, l'animal, convenablement soigné et que l'on observe de près, offre des phénomènes moyens, une situation moyenne, si l'on peut dire, qui semblent être, entre l'harmonie parfaite des opérations vitales et le dérangement de l'équilibre, dans les actions fondamentales de la vie, ce que le clair-obscur est entre le jour et la nuit. Cette position tient, répétons-le, de la santé comme de la maladie, sans être réellement ni l'une ni l'autre chez les individus soumis aux règles bien entendues d'une hygiène appropriée. Chez ceux, au contraire, qui ne se trouvent que peu ou point protégés contre les influences du climat, ce dérangement, ce trouble, portés dans les actes de la vie par une position très-différente de celle du passé, s'aggravent peu à peu, se fortifient bientôt dans leur force propre, et dominent à la fin toutes les influences inhérentes à l'organisation même, affaiblies qu'elles sont par le manque de soins et de prévoyance. Ces dernières cèdent nécessairement; chaque perte, dans ce cas, est une victoire pour les effets de la localité, et l'indigénat triomphe insensiblement. Eh bien! peut-on dire alors, que l'acclimatement est complet; que l'animal, en revêtant tous les traits caractéristiques des naturels, se soit acclimaté purement et simplement? On jugerait mal et l'on ne dirait pas exactement. Cet animal ne s'est pas habitué aux effets climatériques de la contrée, il a dégénéré; il a été profondément atteint jusque dans la dernière molécule de sa nature; mais il n'a dégénéré, il n'est tombé de si haut que parce qu'on n'a pas su l'acclimater, au contraire, au nouveau milieu dans lequel il a été abandonné à toutes les causes défavorables à la conservation de toutes ses qualités natives. Non, l'acclimatation, quand elle est un fait accompli, n'a déterminé aucune perte des forces propres aux individus. Pendant qu'elle s'effectue, la condition physiologique n'est plus normale; il y a affaiblissement temporaire, comme dans toute indisposition. La vie ne s'exécute réellement plus dans la plénitude de ses actes, une partie de sa puissance est enrayée; mais, dès que la nature a pu s'habituer aux nouvelles circonstances, dès que l'acclimatement est complet, tous les rouages sont rendus à leur activité primitive, l'équilibre est rétabli entre toutes les fonctions organiques, et la vie revient à son système ordinaire, à son plus haut degré de puissance.

C'est au moins ce que l'expérience nous a appris, et ce point est si bien arrêté dans notre esprit, que nous n'employons qu'à regret à la reproduction l'étalon nouvellement importé. Nous attendons préférablement que les effets de l'acclimatation aient cessé, que la condition physiologique, momentanément altérée, soit revenue à son état normal.

Les premiers produits d'un étalon, nouveau venu, ne sont jamais les meilleurs. Loin de dégénérer plus tard, ils ne font que se montrer supérieurs dans les années qui suivent une acclimatation complète. Il en est de même pour la jument, et, en général, pour les femelles des autres espèces domestiques. Les effets de l'acclimatement sont même plus appréciables chez ces dernières. Le mâle, récemment introduit dans une localité, trompe beaucoup de femelles, qu'on livre avec empressement à son ardeur. Le peu de produit qu'on en tire dans la première année, et quelquefois dans la seconde, n'a pas un très-grand mérite; mais ces faits échappent au grand nombre, tandis que chacun est frappé, quand, à la suite d'une importation de plusieurs femelles, on voit celles-ci, tant qu'elles ne sont pas guéries de la perturbation qu'éprouve l'économie sous des influences nouvelles, avorter presque toutes ou ne donner que des produits dont la réussite est fort rare ou tout au moins fort incertaine.

Nous citerons, en temps et lieu, des faits nombreux à l'appui de cette assertion, opposée à celle de tous les anciens hippologues; mais il n'est pas un éleveur un peu instruit qui n'ait été à même d'en constater l'exactitude.

Nous n'avons rien à reprendre dans ce paragraphe, où il est dit que le transport simultané d'étalons et de juments normands ou limousins, en Bretagne ou ailleurs, n'a donné que des productions dégénérées de leur race, en prenant presque immédiatement la teinte du climat. Nous sommes plus avancés que cela aujourd'hui dans l'intelligence des faits et des principes ; mais cette question, toute de pratique, viendra également en son temps.

Nous n'avons plus que quelques mots à ajouter avant de clore ce long chapitre. Ils prouveront que le climat n'est pas, quand on veut bien se soustraire à son influence, un facteur invincible.

« Un climat très-humide, dit M. Girou de Buzareingues,
« produit le relâchement de tout le système et dispose à la
« graisse : l'humidité pénètre l'animal de toutes parts, les
« vaisseaux absorbants la portent jusqu'au centre, la res-
« piration l'introduit dans les poumons, et de là dans toute
« la masse du sang ; le poil et les crins de l'animal sont
« longs et tombants ; les humeurs l'assiégent, elles ob-
« struent les voies, gênent les mouvements ; son moral est
« aussi mou que son physique est relâché ; il languit, il n'a
« ni force ni volonté ; sa décomposition s'apprête par les
« mêmes moyens qui devraient l'éloigner ; ses sens n'ont
« aucune activité, il en perd l'usage avant d'avoir atteint
« le terme de son accroissement. Il meurt enfin avant d'a-
« voir vécu (1). »

Eh bien ! nous le demandons, le cheval anglais de pur sang, élevé sous l'influence d'un climat humide pouvant déterminer tous les effets qui viennent de lui être attribués avec raison, n'est-il pas en tout l'antipode parfait de l'animal hideux et dégradé qu'a dépeint M. Girou de Buzarein-gues ? En comparant ce qu'il est à ce qu'il pourrait être, si l'éducateur n'interposait son pouvoir, sa volonté entre la puissance vitale et les forces physiques, on se rend bien compte de l'étendue de l'influence de l'homme, et de cette vérité que le climat ne nuit à ses desseins qu'autant qu'il ne sait pas le vaincre.

(1) *Etudes de physiologie appliquée aux chevaux*, page 40.

DES DIFFÉRENTS MODES DE REPRODUCTION.

—

Sommaire.

I.

C'est un sujet un peu embrouillé que celui-ci. On a déjà essayé de l'éclaircir. Mais, au lieu d'aider à sortir de l'obscurité, on n'a fait que le rendre et moins net et moins clair. Peut-être lèverons-nous les difficultés en mettant un peu d'ordre dans ce pêle-mêle d'idées et en exposant simplement les faits.

Après cela, nous demandons qu'on ne nous chicane pas, à l'aide de rapprochements subtils et forcés, dans la signification des mots. C'est ici une question toute de bonne foi. Il s'agit de comprendre afin de s'entendre; rien de plus. Celui-là brouille toutes choses, qui n'a ni règle ni méthode dans l'esprit; et il embrouille toutes les questions, lorsqu'il veut expliquer ce qu'il n'a pas nettement conçu.

En lui-même, le fait de la reproduction des animaux est fort simple. Il gît tout entier, il est exclusivement dans la conjonction de deux individus, — mâle et femelle, — pour la génération; c'est l'*accouplement*.

En l'état de liberté et d'indépendance, les animaux s'unissent, s'accouplent suivant certaines lois instinctives, qui assurent la permanence des espèces, et en maintiennent les caractères propres, naturels, spécifiques, si l'on peut dire. Dans les conditions opposées, l'homme intervient. Il fait de la reproduction des animaux domestiques une opération compliquée, un art. Il n'a plus simplement en vue la continuation d'une espèce, sa conservation telle quelle; il se propose bien autre chose, vraiment.

En effet, ses efforts peuvent tendre à modifier les animaux qu'il a sous la main, dans un sens, puis dans un autre; à leur donner des formes, des aptitudes différentes, suivant des positions diverses; à les changer de fond en comble; à développer une qualité, préférablement à une autre, et même au détriment de plusieurs autres; à créer alors des races fort éloignées des types primitifs, par la nature des produits ou des services qu'elles donneront; puis, enfin, à améliorer, perfectionner et conserver avec soin les conquêtes obtenues par l'art sur la nature elle-même.

En l'état de liberté, donc, les animaux ne reçoivent la vie que pour la transmettre ou la rendre. Ils naissent pour mourir dès qu'ils ont satisfait à la loi qui assure la perpétuité de l'espèce; mais les conditions changent singulièrement dans la domesticité.

C'est pour lui, et non pour eux, que l'homme cultive les animaux; c'est pour satisfaire à mille besoins changeants qu'il en entretient les nombreuses races, qu'il s'efforce de les approprier toutes, chaque jour davantage, aux exigences multiples d'une population toujours croissante, d'une civilisation progressive et mobile.

On comprend dès lors qu'il y ait, pour reproduire les animaux domestiques, des procédés divers, des combinaisons d'alliances très-différentes, des modes d'opérer fort distincts. Il s'agit de les définir et de leur donner un nom, puis d'attacher à ce nom une signification précise et bien déterminée, une acception rigoureuse, nette, rigide.

Longtemps abandonnée aux seules chances du hasard, la production des animaux domestiques n'était soumise à aucune règle fixe, à aucun calcul économique. A cette période, l'art et la science font également défaut. On voit les individus succéder aux individus, et perpétuer, dans chaque localité, les caractères particuliers, que des circonstances de position, toujours parfaitement identiques, avaient incrustés, à l'aide du temps, dans la matière animale. Celle-ci avait été ainsi modifiée, à l'insu même du maître, et chaque province se trouva pourvue, à la fin, d'une race très-distincte, produit-né des combinaisons du sol et du climat, résultante de toutes les forces physiques et de toutes les conditions naturelles attachées au point du globe sur lequel elle vivait.

A cette époque, l'*accouplement* était la seule opération qui reproduisît et multipliât les animaux. Il se fit d'abord sans aucune certitude. Quand l'homme intervint, il fut un obstacle. Sous sa main, l'animal perdit cet instinct si sûr, qui ne permet pas, dans l'état d'indépendance absolue, le mélange confus, désordonné des sexes; qui assure, au contraire, aux mâles les mieux doués la possession des femelles les plus fortes et les mieux constituées. « Un étalon couvre sa « mère, a dit Aristote; il couvre également sa fille; un ha- « ras est arrivé à sa plus grande perfection lorque les jeunes « juments sont couvertes par leur père. » La méthode était fort simple, et le mot *accouplement* fort suffisant.

Plus tard, la production eut ses règles, et l'on parla des qualités à rechercher, soit dans le mâle, soit dans la femelle. Alors l'union des sexes devint plus complexe; elle ne fut plus tout entière dans le fait seul de l'accouplement. Les reproducteurs durent offrir la réunion de certaines conditions de taille, de force, de pelage, de beauté et de valeur, qui, tout naturellement, écartèrent du concours les individus malvenants, faibles et valétudinaires, les mauvaises constitutions, les tempéraments débiles, les avortons de la race, les sujets incomplets. Mais cette recherche était tout individuelle, pour ainsi dire; elle n'allait pas très-loin; elle ne satisfaisait pas à une grande exigence; elle ne remontait pas encore à la connaissance du sang. Elle était un progrès néanmoins, et, de fait, le choix du mâle et de la femelle est une garantie déjà élevée; il pousse à un bon accouplement, à une production améliorée, par conséquent.

Toutefois on ne sent pas encore le besoin d'un mot nouveau. Il semble qu'il n'est question que d'un simple triage, c'est-à-dire d'un choix à faire entre les animaux d'un même haras, entre les produits de quelques familles de chevaux, élevées en commun et sous les mêmes influences. Mais il est impossible que le principe même en vertu duquel est recommandée cette nécessité, de n'employer que le bon et le beau à la reproduction, ne mène pas droit et promptement à une recherche plus large et mieux assise des reproducteurs.

Parmi les écrivains d'un autre temps, il faut arriver jusqu'au seigneur du Pradel, pour trouver une indication, une manière de recommandation en faveur de l'origine. Le premier, il a pressenti qu'une bonne ascendance pouvait être une cause d'avancement, un élément utile à l'amélioration des espèces inférieures, de ces collections d'animaux, si pauvres et si chétives, qu'elles ne remplissaient pas alors les besoins du moment. Il accuse de ce fait la nonchalance et l'incurie du pays, pour qui « *c'est une honte* de consommer en « plus grand volume les chevaux ès régions étrangères....., « veu que chez nous en pourrions être mieux accommodés « que ne sommes. »

Et il ajoute : « Après la provision des pasturages, de « mesme est nécessaire la soigneuse recherche de la bonne « race des chevaux, pour avoir contentement de ceste nour- « riture. Car, comme en la moisson n'est le temps de remé- « dier au défaut des blés, ainsi, lorsque les juments pouli- « nent, ne se réparent les défectuosités des chevaux. Préve- « nant donques ces pertes, dès le fondement de vostre « haras, vous vous meublerés d'étalons et juments d'esliste, « ce qu'il en faut pour la fourniture de vos herbages. Cette

« curiosité s'accouple avec celle qu'on emploie au dresser
« du verger, fruictier, allant chercher les greffes des bons
« arbres là où ils sont, près ou loin ; autrement, n'aurait-on
« d'autres fruicts que du voisinage, tels que se rancontrent ;
« lesquels communément ne sont de grande requeste. Don-
« ques, sans avoir égard ni à la peine ni à la dépence, pour
« un préallable sera pourveu à cest article.

« Quelquefois avient heureusement que, près et à bon
« marché, l'on se meuble de bons estalons, quand, par ren-
« contre ès années, parmi les charroirs, les labourages et
« ailleurs, se treuvent des chevaux de bonne marque. Par
« quoi indifféremment partout, chés les gens de guerre, les
« marchans, mesnagers, hostéliers, curieusement recher-
« cherés les meilleurs de ces animaux ; prenant par les che-
« veux l'occasion qui s'offrira. »

Ce passage est un véritable exposé de doctrine. C'est tout
un système, mais un système d'améliorations en dedans, oc-
casionnellement élargi, lorsque, favorisé par le hasard, on
peut se procurer quelques sujets de valeur. Peu importe,
d'ailleurs, la provenance ; — lointaine ou prochaine, — on
l'accepte. C'est le beau et le bon qui sont utiles ; c'est le beau
et le bon qu'il faut avoir, coûte que coûte.

Cependant le cercle s'est agrandi. On ne borne plus les
choix aux animaux d'un haras, ni même d'une province.
L'élection n'a plus de limites ; il faut des reproducteurs de
haut mérite. On ne sait pas s'ils existent sur un point plutôt
que sur un autre. On ne parle pas encore d'une race type ;
on ne soupçonne pas que le principe de toute régénération
est conservé dans les veines de quelques races supérieures,
libre de toute souillure, et se transmet avec soin d'âge en
âge, par des générations qui s'éteignent, à d'autres générations qui leur succèdent. Tout est encore obscur. L'Europe
a oublié l'Asie ; la France ignore l'Arabie. Mais son cheval
s'est refroidi ; il a dégénéré, et l'on comprend la nécessité de
le relever de l'état d'abaissement où il est tombé.

Quoi qu'il en soit, un pareil système ne sortant pas de l'unité primitive, on ne lui donne encore aucun nom particulier. Le mot *accouplement* suffit toujours.

Mais ce qu'Olivier de Serres avait seulement entrevu doit bientôt se révéler. Un hippologue l'indique assez clairement, en 1639, dans un mémoire que nous avons déjà eu l'occasion de citer (1). Le premier, Querbrat Calloet, faisant sentir la nécessité de rapprocher nos races indigènes du type primitif de l'espèce, établit la théorie du *croisement*. Son plan de restauration est basé sur le principe fondamental du sang; c'est aux races supérieures qu'il demande les moyens de régénération devenus nécessaires pour une population affaiblie, désormais atteinte jusque dans la source de ses qualités.

Vingt ans après, la doctrine du seigneur français fut développée avec une grande autorité, par le duc de Newcastle, dans un livre qui parut à Anvers en 1658. A partir de cette époque, le mot *croisement* fut définitivement acquis au langage hippique. Il désigna le fait de l'alliance d'un étalon étranger, supérieur par le sang, avec des femelles d'un ordre moins élevé, d'une nature dégradée, en vue d'en améliorer la race par la transmission d'une partie des qualités et des aptitudes inhérentes au prototype de l'espèce.

Voici donc la science enrichie, tout à la fois, d'une expression inusitée jusque-là et d'un mode de reproduction dont les règles se trouvaient nettement posées. Or il sera bon de retracer les règles du croisement, de dire les principes qui le constituaient et en faisaient une chose à part, un véhicule nouveau à la bonne production, un moyen rationnel de rappeler au type primitif certaines familles chevalines qu'un long abandon et des causes diverses avaient successivement éloignées de la perfection native.

Quoique bien définie dans ses caractères et dans son but,

(1) Ire partie, tome Ier, p. 7.

la théorie du croisement devient une source d'erreurs et de fautes vraiment intarissable. L'Angleterre seule ne se méprit pas sur la valeur de ce mode de reproduction que l'expérience avait recommandé à la saine pratique; seule, l'Angleterre sut renfermer l'opération du croisement dans des limites rationnelles, développer et fixer tous ses avantages, en supputer les suites avec une rare intelligence, s'arrêter à temps dans l'application, et ne rien compromettre des résultats obtenus.

Faussement interprétée en France et en Allemagne, la même théorie a fait dans ces contrées un mal incalculable. Nous avons déjà constaté ce fait, en nous appuyant sur des autorités qui ne sont point suspectes, sur des hippologues qui ont écrit l'histoire de nos races, et retracé nos tentatives en faveur de l'amélioration des races équestres.

Une fausse science, ou plutôt une fatale erreur, abritée sous les noms illustres de Buffon et de Bourgelat, a porté le poison d'une théorie funeste au sein des populations les plus renommées; mêlant entre elles les races les plus diverses, elle a jeté partout le trouble et la confusion, éteint jusqu'au principe en vertu duquel chacune existait et se maintenait dans ses caractères distinctifs.

Ce n'était plus un système raisonné de croisement des races, mais une sorte de *métissage* irrationnel, toujours renouvelé, souvent absurde, une manière d'allier entre eux les individus les plus disparates, les sujets les plus opposés quant aux formes et quant au sang.

Le *métissage* existait donc : on le pratiquait comme une chose sans nom; nous en déterminerons plus loin et le but et la valeur.

Quand on comprit la nécessité de mettre un terme au désordre né du mélange confus de toutes les races et de tous les individus, on consacra une expression nouvelle, on parla de l'*appareillement*.

Ceci est une autre forme, un autre mode de reproduction,

qui a son domaine et ses limites, sa spécialité, son genre d'utilité à part.

Nous voilà bien éloigné de l'époque à laquelle l'art de reproduire le cheval se montrait simple à ce point de n'avoir besoin que d'un seul mot, pour exprimer toutes ses opérations. Ce mot reste maintenant dans l'ombre. Il est si vague ou si général, qu'il n'a plus de signification précise; il embrasse toutes les méthodes; il n'en étreint, il n'en définit spécialement aucune.

La science distingue à présent — le croisement, — le métissage, — l'appareillement, trois termes différents d'un même problème à résoudre, — l'amélioration des races dans le sens de leur plus complète appropriation aux exigences du temps, aux besoins pressés et changeants de la civilisation.

Les mots *croisement* et *appareillement* appartiennent depuis longtemps au langage hippique : ce sont des expressions classiques, assez mal définies, souvent appliquées à faux, mais parfaitement acceptées par les hippologues; nous les conserverons en assignant à chacun leur signification nette, précise, rationnelle.

Mais d'autres expressions ont été introduites dans le vocabulaire de la science. — Sont-elles nécessaires? Oui, si l'on y attache un sens propre, si elles disent autre chose que les mots déjà consacrés, si elles ont une acception différente nettement définie, si elles permettent de distinguer des opérations distinctes que la confusion dans le langage a contribué à confondre dans les faits au détriment du progrès.

Les mots *métissage* et *appatronnement* sont dans ce cas. Nous avons déjà écrit le premier. Il a été particulièrement mis en honneur par M. Huzard fils (1), qui l'a substitué au

_____

(1) *Des haras domestiques en France.*

terme — croisement — sans lui donner une autre acception.

Nous verrons bientôtpourquoi cette synonymie doit être
repoussée. Deux mots pour une même chose ne sont point
utiles ici ; il est indispensable, au contraire, d'avoir un nom
pour chacune des branches spéciales de la science qui s'occupe de la reproduction éclairée du cheval.

Le mot *accouplement* a été introduit par un autre hippologue, M. Achille Demoussy (1). A l'exemple de M. Huzard
fils, M. Demoussy a fait de cette expression un synonyme; il
lui a donné la même signification qu'au mot *appareillement.*

Ainsi, pour le premier de ces auteurs, le croisement et le
métissage sont une seule et même chose. Pour le second,
l'appareillement et l'appatronnement sont des termes expri-
mant le même moyen de procéder, le même fait de reproduction et d'amélioration.

Cependant un autre hippologue (2) avait reconnu la nécessité de désigner, par des noms différents, l'acte de la génération s'appliquant — à la conservation complétement homogène d'une race pure, — ou bien à l'amélioration d'une
race inférieure par son alliance à divers degrés avec des
mâles d'une race supérieure, d'une race type, par la supériorité de son principe, par la pureté de son sang.

Dans les idées de cet écrivain, la reproduction n'avait que
deux voies, deux moyens, — l'*accouplement* et le *croisement,*
et il les définissait ainsi :

—«L'accouplement est l'acte de la génération entre deux
individus de pur sang ;

— « Le croisement est l'acte de la génération entre deux
sujets dont l'un n'est pas de pur sang.»

Cette distinction est sans doute nette et tranchée, mais elle

(1) *Traité complet des haras.*
(2) M. le duc de Guiche, *De l'amélioration des chevaux en France.*

manque de justesse et ne satisfait pas ce qu'on pourrait appeler la raison scientifique. Elle suffisait pour élucider les propositions de l'auteur, elle laisse trop de vague dans l'esprit, quand on sent le besoin d'attacher un sens complet et qui se justifie aux signes représentatifs des idées.

Au mot *accouplement*, tel que l'avait défini M. le duc de Guiche, nous substituons le mot *appatronnement*.

Nous allons même plus loin, afin d'éviter toute confusion.

Nous donnons à ce mot *accouplement*, si nul maintenant dans sa signification par l'abus qui en a été fait, un synonyme dont la définition déterminera bien le sens exact.

Nous appellerons indistinctement — *accouplement* ou *appariement* — l'union, le mariage pur et simple des sexes, et nous dirons sur quels principes il convient d'appuyer cette opération si compliquée en apparence, et qui, néanmoins, doit être le premier élément du succès dans toute reproduction animale.

En faisant ce néologisme nous obéissons à la nécessité.

L'art de faire naître et d'améliorer les races subit nécessairement la loi commune. Il gravite dans les conditions d'existence et de développement qui régissent toutes choses. Sa croissance se manifeste par les branches nombreuses qu'il prolonge autour de lui, par les rapports multiples et intimes qu'il lie avec les sciences les plus voisines, par l'étendue du terrain qu'il gagne, durant son développement progressif, par les applications fréquentes et utiles auxquelles il se prête.

Eh bien! à mesure qu'il s'appuie sur des fondements plus assurés, qu'il présente plus de certitude dans son objet, de fixité dans ses lois, d'exactitude dans ses démonstrations; à mesure que ses applications deviennent plus justes, plus sûres, plus nombreuses, — son langage propre, technique, son vocabulaire à part et spécifique, en quelque sorte, s'enrichissent de termes particuliers, de mots nouveaux, empruntés à la langue commune; mais il reste à leur donner une si-

gnification précise et bien déterminée, une acception rigoureuse, nette, rigide.

La condition du progrès dans la connaissance d'une
science quelconque est, sans doute, l'étude préalable de la
langue de cette science. C'est la méthode la plus sûre ; car,
de la sorte, on procède du connu à l'inconnu, des détails à
l'ensemble. On bégaye d'abord ; plus tard, on parle franchement, avec netteté et précision, et si, dès le principe, on
laisse quelque hésitation dans l'esprit des autres, au moins
n'est-on jamais obscur pour soi-même. Or, dans ces conditions, la lumière est bientôt faite.

Le contraire arrive à ceux qui, ne concevant point d'obstacle au travail, procèdent au rebours, et veulent descendre
du composé au simple, du tout aux parties.

Essayons donc de bien préciser le sens des expressions que
nous allons employer, car elles ont été jusqu'ici appliquées
dans des acceptions différentes et mal déterminées. Pour cela,
il faut les définir avec soin, assigner à chacune d'elles
une valeur intrinsèque, et resserrer en des limites rigou-
reuses la signification trop vague ou trop élastique qui leur
a été donnée tout d'abord, et qui a tant nui à la clarté du
langage, à la bonne et heureuse application des données les
plus certaines de la science.

Quand ces bases auront été bien assises, il nous sera plus
facile de poser les principes qui appartiennent aux divers
modes de reproduction à appliquer, suivant que, dans la
pratique, on se propose un résultat ou un autre. Nous serons
alors aisément compris, car, ayant attaché à chaque mot un
sens précis, une signification rigide, nous pourrons peindre
d'un seul trait, par le mot propre, employé selon son idée
propre, tel ou tel état de la question et ses différences.

II.

Nous aiderons bien plus à l'intelligence de nos définitions en rappelant les divers modes en usage par la reproduction du cheval. — Ainsi

— On marie entre eux les animaux d'une même race, d'une race atteinte à divers degrés dans ses qualités et dans son aptitude, en vue de l'améliorer par un choix raisonné des sujets les moins altérés, ou simplement en vue d'une reproduction quelconque, d'une continuation d'individus réclamés par les besoins du moment ; c'est l'*accouplement* des anciens et l'*appareillement* des hippologues modernes.

— On introduit dans une localité, sur une exploitation, des étalons d'une race étrangère au pays, mais supérieure par le sang et les qualités à la race indigène, et l'on applique ces étalons à la régénération, au perfectionnement de la race locale, en vue de rapprocher le plus possible cette dernière de la race type ; — c'est le *croisement*.

— On allie entre eux des chevaux de races très-différentes, très-opposées l'une à l'autre, en vue d'obtenir des produits qui ne rappellent précisément ni l'une ni l'autre, en vue de créer plutôt des individus doués de formes et de qualités spéciales que de produire une sous-race extrêmement difficile à entretenir par elle-même ; — c'est le *métissage*.

— Quand on a importé une race étrangère avec l'intention de l'acclimater aux circonstances locales et de la perpétuer sans mélange aucun avec une autre race, on fait de l'*appatronnement* ; c'est l'accouplement tel que l'avait défini M. le duc de Guiche.

— Enfin, dans toute alliance des sexes, il y a des règles dont on ne saurait se départir sous peine de ne réaliser que de mauvais résultats : ces règles se condensent, s'il est permis de parler ainsi, en une expression qui peut en donner une idée générale ; cette expression est l'*appariement*.

— C'est dans la lecture attentive et réfléchie d'un livre de Huzard père (1) que nous avons trouvé la signification vraie du mot *appareillement*. Pour nous, il doit s'entendre de l'action de rapprocher, d'assortir pour la génération des individus de sexes différents, mais d'une même race , quel que soit, d'ailleurs, le point de dégradation auquel ils sont tombés, dans le but d'une amélioration positive, d'un retour, d'une action marquée vers le degré de perfection relative auquel ils peuvent atteindre, dans le milieu où ils doivent vivre et se reproduire.

A proprement parler, l'appareillement est l'union des sujets les moins défectueux d'une race dégénérée, pour en développer peu à peu les capacités, en diriger les inclinations mieux que par le passé, afin d'en retirer plus d'utilité et de profit.

Ce n'est point ainsi que l'entendaient les anciens auteurs. Buffon et Bourgelat n'étaient pas aussi avancés que nous le sommes dans la science de la reproduction des chevaux domestiques ; ils n'assignaient à l'opération de l'appareillement d'autre but que celui — « de réparer, par les beautés « de l'étalon, les difformités de la cavale, et, par les beau- « tés de la cavale, les difformités de l'étalon, afin de ne « pas donner lieu à des productions monstrueuses qui au- « raient leur source dans des accouplements dispropor- « tionnés (2). »

Cette théorie, invariablement reproduite dans tous les livres publiés sur la matière postérieurement à ceux de nos grands écrivains, a laissé dans les esprits des notions si incomplètes et si vagues, que la pratique n'en a retiré aucun bien ; soyons plus explicite et plus vrai, — que la saine pratique en a été faussée dans ses applications les plus diverses.

(1) *Instruction sur l'amélioration des chevaux en France.*
(2) Bourgelat, *Traité de la conformation extérieure du cheval.*

Seul, Huzard père, avant de traiter d'une manière spéciale de l'appareillement, ce qu'il a fait suivant les mêmes idées que ses devanciers, — seul, Huzard père, disons-nous, avait marqué le rôle différent que l'appareillement devait remplir dans l'œuvre difficile et lente de l'amélioration et du perfectionnement des races dégradées.

« On chercherait en vain, écrivait-il, à multiplier et à
« régénérer nos races de chevaux par les croisements, dans
« l'état où elles sont ; les croisements n'ont été que trop
« fréquents, et les préceptes qui doivent les diriger trop
« méconnus, pour pouvoir en attendre des résultats très-
« utiles.....

« Pour faciliter les bons effets des croisements, il faut
« d'abord faire acquérir à nos races le parfait, le point de
« pureté qui les caractérise, et dont elles se sont plus ou
« moins écartées depuis longtemps.

« Il faut donc, dans tous les départements qui possèdent
« quelques races de chevaux recherchées par leur bonté,
« par leur beauté, ou par leurs qualités. . . . . ,
« s'attacher avec soin, et même minutieusement, à retrou-
« ver quelques rejetons de ces races et à les accoupler en-
« semble; c'est, par exemple, en recherchant l'étalon qui
« approche le plus de la perfection de la race normande et
« en l'accouplant avec la jument qui approchera également
« le plus de cette race, que l'on obtiendra un individu plus
« parfait que le père et la mère.

« Cet individu, uni lui-même à son tour avec un autre
« de la même race, également perfectionné, reproduira
« enfin cette race, aussi pure qu'il sera possible de l'obte-
« nir, et telle, que l'influence du climat et du sol en a dé-
« terminé et fixé, pour ainsi dire, le maximum au delà
« duquel on tenterait vainement d'atteindre.

« C'est alors qu'il suffira, pour conserver cette race dans
« toute sa pureté, de n'accoupler ensemble que les indivi-
« dus les plus parfaits en beautés et en qualités ; c'est alors

« que les **croisements** avec des races étrangères appropriées
« produiront, promptement et sûrement, l'amélioration
« dont la race aura encore besoin. »

C'est, répéterons-nous, en méditant sur ce passage du
livre de Huzard père, que nous avons senti la nécessité de
distinguer, par des noms particuliers, des procédés de reproduction et d'amélioration très-différents dans leur point
de départ, leur base et leurs résultats.

En effet, la plus grande confusion règne et dans le langage et dans les faits qu'il désigne, nous le prouvons som-
mairement.

Pour les anciens auteurs, nous savons ce que signifiait le
mot *appareillement* : ils ne se sont point écartés de la définition donnée par Bourgelat, qui les a tous résumés. Pour
Huzard père, et bien qu'il n'ait pas écrit une seule fois le
mot dans les lignes qui précèdent, il est clair que l'appareillement entre les animaux les mieux doués d'une race abâtardie
est le premier et le plus sûr moyen de travailler à l'élévation
même de cette race; il en fait, si l'on peut dire, un élément
primaire de régénération ; il veut qu'on prépare les voies
au *croisement* par d'utiles améliorations qui sont l'œuvre de
l'*appareillement*. Voilà ce que dit, ce que signifie la recommandation que nous venons de reproduire.

M. Huzard fils a fort bien fait ressortir l'importance
d'une distinction nécessaire à établir entre les divers procédés de reproduction des chevaux. Il veut « des significations
« précises, parce que souvent, faute de s'entendre sur le
« mot, on ne s'entend pas sur la chose, et on est entraîné
« dans une opération toute différente de celle qu'on aurait
« faite, si on avait donné à ce mot l'acception qui lui conve-
« nait (1). »

Mais cet hippologue s'est arrêté dans sa propre idée en ne
consacrant l'usage que de deux expressions seulement. Il ne

(1) *Des haras domestiques en France.*

voit que le métissage et l'appareillement. Le premier de ces mots signifie — « *changer une race en une autre race et non l'améliorer;* » l'autre exprime le fait de — « *l'accouplement entre chevaux d'une même race.* » Si simple et si clair qu'il soit, ce langage n'est pas suffisant; il nous ramènerait à la confusion des choses ; or c'est particulièrement à leur élucidation qu'il faut tendre pour que la pratique cesse d'errer au hasard d'une théorie mal définie et de s'appuyer sur une base mal déterminée.

La *Maison rustique*, Grognier, M. A. Demoussy, cent autres encore, assignent à l'appareillement la mission ou de conserver, ou d'améliorer, ou de perfectionner les races. On en fait ainsi un moyen commun à plusieurs buts, une manière de selle à tous chevaux, et, quand on a lu ces auteurs, lorsqu'on a comparé, pesé, commenté leurs définitions et leurs conseils, il ne reste plus rien de fixe dans la pensée ; tout s'y trouve, au contraire, dans une extrême confusion. Nous cherchons à remédier à cet inconvénient.

— Le *croisement* est l'opération qui consiste à accoupler, à unir, pour la propagation, des individus de même espèce, mais de races différentes, en vue de perfectionner la moins bonne, de lui communiquer les qualités de celle qui lui est supérieure, et qui sert à la croiser, dans le but de l'en rapprocher le plus possible, intérieurement et extérieurement, — physiologiquement et moralement.

Cette définition est plus complète que celles qui ont été données jusqu'ici ; elle ne prête plus à une fausse interprétation, elle ne permet pas de faire passer dans les faits toutes les erreurs d'une doctrine vraiment étrange, vraiment inepte.

A diverses reprises déjà, dans ces études, nous avons eu l'occasion de nous expliquer sur la théorie du *croisement* telle qu'elle est sortie des œuvres de Buffon et de Bourgelat. Il était difficile de rien imaginer de plus complétement absurde, et l'on reste confondu quand on se rend compte de la constance avec laquelle ces idées se sont transmises d'hippologue en hippologue jusqu'à la génération qui nous a précédés, en dépit du mal qu'elles ont été si puissantes à faire.

Nous les rappellerons par une citation qui les résume, empruntée au *Traité des haras*, par Brugnone, docteur de l'école vétérinaire de Turin, traduit en français et publié en 1807 par C. Barentin de Mautchal, qui a été inspecteur général des haras.

Ce livre est sans doute oublié depuis longtemps, mais il ne valait ni plus ni moins que d'autres livres sur la matière; il était parfaitement à la hauteur des connaissances acquises à l'époque où il a paru; il y a même justice à dire qu'il présentait la question avec une certaine clarté en en donnant la substance bien élaborée à tous égards.

Voici donc comment il a traité du *croisement* :

« Le cheval est de tous les animaux domestiques celui
« dont les productions dégénèrent le plus promptement : de
« manière que, si vous négligez pendant longtemps de mettre
« dans un haras des chevaux étrangers, il finira par ne vous
« donner que des chevaux mal bâtis, mal conformés et rem-
« plis de défauts ; c'est cette raison qui a fait connaître à
« toutes les nations la nécessité de mêler, ou, comme on
« dit, de croiser les races, en faisant couvrir les juments
« du pays par des étalons étrangers, et les juments étran-
« gères par des étalons du pays. La négligence d'un point
« aussi essentiel a été la principale raison de la dégénération
« des races.....

« Afin d'obtenir un meilleur résultat du croisement des
« races, il faut observer de ne faire donner la monte que
« d'après les rapports des différents climats. — L'étalon
« d'un pays chaud balance et corrige les vices d'une ju-
« ment d'un pays foid, et *vice versâ*. Ainsi, par exemple,
« les étalons arabes, barbes et espagnols doivent couvrir
« les juments anglaises, françaises ou allemandes, et les

« étalons danois, allemands ou d'autres pays septentrio-
« naux, les juments italiennes, sardes, barbes ou espagno-
« les ; plus les climats sont opposés, mieux réussit cette
« transmutation.

« Mais, si les chevaux du pays s'abâtardissent dans leur
« propre patrie, cette dégénération est encore plus prompte
« pour les étrangers ; conséquemment les étalons étrangers,
« ainsi que les juments, donneront à leurs premiers pou-
« lains les belles qualités du père et de la mère, les pro-
« ductions de leurs enfants commenceront à dégénérer et
« à prendre le caractère du pays, et les générations sui-
« vantes encore davantage. Il est donc nécessaire non-seu-
« lement de croiser les races, mais encore de les renouveler
« souvent, si on veut les entretenir pures et belles..... »

Il suffit d'exposer aujourd'hui une pareille doctrine pour
la faire repousser comme une chose sans nom. Le croisement est une opération moins complexe, un moyen plus sûr
d'arriver à des résultats avouables ; il a surtout un but mieux
défini. Ce qui le caractérise d'une manière bien tranchée,
c'est qu'il rapproche successivement, par voie d'hérédité,
la race croisée de celle qui sert à la *croisure*, selon l'expression d'un hippologue moderne. Or ce rapprochement peut
être poussé si loin, après un nombre de générations variable, que les formes et les aptitudes de la race croisée ne
diffèrent plus en rien des caractères extérieurs et des qualités de la race de perfectionnement. Un succès aussi complet ne repose que sur la constance et l'ancienneté de cette
dernière ; il ne pourrait sortir de ce système de mélanges
incessants d'individus de tous les pays, nés d'influences très-
opposées, quelque mérite qu'on leur suppose d'ailleurs. On
ne sait vraiment par quelle aberration de l'esprit on était
arrivé à poser en fait que le plus haut point de perfection
du cheval ne pouvait être atteint que par l'inconsistance et
l'instabilité érigées en principe.

La signification que nous donnons au mot *croisement* est

celle que lui donnent la plupart des écrivains de notre temps ; seulement nous la limitons à une opération très-distincte, nous la séparons d'un autre mode de production avec lequel on l'a confondue à tort.

— Cet autre mode est le *métissage* ou la métisation.

Le métissage a pour but d'obtenir du mélange d'animaux de races différentes et ordinairement éloignées une race intermédiaire nouvelle ou *métisse*, qui participe et diffère à la fois des deux races dont elle provient.

Le mot *métissage* n'est pas d'un usage très-ancien dans le langage hippique. La plupart des auteurs qui l'ont introduit l'ont employé comme synonyme du terme *croisement*, dont la signification n'offre plus alors ni précision ni exactitude. Autant vaudrait revenir à la seule expression d'autrefois, au mot *accouplement*.

En effet, la *Maison rustique* du XIXᵉ siècle appelle du nom de croisement — l'alliance des individus du même genre, mais d'espèces ou de races différentes. Ainsi l'union de l'âne et de la jument, ou du cheval et de l'ânesse, — croisement ; union d'individus de deux races, dont l'une est supérieure, avec l'intention bien arrêtée d'élever la moins bonne, par une série de générations plus ou moins considérable, au niveau des qualités et de l'aptitude de la première, — croisement ; enfin création d'une race nouvelle par une combinaison logique résultant du mélange, en proportion déterminée par l'expérience, de deux races très-différentes et fort opposées dans leurs principaux caractères, — croisement encore et toujours.

Cela s'appelle — produire des mulets, — fondre une race commune dans une race meilleure, — créer une race nouvelle par le croisement. N'est-il pas plus simple de réduire les périphrases au mot propre, à l'expression naturelle de l'idée qui s'y rattache ? Pour nous, cela ne peut faire doute, et nous maintenons la proposition de consacrer l'usage de termes particuliers, à signification bien précise, pour désigner des opérations différentes, des faits de pratique très-distincts que la théorie ne parvient à expliquer qu'à l'aide de tours de paroles et de circonlocutions, moins faciles à saisir dans leur développement que le sens bien limité d'un mot unique, toujours appliqué au même fait.

Disons donc avec M. Huzard fils, lorsqu'il a si fort insisté pour que l'on ne confondît pas en une seule et même chose— l'appareillement et le métissage, — qu'il y a nécessité absolue de s'entendre sur la signification des mots dont on forme le vocabulaire d'une science, qu'il faut éviter avec un soin extrême de rester dans le vague et d'appliquer à des moyens différents des dénominations communes trop élastiques.

Nous avons été fidèle à ce conseil, à cet enseignement lorsque nous avons cherché à établir, dans la signification à donner aux mots *métissage* et *croisement*, la différence que nous trouvons dans les faits. Si l'on adopte notre manière de voir, de sentir et de comprendre, on consacrera désormais ce terme, — métissage, — à exprimer l'action qui, dans l'accouplement de deux individus de race différente, a pour objet d'obtenir tantôt une race nouvelle, quelquefois seulement des produits intermédiaires, offrant des caractères, une aptitude, une utilité qui n'appartiennent complétement ni à l'une ni à l'autre des deux races génératrices.

Tel n'est pas le but du croisement. Les preuves viendront bientôt à l'appui de la distinction que nous essayons de faire accepter en théorie, parce qu'elle existe bien tranchée dans les faits et la pratique de tous les jours.

— L'*appatronnement* est une expression tout à fait particulière et neuve, quant à l'acception que nous lui donnons ici. Ce mot semble donner l'idée d'une alliance rationnelle bien combinée, et surtout d'un accouplement judicieux, autant parfait que possible. Dans notre pensée, il désigne l'union des sexes dans une *race pure*, dans une race faite et parvenue à ce degré de perfectionnement où la tâche consiste à éviter non-seulement le mélange avec des sujets d'une autre race, mais même l'altération des qualités acquises par le manque de choix judicieux des sujets reproducteurs de la race elle-même.

C'est parce que M. le duc de Guiche, avons-nous dit, a spécialement désigné par le mot *accouplement* l'acte de la génération entre deux individus de pur sang que nous avons eu la pensée de substituer à ce mot impropre un terme plus approprié, ou, tout au moins, d'une signification moins vague et moins usité dans une acception si différente de celle qu'on lui assignait.

L'expression dont il s'agit a été fréquemment employée, par M. Demoussy, comme synonyme du mot *appareillement,* mais avec une nuance légère pour le lecteur attentif. En effet, elle se trouve appliquée avec une préférence marquée pour désigner l'accouplement entre des animaux de pur sang, importés en Europe de la mère patrie. Nous nous bornons à définir, d'une manière plus nette, ce qu'un autre avait déjà senti et exprimé avant nous.

M. Huzard fils a fort critiqué (1) l'introduction de ce mot avec son acception nouvelle dans la glossologie hippique : il le repousse, « non-seulement comme inutile, mais encore « comme embrouillant le sujet ; ou plutôt, ajoute-t-il, puis- « qu'il est maintenant employé, il ne faut s'en servir que « comme synonyme du mot *appareillement.* »

Nous avons établi une distinction très-tranchée entre ces deux mots ; elle nous semble tellement claire et d'une utilité si évidente, que, nonobstant les observations de M. Huzard, nous maintenons les deux mots, avec la signification différente que nous leur avons donnée.

— Par l'expression *appariement* nous proposons de désigner le mariage de deux individus formant *une paire.* Quel

---

(1) Nous avons déjà publié, en 1840, dans l'*Agriculture de l'Ouest,* sur le sujet qui fait l'objet de ce chapitre, un mémoire que M. Huzard fils a fort critiqué dans les *Annales de l'agriculture française,* p. 325, numéro de décembre 1840.

que soit le but du producteur, il ne doit jamais négliger ce moyen de succès. L'appariement doit s'entendre d'un accouplement rationnel, d'une alliance heureuse, judicieuse, autant que faire se peut, sous les rapports d'analogie des formes, de parité de la taille et de la corpulence, au point de vue de l'ensemble, autant du moins que le comporte la nature de produits qu'on se propose.

A vrai dire, l'appariement est une condition de bonne alliance, non un moyen particulier, un mode de reproduction. En restant fidèle au principe qu'il représente, on avance d'un pas plus rapide vers le résultat, sans rien précipiter toutefois, car il rend plus certaine, dans la pratique, la bonne application des règles qui assurent l'action de chacun des moyens que nous avons définis.

Nous avons cru nécessaire d'ajouter ce mot au vocabulaire hippique, et de l'employer dans le sens vrai, dans l'acception simple et primitive du mot *accouplement*. Nous avons dit pourquoi; nous n'avons pas besoin de nous répéter.

Laissons maintenant la technologie pure, et posons les règles générales à suivre dans toute tentative d'amélioration, de perfectionnement, de création et de conservation des races.

III.

La science des appareillements constate la possibilité d'améliorer une race par elle-même, et simplement par le choix des convenances réciproques entre les sexes, quel que soit, d'ailleurs, le degré d'abâtardissement où cette race est tombée. Elle repose sur la connaissance des beautés et des imperfections, des qualités et des défauts des individus qu'on veut unir et qu'il faut *apparier*. C'est à celui qui préside à leur alliance à les balancer, à les opposer les uns aux autres avec assez de savoir et d'habileté pour que le nouvel être qui proviendra de ce mariage puisse hériter des avantages, tels faibles soient-ils, que possèdent ses ascendants, et recevoir simultanément l'empreinte la moins forte possible de leurs vices de conformation. Ainsi tout appareillement suppose un but d'amélioration, un acheminement vers le mieux.

Quels sont donc les avantages et les inconvénients de cette méthode? Ses résultats sont lents et peu sensibles, insuffisants aussi, lorsque les vices à corriger sont très-prononcés, lorsque le climat et la localité y ont plus de part que la négligence, l'abandon ou l'ignorance, telles sont les objections que l'on peut faire à ce premier moyen.

La lenteur des résultats est sans doute un inconvénient fort grave, en France surtout, où la vivacité et la mobilité du caractère n'admettent guère la persévérance, qualité principale, essentielle d'un éducateur; c'est là qu'est la pierre d'achoppement, la grande difficulté à vaincre. Toutefois cet inconvénient se trouve largement compensé par la généralité du mouvement, par la certitude d'une progression toujours croissante. La stabilité et l'utilité locale des résultats sont des avantages précieux, qui militent victorieusement en faveur de l'amélioration des races aborigènes par l'*appareillement*. Ce moyen, d'ailleurs, est souvent le seul praticable : n'exigeant pas de grosses avances, il ne peut compromettre l'aisance du producteur; il échappe aux inconvénients des innovations dont le principal est la défaveur qui les précède; il porte la persuasion avec lui, il entraîne par l'exemple; son but se comprend aisément, il est facile d'y parvenir ou d'en faire son profit. Avec lui, on ne risque jamais de *faire des écoles*, de former des races qui ne conviennent pas au sol ou aux usages du pays ; on marche lentement, c'est vrai, mais sans arrêt, sans pas rétrogrades, sans craindre de faire fausse route ou d'échouer. Enfin il peut être généralisé sur un grand espace à la fois, et devenir une chose de mode chez tous les cultivateurs. Il ne s'agit ici, ne l'oublions pas, que de procéder par élection, en accouplant les individus d'une race donnée, telle qu'elle existe dans un pays quelconque, chez lesquels les vices à amoindrir ou à faire disparaître sont le moins prononcés, et en s'aidant des principes de l'*appariement* des sexes et des secours de l'hygiène. En effet, l'amélioration d'une race par elle-même ne repose pas seulement, on le conçoit, sur les différences qui existent, même dans les races les plus constantes, les plus uniformes, entre les divers individus qui en font partie, mais aussi sur l'influence très-grande qu'exercent la nourriture, les soins, le genre de vie, la nature des produits, l'emploi, sur les formes, la taille, les dispositions, et en général sur les caractères des animaux. Ces données appartiennent à l'étude des causes productrices des races; la plus légère, en apparence, modifie parfois très-profondément l'organisme et l'impressionne au point de déterminer, dans la race qui en porte l'empreinte, un caractère local contre lequel on ne lutte qu'avec effort, rarement avec avantage, et jamais sans des soins continuels. Dans cette position, et lorsqu'on ne pourra tirer parti de ce caractère spécifique, mieux vaudra le laisser subsister que de chercher à le détruire par des moyens onéreux : le bénéfice du producteur est la condition vitale de toute amélioration; toutes les autres doivent lui rester subordonnées.

Dans le système d'appareïllement, les individus des deux sexes sont appelés à prendre une égale part à l'amélioration qui doit s'ensuivre. Ce n'est point ici que l'on rencontre des reproducteurs à construction régulière, irréprochable; on les prend tels qu'ils existent, avec leurs qualités et leurs défauts; mais on choisit les meilleurs pourtant, et l'on répudie ceux qui se montrent par trop frêles ou par trop défectueux.

L'appareïllement, sans être une panacée universelle, est une application de cet aphorisme médical : *Contraria contrariis sanantur*, corrigez les défauts par les défauts contraires. Ceux en plus de l'un sont mis en opposition avec ceux en moins de l'autre, et *vice versâ*, avec l'intention d'*apparier*, c'est-à-dire encore d'éviter qu'il y ait excès de différence, sans quoi on n'obtiendrait pas la fusion des formes. Ce n'est pas par des oppositions violentes et heurtées qu'on arriverait là, qu'on obtiendrait le succès ; c'est au contraire par de doux contrastes habilement ménagés que l'on parvient au but qu'on se propose d'atteindre. Suivez toujours une marche graduelle pour opérer le bien et le rendre durable ; une différence trop tranchée dans les formes des individus ne peut donner naissance qu'aux disparates les plus choquantes.

Des contrastes naît l'harmonie ; des oppositions violentes de formes, de taille, de poil, d'âge résultent nécessairement des êtres manqués, disproportionnés et n'offrant, dans leur structure, que désordre et discordance. Tous les liens qui unissent les parties entre elles, et qui devraient en former un ensemble harmonique, sont alors brisés sans retour, et une variété infinie de vices de construction se manifeste dans toutes les régions qui portent bientôt l'empreinte ineffaçable de l'irréflexion qui a présidé à l'appareillement.

Dans aucun cas, il ne suffira de faire choix des mâles d'élite et de les donner indistinctement à toutes les femelles de leur race ; ce n'est point ainsi qu'on apparie les sexes, on en formerait seulement alors des mélanges irrationnels et bizarres, qui ne se prêtent que rarement et par exception aux améliorations qu'on en attend.

Voici principalement en quoi l'appareillage diffère de l'appatronnement. Dans ce dernier, il faut avoir en vue d'unir toutes les beautés, toutes les qualités, voire celles de caprice, à l'exclusion de tous les défauts et de tous les vices, afin d'obtenir et conserver toujours une perfection absolue ; cette opération est difficile, mais nécessaire au maintien des races pures et perfectionnées. Dans l'appareillement, au contraire, il ne s'agit que d'amélioration ; or celle-ci ne repousse aucun élément, elle peut partir de très-bas, de tout point même ; seulement elle est plus ou moins lente, suivant la hauteur du point de départ.

Appareillez, disaient nos devanciers, appareillez scrupuleusement les figures et les qualités, à l'effet de réparer, par les beautés du mâle, les difformités ou les vices de la femelle, et, par les bonnes aptitudes de la femelle, les inclinations mauvaises du mâle, à l'effet encore de ne pas donner lieu à des productions monstrueuses, qui auraient leur source dans des unions mal assorties et disproportionnées. Ce principe, mal compris ou faussement interprété, a donné naissance à une erreur qui, pour être générale, ou à peu près, n'en est pas moins une erreur ; il faut la détruire. Ne croyez pas, en effet, que l'on puisse effacer toujours et complétement tel vice de la mère par l'absence de pareille défectuosité chez le père, et réciproquement. En agissant ainsi, en n'*appariant* pas les sexes, on donne beaucoup trop au hasard, et l'on n'obtient guère que des productions manquées, sans ensemble, décousues, inachevées ; on procrée des êtres, mais on n'améliore pas. C'est principalement lorsqu'il s'agit d'élever la taille des races rapetissées et grêles que l'on tombe dans cette faute. On s'imagine que, pour avoir un produit d'une haute stature, il n'y a qu'à donner un mâle à grandes proportions à une femelle, quelle qu'elle soit, fût-elle des plus petites et des plus faibles. Or c'est précisément l'opposé ; la mère exerce sur la taille une prépondérance beaucoup plus marquée que le mâle. C'est le père qui empreint une race de son sang, qui la dote de toutes les qualités généreuses, de toutes les bonnes dispositions qu'il possède, ou la souille des vices qui le déshonorent lui-même ; mais c'est la mère, aidée surtout de l'abondance et de la nature des aliments, qui élève la taille du produit et lui donne l'ampleur des formes que l'on demandera toujours vainement au mâle seul. Encore faut-il tendre graduellement à ce résultat et s'arrêter à temps : le volume des herbivores ne peut, dans chaque localité, dépasser certaines limites ; toujours il tend à se mettre en rapport avec la fécondité du sol, parce que l'évolution des organes dépense des matériaux nutritifs qui servent à leur alimentation.

L'élévation de la taille des races indigènes dépend donc,

avant tout, d'une bonne agriculture; c'est elle qui augmente préalablement les moyens d'alimentation, la qualité et l'abondance de la nourriture. Il n'est pas un éducateur qui n'ait été en position de reconnaître la justesse de cette assertion; c'est une vérité qui doit être comprise à la fin, car elle est fondée sur l'observation constante du même fait.

Toute simple que paraît être et qu'est effectivement cette méthode d'amélioration, l'appareillement, il ne s'ensuit pas qu'on doive l'entreprendre au hasard, sans examen préalable des caractères propres d'une race donnée, sans la connaissance approfondie des qualités qui la recommandent, des avantages spéciaux qu'elle tire de son acclimatation, des vices dont elle est entachée, des influences qui ont déterminé ses capacités, des moyens qui peuvent développer ces dernières et amoindrir les défauts qui les paralysent; cette étude enfin, comprenant toute l'histoire de la race, permettra de remonter aux causes qui l'ont produite et soutenue; elle donnera des notions précises sur toutes les phases qu'elle a parcourues, pour arriver au point où elle se trouve dans le moment où on l'examine.

Cela fait, on aura éclairé sa marche par les détails, on saura par où commencer. Les défauts à détruire seront attaqués dans un certain ordre, leur disparition ne pouvant s'effectuer que successivement, d'une manière lente et graduée. C'est là un principe fixe, absolu, qui ne souffre aucune exception. Et d'ailleurs on conçoit tout de suite qu'il est impossible de trouver toujours à allier des sujets présentant un contraste exact dans leurs beautés et leurs défectuosités. Il faut donc s'occuper, d'abord et exclusivement, du défaut dominant, c'est la condition du succès ; on n'obtient de bons résultats qu'en attaquant persévéramment un à un les vices à faire disparaître, les mauvaises inclinations à annuler, en ne s'attachant qu'à un seul genre d'amélioration. C'est pour avoir voulu en poursuivre plusieurs simultanément, ou pour s'être occupé tantôt d'un, tantôt d'un autre, qu'au lieu de réussir on a souvent aggravé la détérioration des races qu'on avait en vue de relever. On fait naître ainsi des difficultés toujours nouvelles, des obstacles toujours plus nombreux; car on détruit souvent, dans la génération qui suit, ce qu'on avait gagné dans la génération précédente. On ne connaît pas de mécomptes, pour ainsi dire, en procédant de l'autre manière; tous les éleveurs obtiennent, en effet, — l'augmentation de la somme des forces, — l'accroissement de la masse, — la finesse de la toison, — ou l'aptitude plus grande soit à la lactation, soit à l'engraissement; mais ils n'accumulent pas toutes ces qualités dans un même individu, ils ne les obtiennent qu'isolées et dans un nombre de races égal à chaque genre de produits ou de services.

En érigeant en système l'appareillement tel que nous l'entendons, en alliant toujours entre eux, et suivant les règles établies, les sujets d'une race quelconque chez lesquels les qualités et les défauts distinctifs de cette race se balancent réciproquement, on marie les individus les plus parfaits, ou, si mieux on aime, les moins défectueux des deux sexes, et de leurs conjonctions successives, incessamment continuées dans les mêmes vues, naissent des animaux meilleurs, singulièrement améliorés à la fin, lorsqu'on a opéré sur une longue suite de générations.

Dans l'espèce équestre, l'appareillement devrait souvent précéder le croisement des races : nous voudrions, pour un grand nombre, qu'avant de songer à les perfectionner on s'attachât à les améliorer, c'est-à-dire que l'on augmentât graduellement la taille et l'étoffe de celles qui se montrent rabougries et minces; que l'on donnât plus de solidité et de meilleures fondations à celles qui pèchent par les membres; que l'on effaçât, aussi complétement que possible, et un à un, les défauts de conformation et les vices de caractère des races dégénérées; que l'on modifiât sous un point de vue d'utilité plus grande les formes ou l'aptitude; qu'on développât les capacités, qu'on dirigeât les inclinations, et enfin que l'on ramenât la masse des individus d'une race donnée à des formes identiques, homogènes, à des caractères généraux fixes, ou tout au moins que l'on fît en sorte que les dissemblances fussent légères et ne se remarquassent que dans les détails, non dans l'ensemble.

En l'état actuel des diverses races de chevaux que l'on observe en France, l'appareillement constitue un moyen sûr de préparer la masse des individus, dans chacune d'elles, à subir de nouvelles modifications, plus avantageuses à la faveur des croisements, qui ne réussissent pas avec les sujets infimes, parce qu'alors il y a entre les animaux unis trop d'inégalités dans les formes, dans le tempérament, dans l'organisation intime, pour que la fusion puisse s'opérer, pour que, de la lutte établie entre le bien et le mal, il résulte moins de mal que de bien.

Les appareillements sont, en général, au perfectionnement des races ce que de bonnes fondations sont à un édifice important; un puissant moyen de consolidation qui fait résister l'œuvre, pendant des siècles, à la main destructive du temps.

IV.

Le croisement, œuvre de perfectionnement, avons-nous dit, produit des effets plus prompts et plus grands que l'appareillage. Il sert à rehausser les qualités d'une race secondaire, améliorées déjà par des appareillements bien conduits, et à contre-balancer les altérations diverses qu'elle est incessamment exposée à éprouver. C'est un fait acquis à la science que les femelles de choix d'une race secondaire, alliées à des mâles d'un meilleur sang, extraits de bonne souche et provenant d'une race ancienne et bien fondée, donnent des produits qui, en s'éloignant des caractères de la race maternelle, revêtent peu à peu, au contraire, et s'approprient même en totalité les qualités et les formes de la race du père. Le croisement suppose, dans les femelles, des qualités acquises; il s'agit de les exalter dans leur descendance par l'emploi de mâles meilleurs, plus parfaits.

Une longue série de croisements change de fond en comble la race sur laquelle s'est opérée la croisure; elle la rapproche de la souche paternelle, au point qu'il soit impossible de l'en distinguer extérieurement; mais si l'on abandonnait à elle-même cette race *croisée*, si l'on négligeait de la retremper par intervalles dans le sang de la race de perfectionnement, on la verrait déchoir peu à peu, et retomber à la fin dans un état de dégradation dont rien ne la sauverait.

En quittant la patrie originaire, en s'éloignant du berceau de ses tribus naissantes, chaque espèce animale, subissant l'influence nouvelle d'agents modificateurs autres que ceux de la terre natale, a diversement changé de taille, de volume, de formes, de couleur même, revêtu des caractères particuliers plus ou moins tranchés et fort différents selon l'espèce, la qualité, la quantité de la nourriture, ses propriétés occultes; selon la nature des lieux, leur exposition, leur élévation, leur inclinaison; suivant enfin le genre de services ou de produits, et les soins hygiéniques de toutes sortes. De là ces modifications si nombreuses et si diverses de formes qui constituent des *races*, sitôt qu'elles sont transmises héréditairement et perpétuées dans une longue suite de générations. Parfois ces modifications ont été, relativement aux besoins de l'homme, de véritables améliorations du type primitif; mais, le plus souvent, elles ont altéré les qualités inhérentes à l'espèce, et rendu les individus moins propres au service, et dès lors on les a justement considérées comme des dégénérations. C'est dans ces circonstances que l'on a senti la nécessité de remonter à la source, et d'aller chercher, dans un climat plus favorisé par la nature ou plus favorable au maintien des qualités naturelles aux espèces, des sujets non dégénérés et susceptibles de modifier avec avantage, de retremper, en quelque sorte, les races domestiques qui s'étaient formées sous l'influence de causes moins heureuses, afin de les rappeler au type originel dont elles s'étaient éloignées peu à peu.

Le croisement, c'est-à-dire l'introduction d'un sang plus généreux et plus pur dans les veines d'une race aborigène, s'opère toujours par l'importation du mâle de la race étrangère qui doit servir au perfectionnement. Ce principe est fondé sur la prédominance du mâle dans les produits de la conception, et sur les résultats de cette prédominance, qui se multiplient en raison de sa capacité fécondante, de ses facultés prolifiques. La femelle n'a, dans l'amélioration, que l'influence d'unité numérique; celle du mâle se compte, au contraire, dans les proportions élevées de 20, 40, 50 et plus contre un, selon les espèces. D'un autre côté, le mâle est le type de son espèce; la femelle ne marche qu'en seconde ligne : les formes du premier sont plus robustes, son énergie plus puissante, les caractères de sa race plus saillants ; il résiste davantage à l'action incessante des agents modificateurs nouveaux des localités où on l'implante, et qui exercent alors sur son économie des impressions différentes de ceux du pays originaire. La femelle, affaiblie par la gestation et par l'allaitement, se montre beaucoup plus sensible à l'influence de tous ces modificateurs.

Comme tous les moyens d'amélioration, la méthode du croisement des races a son avantage et ses inconvénients ; elle est bonne et productive, elle réussit lorsqu'on a fait un choix convenable de reproducteurs capables dans une race de perfectionnement ayant, avec celle qui réclame le croisement, certains rapports de taille, de volume et même quelque identité de formes. La grande difficulté est là : dans quelles races étrangères faut-il aller choisir des mâles de perfectionnement? Ce n'est point ici le lieu d'examiner cette partie de la question ; elle trouvera plus naturellement sa solution lorsque nous nous occuperons en particulier du croisement de chacune de nos races.

L'important pour nous, dans cet article, est de bien déterminer le but du croisement et les principes qui en règlent
l'application.

L'objet du croisement, nous l'avons dit, c'est d'amener les
races secondaires que l'on possède aux types des races étrangères dont on a reconnu la supériorité, ou au moins de les
approcher de ces types.

Quant aux règles à observer dans la pratique, elles sont
en petit nombre, mais elles veulent être rigoureusement suivies. La première est relative à l'opportunité du croisement,
aux convenances réciproques entre les deux races dont on se
propose d'apparier les individus, en vue de perfectionner
l'une par l'autre. Il n'en est pas de ce moyen comme de
l'appareillage; celui-ci ne repousse aucuns éléments, mais
on ferait fausse route, on s'égarerait promptement ici en se
conformant à la pensée et au désir de quelques personnes,
qui n'hésitent point à conseiller d'unir à la plus mauvaise
femelle le meilleur mâle de perfectionnement, sous ce prétexte par trop spécieux : *qui peut le plus peut le moins.* Que
d'essais infructueux ont été la conséquence de ce faux principe! Donnez donc un étalon de pur sang, un cheval de tête
et de premier choix à ces petites juments défectueuses, ta-
rées, viles et sans nature, qui, en tout pays, occupent le dernier degré de l'échelle animale, et voyez les suites d'une pareille mésalliance!

La seconde règle, c'est un choix judicieux de la race mère,
et des sujets de cette race à introduire pour le croisement :
les erreurs sont funestes, irréparables. Elle veut, répétons-
le, que la race de perfectionnement soit au moins, jusqu'à
un certain point, en rapport de taille, d'aptitude et de conformation avec celle qu'on se propose de croiser ; elle veut
qu'on puisse *apparier* les sexes dans ces deux races différentes, de telle sorte qu'on n'ait pas à redouter d'obtenir des
produits décousus, manquant de proportions, et, au demeu-
rant, moins beaux et moins bons que leurs auteurs. Il est

facile de comprendre qu'en n'appariant pas entre eux les individus de deux races bien distinctes et bien caractérisées, étrangères l'une à l'autre par le sang, dissemblables sous une infinité de rapports, on livrerait entièrement l'opération aux chances du hasard, et que l'on produirait des animaux présentant le bizarre assemblage d'un corps d'éléphant et de jambes de cerf, d'une tête courte et grosse au bout d'une encolure mince et allongée, ou toutes autres combinaisons aussi vicieuses. Cependant, lorsqu'il y a ressemblance de structure, la différence de taille, *si elle n'est pas très-grande*, ne détruit pas la convenance des organes avec leur destination, et, par conséquent, ne nuit pas aux qualités de la progéniture.

Dans quelque pays que vous alliez recruter des mâles de perfectionnement, il est de la plus grande importance de ne les tirer que des races dès longtemps indigènes à ce pays, anciennes et bien fondées, pures et conservées sans alliance étrangère. L'étalon d'origine douteuse, ou provenant d'une race récemment formée à l'aide du croisement, tout modifié qu'il est par le sang de son père et par le sang de quelques aïeux, n'en a pas reçu l'énergie suffisante pour transmettre ses formes extérieures et ses qualités intimes, pour contrebalancer, par son influence instantanée sur le produit de la conception, celle de la mère, qui est prolongée et favorisée d'ailleurs par l'action constante du sol, de l'air, de l'eau et de la nourriture, etc. On a bien quelques exemples d'améliorations trompeuses et momentanées, offertes par les produits d'une première génération; mais elles disparaissent et s'effacent dès la seconde ou la troisième, car l'influence du père, dans l'acte générateur, s'il n'a pas puisé dans la constance de sa race une haute capacité reproductrice, ne saurait prévaloir longtemps contre les tendances locales.

L'étalon bien racé, celui dans la généalogie duquel on ne trouve aucune tache, dès qu'il est dépaysé, n'exerce sur sa progéniture que la moyenne d'action qui lui est naturelle-

ment dévolue, quand il est uni à une femelle de sa race.
Cette sorte d'impuissance, cette espèce d'affaiblissement de
la puissance génératrice viennent de la résistance que tout
animal importé est obligé d'opposer aux différences de sol, de
climat, de nourriture....., circonstances défavorables au
plus fort, car elles augmentent, en proportion relative, l'influence du plus faible, de la mère.

De là cet autre principe, qu'il faut exclure de la reproduction les mâles que l'on obtient de croisement; ces extraits,
qui n'ont reçu que moitié d'influence paternelle, et qui subissent encore l'influence fâcheuse du climat sur le père, ne
peuvent avoir plus de puissance effective de reproduction que
les femelles croisées, leurs égales, avec lesquelles on les ac-
couplerait; les causes locales agiraient alors avec une efficacité bien plus grande encore sur les produits, pour ramener
au point de départ, à l'indigénat; car l'influence paternelle,
allant toujours en s'affaiblissant, se trouverait bientôt réduite à peu de chose, ou même complétement annulée. Tel
serait le résultat certain d'alliances aussi mal raisonnées, de
croisements tentés avec des animaux sans type fixe, et de
conformation équivoque ou altérée par l'union de deux races
différentes.

Il faut ajouter, cependant, que si les mâles croisés ne
doivent pas être employés pour continuer le croisement d'où
ils sortent, que s'ils nuisent au succès prompt et complet
du perfectionnement, ils peuvent servir, toutefois, à préparer des races inférieures à la leur à recevoir un ordre d'a-
mélioration plus relevé, à semer les premiers germes du
perfectionnement (1). Ébauchée, pour ainsi dire, à leur faveur, l'épuration successive des espèces communes et détériorées suivrait des degrés ascendants, à mesure que les
croisements supérieurs se multiplieraient; et, par une mar-

---

(1) Cette importante question reviendra en son temps dans une étude
spéciale.

che lente, mais assurée, toutes les races se régénéreraient. Les femelles du plus bas échelon monteraient peu à peu ; à la longue, toutes auraient une certaine provision du sang pur de la race de perfectionnement. Tel l'humble ruisseau s'enrichit, dans son cours, du tribut des eaux voisines, il accroît successivement son volume, et devient un fleuve qui répand dans les campagnes la fraîcheur et la fécondité.

Tandis que l'on exclut de la reproduction les mâles croisés, on fonde, au contraire, le succès de l'opération sur l'alliance des femelles de chaque génération nouvelle avec des étalons de la race pure. En continuant ces alliances dans la ligne paternelle pendant un certain nombre de générations, on voit s'opérer des changements progressifs dans la race indigène des mères, et se former en une seule race, dont les caractères, se prononçant de plus en plus, se rapprochent toujours davantage du type paternel, des caractères propres à la race de perfectionnement, au point même qu'il devienne impossible de distinguer extérieurement cette dernière de celle qui lui doit naissance. Toutefois cette ressemblance, quelque parfaite qu'elle paraisse être, n'entraîne jamais une identité complète ; la race née du croisement diffère toujours physiologiquement de l'autre ; rien ne saurait la purifier à fond du germe d'ignobilité maternelle qu'elle porte dans le sang, et que nous déclarons être indestructible. Aussi, dès qu'on cesse de le combattre par le croisement, dès qu'on tente de conserver, par elle-même et sans le secours de mâles étrangers, la race nouvellement perfectionnée, les influences locales le développent peu à peu, et tendent à ramener insensiblement l'altération des formes, l'affaiblissement des qualités morales, toutes les défectuosités qui avaient disparu, tous les caractères d'infériorité de la souche maternelle.

Continuer les croisements jusqu'à ce que la race que l'on perfectionne ait en quelque sorte acquis l'indigénat, en se mettant en harmonie avec toutes les circonstances de loca-

lité ; les abandonner ensuite momentanément ; puis y revenir, les renouveler ; enfin retremper de temps à autre la
sous-race avec le sang pur de la race étrangère : tels sont les
moyens de perfectionnement et de conservation que l'opération du croisement donne à ceux qui l'emploient.

V.

Métiser deux races, c'est les modifier toutes deux, en
altérer les types dans leurs descendants, et en créer une
nouvelle intermédiaire, qui participe et diffère à la fois de
l'une et de l'autre, et se distingue par un genre d'aptitude
nouveau, qu'on ne retrouve au même degré ni dans l'une
ni dans l'autre. Par le croisement, on ne détruit le type
que de l'une des deux races sur lesquelles on opère, on établit une lutte entre deux puissances inégales ; la plus ancienne et la mieux fondée l'emporte, la plus faible cède,
disparaît et se perd ; la plus forte gagne encore, se fortifie
à chaque génération nouvelle, et persiste seule à la fin.
Dans une race *métisse*, au contraire, les deux types créa-
teurs se sont amoindris, effacés plus ou moins ; mais l'on
retrouve en elle, diversement combinés et groupés, les caractères distinctifs des deux races employées au métissage ;
toutes deux sont ainsi reproduites modifiées ; ni l'une ni
l'autre ne s'éteint complétement.

La métisation n'est pas chose simple et facile ; elle offre
des difficultés sérieuses, elle exige beaucoup de sagacité.
Peut-être même est-ce là, de tout ce qui concerne l'économie rurale, que le cultivateur a le plus à en montrer. Pour
s'y livrer, il faut, au préalable, étudier à fond les races dont
on peut se servir, les bien connaître, en apprécier les avantages et les inconvénients ; calculer, aussi approximative-
ment que possible, dans quelles proportions les métis devront hériter des formes, des aptitudes, des inclinations
bonnes ou mauvaises du père, des qualités et des défauts

de la mère, transmettre respectivement leurs caractères spéciaux, ou se neutraliser réciproquement dans leurs facultés reproductrices ; il faut savoir se rendre compte des besoins que nécessitera la nouvelle race, des soins particuliers, des précautions de toute espèce, du temps qu'elle demandera à se former et à se parfaire ; il faut savoir observer et bien observer, tenir compte de la plus légère modification qui se présente, surveiller et raisonner tous les changements de formes ou de rapports dans les parties ; il faut pouvoir juger du temps pendant lequel, une fois créée, la race pourra se soutenir par elle-même, des ressources de toute nature qu'elle exigera à cet effet, de l'influence favorable ou défavorable qu'exerceront sur elle et les aliments et la localité, et tout ce qui résulte de la domestication.

Préventivement donc, et tant que l'expérience n'a point éclairé sur ses résultats positifs, le métissage est une opération dont les suites sont fort difficiles à prévoir, et les chances de succès singulièrement livrées au hasard. Les qualités qu'on cherche à obtenir, les aptitudes qu'on veut développer, à sa faveur, ne sont point naturelles aux espèces : artificiellement produites par le mélange de races ordinairement très-disparates, ou même par l'union d'individus d'espèces différentes, elles n'apparaissent fixes et transmissibles, souvent, qu'au bout d'un certain nombre de générations, tandis que d'autres fois elles ne se montrent qu'à la première ou qu'à la seconde reproduction, sans pouvoir être fixées ni se transmettre ; d'où la nécessité, si la métisation offre des avantages réels, de la recommencer toujours et de l'arrêter au degré au delà duquel ces avantages n'existent plus.

M. Moll dit, en parlant du *croisement* : « C'est un de ces « moyens dont on n'abuse jamais impunément. Si, bien « appliqué, il produit d'excellents résultats, pratiqué sans « connaissance de cause, sans principes rationnels, sans « but déterminé, il peut souvent détruire les bonnes qua-

« lités de la race qu'on voulait améliorer, et remplacer ses
« défauts par d'autres plus graves encore. » (*Maison rustique du XIXe siècle.*)

Ces paroles, à mon sens du moins, s'appliquent avec
beaucoup plus de justesse au métissage qu'au croisement.
Dans ce dernier, l'insuccès est possible, sans aucun doute;
mais l'éducateur intelligent et instruit peut toujours l'éviter. Dans une métisation nouvelle, non encore essayée, la
réussite n'est jamais assurée; loin de là, les premiers résultats du métissage le mieux ordonné peuvent se montrer si
fort éloignés du but, qu'on puisse désespérer de l'atteindre.
Tout n'est pas perdu cependant; le véritable fabricateur de
races, l'homme qui sait jusqu'où s'étend la puissance de
son art, diffère en cela de l'observateur superficiel, qu'il
n'est point arrêté par l'apparence d'un insuccès; il étudie,
raisonne, compare, analyse chacun de ses produits; il les
défait et refait pièce à pièce, apprend à connaître ce qu'ils
ont emprunté à leurs auteurs, ce qu'ils ont spécialement
pris au père, ce qu'ils ont conservé de la mère, ce qu'ils
doivent aux qualités occultes des nourritures diversement
combinées, ce qu'ils tiennent des influences climatériques,
et de toute cette étude sort une conclusion qui enseigne
ce qui reste à faire, ce qu'on doit poursuivre et ce qu'il faut
abandonner; ce qu'il faut détruire et ce qu'on doit conserver, développer, exalter.

En procédant ainsi, on donne au métissage son caractère
propre, on le constitue œuvre de suite, lorsque la création
de la race ne peut être obtenue qu'au bout d'un certain
nombre de générations.

La métisation s'effectue entre individus de deux races différentes : tantôt le mélange a lieu entre une race étrangère
et la race indigène, et dans ce cas on procède comme pour
les croisements, on agit sur les femelles aborigènes avec
des mâles de la race étrangère, et l'on active ainsi les résultats, toutes les fois que les influences locales ne sont pas

trop défavorables au but qu'on se propose : tantôt le mélange se fait entre individus importés de deux races également étrangères l'une à l'autre. Ce mode est fort incertain,
et souvent très-dispendieux ; il serait de tous le plus prompt,
si les chances de succès pouvaient être calculées à l'avance,
si l'expérience déjà les avait fait connaître. Tous les animaux souffrent pendant leur acclimatation, c'est-à-dire
le temps qui leur est nécessaire pour se faire aux circonstances nouvelles qui leur sont imposées. Or on ne sait pas
assez jusqu'à quel point l'état dans lequel se trouvent les
reproducteurs, au moment de les mettre en fonction, influe
sur les produits, quel que soit, d'ailleurs, le développement
des qualités physiques et morales qui les distinguent. Dans
cette position encore, une demi-réussite, un premier manque
de succès ne doivent point décourager l'expérimentateur.
Les extraits d'une première génération peuvent naître
faibles, languissants, mal proportionnés, inachevés ; mais
cet état de langueur se dissipe ordinairement avec l'âge et
les bons soins, et les individus se forment un peu tard.
L'emploi prématuré de tels sujets serait une faute extrêmement grave. Faibles et débiles, ils n'auraient que peu ou
point d'influence génératrice, et leurs extraits, héritant de
leur faiblesse, résisteraient mal à l'action des causes locales
de modifications. On pourrait encore opérer un autre métissage avec les mâles de choix d'une race ancienne et constante, étrangère à la localité, et les extraits femelles d'une
race indigène sans type ni caractère, fruits de sangs mêlés
et divers, profondément ébranlée dans toute sa constitution
par des alliances nombreuses et confusionnées. Ici le succès
pourrait être plus assuré, mais le résultat s'en ferait longtemps attendre. Le manque absolu de constance dans les caractères, dans les formes, et conséquemment dans les qualités intérieures des femelles, les disposerait parfaitement à
laisser prendre au mâle la prédominance dans l'influence
génératrice ; mais alors sur lui seul reposerait la création

de la race nouvelle ; la femelle, dans ce cas, ne devrait être considérée que comme un moule inerte dans lequel il serait possible de jeter les formes qu'on veut reproduire. Ce dernier moyen pourrait être essayé dans les races tombées au plus bas degré de l'abâtardissement, mais il ne faut pas en espérer de meilleurs résultats qu'il ne peut en promettre.

Arrivons aux divers modes de reproduction qu'il faut employer dans les métissages. Lorsque la métisation se fait entre individus d'espèces différentes et crée une race hybride, le métissage doit être constamment renouvelé, puisqu'il ne donne que des animaux inféconds, puisqu'il s'arrête au point même où il a commencé : c'est le cas de la production des mulets qui porte avec elle son enseignement ; c'est le cas encore de la production bien entendue du cheval de chasse, du *hunter* anglais, que l'on n'obtient pas de croisement, selon moi, mais de métissage. Celui-ci a lieu entre races équestres assez éloignées l'une de l'autre, non pour en former une nouvelle proprement dite, mais pour créer des individus pourvus de certaines formes et de certaines qualités qu'on ne trouve réunies ni dans l'une ni dans l'autre des deux races qu'on a mêlées. Le *hunter* ne se reproduit pas, il n'acquiert le genre de conformation qui le distingue, les qualités spéciales qui le font produire, que lorsqu'il a été mutilé de bonne heure, qu'on l'a réduit à l'impuissance, qu'on en a fait ainsi une sorte de mulet. Ce métissage ne doit pas être poussé trop loin : du côté paternel, la race améliorante ne peut être que celle de pur sang grandie et perfectionnée ; du côté maternel, la race doit offrir des femelles capables, fortes, bien constituées, susceptibles enfin d'exercer sur leur progéniture la moyenne d'action qui appartient à leur sexe. Un appariement parfait est, ici, chose de la plus haute importance ; pour obtenir ce genre de métis, il ne faut employer que des animaux de premier choix, unir des sujets exempts de vices de construction et de caractères, et chez lesquels il n'y ait rien de mauvais, rien de défectueux

à effacer. Plus sera grande cette perfection relative des animaux reproducteurs, et moins loin devra être porté le métissage; peut-être même pourra-t-il être arrêté à la seconde
ou à la troisième génération. Le mode de reproduction à
suivre, dans ce cas, est facile à déterminer. Comme dans
les croisements, on n'opère que sur les femelles; mais, au
lieu de continuer la métisation, on la recommence quand
on est arrivé au point qu'il ne faut pas dépasser, et au delà
duquel la race métisse n'offrirait plus les mêmes avantages.

En d'autres circonstances, et par exemple dans le mélange
qui s'est fait des races ovines leicester et mérinos, l'expérience a démontré qu'il fallait s'en tenir à un premier métissage. Plus de sang mérinos affecte la charpente osseuse, le
squelette, au point que les produits en deviennent moins
précoces et moins aptes à l'engraissement; plus de sang leicester détériore la laine. Mais, dans ce cas spécial, la race
artificielle se maintient égale et constante, en se servant uniquement des mâles et des femelles issus du premier métissage.

Un second exemple de la nécessité d'arrêter le métissage
à la première génération est encore offert par le mélange
des chèvres thibétaines et des chèvres d'Angora. Conduit
plus loin, il ne remplit plus le but : les seconds métis ressemblent déjà trop, par leur pelage, à celle des deux races
qui entre pour la seconde fois dans la production ; mais la
métisation continue d'être utile et avantageuse, si l'on allie
entre eux les sujets obtenus du premier jet. Que si, dans ces
deux créations, dans ces deux produits artificiels, la dégénération se faisait sentir, il ne faudrait pas chercher à l'arrêter, plus simple serait, et moins dispendieux aussi, de refor-
mer à nouveau les races si faciles à obtenir.

L'opération offre plus de difficultés et demande plus de
temps lorsque l'on veut obtenir des modifications plus profondes, des aptitudes qui ne peuvent naître que d'une certaine organisation et qui, pour se développer et acquérir leur

maximum d'exaltation, exigent un remaniement complet des
individus, un changement total de la forme et du fond. Que
de soins et d'efforts persévérants ne sont pas nécessaires pour
fixer, rendre stables et transmissibles des caractères fu-
gaces, changeants, dus au hasard; des dispositions à part,
nouvelles, mobiles, et qui se rencontrent bien développées,
pour la première fois, chez un seul individu. Dans cette circonstance, il faut bien étudier le sujet unique que l'on possède, et faire en sorte de l'apparier le mieux possible avec
ceux qui s'en rapprochent le plus. Si le métissage réussit, la
qualité nouvelle se répétera des ascendants aux descendants:
ceux-ci accouplés ensemble la reproduiront encore, puis
leurs extraits la transmettront à d'autres, et ainsi de suite;
si bien qu'au bout de quelques générations on aura fixé le
caractère, la forme, l'aptitude, poursuivi et créé une souche
à part, factice, éphémère, inconstante d'abord, mais qui,
dans un temps plus ou moins long, finira par devenir une
race distincte, ayant des caractères fixes, bien tranchés, per-
manents. Voilà donc un nouveau moyen de production, l'accouplement consanguin, c'est-à-dire le mariage entre individus de la même famille, l'union en proche parenté, puisqu'il faudra allier le père à la fille, le frère à la sœur, le fils
à la mère, etc. (1).

Beaucoup d'éleveurs s'élèvent avec force contre cette méthode; il n'y a qu'une réponse à leur faire : c'est qu'ici l'on
n'a pas le choix des moyens; un seul se présente, un seul
peut être adopté. Quoi qu'il en soit de l'opinion contraire, le
moyen est promptement efficace; à chaque génération nouvelle, le point cherché ou poursuivi devient progressivement
plus exubérant, et la race, bientôt fixée dans ses caractères
spécifiques, s'établit invariablement. Toutefois nous ne voulons pas tourner la difficulté, nous aurons occasion d'y re-

(1) Nous traiterons de cet autre moyen de production dans un chapitre à part.

venir, et nous l'aborderons franchement, mais nous pouvons, dès à présent, ajouter que si l'accouplement entre frères et sœurs, par exemple, issus de père et mère appartenant à des races distinctes, est un moyen toujours sûr et prompt de créer une race nouvelle, il constitue pourtant, à nos yeux, un moyen non moins rapide de dégénération, lorsqu'on s'en sert comme élément de conservation des races. Les circonstances sont-elles donc les mêmes? Rigoureusement parlant, les produits d'un métissage au premier, au second ou même au troisième degré sont-ils donc de même sang? Ils sont de la même famille, mais leur parenté est incontestablement plus éloignée que si les frères et sœurs primitivement unis étaient sortis eux-mêmes d'une seule et même souche. Dans un métissage, la parenté devient, au moins jusqu'en certaines limites, d'autant plus proche que le nombre des générations augmente; c'est l'opposé dans l'*appatronnement*. Il suit de là qu'il ne faut point abuser des unions consanguines, de l'accouplement en dedans, sous peine de dégénération rapide. Au bout de quelques générations, en effet, le sang des deux races unies s'est parfaitement mélangé, il a formé une combinaison nouvelle, unique; les alliances entre parents au même degré seraient alors réellement incestueuses. Ce qui serait à blâmer, et nous le blâmerions, ce serait l'abus que l'on pourrait être tenté de faire du système, ce serait la persévérance que l'on pourrait mettre à le continuer trop longtemps, à l'employer sans discernement ni raison. S'il est utile dans certains cas et dans certaines circonstances, c'est qu'il propage, perpétue ou perfectionne certaines qualités qui sont le partage exclusif d'un très-petit nombre d'individus; mais ces qualités n'existent pas sans défauts dans les sujets qui les possèdent, et, si elles s'exaltent par la consanguinité, celle-ci produit un résultat absolument semblable sur les défauts, qu'elle finirait par faire dominer aussi d'une manière intolérable et peut-être même irrémédiable.

De ce qui précède nous conclurons que les races artificielles, créées à l'aide de la métisation, s'obtiennent et se conservent par des moyens opposés, mais qu'il est bon de commencer les métissages sur une certaine échelle, afin de pouvoir éviter à temps les dangers de la consanguinité.

VI.

L'appatronnement ne s'exerce que sur des races pures, soit naturelles, soit créées par des métissages bien suivis. Il a pour objet d'empêcher tout mélange, de combattre toute tendance à la dégénération, de maintenir les races au degré de perfectionnement acquis : c'est donc une œuvre de conservation. L'appatronnage des sexes repose plus, en quelque sorte, sur la connaissance des beautés que des défauts, des qualités que des vices : pour être efficace et remplir son but, il doit unir toutes les perfections absolues ou relatives, à l'exclusion de toutes les défectuosités; car il s'agit de se maintenir au degré le plus élevé du perfectionnement.

L'appatronnage exige, de la part de celui qui s'y livre, l'étude attentive et réfléchie des influences, soit naturelles, soit dépendantes de la domesticité, sous l'impres-ion desquelles les caractères distinctifs des races nouvellement créées, améliorées ou perfectionnées se sont réunis, agglomérés, de manière à les obtenir tels qu'on les observe pour les faire subsister toujours les mêmes. Sans cette précaution de rigueur, quelque judicieusement appliqué que soit le moyen, il demeurerait impuissant à conserver et à maintenir dans leur constance les caractères donnés, lesquels se sépareraient bientôt alors, et se grouperaient différemment, soit pour former des démembrements divers de la race, soit, et plutôt, pour marcher vers une dégénération rapide.

Un bon appatronnage ne peut se faire sans un appariement bien raisonné; mais ce dernier seul ne le constitue pas. L'appariement réunit deux individus parfaitement semblables. Quant aux formes extérieures, il observe les convenances réciproques des sexes, règle tous les rapports, surveille la régularité, l'exactitude des proportions, et veut qu'il y ait concordance harmonique en tout. Cependant deux individus mâle et femelle peuvent être parfaitement ensemble, très-bien appariés, et ne pas offrir la réunion de toutes les perfections et de toutes les qualités, à l'exclusion des défauts opposés à la transmission pure et entière de la beauté relative des races et des capacités qui en dépendent; car tel doit être défini le beau : la convenance des organes avec leur destination spéciale. Dans l'appatronnage enfin, il faut empêcher avec sollicitude que certaines influences favorables à la conservation et au maintien des races cessent d'agir et de modifier toujours l'économie de la même manière.

L'appatronnement, avons-nous dit, s'opère entre individus d'une colonie extraite de la terre natale et transportée en un pays étranger, entre individus d'une race perfectionnée par les croisements ou formée de toutes pièces par la voie des métissages. Dans le premier cas, il n'est pas toujours puissant à conserver la race dans toute son intégrité, et l'on a fait assez, lorsque les différences réelles sont demeurées très-légères et n'ont pas nui, à proprement dire, aux qualités primitives; dans le second cas, il ne doit être continué que pendant un certain laps de temps, après lequel il faut l'interrompre momentanément pour revenir soit à un nouveau croisement, soit à un nouveau métissage, lesquels alors peuvent être abandonnés à leur tour, après un plus ou moins grand nombre de générations.

Dans l'ordre ordinaire, le transport simultané des mâles et des femelles d'une même race est infructueux de premier jet pour celles dont la patrie originaire forme une opposition trop tranchée avec le nouveau pays qu'ils doivent habiter. Il faut alors, de temps à autre, introduire d'autres sujets de la même race, et renouveler l'importation par les mâles, comme on le ferait pour un croisement. Mais ce moyen est à peu près impraticable pour les races artificielles qui résultent de métissages récents, dont l'objet a été d'atténuer les qualités naturelles aux espèces, pour leur substituer des inclinations ou des aptitudes opposées. Cette règle, toutefois, n'est pas sans quelques exceptions.

Dans ce genre de reproduction, la surveillance doit être active, soigneuse, incessante, toujours prête à combattre la moindre tendance à la dégénération, à empêcher la plus légère modification de forme et de caractère de se répéter; tous les efforts enfin doivent avoir pour but de conserver intact le type naturel ou acquis des races, de maintenir leur cachet particulier, et de faire en sorte de le rendre indélébile. Toute négligence serait ici sévèrement punie : l'altération des formes et des qualités est toujours à l'état latent; chaque animal apporte, en naissant, la disposition de s'éloigner plus ou moins des caractères spécifiques de sa race, et à prendre, au contraire, des caractères individuels extrêmement variés. Des appatronnements bien entendus, secondés par une éducation et un régime convenables, arrêtent cette tendance à la dégénération et opposent un remède toujours efficace au mal qui cherche à se produire.

Indépendamment des règles générales établies jusqu'ici pour la reproduction des animaux, il existe certaines conditions d'âge et de santé qu'il n'entre pas dans nos vues d'examiner dans ce chapitre. Cette étude sera plus fructueusement faite ailleurs. Nous nous arrêtons, quant à présent, à une seule de ces conditions. Elle est relative à la connaissance sérieuse qu'il faut avoir des qualités fondamentales ou des aptitudes essentielles que possèdent les reproducteurs. Ils devraient tous être essayés avant l'emploi, et fournir la preuve évidente, palpable, matérielle qu'ils méritent le choix qu'on en fait, la préférence qu'on leur accorde. Cette exigence s'applique surtout au croisement et à l'appatronnage.

Dans l'espèce du cheval, les sujets de perfectionnement, le mâle et la femelle, qui doivent concourir à la conservation de la race de pur sang dans toute son intégrité, ne sauraient être admis à la reproduction sans avoir fourni leurs preuves sur l'hippodrome. On sait parfaitement aujourd'hui combien il est facile de se tromper sur le mérite positif, sur la valeur intrinsèque des chevaux; on sait qu'il n'y a qu'un seul moyen (la carrière) de ne pas s'en laisser imposer par une beauté de convention, par un modèle idéal de perfection. Le jugement qu'une lutte publique et sérieuse permet de porter alors, étant basé sur la vigueur de tous les organes, est immuable comme la nature sur laquelle il repose. Beaucoup ne pensent pas ainsi; mais prétendent-ils juger plus sainement un cheval dans un parfait repos? ignorent-ils que, dans certains individus, la bonté paraît être en raison inverse de la beauté? Eh! qui de nous, dans l'acquisition d'une montre, se contente du travail extérieur, et ne s'informe point si le mouvement a été fait par un bon maître? N'y a-t-il pas des montres, faites à la grosse, qui, pendant un mois, vont peut-être aussi bien que celles à la Bréguet, et sont plus jolies? Mais attendez, avant de juger l'œuvre, qu'elle ait été soumise à l'épreuve du temps; l'une sera bientôt détruite, tandis que l'autre, montée sur le diamant, durera autant que ses supports. Ne jugez pas à première vue, à la seule inspection de son *facies*, des qualités bonnes ou mauvaises d'un cheval; vous vous tromperiez souvent, toujours même, à moins, pourtant, que vous ne soyez doué d'une véritable intuition, d'un sixième sens, dont, jusqu'ici, je n'ai pu encore reconnaître l'existence chez aucun de nos amateurs.

Le cheval de gros trait, destiné à la reproduction de son espèce, devrait, lui aussi, être soumis à des épreuves capables de faire connaître toute l'étendue de ses moyens, toute la puissance d'action qu'il tient de ses ascendants et d'un bon système d'éducation. Je voudrais m'assurer, avant l'emploi, que cette constitution d'apparence athlétique n'est point trompeuse; je voudrais que le concours public me fît connaître s'il y a là autre chose que du poids et de la masse, et me démontrât, par l'énergie des contractions musculaires, que la vigueur de cet animal énorme a son point d'appui dans la texture robuste de ses organes. L'application du frein dynamométrique à la mesure de la force des animaux de trait remplirait parfaitement le but; elle serait à l'amélioration des races de travail ce que sont les courses au perfectionnement ou au maintien des races nobles et légères.

Dans les races uniquement créées pour la boucherie, c'est un genre d'essai différent, analogue à la destination spéciale des animaux. Soumis, dès le tout jeune âge, au régime et aux soins particuliers de l'engraissement, les mâles et les femelles chez qui la faculté d'engraisser se développe au plus haut point, dans le moins de temps et aux moindres frais, sont précisément ceux que l'on préfère et que l'on doit utiliser le plus possible, quand à cette faculté viennent s'en ajouter d'autres, tels le volume et la pesanteur des chairs, la réduction du squelette, la bonne qualité de la viande.....

Cette assurance du développement de certaines qualités chez les reproducteurs est tellement importante à acquérir, qu'il ne faut même pas la négliger, lorsque ces qualités tiennent à des organes qui n'existent qu'à l'état rudimentaire dans l'un des deux sexes. Et, par exemple, dans les races laitières, le mâle n'est pas sans influence sur le développement de la faculté lactifère chez les produits femelles qu'il donne. L'origine d'un taureau issu d'une vache faible laitière est très-certainement d'un mauvais augure pour la bonté des génisses qui en proviendront. On exposerait donc à une dégénération certaine et prompte les races destinées à ce genre de produit, si l'on n'employait pas à leur renouvellement des taureaux capables d'entretenir ou même d'augmenter en elles cette aptitude spéciale. Il en est de même dans les autres espèces.

On sait enfin quel soin il faut apporter à l'examen minutieux de toutes les parties de la toison chez les races ovines

IV.   28

que l'on entretient pour la laine ; la moindre tache se répète des ascendants aux descendants, et diminue singulièrement les bénéfices de l'éducation, la valeur de la toison,
la réputation du troupeau. — Heureusement, ici, les qualités peuvent être reconnues et constatées à la seule inspection du produit, mais un manque de connaissance conduirait à de fâcheux mécomptes.

FIN DU PREMIER VOLUME (DEUXIÈME PARTIE).

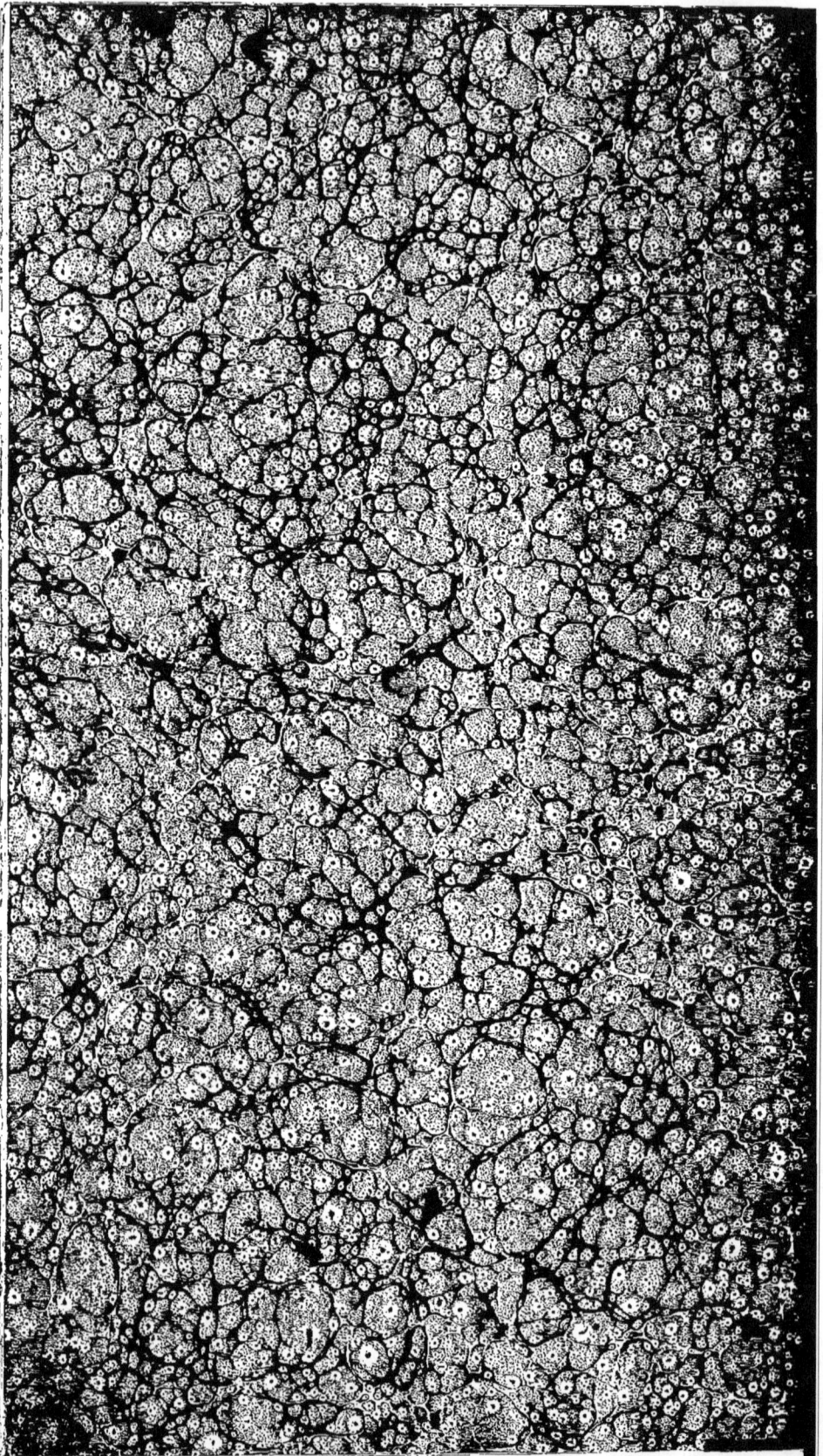

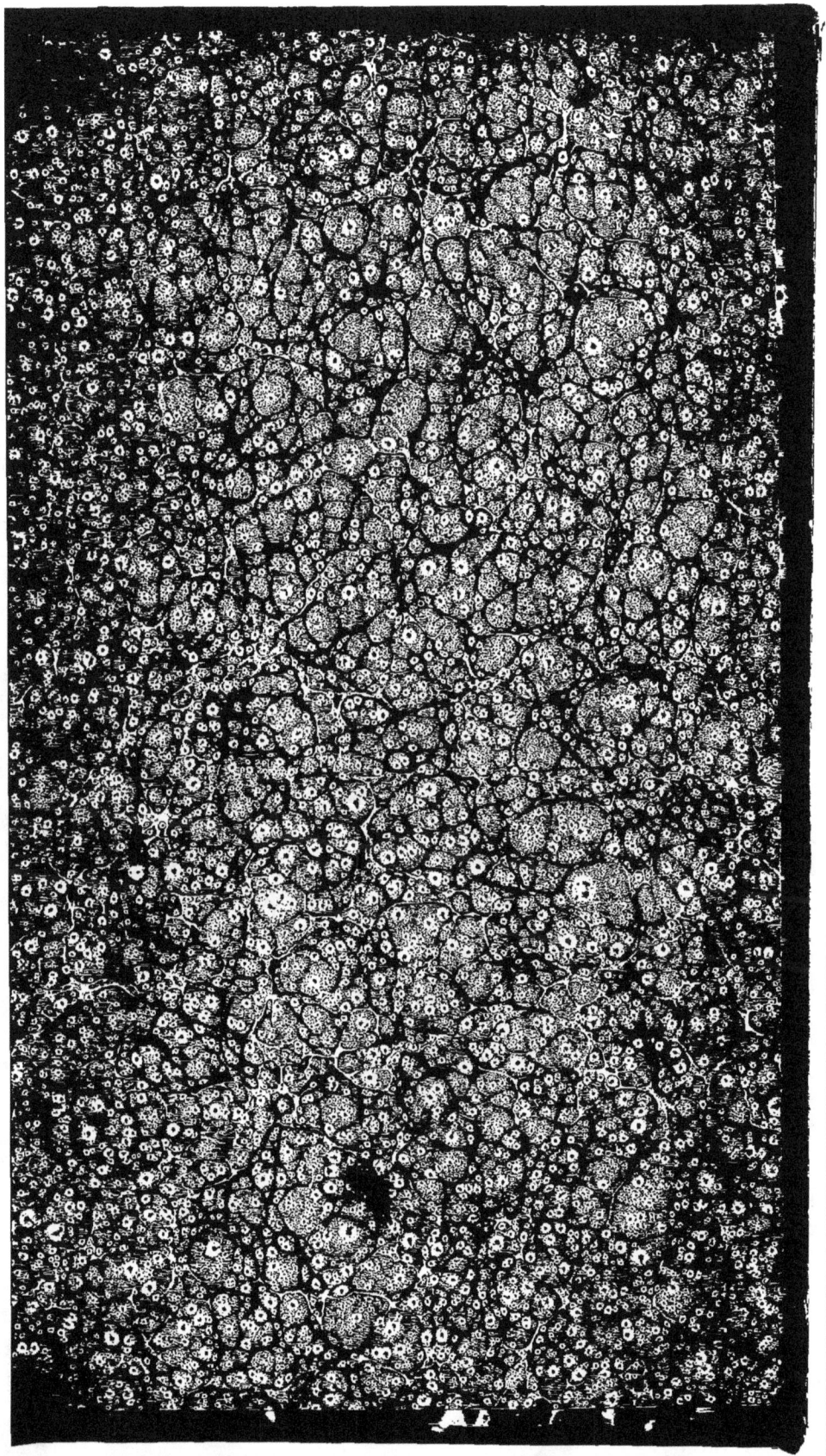

www.ingramcontent.com/pod-product-compliance
Lightning Source LLC
Chambersburg PA
CBHW060528220326
41599CB00022B/3461